中国城市科学研究系列报告

中国城市规划发展报告
2015—2016

中国城市科学研究会　编

中国建筑工业出版社

图书在版编目（CIP）数据

中国城市规划发展报告. 2015—2016 / 中国城市科学研究
会编. —北京：中国建筑工业出版社，2016.8
（中国城市科学研究系列报告）
ISBN 978-7-112-19525-1

Ⅰ.①中…　Ⅱ.①中…　Ⅲ.①城市规划–研究报告–中国–
2015—2016　Ⅳ.①TU984.2

中国版本图书馆CIP数据核字（2016）第139057号

责任编辑：刘婷婷　王　梅
责任校对：王宇枢　刘　钰

中国城市科学研究系列报告

中国城市规划发展报告

2015—2016

中国城市科学研究会　编

*

中国建筑工业出版社出版、发行（北京西郊百万庄）
各地新华书店、建筑书店经销
北京嘉泰利德公司制版
北京云浩印刷有限责任公司印刷

*

开本：787×1092毫米 1/16　印张：26$\frac{1}{2}$　字数：519千字
2016年8月第一版　2016年8月第一次印刷
定价：88.00元
ISBN 978-7-112-19525-1
　　（29054）

编委会成员名单

序 言
理解城市工作的"一尊重、五统筹"

一、理解"一个尊重"

本次中央城市工作会议的主要精神可概括为："一尊重、五统筹"。"一个尊重"是尊重城市发展规律。城市发展规律怎样提炼和认识？我认为有三个角度：

（一）从理论方面推理

美国著名规划学家刘易斯·芒福德（Lewis Mumford）在他百科全书式的名著《城市发展史》中写到，人类的城市梦进行了五千多年，只要人类存在，就有城市梦。这些梦大都是从乌托邦开始的。人们探究城市发展规律首先是根据理论、理想目标推演的，这种推演方法的好处是向前看觉得目标很清楚、很鼓舞人心，但坏处是容易导致人们进入乌托邦式的迷茫，这也是人类历史上的众多悲剧之一。理想的城市发展目标必须是"以人为本"并兼顾生态环保和社会公平。不同的生产力发展水平，这三者"均衡"的侧重点也有区别。经历了三十多年以传统工业化推动的城镇化，我国当前更需将"人与自然和谐"的绿色发展作为城市的主要发展目标。

（二）从历史经验中提炼

特别是对我国有非常重要启示作用的世界第一次城市化浪潮是在英国、法国等欧洲国家发动的，第二次城市化浪潮是以美国、加拿大等北美国家掀起的，第三次是拉美、东南亚发展中国家的城市化浪潮。这三次城市化浪潮都有很多经验值得总结，而且都有相应的城市病，这些病怎么去治疗？有的治错了，有的治对了，都写成很多文献巨牍，这些经验教训是我们提炼不同国家、不同民族、不同文化、不同发展阶段的城市发展规律的宝贵遗产。例如，英法城市化过程中的脏乱和疾病流行；美国的城市蔓延；拉美、非洲的贫民窟等惨痛的教训都必须避免。

将这些历史经验与我国各地城市规划建设的实际相结合，是避免城镇化走弯路的重要保障。

（三）从问题导向归纳

实用主义的"问题导向法"是城市工作者的偏爱，20 世纪形成的两个里程碑式的宪章非常典型。一个是雅典宪章，1933 年由法国建筑师勒·柯布西耶率领规划师针对第一次城市化浪潮出现的城市病，主要是针对工业污染、人口寿命缩短、霍乱症流行、城市卫生条件恶劣、环境污染严重等病症开出的一系列的药方，比如设立明确的城市分区、规定街道宽度和绿地公园比率等。功能区的划分就是那时候提出来的。到了 1977 年，国际建协又在秘鲁利马提出了马丘比丘宪章。宪章开头就写明：从文化上来讲，人类的文明不止一种，不仅有从古希腊传承下来的西方文明，还有其他的文明模式。马丘比丘就是印加帝国历史上一个重要的城市。在这部宪章中回顾了 1933 年以来规划师们开出的药方与现代城市发展规律的冲突，提出了城市是流动性的空间，这种流动性空间不能被汽车和功能分区所区隔，这一点对我国是非常重要的，因为许多城市决策者仍迷恋已被国际规划界淘汰的清晰功能分区。所以，我们认识城市规律应该从理论推演、历史归纳和问题导向三个方面进行提炼。

二、再解读"五个统筹"

（一）"统筹空间、规模、产业三大结构，提高城市工作全局性"

首先，要把全局性放在全球化角度来理解，20 世纪 90 年代美国普林斯顿大学教授萨森（Saskia Sassen）认为：在经济全球化、社会信息化时代，所有的城市都会进入到全球城市网络体系。如果有一些城市注意到了变革和结构调整，有所准备和行动，有可能地位提升进入重点节点城市，进入重点节点的城市在全球化网络时代可以获得更多战略性资源从而得到进一步发展。但又会有相当一部分城市（特别在发展中国家的城市）有可能在这个过程中被边缘化，城市一旦被边缘化会造成地区与国家竞争力的衰退。这个理论提出后风靡了全球。

其次，从大中小城市协同发展来看全局性。这就讲到著名经济学家杨小凯，很多主流经济学家都认为城市应该规模越大效益越好，但杨小凯却不这样认为，他在《超边际分析》一书中提出，"为何主流经济学都认为城市规模越大，效益越好，但这又和大中小城市数量呈正态分布的实际完全不符"。按照主流经济学小城市不应该存在，但美国和欧洲小城市是绝大部分，大城市只是少数几个，为什么实践和理论相差那么大呢？他的新理论认为：超大规模城市可以实现全球商品和生产要素交易的成本最低；中等规模和大城市在区域商品和要素交易中交易成本最低；而小城镇在对周边农业、农民、农村服务的时候，生产要素和商品交易成本是最低的，三级城市都有存在的优势。由此可见，这种超边际分析法将理论和实践的差距弥补了。

再次，从全球性气候变化角度来看全局性。联合国相关机构曾给出过一个数据：全球 75% 以上的能源是城市消耗的，75% 的人为温室气体是城市排放的，75% 的污染也是城市排放的。由此可见：城市应对气候变化是举足轻重的。人类命运要么是光明的前途，要么是黑暗的未来，取决于城市能否绿色发展。

最后，从城市经济增长功能来看全局性。我国的 GDP、科技创新成果、财政收入绝大部分都是城市产生的。城市因而被称为"财富的容器"。从城乡关系来说，城市是主动者，它是人口的吸引者。所以，必须从全局性来考虑城市的问题。中央召开城市工作会议是恰逢我国已经正式进入城市时代（一半以上人口居住在城市）。中央明确提出："城市是区域增长的火车头"，各级领导干部必须重视城市工作、学习掌握城市规划、建设和管理的知识。

（二）"统筹规划、建设、管理三大环节，提高城市工作系统性"

这对城市工作者来说感受是非常深的：一方面是"时间上的系统性"，从城市规划学角度来看，城市规划是一个过程，这个"过程"中城市规划的论证、编制、执行、检查、修正是一系列行动的过程，在这个过程中我们以城市规划为工具对各种城市病进行治理，正因为"过程性"是城市规划的主要属性，必须具有贯彻、监督、修订、反馈等具体执行过程，所以现代的城市规划讲究迭代式进行规划编制和实施，因为它必须在不同的情境下一次次进行试错和修订。

另一方面是"空间系统性"，存在的问题比较多。记得八年前两院院士吴良镛、周干峙、钱正英等学者共同给中央写了一封信，提到了我国现代城市规划建设管理系统被肢解的严重问题。例如，用高速公路模式代替城市交通发展模式；用大江大河的治理办法来代替城市的河流水系治理模式；用人工造林的模式来代替园林绿化；还有用工业区的模式来代替城市的空间肌理，等等，这种种"取代"肢解了城市工作系统性，造成了城市空间分裂症。本次中央城市工作会议重申了城市的规划、建设和管理是一个严密系统的三大环节，不可分离，已经肢解的，要根据会议精神来纠正。

（三）"统筹改革、科技、文化三大动力，提高城市发展持续性"

城市是地球上人工与自然最大的复合体。从全国的角度讲，能否实现"绿色发展"取决于自然、农村、城市这三大板块。对"自然"而论，如果人们不去过多地干扰和改造它，而是以尊重、顺应自然的模式来发展，自然必然是绿色的；农村只要走绿色农业现代化发展模式，避免走化学农业和能源农业的道路，农村也不难实现绿色；但城市却是绿色发展和可持续发展的难题。这就面临城市发展要从灰色的动力结构转向绿色的动力结构，所以这次会议提出城市发展三大新动力——改革、科技、文化。城市发展从原来依靠工业化为发展主动力转向会议提出的依靠改革、科技、文化为发展主动力。这就要求城市工业要率先实行结构调整，以"新型工业化"取代和改造传统工业；从集中、大规模基础设施为主转向小型、分散与循环利用为主；从刚性城市转向弹性城市（"弹性城市"已经成为发达国家一个非常热门的城市规划改革主导方向）；然后还必须从局限于城市本身发展转向城市群的协调发展和城乡互补协调发展。由此可见，城市发展持续性面临着要从这几个方面实现转型。

（四）"统筹生产、生活、生态三大布局，提高城市发展宜居性"

宜居性意味着要回归城市的本质，改变过去我国长期以来倡导的"先生产、后生活"的城市发展旧模式。其实城市宜居性是一系列现代城市要素中最基本的要求，可以说，本次会议提出了城市的本源问题。城市是什么？两千多年前古希腊哲学家亚里士多德曾认为：为何人们愿意住到城市中来？是因为城市的生活更美好。首先，城市是文化的容器，人类社会需要心灵的认同和空间的归属感，这就要求我们的规划、建设和管理都要尊重城市中的普通市民，传承城市的历史文脉，从而展示城市风貌的独特性。二是城市需要多样性，因为人的天性就是喜欢多样性，无论是街区还是城市，只有满足多样性才有活力。三是城市需要经常诊疗，要诚实、客观地认识和治理现代城市病，这次中央城市工作会议第一次提出要治理城市病。四是要解决公平性，事实上我国城市已经产生了巨大的贫富差距，我国许多城市负责人并没有对此类问题有清晰的认识。城市的宜居性是由最低阶层来认可的，他们认为城市宜居才真正是宜居的，这是因为最低收入阶层在城市空间上没有流动性，而富人却可以自由流动。

（五）"统筹政府、社会、市民三大主体，提高各方推动城市发展积极性"

大英百科全书曾把城市规划内涵归纳为三个方面：首先，城市规划是有限空间理性分配的工程技术；其次，城市规划是政府法治的一种强制力，城市规划的实施体现的是法律面前人人平等的威权治理；再次，城市规划是人人参与的现代文明的运动形式之一。城市规划具有这三种含义。这三种含义也体现了三个规律，即：城市规划要尊重自然、尊重普通人的利益、尊重本地的历史文化，在这样的背景下，把政府、企业、专家、多学科人士和市民等推动城市发展的积极性都汇聚起来。所以，西方早就提出，所谓城市规划就是联络性的规划、开放的规划，在这些问题上我们通过这次城市会议的解读都可以得到进一步的认识。最后，变革城市管理模式。现代城市"三分建设、七分管理"是常识之一。本次会议提出了"适度集中城市综合执法权、广度推行网格式精细化智慧管理"相结合的城市管理模式改革方向，是对三十年来我国城市管理经验教训全面总结并结合现代信息技术发展趋势后得出的重大策略，理应全面贯彻实施。

作者简介：

仇保兴，博士，国务院参事，住房和城乡建设部原副部长，中国城市科学研究会理事长，中国社会科学院、同济大学、中国人民大学、天津大学博士生导师。

前　言

　　2015 年是中国城市规划事业发展转型具有里程碑意义的一年，是深入贯彻党的十八大和十八届三、四、五中全会精神，全面深化改革的重要一年。2015年 9 月下旬，中共中央、国务院发布了《生态文明体制改革总体方案》，明确提出"构建以空间治理和空间结构优化为主要内容，全国统一、相互衔接、分级管理的空间规划体系"；"整合目前各部门分头编制的各类空间性规划，编制统一的空间规划，实现规划全覆盖"；要求推进市县"多规合一"，创新空间规划编制方法。2015 年 11 月，习近平总书记在中央财经领导小组第 11 次会议上就城市工作提出了新的要求。他指出，要认识、尊重、顺应城市发展规律，端正城市发展指导思想；要增强城市宜居性，引导调控城市规模，优化城市空间布局，加强市政基础设施建设，保护历史文化遗产；要改革完善城市规划，改革规划管理体制。2015 年 12 月 20 日，时隔 37 年，中央城市工作会议在北京召开，并在 2016 年 2月印发配套文件《中共中央　国务院关于进一步加强城市规划建设管理工作的若干意见》，这是今后一个时期指导城市规划建设管理工作的纲领性文件。会议提出要尊重城市发展规律，需要把城市建设规划上升到法治水平；城市工作要树立系统思维，规划编制要接地气，要在规划理念和方法上不断创新，增强城市规划的科学性和权威性。中央领导人和相关重要纲领性文件对于改革完善城市规划提出了明确的要求，这为"十三五"乃至未来一定时期的中国城市发展、城市规划工作以及全面深化改革明确了思路、指明了方向。

　　2015 年还是新常态下城市规划改革取得突破性进展的一年。国家在一些省市持续开展了"多规合一""地下空间开发利用""城市设计""省域空间规划""划定城市开发边界""城市修补、生态修复""绿色生态城区""重点县城规划建设""海绵城市""地下综合管廊"等多项改革试点工作，通过改革创新规划理念和技术方法，完善规划技术体系和管理体制机制，来不断提高规划的科学性和权威性，在有效破解"城市病"、推动城市转型发展、促进新型城镇化健康发展等方面发挥了积极的引导作用。

本年度报告按照党的十八大、中央城镇化工作会议和中央城市工作会议精神，紧密联系现阶段我国城市规划工作的重点领域和焦点、热点问题，以综合篇、技术篇和管理篇三个部分，汇总了一年来国内有关新型城镇化、城市规划技术和城市规划管理等方面的优秀理论与实践研究成果，具体包括新型城镇化发展、城市规划改革、区域规划与区域协同发展策略（城市群规划、国家新区规划）、国家"一带一路"战略、多规合一与规划空间体系重构、海绵城市规划、城市更新策略、大数据对城市规划的影响、城市设计的发展与设计方法等热点问题的研究探索，城市规划许可制度的转型及影响、城市地下管线规划管理机制、地下空间立法、城乡规划法规标准体系的优化策略等城市规划管理制度的研究成果，以期对各地城市规划管理制度建设、城市规划技术创新和应用提供有益的参考。此外，报告还介绍了一年来国家城乡建设主管部门在城乡规划管理与督察工作、风景名胜区与世界自然遗产规划建设管理、海绵城市与城市地下管线规划建设等方面工作的开展情况。

本报告的素材来源包括：2015年在《城市规划》《城市规划学刊》《城市发展研究》《规划师》等核心刊物上发表的内容符合本报告特点，具有前瞻性、创新性的部分较高水平的学术论文；相关部门对城市规划相关领域2015年工作开展情况的总结与评述；2015年中国城市规划年会部分大会报告和主题报告；还有部分向专业院所和权威专家特约的专题研究成果。

本期报告的编制过程中，得到了诸多单位和专家领导的支持，在此要特别感谢住房和城乡建设部城乡规划司、城市建设司、稽查办，中国城市规划设计研究院、住房和城乡建设部城乡规划管理中心，中国城市规划学会、中国城市规划协会，北京市城市规划设计研究院，《城市规划》编辑部、《城市规划学刊》编辑部、《城市发展研究》编辑部、《规划师》编辑部、《地理研究》编辑部、《城乡建设》编辑部、《中国经济报告》编辑部等单位的大力支持。

目 录

综合篇

专家关于中央城市工作会议的解读集萃

2015 年 12 月 20 ～ 21 日，中央城市工作会议在北京举行，习近平在会上发表重要讲话，分析城市发展面临的形势，明确做好城市工作的指导思想、总体思路、重点任务。李克强在讲话中论述了当前城市工作的重点，提出了做好城市工作的具体部署，并作总结讲话。

2015 年 12 月 24 日，《中共中央 国务院关于深入推进城市执法体制改革改进城市管理工作的指导意见》印发，为提高政府治理能力、增进民生福祉、促进城市发展转型指明了方向。

2016 年 2 月 6 日，《中共中央 国务院关于进一步加强城市规划建设管理工作的若干意见》印发，作为中央城市工作会议的配套文件，勾画了"十三五"乃至更长时间中国城市发展的"路线图"。

行业专家学者们在《中国建设报》《城乡建设》《中国经济报告》等报纸杂志的中央城市工作会议专版专刊和大型论坛，如"中国城市百人论坛"、光明日报理论部在京联合举办的"学习中央城市工作会议精神座谈会"，发表了对中央城市工作会议及配套文件相关内容的解读，提出了落实中央城市工作会议指示、有序推进我国城市规划建设工作的对策与建议，具体内容如下。

以"互联网+"的中医疗法，促进智慧城市建设

仇保兴——国务院参事，住房和城乡建设部原副部长，中国城市科学研究会理事长

刚刚召开的中央城市工作会议和这两年召开的其他中央会议，都强调中国的城镇化要走"集约、绿色、智能、低碳"的新型城镇化道路，这需要我们将"互联网+"和传统的基础设施结合起来。面对当前城市建设存在的各种问题，如果说传统的基础设施建设相当于西医疗法，那么"互联网+"智慧城市发展思维就相当于中医疗法。只有把中西医相结合来共同治疗城市病，才能保证我们的城镇化健康发展。

智慧城市的战略目标包含在我国的"五化"同步战略之中：新型工业化是主要的动力，农业现代化是基础，信息化属于协同创新，新型城镇化提供了机会平台，绿色化则构成了整个文明转型的方向。我们正在从农业文明、工业文明的时

代逐步走向后工业文明的时代，经济将越来越健康，污染将越来越少，人民的生活将越来越好。但是城市病也日渐成为困扰人们的重要问题。中央城市工作会议强调了用问题导向来治理城市的各种顽疾。我们当前面临着交通拥堵、清洁能源不足、空气污染、水体污染、垃圾围城、噪声污染、资源短缺等各种城市病。这些问题怎么通过智慧城市去解决？"互联网＋"不能单独地发生作用，它需要通过与传统的规划建设工具结合，来共同治理城市存在的问题，转变经济的发展方向，实现城市的快速转型。

要创新城市发展模式，从"城市优先型"发展转向"城乡互补型"发展；要从以高能耗建筑为主体的发展转向以低能耗建筑、绿色建筑为主体的发展；要从大城市的盲目扩张转向大、中、小城市协调发展；要从盲目的克隆国外的后现代建筑，转向文脉的传承、历史文化的保护、城市特色的塑造；从高环境冲击转向低环境冲击；从先污染后治理转向保护环境、顺应自然、爱护自然；要从放任式机动化转向集约式机动化，例如，市民可以购买车辆，但出行需要限制，而绿色交通充分自由；基础设施建设从大型、集中式转向小型、循环式、分布式；同时，还要实现社会的公平，因为"互联网＋"是人人可以享受的新的基础设施，是体现社会公平的一种手段。

智慧城市建设的正确途径包括：第一，要通过"互联网＋"智慧城市建设促进节能减排。第二，要通过"互联网＋"智慧城市促进城市生态建设。第三，要通过"互联网＋"智慧城市建设有效解决城市病。

（来源：新华网思客，根据仇保兴在2015中国"互联网＋"开放合作大会暨第三届中国智慧城市高峰论坛上的报告内容整理，原文登载于新华网中央城市工作会议主题网站。）

节能减排与新型城镇化

江亿——中国工程院院士，清华大学教授，中国城市科学研究会副理事长

现在能源问题、碳排放、雾霾都是老百姓关心的最大的事，这些都和城市建设、城镇化关系特别大。尤其是城市的建筑用能和客运交通用能这两个数加起来在美国占总能源消耗的65%，而在中国这两个数加起来占中国总能源消耗的35%，中国大部分是做工业生产的，美国大部分都在城市里。再看人均值，中国人均建筑用能和客运交通用能是美国人均值的1/7，是西欧的1/3.5～1/4，中国城镇已经看着充分发展起来了，但是和欧洲、美国、日本相比，是在能源消耗人均参数很低的状况下发展起来的，这可能是中国特色城镇化中的一个主要内容。

现在中国建筑总规模560亿m^2，再加上110亿正在施工的工程，总共是670亿，很快达到700亿，700亿意味着14亿人人均50m^2，人均量已经超过日本人均总

量，包括住宅什么都算上日本才 40 多，就成了亚洲第一。所以，要控制建筑总量，尽快实施物业税，建筑用能要按照中央说的，尽快把总量定个标准，尽快实现建筑用能的梯级价格制，交通主张公共交通，自行车交通，再就是文化、宣传、教育、影响，给大众灌输好的绿色低碳勤俭的东西。

（来源：根据江亿在"中国城市百人论坛"、光明日报理论部在京联合举办的"学习中央城市工作会议精神座谈会"上的重点发言整理。）

城市工作会议的价值取向是以人为本

杨保军——中国城市规划学会常务理事，城市总体规划学术委员会主任委员，中国城市规划设计研究院院长

城市工作的价值指向到底是什么。过去在人们的观念中就是做大做强，具体来讲就是人口越多越好，土地规模越大越好。怎么做大做强？中心工作就是招商、引资竞赛，园区、新区建设。此次中央城市工作会议非常清晰指出，城市建设的中心目标是要让城市和谐宜居，让生活变得更美好，这就回归到了城市发展的本源。经济发展固然很重要，但经济发展不等于城市发展，经济发展与城市发展是相辅相成的，前者不能替代后者。这一方向是符合历史发展客观规律的，也符合人民群众的期望。所以，城市工作要把让城市和谐宜居作为中心理念，把解决好人的问题作为根本的价值取向。一句话，就是让群众在城市生活得更方便、更舒适、更美好。在和谐宜居的理念指导下，将来的城市工作如何走一条中国特色的城镇化发展道路？有五个方面：一是要符合国情；二是要尊重规律；三是传承文化，中国传统的人居环境建设有别于西方，体现了很高的智慧，强调人与自然、人与社会的协调，中国将来要建设的人居环境，如何通古今之变，谋中国人居环境复兴之道，是我们这一代学者的责任；四是以人为本；五是五大统筹为手段，五大统筹如果做好了，就体现了中国特色的城市发展道路。

（来源：根据杨保军在"中国城市百人论坛"、光明日报理论部在京联合举办的"学习中央城市工作会议精神座谈会"上的重点发言整理。）

为提高新时期国家城镇化质量提供正确的价值导向

张兵——中国城市规划设计研究院总规划师

中央城市工作会议强调了要端正城市建设的指导思想，为我们今后一个时期指明了正确的工作方向。在新的历史时期提出建设"生态园林城市"是我们落实十八届五中全会提出的五大发展理念的重要行动。

"生态园林城市"的提出反映了我国对宜居城市建设的最新认识水平，是园林城市的升级版。这个制度的设立，融合了二十年来城市生态科学、风景园林学、城市规划学等专业领域的科研成果、理论认识和实践经验。在创建指标体系中，除了原来园林城市的一些规模指标之外，增加了许多重要的综合性内容，比如城市湿地资源保护问题、生物多样性保护、自然生态保护、节能减排、市政设施提升以及社会保障方面的内容。一些在理论上取得共识并且有科研成果作为支撑的指标被纳入生态园林城市建设的要求之中，像节能减排方面的城市紧凑度、通行时间，人居环境建设方面的棚改、热岛效应控制、步行和自行车系统建设，都反映了我国对生态城市建设新的认识水平。可以讲，从整个评价标准制定来讲，新的框架体现了城市发展的正确指导思想。

生态园林城市制度的设立是落实十八大以来生态文明建设要求和中央城市工作会议精神的重要举措，同时积极探索国家治理能力现代化的路径。在评价标准里面有一系列内容涉及城市管理，对于城市管理应用新技术，开展数字化管理，都提出了许多要求。这些指标表明相对于过去的工作，这项制度设计有了一个跨越式的发展，已经远远超出了改革开放之初我们对于绿化量的关心。

从绿化城市，到园林城市，再到生态园林城市，术语在变化，而更重要的是工作理念的变化。在未来建设生态园林城市的过程中，有三个方面需要工作到位，真正体现五大发展理念：一是生态园林城市建设要倡导多部门合作来综合解决城市病；二是生态园林城市建设要突出以人为本；三是生态园林城市要促进自然和人文的高度融合。

（来源：《城乡建设》2016 年 03 期）

城市化的下一程要换维度思考

周其仁——北京大学国家发展研究院教授

下一程的城市化要换一个维度思考，城市密度很重要。无论大中小城市，我们是不是在已有的技术管理水平下达到了合理的密度？密度之所以重要，有以下几点原因：第一，密度够，分工就发达。需求聚起来，分工才能细。至于分工，政治经济学鼻祖亚当·斯密提出分工生产率，生产率提高是收入提高的根源。第二，聚到一起，信息成本就降低了。人们聚集到一起，信息可以免费分享。越是发散，信息传输成本越高，就会阻碍信息的流通。相反，聚到一起，信息成本降低，基础设施建设的成本也降低。第三，现在经济增长越来越多地依靠知识驱动，所以要研究知识是怎么生产出来的，需要一批有头脑的人，但还不够，优秀的头脑如果是孤零零的，很难有效地进行知识生产。不同的有头脑的人密集地凑到一起，互相碰撞，互相激发，所有科学中心、研究中心都离不开这一条。一分散，很多思想激发就消失了，这一点也是支撑集聚的理由。

（来源：新华网思客，根据演讲实录整理。）

中国城市病的第一原因是城市数量太少

叶裕民——中国人民大学教授

发展城市，要尊重城市规律，第一要务在于更科学地识别什么是"城市"，并赋予其"城市"的法律地位，为中国城市发展建构科学的空间体系。

我国当前对"城市"缺乏科学的界定，造成城市数量统计不客观、不真实。日本是除了中国之外设市标准最高的国家，然而 2014 年数据显示，日本每百万人拥有 5 个城市，而中国每百万人仅有 0.5 个城市。因此，城市数量不足是中国城市病产生的第一原因。对于这样的现状，我们应该尊重规律，改革"设市制度"，归还其"城市"的法律地位。但是我国由于长期采取排斥性的人口管理造成的社会矛盾，则是德、美、日、韩等多数发达国家不曾有过的，却是多数掉进中等收入陷阱的发展中国家所共有的特征。

会议提出到"2020 年基本完成现有城镇棚户区、城中村和危房改造"。棚户区和城中村是城市的薄弱环节，这里承载着 70% 左右流动人口的居住和生活，该问题的解决直接与流动人口问题相关，需要系统性解决方案。一是进行改造之时，要建立城市改造的市场化机制，建立双向多元竞争合作机制，最大限度地减少改造成本，最大限度地避免强拆。二是建立"二二四二"的外来常住人口"可支付健康住房供给制度"。三是通过"七化"建构新"城市人"向上发展的通道。

中国是一个人口大国，数亿人在城市化过程中多次地流动和选择，空前绝后的城市建设工程数量与规模，多元化的社会群体和价值取向，都急切呼唤《中国城市管理法》，强化城市法治，建构城市秩序，为城市健康发展提供基础性保障。

（来源：新华网思客）

城市群：中国发展主引擎

张学良——上海财经大学讲席教授，上海财大城市与区域科学学院副院长

改革开放以来，中国经历了世界历史上规模最大、速度最快的城镇化进程，城市建设成为现代化建设的重要引擎。同时，在空间上也逐步形成了处于不同发展阶段的城市群历时性共存这一新型城镇化的空间主体形态。如何更好地进行城市群、都市圈以及经济带建设，需要在新形势下做进一步的深入讨论。

第一，应当加强城市群内部协同发展，最大限度地发挥城市群经济作用。首先，需要在机制上实现协同发展，合作机制的逐步完善能够促进各城市之间形成一种聚合力，从而发挥出整体大于部分之和的效应；其次，应该在产业分工上实现协调发展，强化城市体系内各类型城市的产业协调；最后，应该实现城市间的同城化效应，包括在交通同城化的基础上促进人口居住的同城化、通勤就业同城化、产业布局同城化，从而促进区域合作和城市发展。

第二，应当促进并实现城市内和城市间的多规合一。多规合一不仅包括单个城市内的经济发展规划、土地利用规划、生态环境保护规划等的多规合一，还包括同一规划如"十三五"规划在城市群内不同城市间的协同，实现真正的多规合一。目前出台的一些区域性规划也在尝试突破单个城市内部的空间框架，如在长三角、京津冀等城市群内部。未来的城市群发展规划要加强顶层设计，编制完善城市群发展的统一规划，注重城市之间各类规划的衔接和协调，各个城市在制定规划时既要立足于本地发展基础比较优势和实际发展需求，又要与城市群其他城市对接，明确自身在城市群中的功能定位。

第三，应当合理明确城市边界，在地理边界、行政边界和经济边界之间形成耦合。要在地理边界相对固定、行政边界变化较小、经济边界变化又比较大的情况下，思考如何把这三个边界统一起来，突破由于地理因素与行政区划的制约所造成的行政区经济，真正实现城市群经济向"市场主导、政府引导"的转变。

第四，用多学科方法科学界定城市群范围。在讨论城市群界定等问题时，应当综合利用经济学、地理学、社会学等多学科方法对城市群的空间范围进行科学界定，对城市边界、城市群内部城市联系、城市间产业分工等进行合理测度，从而对当前的城市群发展状况、城市群作用范围等做出准确描述。

（来源：《中国经济报告》2016 年第 02 期）

迈向"深度城镇化"

改革开放 30 多年来，我们进行的是追求物质效益为主的城镇化，这种城镇化要转向人口的城镇化，以人为本的城镇化。同时，这 30 多年，走的是一种"灰色"城镇化的道路，大部分工业企业都是先污染后治理，累积的结果使中国城市常受雾霾袭击。中国要从"灰色城镇化"转向"绿色城镇化"，就必须从速度、广度的城镇化转向深度城镇化，由此提出深度城镇化的命题。深度城镇化，属于城镇化策略创新，即从地方政府的视角来提出政策建议。

一、新常态下城镇化的主要特征与挑战

（一）城镇化速度将明显放缓

人们常用若塞姆曲线来表达大国城镇化的历程。曲线的第一个转折点是城镇化率为 30% 的时候，城镇化开始加速；第二个转折点是 70% 的时候，城镇化开始减速。实际上此曲线是美国地理学家在 20 世纪 70 年代描绘的，是以新大陆体系国家（移民为主体的国家）为样本的城市化基本规律形象化。而旧大陆国家（原住民为主的国家）并不是这样，它们的城镇化峰值一般在 65% ~ 70% 之间，转折点实际上在 57% 附近。这就意味着中国近几年城镇化速率就要开始转折。同时，根据人口数据分析，中国 50 岁以上的农民工大部分都存在回乡养老的趋势。人口结构的变化和国际经验显示，中国的城镇化实际上已经进入了中后期，这意味着每年从农村迁入城镇的人口将开始显著减少。

（二）机动化将强化郊区化趋势

国际经验表明，机动化率达到 30%，即每百人拥有 30 辆车的机动化水平的时候，郊区化趋势就会非常明显。中国 2014 年每百人拥有机动车 20 辆，"十三五"末期将接近 30 辆。目前东南沿海已普遍达到 30 辆的水平。再加上高速公路总里程将居世界第一位，同时空气污染、高房价等因素都将对大城市人口转移产生巨大影响。香港 1974 年建立了比较完整的信息披露制度，借助其完善的信息分析，可以揭示南方城市雾霾的主因是城市尾气。北方地区则是因为机动车污染和冬季取暖煤烟的双重污染相叠加。

9

（三）城市人口的老龄化快速来临

由于长期坚持"一对夫妻一个孩子"的政策，我国人口老龄化速度比西方大国来得更快。据有关部门统计，2013 年全国 60 周岁以上的老年人口已达 2 亿多人，预计到 2035 年将达 4.5 亿老年人口。与此同时劳动力价格逐年上升，以建筑业为例，每年劳工工资上升幅度都在 30% 左右。值得指出的是，随着全球化和经济转型的深入，绝大多数转型国家都出现了劳动力外流和人口减少的明显趋势，（联合国数据）东欧整体人口在近二十年转型期间减少了 23%，远超西欧各国的人口减少速度。主要原因不外乎是：适合的就业岗位减少、贫富分化、青年人不愿生育、企业家和知识分子移居海外谋发展，等等。除此之外，我国外流人口加剧的原因还多了逃避空气污染、食品安全、资产保值、子女教育等其他原因。这引发了少数专家发出"警惕中国人口断崖式下跌"的呼声。除此之外，基于我国大多数地区"家族村落聚居"特点和"乡村记忆"的恢复，"回家养老"将会推动城乡人口双向流动，这与人多地少、农耕文明历史悠久的国家（如日本、法国、荷兰等国）城市化中后期趋势有相似之处。

（四）住房需求将持续减少

主要有两个数据，一个是中国已经进入了城镇化中后期，进城人口会逐步减少。二是据国际货币基金组织给出的数据，城市化之后的日本、法国人均住房面积约为 35 ~ 40m²。中国虽然未经住房普查，但是通过抽样，我们基本上可以估算人均住房面积已达 35m²。各地的空城、鬼城不断涌现，再加上最近报道东北三省人口出生率低于日本，一些城市住房的库存去化周期已经超过 10 个月，有的甚至达到 50 个月左右。即使几年不再建设，库存房产都处理不了。

（五）碳排放的国际压力空前增大

在 2015 年的一次国际论坛上，微软创始人比尔·盖茨惊呼"中国水泥三年消耗量等于美国一个世纪的总量"；我回应他："在中国解决住房问题必须依靠水泥钢筋，不像美国靠的是木材，水泥消耗量占全球 40% 属正常，但当前建筑节能工作进展较好，碳峰值将在 2030 年左右下降。"现在碳排放为什么压力空前巨大？中国不仅碳排放量是世界第一，而且人均排放超过世界平均值，同时总量是当前美国、欧盟的总和。尤其是近 10 年，中国碳排放增速是美国的近 5 倍。从国际经验来看，实施产业的低碳化、绿色化战略的主角一般是企业家，政府只负责提供外部激励与碳交易市场。而交通与建筑低碳措施却需要政府有预见性规划和有力的组织实施方能奏效。

（六）能源和水资源结构性短缺将会持续加剧

从能源结构来看，我国人均拥有的煤、石油和天然气储量仅为世界平均水平的 60%、7.7%、7.1%。以煤代气代油将是近几年乃至将来都必须坚持的基本策略。而且由于治理空气污染的迫切需要，各地区在进行能源结构的调整，即需要大量的天然气来取代传统的生活、工业、取暖的燃煤，这无疑会大大加剧原本就短缺的天然气供求关系。由于短期内机动车数量仍处于上升期，我国石油进口依存度从去年底的 56% 还将持续攀升。

从水资源来看，我国人均占有量约为 1700m³（据 2011 年数据），低于世界平均水平，空间分布也十分不均。从用水量来看，农业用水约占 61%，工业用水约占 24%，城市居民用水约占 13%。21 世纪以来，我国城镇化率提高了十多个百分点，城市用水人口增长 53.8%；而城市用水量仅增加了 11.5%，而且近五年来，城市的年供水量基本稳定在 500 亿立方米左右。从国际城市化经验来看，我国城市用水量已趋于稳定，不可能大幅上升。但由于我国正处于水污染的高发期，再加上水生态修复周期漫长，水污染"局部好转、整体恶化"的基本态势在短期内也难以根本扭转。长期以来兴修水库等水利工程所造成的水蒸发量显著增加对水生态系统积累性损害也正在呈现。再加上气候变化引发的极端干旱、极端降雨也将会持续加剧。突发性污染引发的水安全事件、水质性缺水和极端气候引发的短期结构性缺水将会成为影响我国城市运行的大概率事件。

（七）城市的空气、水和土壤污染加剧

从国际经验来看，先行国家在经历城市化中后期时，都不约而同地出现了空前严重的空气、水和土壤污染，这些污染的成因复杂、成分多变、治理成本高昂、周期很长，不少先行国家民众至今仍然饱受这三大污染之痛。由于我国长期坚持城市人口的紧凑式发展和工业化引领城镇化，这三种污染再加上日益严重的"垃圾围城"现象，对城市人居条件、投资环境和民众健康负面的影响会更大。除此之外，由于"十一五""十二五"期间对农村建设用地控制政策摇摆不定、法制观念薄弱，造成了不少城郊"小产权房"盛行，"以租代征"占用了城郊大量耕地。以北京市周边为例，通过遥感监测，近几年来北京周边（包括河北、天津部分地区）未批已建的开发用地高达上千平方千米，形成了小产权房和工业项目的"包围圈"。在北京周边，有 1000 多平方千米的违法用地，这些违法用地就像"包饺子"一样把北京包围了，导致传统的风道被封死。一定程度上阻塞了城市风道，加剧了首都的雾霾。国家气象局给出数据：北京市内地面风速每 10 年就下降 10%。水污染、土壤污染治理难度非常大，一旦污染，治理成本往往是排污利润的 5 倍以

上，治理周期非常长。

（八）小城镇人居环境退化，人口流失

中国的城市跟国外相比，大城市的光鲜度差不多，而小城镇却相去甚远。再加上管理不善、公共用品提供不足、生态环境退化、就业岗位减少。从最近一次人口普查结果分析，我国居住在小城镇的人口比率比十年前下降了10个百分点，约有1亿人口从小城镇迁往大城市。调查表明，人口流动的主要原因按次序有以下几种：让子女接受良好教育、工作机会与收入、资产（主要是房产）保值、医疗水平等。发达国家人居环境最优的往往是小城镇，而我国小城镇则普遍存在环境污染、管理不善、人居环境退化、就业不足等方面的问题。

（九）城市交通拥堵日益严重

由于人均拥有小轿车的快速增加，我国城市交通拥堵正在全面爆发。当前交通拥堵正从沿海城市向内地全面扩散，从早晚高峰向全天候全面扩散，从大城市向中小城市全面扩散。随着车辆保有量持续增加，城市道路面积又由于空间结构的限制难以同步增加，再加上城市高架桥、大院落都扼杀了绿色交通、步行交通。交通拥堵导致空气污染加剧，又使原本骑车出行的人们转乘私家车，造成了恶性循环。

（十）城市特色和历史风貌正在丧失

作为全球四大文明古国，我国绝大多数城市都有长达二千年的悠久历史。但与发达国家历史遗存和传统风貌保存良好的情况相比，我国多数历史文化名城、名镇正在丧失自己特有的建筑风格和整体风貌。城市空间肌理趋向平庸和"千城一面"，一部分城市已成为国外"后现代建筑师们"的试验场。大批"大、洋、怪"的公共建筑以高能耗、高投入、低使用效率浪费了宝贵的公共资源，并侵蚀了这些城市昔日独特的传统形象，割断了历史文脉的传承。决策者"崇洋媚外、崇高尚大"等不良风气并未得到有效遏制。

除此之外，"城乡一律化"的新农村建设模式与错误的"建设用地增减挂钩"政策，正在快速毁坏承担乡土文化传承的传统村落，这不仅会明显损害我国的文化软实力，也会毁坏发展乡村旅游的不可再生的宝贵资源。

（十一）保障性住房过剩与住房投机过盛并存

近些年我国投入大量的财政资金建设各类保障房和推行棚户区改造（每年平均约700万套左右）。解决了大量低收入群体的住房问题，也消除了积累多年的城市"脏乱差"问题。但随着这种"从上到下布置任务式"的建设模式积累运

行，其弊端也日益显现：一方面部分基层政府为了完成任务或增加投资，将保障房项目安排在缺乏配套设施的远郊区；另一方面由于随着地方政府配套资金的日益短缺，本该同步建设的配套设施迟迟上不了马。更为重要的是由于低收入者往往缺乏"空间自由移动的能力"，必须紧靠工作岗位安置居住。这样一来，保障房空置现象就越来越严重。据地方统计，青岛市白沙湾社区已建公租房 3800 套、限价商品房 6253 套，只收到不到 350 套的申请。河南省已建成的保障房有 2.66 万套空置超过一年，陕西省计划建 210 万套保障房，但已建成 91 万套中空置超 10 万套，云南 2.3 万套保障房被闲置……。与此同时，由于缺失财产税、空置税、多套住房消费税等工具，我国城市住房占有悬殊和投机、投资比重一直居高不下。其结果是一方面不少低收入家庭住不起房，另一方面却有大量房屋空置积压。更为重要的是，由于一些地方政府错误的政绩观和投资模式，部分地区大规模的空城、鬼城正在呈现，而且有愈演愈烈之势。如不尽快采取措施，将可能会遭遇日本式泡沫破裂的悲剧。

（十二）城市的防灾减灾功能薄弱

随着人口向城镇集中，大城市（特别是城市群）所面临的风险也在同步增加。哥伦比亚大学国际地球科学信息网络中心（CIESIN）研究表明，在全球 633 个大城市中，有 450 个城市约 9 亿人口暴露在至少一种灾害风险之中。实践证明，城市难以有效规避各种不确定性因素，而且风险发生时，城市所遭受的社会经济损失往往也随着城市规模等级的扩大而增大。我国更是如此，随着前几个五年规划的实施，我国城市普遍长了"块头"，但防灾、减灾能力却减弱了。例如，近百毫米甚至几十毫米的中等暴雨就出现长时间的街道积水。煤气和地下管网油气爆炸也屡见不鲜，地震、泥石流、飓风等造成的损失也越来越惨重。这一方面与我国城市主要领导干部任职过短、考核机制不科学导致只注重地面不注重地下工程有关，另一方面也与城市"摊大饼式扩大"造成空间集中度过高和防灾减灾投资体制过散、条条分割有关。尽管国家有关部委今年启动了"海绵城市""综合管廊防灾减灾和地下空间综合"示范城市等财政补贴项目，但城市防灾减灾仍然需要整体规划与建设，否则只能是"按下葫芦浮起瓢"。

二、深度城镇化主要策略

（一）要稳妥地开展农村土地改革试点

"十三五"期间将是中国大城市郊区化活力最高的时期。为保证城市的紧凑式发展和节约耕地，首先必须正视和有效克服农村建设用地平等入市式改革可能存在的负面效应，并使其服从、服务于健康城镇化。应该明确指出，在机动化时代到来的时候，我们首先要防止出现美国式的城市蔓延。如果集体建设用地没有规模控制，城市蔓延的局面将难以收拾。这方面的限制政策已出台，有的正在进行更全面的调整，在"十三五"规划建议中已有体现。

（二）以"韧性"城市规划来统领整个城市各种基础建设，提高防灾性能

国际韧性联盟（Resilience Alliance）将"韧性城市"定义为"城市或城市系统能够消化并吸收外界干扰（灾害），并保持原有主要特征、结构和关键功能的能力"。依次形成了城市的技术韧性、组织韧性、社会韧性和经济韧性四个基本要素。其中"技术韧性"又称为"工程韧性"，是指城市基础设施对灾难的应对和恢复能力，如建筑物的庇护能力，交通、通讯、供水、排水、供电和医疗卫生等基础设施和生命线的保障能力。而后几种"韧性"则指的是城市政府、市民组织、企业面对灾难时的应对能力。由此可见，提高我国城市防灾减灾水平首先要科学编制增强城市韧性的防减灾规划，依次从建筑、社区、基础设施、城市、区域全面进行防减灾设计与建设。其次要整合现有的海绵城市（LID）、生态城市、共同沟示范城市、城市防洪、城市新能源、城市抗震和智慧城市等工程，一方面可防止相互冲突抵消"韧性"，另一方面，尽可能利用现代科学技术和通信设施，以"非工程措施"结合必要的工程性修建来增强城市防减灾能力。再次，及时颁布《城市地下空间利用管理法》，这不仅可有效增强市"韧性"和节约土地，而且也能扩大有效投资、改善城市人居环境。

（三）推行城市交通需求侧管理

长期以来，我国各地曾经片面地推行诸如，大力建设城市立交桥、高架桥、倡导汽车消费、拓宽城市街道、压缩和取消自行车道、禁止电动自行车通行等错误的政策，以至于造成了当前各大城市交通拥堵、空气严重污染的局面。"十三五"期间，应不失时机地纠正以前各种错误，首先要树立城市交通需求侧管理的理念，全面提高停车费、开征拥堵费、拍卖或限制小轿车车牌等措施。其次是扩大城市步行区、全面推行步行日、党政领导干部带头倡导自行车（包括小排量电动自行车）出行、推行"可步行"城市、普及公共租用自行车等；与此同时，要加快公共交通建设步伐，放宽城市地铁和轨道交通建设的限制条件，全面加速城际间轨道交通规划建设速度，推广各种公共交通的"无缝对接"和"双零换乘"，取消节假日高速公路免费通行等。

欧洲人口密度与我国相似的城市如巴黎和伦敦，城市轨道密度分别为 1.91 和 1.28km/km^2。而我国轨道交通运营里程最长的上海市路网密度也仅

为 $0.56km/km^2$，仅为巴黎的 30%。由此可见这方面的投资潜力巨大，预计仅十三五期间就可达 3 万亿的投资额。

从"大交通"的角度看，据国外 20 世纪的一项研究显示：从能效来说，火车每吨千米的能耗为 118kcal，大货车为 696kcal，中小汽车（家用）是 2298kcal；从用地效率来看，单线铁路（每千米）比二车道二级公路少占地 $0.15 \sim 0.56hm^2$；复线铁路（每千米）比四车道高速公路少占地 $1.02 \sim 1.22hm^2$；复线高速铁路（每千米）比六车道高速公路少占地 $1.22hm^2$。这说明普通铁路和高铁运输比高速公路要节地、节能得多，比航空运输节能量更大。由此可见，人多地少资源相对稀少的我国应大力发展高铁来替代高速公路或航空运输运力，此举应作为长期坚持的战略方针。

（四）变革保障房建设体制，降低房地产泡沫风险

自古以来，城市居民的幸福程度是由生活在城市底层的民众的居住状况来决定的。近些年党中央、国务院大力推行棚户区改造和保障房建设的确是抓住了我国城市的本质问题。但传统"从上而下"的建造模式也积累了众多的问题，已经到了必须让市场机制发挥配置此类资源更大作用的时候了，这就首先需要改革保障房建设运行体制，学习欧盟各国动员低收入群体自发开展合作建房的经验。出台相关法规和扶持政策，变政府建、政府管为民众自己合作建、政府监管扶持的新模式。其次，在过渡期间可以成本价收购积压的商品房作为保障房源，并逐步转"补砖头"式修建保障房为"补人头"式补贴低收入者租房款。再次，是扩大"棚户区改造"的范围至城市危旧小区、城中村等，对这些旧房进行抗震加固、改善配套的同时，应兼顾节能减排、雨水收集利用、中水回用等方面的改造。这方面改造既能起到扩大投资、节能减污、改善人居的多重效益的作用，也有利于从城市细胞——建筑层面增强"韧性"。

除此之外，还要综合运用信贷和税收等工具逐步压缩部分城市的房地产泡沫。建议先出台空置税和多套住宅消费税以精准扼制投机、投资性住房需求。对城市居民购买第三套住房必须全额交付购房款，降低房地产的金融杠杆率。对空置率较高的城市组团要严格监督、逐步消化。对那些继续"寅吃卯粮"新形成的空城要果断追究地方党政负责人的责任。

（五）全面保护历史街区，恢复城市文脉

城市历来被称之为"文化容器"，而作为城镇文化之根的历史街区更是"文化容器"的基色。修复城镇的历史街区，不仅能恢复城市特色、树立民族文化自信心，而且还有助于民众借鉴节能减排的传统智慧、扩大城市投资机会、助推旅

游业发展等的复合效用，但也要防止"建设性破坏"。首先需要严格划定城市历史街区、重点文物保护单位的"紫线"范围，并设置界石接受民众监督，与此同时还要扩大"虚紫线"即建筑风貌协同区管制范围。其次是全面推行城市总规划师制度，形成行政首长与技术负责人的相互制约关系。并以专门法规的形式健全城市规划管理委员会制度，以少数服从多数的方式减少决策失误。再次，学习欧洲各国在快速城市化过程中的有益经验，全面强化现有的国家城市规划督察员制度。赋予下派驻城的督察员有权列席各类规划决策会议、举行听证会、上报并中止错误的"一书两证"等方面的权限。总之，这些制度的健全是防止行政官员"有权任性"自由处置不可再生的历史文化遗产所必需的制约措施。全国现有 100 多个历史文化名城，500 多个历史文化名镇，如以每条历史街区财政"以奖代补"投入 1 亿元，至少可启动上万亿的有效社会投资。

（六）推行"美丽宜居乡村"建设，保护和修复农村传统村落

作为一个传统的农业大国，保护好传统村落具有发展乡村旅游业、开发名优农副产品（一村一品）、降低全社会养老负担、保护历史文化遗产、增强民族文化软实力和优化国民经济整体韧性等方面不可替代的作用。首先，必须改革"城乡建设用地增减挂钩试点办法"，代之以城镇空间人口密度管制为主的耕地保护监控新模式。其次，要明确规定撤销合并村庄必须经由省级人民政府批准，除城镇近郊和草原、沙漠地区之外，其余地区严格禁止合并村庄，或推行所谓的"城市社区"强迫农民并村上楼。再次，除了完善传统村落保护规划之外，还必须由专门的学术委员会对传统村落的文化遗产、传统民居、自然景观、特色农村产品、风俗节庆等方面的资源价值进行定期评估，对排名位次显著上升的村庄给予一定的奖励。更为重要的是，要在此基础上以"以奖代拨"为手段，促进地方政府广泛推行以保护和修复传统村落为重点的"美丽宜居乡村建设"活动，走出一条以乡村旅游结合"一村一品"培育的农村农业现代化新路子。仅以全国 75 万个自然村落中十分之一的村落在"十三五"期间进行改造，中央政府投入 2000 亿就可以启动至少 2 万亿的总量投资。

（七）编制和落实城市群协同发展规划

经过三十多年快速城镇化，我国已经形成了大约几十个高密度城镇化地区，但由于缺乏相应的城镇群协同发展规划编制办法，分属于不同行政主管的城镇政府"各自为政""搭便车"的行为普遍存在，造成了生态资源破坏、垃圾围城、水污染加剧、空气质量恶化、"断头路"、产业结构雷同等问题普遍存在。"十三五"期间要研究出台城镇群协同发展规划编制与管理办法，主要解决：人力与物质资

本共享、环境污染共治、基础设施共建、支撑产业共树、不可再生资源共保等协同发展课题。尤其值得指出的是，要尽快将"四线管制办法"扩大到整个高密度城镇化地区，切实有效地开展文化和自然遗产等不可再生的资源保护利用，以及空气、水、土壤污染的共同治理等紧迫性的任务。今后所有以城市为对象的各类表彰命名都必须以空气、水、土壤污染治理的实际成效作为评奖表彰的基础条件，促使基层政府加快治污工程和产业结构调整计划的实施。

（八）对既有建筑进行"加固、节能、适老"改造

住宅商品化改革以来，我国人均住房面积快速增加，仅城镇住宅与公共建筑面积就高达 200 亿平方米，除了"十二五"期间在大中城市强制推广建筑节能之外，之前建成的建筑单位能耗都相当高（约为发达国家 2～3 倍）。更为重要的是随着人民群众对居住面积的追求逐步转向居住品质，建筑能耗将稳步上升。据城镇化先行国家的经验，最终的建筑运行能耗将占全社会能耗的 35% 左右。而住宅节能改造之后，节能率可普遍提高至 65%，据粗略统计每年可减少约 5 亿吨标煤以上的建筑能耗。

从应对老年化的角度来看，我国城区大部分的老年人生活将来还必须通过居家养老加社区服务来解决。但前阶段所建的多层住宅绝大多数缺乏电梯和按老年生活所需的特殊卫生间等必备设施。与美国 80% 住宅为独栋别墅不同的是，我国城镇化住宅绝大多数为多层或高层公寓，个人无法进行节能和养老方面的改造，必须由地方政府牵头组织实施。我国尚有约 5000 亿左右的住房公共维修基金沉淀在各级财政和房管局账户中，应积极发挥作用。

从扩大投资的角度来看，若以每平方米节能、适老改造费用为 200 元计（地震烈度高的地区还必须增加抗震加固改造），投资总额可高达 4 万亿元，如改造期为八年，每年可新增投资约 5000 亿元以上。与此同时还可以学习新加坡的成功经验，即对居住场所离年迈父母较近的子女（一般为 1km）给予一定额度的个人所得税优惠，再加上以我国传统中医针、灸、砭、汤、药和现代精准网络医疗诊断相结合的社区养老养生服务体系的建设，就可以大大降低全社会的养老负担。

值得指出的是，加快发展绿色建筑对我国健康城镇化有着特殊意义。据欧盟建筑师协会统计，从建筑的全生命周期来看，绿色建筑（据国标《绿色建筑评价标准》GB/T 50378 定义：绿色建筑是全寿命期内，最大限度地节约资源"节能、节地、节水、节材"、保护环境、减少污染，为人们提供健康、适用和高效的使用空间，与自然和谐共生的建筑），能够比一般的节能建筑额外贡献高达 50% 节能率和 30% 节水率。

"十三五"期间是我国绿色建筑全面推广的关键时期，必须明确要求各级财政补贴的建筑必须全面达到国标二星级以上绿建标准，这就需要绿色建筑知识在民众中的大普及和列入党政干部必备培训项目。除此之外，利用网络、大数据等现代科技手段助推绿色建筑的设计、建造和营运就成为当务之急了。

（九）以绿色小城镇为抓手，分批进行人居环境的提升和节能减排改造

小城镇最容易融入"望得见山水"的美景之中，最容易改造成绿色城市。我国共有 2 万余个小城镇，3 亿多进城人口生活和就业在小城镇。从农业现代化的角度看，小城镇是为周边农村、农民、农业服务不可替代的总基地。未来五年可选择 4000 个重点镇进行节能减排和人居环境的改造。中央和省财政对每个镇"以奖代拨"形式补贴 1000 万，共 400 亿投入就可带动至少 4 万亿的总投资规模。更为重要的是，许多在大城市难以推广的新能源汽车（农用车）、"三网合一"新网络技术；风电、太阳能与小水电结合的新能源供电模式；大城市名牌医院、名校下乡将卫生院和中小学校改造成为高质量的分院、分校等新举措都可以在试点镇先行推广，从而形成"农村包围、融合城市"的新态势。发挥此类"绿色小城镇"示范作用，既能减少区域空气污染，又能在体制障碍较小的城镇中率先推广新技术和新模式。

（十）以治理"城市病"为突破口，全面推进智慧城市建设

现在的"智慧城市"，十有八九是"伪智慧""白智慧""空智慧"，不能解决城市实际问题。"智慧城市"必须有三个导向：一是有利于节能减排；二是有利于提高城市治理的绩效；三是有利于解决城市病。在此基础上再实现老百姓生活的丰富化、便捷化。若离开了这三大核心公共品的提供，智慧城市建设就如同隔靴搔痒。推行智慧城市建设，是一场城市间相互学习、友好竞赛并逐步升级的活动。未来几年间，智慧城市建设将覆盖大部分城市和部分重点镇，至少可形成约 5 万亿的投资规模，并将对经济结构转型产生巨大的推动作用。

三、小结

（一）城市几乎是我们面临的所有社会和环境病症的根源，但也是解决问题的钥匙。"深度城镇化"，正是解决过去"广度城镇化"所带来问题的总抓手。

（二）城市是 80% 的 GDP、95% 的创新成果、85% 的税收和财富的聚集器；更重要的，城市是文化的容器。城市的财富隐藏在空间结构中间，若空间结构是引人入胜、是历史传承的，就会是不断增值的，否则就是一堆建筑垃圾。

（三）城市"硬件"的改善必须从建筑到基础设施，从小区到城市使其"绿色化"，再加上智慧城市这个"软件"，通过"中西医调治"，才能达到治理"城市病"、扩大内需这样具有双重效应的目标。

（四）深度城镇化，要求治理的策略扩大到城市群以及城乡范围，才能奏效。

（五）经测算，所有深度城镇化策略至少能产生 30 万亿的有效投资需求，其核心问题是要将有限的投资转向节能减排、提高城乡人民生活质量的新投资领域。唯此，供给侧改革才能成功。

（撰稿人：仇保兴，个人简介参见序言部分）

注：摘自《中国经济报告》，2016（2）：16-18，参考文献见原文。

六大创新推动城市发展方式转型

"十三五"是中国经济社会走向新常态转型发展的关键时期，城市作为当代经济社会发展的重要载体，决定了中国经济社会的转型必须与城市发展方式转型配套进行。在这样背景下，中央城市工作会议的召开，研究部署中国城市发展战略，具有很重要的意义。改革开放以来，我国经历了世界历史上规模最大、速度最快的城镇化进程，但也遇到了亟需解决与应对的许多新问题和新挑战。针对存在的城市病，以系统科学的创新思维，尊重城市发展规律，合力推动中国城市发展方式转型，是这次中央城市工作会议的大战略、大亮点。

一、城市发展观创新：从人造城市的机械发展观向尊重城市规律的生命发展观转变

中央城市工作会议，把"认识、尊重、顺应城市发展规律"放在指导城市工作的重要地位。会议明确提出，尊重城市发展规律是端正城市发展指导思想、决定中国城市发展方向、推动中国城市工作创新的重要前提。

不可否认，进入 21 世纪以来，中国城市得以高速发展，政府在推动城市发展中发挥了重要作用。由于城市发展资源配置，特别是城市公共设施的投资，因具有全局性、前瞻性、系统性的特性，决定了城市发展需要政府主导。可以说，充分发挥了政府在城市发展中的作用，这也是城市发展的需要。但由于中国政府是一个比市场力量更大的强势政府，由此也形成政府在城市发展中作用过头的问题。再加上自上而下的政绩指标考核的压力，以及地方之间相互攀比竞争的推动，使政府对城市发展有限的主导作用变成了脱离城市本身发展规律的盲目作为。在许多政府的心目中，城市就像一个可以被人完全控制的大机器，只要有足够的投资、土地和技术支持，就可以打造出最现代化的城市来。这样一种过度放大政府力量，忽视城市自身自然成长规律、忽视市场力量的城市发展理念，使我们的城市化建设，变成了脱离城市经济发展、脱离城市人口发展、脱离城市环境资源承载力的城市空间盲目扩展、房地产无序发展的城市化。不遵循城市发展规律的城市化，使许多地方的城市化，成为有城无市的空壳城市，有城无人的死城。

在这样的背景下，中央城市工作会议明确提出，应在尊重城市发展规律的前提下指导城市工作，对于矫正目前存在的问题是非常及时、非常重要的。会议指

出"城市发展是一个自然历史过程,有其自身规律"。其实,城市作为当代经济社会、文化与历史、自然与人文的综合体系,它是一个有机的生命体,绝不是我们以往所认为的,即城市是一部单纯依靠技术和资本投资就能打造的机器。在这样一种机械城市发展观的作用下,我们只关注城市的房地产扩张,忽视了能够给城市生命成长带来滋养的城市多元化产业的发展;我们只关注城市物质硬件的投资,忽视代表城市生命灵魂的城市文化与城市精神的发育。

世界城市发展的历史告诉我们,城市发展过程是一个按照生命规律不断长大的过程,这个过程既是构成城市机体的城市经济与人口、城市空间与规模相互协调、相互促进成长的过程,也是城市特有的文化与城市精神发育成长的过程。理念决定思路、思路决定道路、道路决定方向。中央城市工作会议提出的城市生命发展观,是决定城市发展指导思想的出发点,是推动城市发展方式转型的重要前提,是我们学习、落实中央经济工作会议的重中之重,必须高度重视。

二、城市发展模式转型:从粗放、摊大饼向节约紧凑、绿色发展模式转变

当今中国面临世界上人口最大的城市化,也是资源、能源和环境危机压力最大的城市化。如何将五中全会提出的绿色发展在城市工作中落地是十三五期间中国生态文明建设的重大战略。长期以来,由于对能源和环境危机认识不足,目前中国城市建设存在着严重的土地资源浪费、环境治理欠债、脱离资源和环境承载力的城市规模盲目扩张等问题。如何推动目前的粗放式、摊大饼、高能耗的城市发展模式,向节约紧凑的绿色发展转型,是中国未来城市化亟需着力解决的重要问题。

针对存在问题,中央城市工作会议首次提出了城市发展要走节约紧凑、绿色发展的新要求。会议明确提出,城市发展要"尊重自然、顺应自然、保护自然,改善城市生态环境,在统筹上下功夫,在重点上求突破,着力提高城市发展持续性、宜居性。"

按照中央城市工作会议的要求,绿色城市要围绕三个目标进行:一是要按照城市规模同资源环境承载能力相适应要求,建设人与自然和谐的城市。中央城市工作会议明确提出"要控制城市开发强度,划定水体保护线、绿地系统线、基础设施建设控制线、历史文化保护线、永久基本农田和生态保护红线,防止'摊大饼'式扩张,推动形成绿色低碳的生产生活方式和城市建设运营模式。"二是要最大限度节约使用土地资源、水资源,建设低能耗的低碳城市。目前我国657个城市中有300多个属于联合国人居环境署评价标准里的"严重缺水"和"缺水"

城市。城市土地占用出现严重失控趋势，土地城市化的速度大大地超过了人口城市化的速度。"科学划定城市开发边界，推动城市发展由外延扩张式向内涵提升式转变"，是未来中国城市发展主要目标。三是要最大限度利用自然生态资源和自然景观资源建设绿色生活城市。中央城市工作会议特别强调"城市建设要以自然为美，把好山好水好风光融入城市。要大力开展生态修复，让城市再现绿水青山。"

三、城市发展动力转换：从土地、资本驱动到改革、科技、文化三轮驱动

进入 21 世纪以来，中国城市发展速度很快，推动城市发展的动力主要来自土地和资本投资。应该说土地和资本是城市发展基本动力，也是城市发展的物质基础。目前中国城市发展面临的重要问题，不是土地供给不足，而是土地利用率低，城市发展粗放低效。要推动城市发展模式从粗放式的规模扩张向紧凑集约、高效绿色发展转型，就必须改变城市发展的动力。通俗语言来讲，城市作为一个生命系统，其成长不仅通过足够的物质给养长身体，同时还有足够的知识和文化给养长精神、提高城市品质。要解决这个问题，城市的发展动力就必须由目前土地、资本等物质要素的投入为主，转向以制度创新、科技与文化创新等柔性要素的投入为主。正是基于这个原因，中央城市工作会议首次明确提出，我们未来的"城市发展需要依靠改革、科技、文化三轮驱动，增强城市持续发展能力"。在资源约束下，提高城市集约式发展、绿色发展的主要途径，就是要通过改革推动的制度创新，挖掘城市管理、城市资源配置、城市规划等领域的潜力。会议明确提出，在规划改革上要以主体功能区规划为基础统筹各类空间性规划，推进"多规合一"。在解决农民进城的问题上，要统筹推进土地、财政、教育、就业、医疗、养老、住房保障等领域配套改革。

技术与文化是现代城市不可缺少的两翼。技术创新可以提升城市资源利用率，特别是现代互联网、数字化技术，更是城市发展不可缺少的神经系统。一个城市不仅要有强健的体魄，发达的神经系统，还有城市的灵魂和精神。要提升和培育城市的灵魂和精神，就需要增加城市发展的文化营养。文化发展是现代城市不可缺少的动力之一。中国城市发展所需要的技术，可以向西方学习或引进，但中国城市所有的文化，必须是中国的文化，所以中央城市工作会议鲜明提出中国城市发展一定"要保护弘扬中华优秀传统文化，延续城市历史文脉，保护好前人留下的文化遗产。要结合自身的历史传承、区域文化、时代要求，打造自己的城市精神，对外树立形象，对内凝聚人心"。

四、城市规划管理创新：从简单无序向规划、建设、管理系统统筹转变

城市作为一个复杂的有机系统，是一个集经济社会、文化历史、自然与人等综合因素的复合生命体。长期以来，在追求 GDP 的大背景下，我们把城市看成是满足经济增长单一功能的机器，把城市所有的资源都集中在如何推动城市经济增长上。这样一种狭隘的城市发展观，也导致了城市规划变成了满足城市单一经济增长功能的规划。此外，在城市管理缺乏制衡硬约束的背景下，城市规划成为满足领导意志和偏好的规划。总之，城市规划缺乏系统性、缺乏法治性、缺乏市民参与性、缺乏前瞻性和科学性成为中国城市规划长期以来很难解决的一大病垢。针对这个问题，中央城市工作会议提出统筹规划、建设、管理三大环节，提高城市工作的系统性、严肃性、前瞻性和科学性的新要求。具体讲，城市规划要坚持四个原则：一是系统性原则，从构成城市诸多要素、结构、功能等方面入手，综合考虑城市功能定位、文化特色、建设管理等多种因素来制定规划；二是市民、企业、建设管理单位等多方共同参与原则；三是城市规划的公开性和强制性原则；四是保留城市文化基因原则；五是规划执行法制化原则，从根本上解决与防止出现换一届领导就改一次规划的现象；六是城市规划和管理把安全放在第一位的原则。

五、城市治理方式改革：从一家独治向统筹政府、社会、市民共治转变

中央城市工作会议指出城市建设"坚持以人民为中心的发展思想，坚持人民城市为人民。这是我们做好城市工作的出发点和落脚点"。要落实这个发展思想，就需要改革城市的治理方式。属于人民、为人民的城市治理，就不是政府的一家之言，而是需要多方积极参与治理。会议明确提出城市发展要统筹政府、社会、市民三大主体，"尽最大可能推动政府、社会、市民同心同向行动，使政府有形之手、市场无形之手、市民勤劳之手同向发力"，真正实现城市共治共管、共建共享。

（撰稿人：张孝德，博士，公共经济研究会副秘书长，国家行政学院经济学教研部副主任、教授）

注：摘自"人民网"，2015-12-25。

新常态下城市规划的传承与变革

导语：新常态意味着中国进入"趋势性转变"的时代，我们既不能过于夸大新常态对城市规划的影响，更不应忽视新常态所蕴含的根本性和机遇性变化。随着我国进入城镇化加速发展的中后阶段，城市发展的新常态主要将呈现三大特征：降速、转型、多元。与此相适应，城市规划的传承主要体现为"三个回归"：回归正常、回归本源、回归理性，坚持以人为本、因地制宜、软硬兼顾、刚柔并济的核心原则。随着市场化改革体制的全面深化，城市规划的变革主要体现在两个层面：在制度层面，将进一步提升城市规划的地位和作用，完善体制和机制，强化实施和管理；在技术层面，城市规划将以改善人居环境为核心，以提高城市韧性为目标。城市规划传承和变革的终极归依，是为了更好地满足人的需求。城市规划要把人而不是土地，视为最宝贵的"资产"和根本动力。

传承与变革，这是人类社会发展的永恒主题。西方哲学认为，事物总是在肯定与否定中螺旋式发展，而被视为中华文化源头的《易经》，更是将"不易"和"变易"当作贯穿一切的主线。中西方也不约而同地强调两者关系的辩证性：无论是阴阳互生，还是肯定与否定，都存在着对立统一、相互转化的关系。任何事物都没有绝对的传承或者变革，必然是传承中蕴含着变革，变革中蕴含着传承。因此，人们应该追求的，既不是单纯的传承，也不是单纯的变革，而是两者的恰当平衡，这就是所谓的"中庸之道"❶。同时，事物的发展也有其过程性和阶段性，传承与变革也必然体现时代的烙印。尤其是城市规划，作为问题导向的制度性产物，更是时代诉求的晴雨表。总而言之，城市规划的传承与变革，既是永恒的、辩证的，也是时代的要求。所以要弄清这个问题，首先必须正确理解这个时代。

一、如何理解这个时代？

（一）全球背景：当今世界正处于大变革时代

首先，当今社会正处于以计算机、互联网、新能源等为代表的科技革命浪潮之中，这次科技革命尽管在历史阶段的划分上尚存争议（即到底存在几次），但

---

❶ 不偏，谓之中；不易，谓之庸。通俗地讲，就是不偏不倚，不走极端；坚持本心，不轻易动摇。

却毫无疑问是迄今为止人类历史上规模最大的、影响最为深远的一次科技革命。它不仅极大地推动了人类社会经济、政治、文化领域的变革，而且也影响了人类生活方式和思维方式，使人类社会生活和人类社会的现代化向更高境界实现了飞跃式的发展。

其次，变革源于全球面临的多重危机。一是，2007 年以来的经济危机，以金融市场巨幅震荡、大宗商品价格暴跌、金砖国家光泽黯淡、"欧洲五国"主权债务危机和发达国家复苏乏力普遍采取量化宽松等为标志；二是，以气候变暖为标志的环境危机，气候变化已经不仅是自然科学问题，更是争夺发展权益和竞争优势的政治问题，当国人还在为 GDP 突飞猛进而沾沾自喜时，发达国家已经在应对气候变化和向低碳经济转型的旗帜下开始打造新的"竞技舞台"；三是，地缘政治危机，以叙利亚和乌克兰等国为代表，地缘政治冲突重新成为大国博弈的工具，各种极端宗教势力此起彼伏、绵延不绝。当然，"危机"不仅意味着"危险"，也可能带来"机遇"，危机，既是变革的动力，又是变革的前奏。

由此可见，奥巴马、卡梅伦、安倍晋三等越来越多的世界政要，都把"变革"作为竞选和施政的核心纲领，这一点绝非巧合。在全球大变革的背景下，与世界日益紧密联系的中国，当然不可能置身事外。

（二）"新常态"：中国进入"趋势性转变"的时代

2014 年 12 月的中央经济工作会议明确指出："认识新常态，适应新常态，引领新常态，是当前和今后一个时期我国经济发展的大逻辑"。所谓"新"，意味着转折、转变；所谓"常态"，意味着这种转变是趋势性、结构性，而不是临时性、周期性。因此，"新常态"意味着"趋势性转变"，这是适应中国国情，并有中国特色的大变革。

与以往的"新农村"、"新型城镇化"等概念相比，"新常态"显然综合性更强、内涵更丰富。它不仅包含要求全面深化改革、推动转型创新发展的"经济新常态"，也涵盖要求全面依法治国、全面从严治党的"治理新常态"，并且对社会经济发展的方方面面产生深刻影响。我国城市的发展，也必然紧密承接国家经济和治理的变化，呈现新的趋势性转变特征。

（三）城市发展的新常态：降速、转型、多元

随着城镇化率超过 50%，我国开始步入城市型社会❶，并进入城镇化加速发展

---

❶ 国际经验上（社科院课题）城市型社会判断标准——（1）城镇化率（核心标准）：初级城市型社会 51%～60%，中级城市型社会 61%～75%，高级城市型社会 76%～90%，完全城市型社会 >90%；（2）空间形态；（3）生活方式；（4）社会文化；（5）城乡关系。

的中后阶段，以及同步提升城镇化水平与质量的关键期。在这一阶段，主要将呈现 3 个突出特征：

1. 降速：发展速度从高速转为中速，城市间分化将更加明显

我国已经步入了社会经济发展的拐点时期：一是，城镇化率在 2011 年超过 50%，进入快速增长期的下半阶段。二是，"三产"比重在 2013 年首次超过"二产"比重，"一产"比重也首次下降至 10%，表明我国总体上即将步入工业化后期。因此，经济增长步入新常态，增速趋于放慢，其实是发展阶段所决定的历史必然。这也意味着由就业带来的城镇化提升动力也将相应减弱，而城市规模的扩张速度，将由于基数的变大，而呈现更加明显的放缓态势。中国的城镇人口从 1995 年的 3.5 亿增长至 2013 年的 7.3 亿，年均增长 4.2%，预测 2030 年中国总人口将达到 15 亿左右，按 65% ~ 70% 的城镇化率计算，城镇人口将增长至 10 亿左右，年均增长 1.9%，增速只相当于以前的 45%（见图 1）。

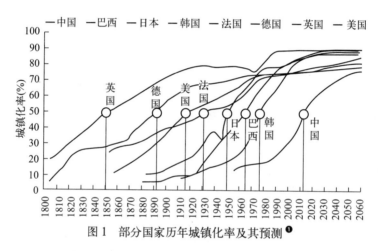

图 1　部分国家历年城镇化率及其预测❶

城市用地规模的扩张速度，将呈现更加明显的放缓态势。一是，前些年土地扩张速度远远快于人口增长速度，还有大量粗放和闲置城市土地（包括所谓的"空城""鬼城"）需要人口去匹配和"消化"。二是，土地利用更加集约节约的政策导向，也会大大抑制城市政府的土地扩张冲动。新型城镇化确立"以人为核心"的理念，将切实改变以往人口市民化滞后于土地城镇化的状况，圈地式的盲目扩张将受到政策的强力遏制。

由于总体增速放缓，以前几乎是齐头并进式的城市人口增长，将由于不同城市的吸引力和门槛差异，而出现人口在城市间重新流动选择。发达地区和城镇化

---

❶　图中日本的城市化率，系根据国际惯例进行了调整，而非采用日本过于严格的统计数据，两者相差约 20 个百分点，会导致比较研究中产生极大误解和偏差。

水平相对成熟的城市，将由于门槛过高和城市病负面效应，以及前期土地扩张相对偏快的，将进入以存量优化为主的阶段，未来的主导发展模式将是"精明调整"；处于工业化中期的城市，以及前期土地扩张与人口增长相对协调的城市，仍将有一定时期和一定程度的规模扩张，未来的主导发展模式将是"精明增长"；处于经济衰退和资源枯竭地区的城市，人口甚至可能出现负增长，导致部分城市功能萎缩和部分城市地区空心化，未来的主导发展模式将是"精明收缩"。

2. 转型：发展方式从数量增长为主转向质量提升和结构优化为主

尽管从绝对值来看，我国城市建设的总量依然十分巨大。到 2030 年我国城镇人口每年还将新增近 1600 万人，与欧洲排名第 10 的荷兰全国人口数量相当。户籍人口和非户籍常住人口公共服务相差悬殊，要实现包括住房保障、教育、医疗、文化等公共服务均等化，需要大量的建设。而且与发达国家相比，我国的城市基础设施尚有相当的差距，还需要长期的建设加以弥补，但相对于数量增长而言，城市发展中质量提升的要求更高，结构优化的需求更强。

由于近些年城市建设结构失衡，尤其是过于热衷于房地产开发❶，导致了城市生活配套不足、房地产泡沫严重、能源消耗总量过大等诸多问题，已经严重影响了居民生活的便利，对生态环境造成了破坏，造成了巨大的浪费，同时使我国经济社会的平稳发展面临着巨大的隐患。随着我国逐步迈入老龄化社会，以及国家新型城镇化战略对农业转移人口市民化的高度重视，未来城市居民将对城市建设和服务的质量提出更高的要求。

总体而言，未来城市建设的结构优化，主要将体现为：领域上从房地产为主转为基础设施和公共服务为主，并向优质教育医疗、保障房、棚户区改造、农民工子女教育和老龄化福利设施等倾斜。宏观地域上从发达地区为主转为适当均衡，并向发展潜力大、历史投入少的城市倾斜；中观地域上从国家和城市内部为主，转为适度向城际倾斜；微观地域上从新城新区建设为主，转为因地制宜的新老兼顾，或者向老城更新和城市整体品质提升倾斜。

3. 多元：发展动力从单纯依靠工业化转向更加多元和特色化

从城市发展的规律来看，已经步入工业化后期或后工业化时期的发达地区，其城市的发展驱动力必将从工业化特征的要素与投资驱动，更多转向后工业化特征的创新与财富驱动，并且城市的信息化水平、国际化程度、人文魅力和生态环境，都将成为新时期的核心竞争力。

---

❶ 根据国际经验，我国人均 GDP 不足 7000 美元，正处于住房建设的快速增长期，但人均住房面积（以户籍人口计算，从 1998 年的 18.7m² 提升至 2012 年 32.91m²）已迅速接近多数发达国家的平均水平，与日本 1993 年的水平相当，而当时日本的城市化率已达到 80% 左右，并且即将步入住房建设的下降阶段，也就是说，若延续现有模式，中国存在住房总体过剩的风险。

从国际国内的经济环境来看，中国是一个制造业增加值占全球比重已超过20%、净出口位居全球首位的制造业超级大国，面临全球总需求不振、国内传统产业产能过剩和欧美发达国家再工业化❶的多重压力，已经不可能再延续以往一味追求工业产能扩张的发展路径，必须一方面加快工业本身的转型升级，另一方面大力发展服务业、提振内需，走更加多元和特色化的发展道路。

以"一带一路"和长江经济带战略为标志，中国的区域发展战略从沿海单向开放、梯度发展为主，转变为海陆双向、全面开放的发展格局，全国的发展板块构架、轴带组织和城市体系都将面临调整，将给很多城市带来新的发展机遇，除了制造业的转型升级以外，还会催生国际国内商贸物流和旅游等新兴产业。

此外，中国许多地区由于资源和环境条件约束，比如水资源严重短缺和生态环境脆弱等现实问题，并不适宜大规模推进工业化。在这些地区盲目追求传统意义上的工业化，不仅成本高昂、效益低下而且破坏生态，得不偿失。只有立足自身比较优势，积极发展旅游、商贸、物流和有机农业等，以及与个性化、多样化消费相契合的特色化、差异化制造产业，才能获取更大、更长远的发展机会。

（四）辩证认识新常态对规划的影响

关于新常态对规划的影响，同样要秉持中庸之道，不能走向两个极端：

一个极端是过于夸大新常态的变化及其影响，即变革一切和全盘否定。典型表现就是简单化的"从……走向……"，比如"从增量走向存量""从管制走向管治"，等等。这些可以作为学术的讨论范式，可以视为发展的目标愿景，但却不能作为实践的惟一标准，毕竟中国是一个古老的文明大国，发展的惯性与渐进性，以及多元性与差异性都是不容忽视的。

另一个极端是忽视新常态的根本性和机遇性变化，即传承一切和全盘肯定。比如，将新常态的内涵简单化、庸俗化理解，仅仅视为一种政治口号，或者临时性、应急性、策略性的用语，这就很难发现其中蕴含的机遇，其实在新常态的内涵中，很多与规划的正确理念相契合，应该顺势而为、借势发挥。

二、传承什么？

如果说"降速、转型、多元"就是今后中国城市发展的新常态，那么与此相应规划的新常态可以概括为"三个回归"：回归正常、回归本源、回归理性。这种回归的实质，就是一种传承。

---

❶ 比如美国页岩气革命和日元贬值加速了美日两国的制造业回归，德国的工业4.0等。

（一）回归正常：与降速相适应

事实上，以前追赶期的高速发展，不仅不可持续，而且危机四伏。一是"旧力将尽、新力未生"，发展动力不可持续，有可能引发"经济危机"。随着劳动力和土地成本的大幅攀升，原先"出口导向——制造业优势——人力土地双低成本——房地产补贴——低福利——改善基础设施"的循环链条濒临断裂，地方政府的债务风险在日益集聚。二是"好大喜功、急功近利"，社会稳定不可持续，有可能引发"安全危机"。为了短期内出政绩，不惜侵占农民的权益，掠夺中小城市和小城镇的发展机会，损害城市弱势群体的福利，导致城乡差距、区域差距以及城市内部的阶层差距，还在不断扩大并形成"马太效应"，整个社会处于焦躁不安的状态。三是"以物为本、重病缠身"，生态与资源利用不可持续，有可能引发"环境危机"。为了追求经济增长，生态破坏、资源透支、交通拥堵、环境污染等各种城市病日益严重，人居环境恶化加剧。四是"华而不实、外强中虚"，文化传承不可持续，有可能引发"特色危机"。盲目大拆大建，盲目复制照搬，城市不仅千城一面、千篇一律，毫无特色可言，而且文化空虚、文脉中断，导致城市没有历史记忆、没有归属感、没有认同感。五是"欲望失控、管治失效"，体制机制不可持续，有可能引发"治理危机"。资本与权力结盟，城市走向脱离实际需求的"空间生产"。由于缺乏有效的制度约束，法制建设严重滞后，自律、他律、戒律统统缺失，没有规矩、没有诚信、没有廉耻。

那么如何应对呢？从城市发展的角度，要想避免"经济危机"，必须将发展动力从过于依赖投资驱动，回归转向多元驱动，并突出创新驱动；要避免"安全危机"，必须将建设重点从高大上的形象工程，回归转向社区微改善的民生工程；要避免"环境危机"，必须将发展方式从生态破坏和资源超载，回归转向生态修复和资源承载适度；要避免"特色危机"，必须将建筑风貌从崇尚"大洋怪"，回归转向突显地域特色；要避免"治理危机"，必须将建设模式从"重建轻管"，回归转向"建管并重"。与此相应，城市规划的目标设定、规模与速度预测、设施配置标准等，都必须从以前的"大干快上"和超常速度惯性中解脱出来，回归转向与"正常"速度相契合的实事求是和尊重规律。

（二）回归本源：与转型相适应

以前经济增长至上的发展，背离了城市的本质，必然导致城市的异化——使城市成为"增长机器"！因此，要使城市实现转型发展，必须回归城市的本源。

首先，城市是人们生活的家园。古人说："城，所以盛民也。"说明民乃城之本。亚里士多德也说："人们为了生活来到城市，为了更好地生活而居留于城市"。第二，城市是人类文明的结晶和流传载体。城市的出现，正如文字和金属工具一样，是古代人类文明诞生的重要标志。西方国家的很多语种，"城市"与"文明"都拥有同一个拉丁语词源。芒福德认为：城市是文化的磁体和容器，是改造和提高人类的场所。第三，城市也是创新的孵化器和加速器。城市通过自由频繁的人际交流和多元化的文化碰撞，自古以来就是创新的源泉，也是城市出现后人类文明进程加速的内在原因。

只有回归城市的这三大本源，城市才不会像以前那样"有城无市"，空有钢筋水泥的躯壳，却缺乏生活气息，更缺乏文化灵魂。而城市规划的核心价值，就在于如何使城市成为市民生活的幸福家园，成为人类文明的恒久载体，成为创新驱动的强大引擎，而不仅仅是经济增长的载体❶。

（三）回归理性：与多元相适应

以前见物不见人、不顾本底单纯追求经济增长的发展，不仅偏离规划的理想，甚至违背规划基本原理。因为一味地追求快速经济增长，就会以地方政府官员的政绩需求取代普通民众的真实需求，就会以自然生态和文化遗存的破坏为代价拼命发展工业，就会只注重基于土地经营的城市物质空间建设，就会在经济利益的强压下随意侵犯本应切实保护的公共利益。

因此，只有当城市摆脱工业化推动的单一路径，走多元特色发展的道路，才能让城市规划回归理性，真正遵循规划应有的核心价值和基本原理；也只有当城市规划回归理性，才能引导城市实现多元特色发展。如果说"适用、经济、美观"的建筑方针，指导了我国建筑设计与施工 60 年，至今闪烁着理性的光芒，那么"以人为本、因地制宜、硬软兼顾、刚柔并济"等原则，也一直是城市规划不变的理性追求。在新常态下，"以人为本"将更加注重不同人群的差异化需求，尤其是普通民众和弱势群体的需求；"因地制宜"将更加强调地域之间的个性差异，并且强化问题意识，注重寻找和解决当地的"真问题"；"硬软兼顾"将更加注重城市的软环境建设，尤其是与规划实施和管理紧密相关的制度建设与公共政策设计；"刚柔并济"将更加注重在确保粮食与生态安全、公共利益等底线的基础上，适当增加规划的弹性。

三、变革什么？

（一）宏观背景的演变

1. 市场化的改革导向

改革开放以来，我国社会发展的主线无疑是从计划经济向社会主义市场经济

---

❶ 城市就像人一样，拥有"三条命"：性命、生命和使命。我们不能只顾性命，仅仅解决生存问题；而忽视生命，不注重生活需求；还不能忘却使命，让文明代代相传。

的转型。随着社会主义市场经济体制改革的逐步深化，社会环境也发生了重大变化。在传统的计划体制下，社会的资源完全为政府所控制，城市发展动力单一，利益冲突不明显。市场经济体制下，有4个因素对规划产生巨大影响：一是城市发展动力由政府扩展到企业、社会乃至个人；二是利益格局出现多元化，利益纠纷甚至冲突逐渐增多；三是资源配置方式由政府完全控制转变为市场发挥基础性乃至决定性配置作用；四是政府职能转变，在放松政府对经济管制的同时，强化政府宏观调控和提供公共产品的职责。

这对城市规划而言，就是要从脱胎于计划经济，转变为适应社会主义市场经济。在计划经济时代，城市规划是"国民经济计划的继续和具体化"。随着改革的逐步深化，也对城市规划提出了更高的要求：除了优化城市土地和空间资源配置、合理调整城市布局、协调各项建设、完善城市功能之外，还要在有效提供公共服务、整合不同利益主体的关系、维护城市整体和公共利益等方面，发挥更加积极的作用 ❶。

2. "以土地为本"的发展模式难以为继

土地财政和土地金融难以为继无需赘述，不仅自身的经济和社会成本日益攀升，脱离实际的高房价也抑制了经济和社会活力；同时，新城新区和房地产阶段性、普遍性"过剩"，空间进入"去库存化"过程，政府进一步供给和扩张空间的动机和能力都在下降。因此，从"经营城市"转向"运营城市"，这是客观条件所决定的必然趋势。

相对于以往的"经营城市"，"运营城市"的主导权从政府转向市场，以契合市场对资源配置的决定性作用，抓手从单一的土地转向多样化的资产，并且强调有形和无形资产的统筹整合；目的从实现交换价值转向满足人的需求，由于人是第一重要的资产，因此"土地"的核心地位必然被"人"所取代，最终的效果也将从大量的空城、鬼城和山寨建设，转向供需平衡和多元特色的建设。

当然，从经营城市到运营城市的转型，也将面临体制机制上的障碍和挑战：一是金融制度，由于缺乏多层次资本市场，过度依赖银行贷款，导致短期化的房地产一业独大，山寨型的企业大行其道，而城市化是业态丰富的长期过程，基础

---

❶　其实不仅城市规划如此，国民经济计划也同样体现了市场化的改革导向。从"六五"开始，"国民经济发展计划"转变为"国民经济和社会发展五年计划"，从单纯的经济计划增加公共事务治理内容，经济类指标下降，科教文卫、资源环境、人民生活类指标上升。从"十一五"开始，"五年计划"转变为"五年规划"，超出经济和社会范畴，成为全面的国家发展规划。从"十三五"开始，还将进一步转变为"国家发展五年规划纲要"，涵盖"五位一体"的内容，进一步强化市场作用：放宽政策、放开市场、放活主体。并将引导地方政府从发展主体转变为推动发展的主体，同时强化规划对地方政府行为的规范与约束，引导地方政府从经济增长竞争转变为公共服务提供竞争，引导地方政府从项目、资金、政策安排转变为更加注重空间安排，更加注重调控手段的整合，也因此必然走向多规合一、构建规划体系，以更好地引导、服务和推动发展。

设施、公共服务、旅游业都难以正常发展，创新也无从谈起。二是土地制度，随着土地制度改革的深化（预计集体土地入市试点将于 2017 年前完成），如何应对城市空间格局可能的变化，如何使城郊地区的发展做到"热而不乱"，需要未雨绸缪、审慎对待。

（二）制度层面的转变

1. 地位和作用进一步提升

过去，城市规划是为经济发展服务的政策工具，是为经济建设落实空间安排，是指导建设的"蓝图"，因此虽然被赋予了指导城市发展建设的"龙头"地位，但却在 GDP 至上的长官意志和市场经济的冲击下显得名不副实，"蓝图"也常常得不到落实或者严重走样变形。现在，随着政府职能从经济发展到综合发展的转变，尤其是进一步顺政府与市场的关系、中央和地方政府事权的关系背景下，规划将成为今后各级政府的主要职责之一，"规划科学是最大的效益，规划失误是最大的浪费，规划折腾是最大的忌讳"，规划的内涵将更为多元化，将不仅仅限于城市建设，而是引领城市社会、经济与建设的综合发展，规划的手段也将更加刚柔并济、弹性包容，这也将从根本上保证规划的"龙头"地位。

过去，中国的城市处于高速扩张阶段，因此规划是以发展和目标导向为主的空间扩张型规划。现在，随着城市扩张速度减缓和发展模式从粗放外延到品质内涵的转变，城市规划也将从发展和目标导向转为管控和底线导向，从扩张型规划逐步转向限定城市边界、优化空间结构、提升城市品质的规划，从传统的空间规划逐步转为社会、人文综合规划。

具体而言，今后的城市规划，将从注重目标控制与结果安排，转向注重基础与规则、起点与过程；从关心能做什么、应该做什么，转向关心不能做什么、不应该做什么；从适应于计划经济、强调"自上而下"的指令型、管制型规划，转向适应市场经济、强调平等协商的法制型、治理型规划；从大手笔、大气魄的高瞻远瞩式规划，转向尊重个人权益的微观视角规划；从一种无机、静态、拼凑型的规划，转向一种有机、动态、生长型的规划。上级政府对下级政府的管理应侧重于区域性管控的内容，侧重于发展的内容，应更多由相应的地方政府在尊重市场的基础上自己承担权力和责任，规划在有关发展的事项上也需尽量减少和简化。

2. 体制和机制进一步完善

过去，建设部门有城市总体规划，发改委有社会经济发展规划，国土部门有土地利用总体规划，其他如环保部门还有环境保护规划，每种类型的规划都对空间管制提出了自己的要求，但由于部门分割导致不同规划之间的衔接不畅，管理上的混乱降低了规划实施效能。为避免"规划打架"，能够用"一张蓝图"更有效地指导国土空间的开发与管控，必须尽快总结推广试点经验，从法律、机构、体制和技术等各个层面，整合各类空间规划，形成统一的空间规划体系。

今后将以完善用途管制为目的，健全法律法规体系，确立空间规划的共同目标和责任；以空间规划体系为支撑，理顺行政管理体制，进一步明确各级政府在空间规划与管控方面的职责和权力。以国土用途分区为基础，明确各部门的行政事权和专业分工，在规划的价值取向、技术路径、反馈机制等方面形成协同，并继续发挥各部门在各自领域的专业优势，进一步促进其自我完善。总的来说，就是要从部门分割，转变为事权明晰、协同分工，避免由于制度的碎片化，而加剧空间的碎片化。

3. 实施和管理进一步强化

过去规划、建设与管理常常相互脱节，这是导致规划"变形""变味"的重要因素。今后，要从以政策为主要手段，转变为更加法制化、规范化、精细化：一要切实依法规划、依法管理，强化规划的科学性、权威性、严肃性和连续性；二要建立科学化、民主化的规划决策机制，完善公众参与❶和城乡规划督察员制度，要严格执行规划公示制度，推行规划听证制度；三要通过科学的定量分析提高管理的针对性和时效性。

过去城市管理以规划建设为主，今后将转变为以运营管理为主，更加综合化、人文化。要从土地使用的安排，拓展为空间资源的综合配置。要从建设领域，拓展到经济、社会、生态、城市安全等各个方面；要从城市拓展到乡村的建设行为，当然不能以城市的思维去规划、建设乡村，而是要积极探索适合农村的规划管理与建设模式，尊重农村自治，充分调动农民自身的积极性和能动性。对乡村地区，要实施先保护（稳定）、后建设开发的战略，抑制城镇化对于农村土地的过快和无序侵蚀，为今后的农村发展留有余地。对于农村宅基地多占和小产权房等长期问题，要有明确的解决思路和路径；要从建设行为，拓展到针对拆除行为的管理。最后，还要打破行政区划界线，加强老城与新区、城区与港区的统一管理❷。

（三）技术层面的转变

1. 以改善人居环境为核心

过去，城市主要为经济增长服务，主要致力于追求效率，以应对工业化的挑战。今后，城市必须在经济发展（还不仅限于经济增长）与社会发展、环境保护三者

---

❶ 存量占主导的规划，实质性的公众参与尤其重要，规划的有效性取决于能否通过利益博弈寻求"最大公约数"。从这个意义上讲，规划与其说是确定"蓝图"，不如说是构建"平台"。

❷ 8·12 天津滨海新区爆炸事故，就有画地为牢、管理不统一的因素，值得我们反思。

之间寻求适宜的平衡，要兼顾效率、公平与和谐，还要应对人文化、信息化、生态化的多重要求，实现生产、生活、生态协调发展，实现"以人为本"的"五位一体"发展。所谓"术业有专攻"，在促进经济增长、社会公平、生态治理等领域，都有更适宜的部门和学科，城市建设的根本目的，就是要从服务经济发展，转变为提供良好的人居环境。

当然，人居环境也具有一定的综合性，而城市规划更侧重于空间与建设。今后的城市建设，应该更加注重"生态修复、空间修补、文脉承续、特色塑造"，要充分体现城市的地域特征、民族特色和时代风貌，要从挖山填湖转变为让城市望山见水，从大拆大建转变为注重城市文化特色；真正把城市建设成为人与人、人与自然和谐共处的美丽家园。今后的城市空间，将不再是"工业化批量生产"下的粗制滥造和产能过剩，而是更加有机化、便捷化、多元化、细节化的高品质空间。这也意味着，无论是城市政府领导，还是规划从业人员，都要有正确的、适应时代要求的政绩观和价值观，要具备"绿水青山也是金山银山"的意识，要有对中华民族优秀传统文化的自觉和自信，不忘本来，才能更好地吸收外来和走向未来。

2. 以提高城市韧性为目标

从国际城市规划的发展历程来看，先后经历了 3 个阶段：第一阶段是理性综合规划，强调工具理性；第二阶段是协作规划，强调交往理性；第三阶段是目前正在兴起的弹性规划，强调城市的韧性。所谓"城市的韧性"，主要引入了广义的资本、能力、行动和秩序四大要素，注重城市的恢复性、连通性、适应性、繁荣性、灵活性和可转型性。

相对于传统的城市规划，弹性规划主要有三大转变：一是关注的对象从可持续发展的生态环境优先，转变为社会、经济、生态的动态整体；二是思维的方式从注重城市内部关系，转变为注重城市对外部环境适应的系统思维，强调有效的规划是达至"内外协同"；三是追求的目标从确定性的静态平衡，转变为灵活的动态适应，反对完全的确定和精确。显而易见，弹性规划能够更好地契合我国市场化的改革导向和"五位一体"的发展要求，并且能够在区域协同（"全国一盘棋"）和城市特色（个性化、多元化）发展之间取得恰当的平衡，应该成为我国城市规划的发展方向，值得深入研究和借鉴。

四、结语

传承与变革是一对动态辩证的复杂关系，不同的时空就会有不同的演化。理论上讲，城市规划那些内在的核心价值及其理念、方法，总是值得传承、发扬和显化；而依附于时代性制度环境的外围价值及其理念、方法，则需要与时俱进地变革、修正和完善。但无论城市规划如何传承和变革，其终极归依，都是为了更好实现人的需求。这既源于城市发展的目的——城市的发展，根本上是为了人的全面发展；也是由当前这个时代的背景所决定的。

当前正处于全球大变革的时代，正进入全面深化改革、转变发展模式的"新常态"；我国也处于从计划经济向社会主义市场经济转型的历史进程中，并且刚刚从几千年的"乡土中国"步入到"城市中国"，我国还处于从工业文明过渡到生态文明的时代，效率优先让位于以人为本。

在这一历史过程中，城市的主导价值从生产功能转变为生活家园，作为个体的"人"的价值与地位将日益提升，城市要把人而不是土地，视为最宝贵的"资产"和根本动力。要通过更好地服务于人，包括提供良好的公共服务、人居环境、交往空间和创业机会等，激发人的创新潜能，为城市发展找到永不衰竭的驱动力——这应该就是我们的"新常态"！

（撰稿人：杨保军，博士，中国城市规划设计研究院院长，教授级高级城市规划师；陈鹏，博士，中国城市规划设计研究院副所长，教授级高级城市规划师）

注：摘自《城市规划》，2015（11）：9-15，参考文献见原文。

我国城市发展理念的四次转变

导语：基于宏观认识视角，对我国 60 多年来城市发展理念的形成及发展演变过程进行了简要梳理。新中国成立初期在特殊的政治和社会经济背景条件下，我国确立了以配合大规模工业化建设为宗旨的"社会主义城市"建设理念，此后城市发展理念的演化可以概括为四次主要转变：第一次是"二五"计划早期，转向"从实际出发，逐步建立现代化城市的问题"；第二次是进入"三年困难时期"以后，转向"干打垒""不建集中城市"；第三次是实行改革开放后，转向"建设适应四个现代化需要的社会主义的现代化城市"；第四次是 20 世纪 90 年代中期以后，转向"经营／营销城市""建设巨型、靓丽、具有竞争力的超级城市"。促成城市发展理念转变的因素，主要是政治体制的变革，以及其背后影响深刻的现实社会经济条件。展望未来，城市发展理念趋向于回归科学和理性，民众诉求应当切实成为城市发展及规划建设活动的根本出发点和落脚点。

2013 年十八届三中全会和首次中央城镇化工作会议以来，新型城镇化发展已上升到"新四化"❶ 这一前所未有的国家战略高度。如何完善政府治理能力，建设人民安居乐业的宜居城镇和美丽乡村，已成为社会各方面共同关注的重大议题。中华人民共和国已成立 65 周年，回顾 60 多年来新中国城市发展理念的演变过程，对于当前的新型城镇化战略及城市规划改革具有一定的思考和借鉴意义。需要说明的是，城市发展理念与城市发展方针既密切联系，又有所不同，其中有对城市发展方针的讨论，大量是集中在对"大、中、小城市和小城镇"等不同规模城市的发展方针和政策方面，虽然讨论众多，但却争议极大，难以获得共识。本文就城市发展理念的梳理和讨论，主要是就城市性质及发展方向等宏观指导思想层面而言，拟不涉及城市规模问题。

一、新中国成立初期城市发展理念的确立："社会主义城市"

新中国成立初期在十分特殊的政治和社会经济背景条件下，我国在借鉴苏联

---

❶ 即新型工业化、新型城镇化、信息化和农业现代化。所谓"新四化"是相对于历史上的"四化"目标提法而言。早在 1964 年 12 月，周恩来曾根据毛泽东建议，在政府工作报告中首次提出，在二十世纪内把中国建设成为一个具有现代农业、现代工业、现代国防和现代科学技术的社会主义强国，实现四个现代化目标的设想。

模式的基础上明确了"社会主义城市"的建设理念：1951 年 2 月 18 日，《中共中央政治局扩大会议决议要点》中提出"在城市建设计划中，应贯彻为生产、为工人服务的观点"；1954 年 6 月，第一次全国城市建设会议提出"城市建设应为国家的社会主义工业化，为生产、为劳动人民服务，并要有重点、有步骤地进行"。1954 年 8 月的《人民日报》文章指出："我国的城市建设工作是遵循着社会主义城市建设的方针前进的。它与建立在对工人阶级残酷剥削基础上的资本主义城市有着本质的不同"，"社会主义城市与资本主义城市根本不同之点，就是社会主义城市是为社会主义工业与劳动人民服务的。社会主义城市的物质基础是社会主义工业，城市建设必须适应社会主义工业发展的需要，为城市劳动人民服务"。

所谓"社会主义城市"，概括起来，其内涵主要包括两个方面：(1) 为城市生产的恢复和发展创造条件，变消费城市为生产城市。"只有将城市的生产恢复起来和发展起来了，将消费的城市变成生产的城市了，人民政权才能巩固起来"。1949 年 12 月，苏联专家对首都北京建设的意见中，发展大工业、提高工人阶级的人口比重即为核心要点之一。(2) 给劳动人民以舒服、美的生活条件，即苏联专家所强调的"对人的关怀"。具体内容突出反映在居住条件和公共卫生条件的改善方面，如确定 9m^2 的人均居住面积、12 ~ 15m^2 的人均绿地面积等规划定额，重视基本公共服务配套，强调功能分区、绿化隔离和卫生防护等相关要求。当然，这主要是就理论层面而言，实际上的城市建设工作则主要偏重于"工业建设"这一中心，"生活"条件的改善是居于次要地位乃至于要做出牺牲的。即使按苏联标准图纸建设的住宅，也存在着"合理设计、不合理使用"的突出问题。正如《中共中央关于中央建筑工程部工作的决定》中所指出的："任何忽视工人当前切身生活利益的倾向，是错误的，不可容许的；但如果离开发展国民经济，实现国家工业化这一目标，离开了提高劳动生产率这一基础，片面强调职工工资福利，也是错误的，是与工人阶级长远利益相违背的"。

按照这一城市发展理念，新中国成立初期我国建设起来一批新工业城市，尤以西安、太原、洛阳、兰州、包头、成都、武汉和大同 8 个重工业职能居主导的重点新工业城市为代表，城市发展及规划建设起到了对国家工业化建设的有效配合作用。同时，在多次增产节约和整风运动等的影响下，城市生活和基本公共服务设施建设受到进一步挤压，从而产生所谓的"骨头与肉"的比例失衡问题。

二、计划经济时期城市发展理念的两次转变

（一）"二五"计划早期："从实际出发，逐步建立现代化城市"

1958 年 7 月，建筑工程部在青岛城市规划工作座谈会上的总结报告中，首

次明确提出了"从实际出发，逐步建立现代化城市的问题"。相对于早期的"社会主义城市"而言，这是城市发展理念的一次重要的转折性变化。该报告中指出："城市发展的方向，就是要从实际出发，逐步建立现代化的城市"，"我们的国家将要建设成为具有现代工业、现代农业和现代科学文化的伟大的社会主义国家。工业、农业和科学文化事业都在突飞猛进的向前发展，这种形势，要求城市建设也要相应的向现代化的方向迈进"。"所谓现代化，就是要求城市要有现代化的供电、供热、供水、排水、交通工具、道路，以及合乎卫生标准和居住条件的房屋建筑和文化宫、图书馆、博物馆、影剧院等。所有这些，不仅是为了改善人民物质文化生活，而且也是为了适应生产发展的需要"。1960 年 5 月召开的桂林全国城市规划座谈会进一步提出"要在十年到十五年左右的时间内，把我国的城市基本建设成为社会主义现代化的新城市"。

在新中国成立仅短短几年的时间内即提出"现代化城市"的理念，似乎是一个不切实际的命题，而需要注意的是，当时建立"现代化城市"的理念是与"从实际出发"的思想相并提的："我们说实现城市的现代化，也并不是说一下子就要达到现代化，而是要从实际出发，从现有的经济水平出发，逐步地达到现代化"。青岛会议的报告中指出："在我国第一个五年计划的初期，国家的资金有限，在集中力量发展生产的同时，不适当的追求城市的现代化是不对的。但是，随着生产的进一步发展，逐步的建立现代化的城市，却是很必要的"，"有些同志，不了解现代化城市和现代化的工农业生产之间的相互关系。他们一方面不满足于旧城市的落后面貌，认为需要进行改造，但又不敢提出城市建设的现代化方向。一提到现代化就以为建设的标准很高，规模很大，花钱很多，是一种浪费，事实上，逐步地实现城市的现代化，不仅不是浪费，而且会取得更大的经济效果，更好地贯彻执行多快好省的方针"。通过论证和举例，青岛会议报告提出一种"用较少的投资，逐步实现城市的现代化"的城市发展思路 ❶。

1958 年初毛泽东主席在沿海城市的视察及对青岛城市建设的好评，是促成青岛城市规划座谈会召开的主要社会背景，但这还只能算是其诱发因素。就深层原因而言，"一五"时期在"社会主义城市"理念指导下，城市建设过分偏重于相对单一的工业项目建设，缺乏对居住生活、城市公共服务及各项基本设施建设的整体推进，从而造成城市各项功能的不完善，乃至影响到广大人民群众在新中国成立后所深切期盼的物质文化生活条件的改善，是促成城市发展理念向"现代

---

❶ 青岛会议报告指出，建立现代化的城市，首先可以促进生产的发展，如提高城市的运行效率和经济水平，降低耗损率等；其次，许多现代化的市政设施不仅仅是服务于生产，服务于居民生活，它本身就是一种生产，可以直接增加国家的收入，如煤气公司可以 200 多种副产品，下水道的无害污水可以灌溉郊区农田，对公园用地进行合理利用可以做到以园养园，等等。

化城市"转变的深层内因及重要社会基础之所在。同时,"一五"时期大力开展的增产节约运动,在一定程度上造成对城市各项建设事业全面发展的"思想禁锢",尤其是以 1957 年前后的"反四过"运动为代表,将"规模过大、标准过高、占地过多、求新过急"的矛头直接指向城市规划工作。"在反对了浪费以后,许多设计人员产生了'只顾节约,忽视适用,不敢讲美观'的思想,也有些建筑师感到苦闷,觉得结构主义反掉了,形式主义也反掉了,不知怎样才好"。"在批判了教条主义、形式主义以后,又走向另一个极端,如定额过于偏低;远景规划也不搞或很少搞了,不是强调近期规划和远景规划相结合,而是只强调从近期出发,只安排当前建设;甚至有些人束手束脚,不敢想,不敢说,不敢做了"。1958 年开始的"大跃进"的全新社会形势,无疑为城市规划建设工作提供了"思想解放""科学发展"的重要契机。"从实际出发,逐步建立现代化城市的问题"的城市发展理念也就应运而生。但遗憾的是,由于"大跃进"所具有的过于"运动化"和急于冒进的总体特征,以及国家社会经济发展的"底子"仍很薄弱的现实,"从实际出发,逐步建立现代化城市"的理念仅仅存在了三年左右的短暂时间,并未对具体的城市建设活动产生过多的实质性影响。

(二)进入"三年困难时期"后:"干打垒""不建集中城市"

"大跃进"运动轰轰烈烈地开展了不到两年时间,迅即迎来了 1959 ~ 1961 年的"三年困难时期",国家为此而开始进行以"调整、巩固、充实、提高"为主要内容的第一次国民经济大调整。在此情形下,大庆工矿区的建设模式成为影响全国的重要城市发展理念,且持续时间相当久远。"大庆是我国社会主义建设中出现的第一个新型工矿区。这里不仅是一个现代化的石油生产基地,而且是一个现代化的大农场,是一个工业和农业的共同体","它是乡村型的城市,也是城市型的乡村,是一个崭新的社会组织"。1962 年 6 月 21 日周恩来总理首次视察大庆油田时,将大庆在城市建设方面的特色归纳为"工农结合、城乡结合、有利生产、方便生活"16 字方针。

从根本上讲,大庆工矿区的建设模式是由工矿区——油田的性质所决定的,油田以石油勘探开发为中心,生产活动相对分散,相应的居民点布置也大都由围绕钻井平台的若干个规模相对较小的居民点形成生活基地,其布局自然也是相对分散的。同时,油田大会战需要在极短时间内解决数万名职工在荒草原上过冬的住房问题,当地在既无砖瓦水泥,又无专业建设队伍的情况下,大胆采用了农民盖夯土墙"干打垒"式房屋的经验,利用就地可取的土、草、渣油等作为主要建筑材料,用群众运动的方法解决了住房问题。自 1960 年会战开始,工矿区建设就确定了"上生产,适当安排生活;生产质量第一,生活设施因陋就简"的建设方针，并根据油田面广、点多的特点和当地有大量可耕地的有利条件，提出"干打垒"和分散建设居民点的原则。大庆工矿区"干打垒"（低标准）和"不建集中城市"（分散化）的建设模式，较好适应了油田生产作业的要求，满足了极度困难条件下发展生产和提供生活的经济条件，以及消除城乡差别、建设共产主义的政治形势和愿望，因而很快成为全国学习的样板，成为对全国各地的城乡发展和城市建设具有普遍指导意义的基本方针。

在"三五"（1966～1970年）至"五五"（1976～1980年）计划期间，国家开始"三线建设"的重大战略部署。三线建设是一种以国防建设和"备战"为中心的战略部署，基本建设方针为"分散、靠山、隐蔽"。这一方针的提出是根据毛泽东提出的"大分散、小集中"和"依山傍水扎大营"的指示以及西南三线的地貌条件确定的。此后，三线建设的基本方针又被发展为"靠山、分散、进洞"；与之并提的，还有"大分散，小集中""不建集中城市"等建设方针，它们的指导思想是基本一致的。不难理解，三线建设方针正是对大庆工矿区建设"干打垒"和"不建集中城市"理念的继承和发展，是一脉相承的。这一理念甚至一直延续到十年"文革"期间，如国家建委即在1967年1月对北京地区建房计划的一份指示文件中即明确北京市"旧的规划暂停执行"，"凡安排在市区内的（房屋建设），应尽量采取'见缝插针'的办法"，要求"干打垒"建房。

"干打垒"和"不建集中城市"的城市发展理念，与建国初期重点关注相对单一的工业项目建设的"社会主义城市"理念具有一定程度的相似性，它们具有较强的"极左"思想痕迹，反映出在国家社会经济特殊困难的现实条件下，城市建设活动"无视"或根本无法兼顾城市科学特性而出现的一种扭曲的城市发展观念。这两个类似的城市发展理念，在总体上主导了近30年的整个计划经济时代，而"从实际出发，逐步建立现代化城市"只是这一总体格局下的"昙花一现"。

三、改革开放后城市发展理念的两次转变

（一）改革开放初期："建设适应四个现代化需要的社会主义的现代化城市"

1978年的改革开放使新中国社会经济发展步入全新的轨道，同时也带来城市发展理念的全新变化。1978年4月，《中共中央关于加强城市建设工作的意见》（中发[78]13号）明确指出："全国的大、中、小城市，是发展现代工业的基地，是一个地区政治、经济和文化的中心，是巩固和发展工农联盟、实现无产阶级专政的重要阵地"，"城市工作必须适应高速度发展国民经济的需要，为实现新时期的总任务作出贡献。多年积累下来的问题必须积极而有步骤地加以解决。否则，必然会拖四个现代化的后腿"，"一定要……正确处理'骨头'和'肉'的关系，

为逐步把全国城市建设成为适应四个现代化需要的社会主义的现代化城市而奋斗"。1984 年 10 月党的十二届三中全会所作《中共中央关于经济体制改革的决定》中进一步提出"城市是我国经济、政治、科学技术、文化教育的中心，是现代工业和工人阶级集中的地方，在社会主义现代化建设中起着主导作用"，"只有坚决地系统地进行改革，城市经济才能兴旺繁荣，才能适应对内搞活、对外开放的需要，真正起到应有的主导作用，推动整个国民经济更好更快地发展"。

在"建设适应四个现代化需要的社会主义的现代化城市"理念的指引下，城市在我国国民经济发展中的重要地位与作用得到重新强调，城市规划、建设与发展的科学内涵逐渐得到认知。1982 年的《北京城市建设总体规划方案》明确北京的城市性质为"全国的政治中心和文化中心"，不再提"经济中心"和"现代化工业基地"。1982 年国务院公布首批共 24 座历史文化名城和首批共 44 处国家重点风景名胜区，并陆续出台有关法规文件，历史文化名城和风景名胜区的保护规划制度得以建立。同时，住宅区建设、旧城改造大力推进，城市环境综合整治成效显著；以 5 个经济特区、14 个沿海开放城市和 3 个经济开放区等为主体，对外开放及城镇化发展步伐不断加快，城乡面貌日新月异。

"建设适应四个现代化需要的社会主义的现代化城市"理念的提出，一方面是"拨乱反正"、"实践是检验真理的唯一标准"大讨论等所创造的思想解放氛围，以及国家做出实施科教兴国战略重大决策后迎来了科学的春天；另一方面则是对计划经济时期"极左"思想主导下城市建设活动的混乱无序的沉重反思。正如《中共中央关于加强城市建设工作的意见》所指出的："'骨头'与'肉'的关系很不协调，城市职工住宅和市政公用设施失修失养、欠账很多，市容不整，环境卫生很差，大气、水源受到严重污染，园林、绿地、文物、古迹遭到破坏，交通秩序混乱，副食品供应紧张"，"这些问题的存在，严重地影响生产，影响人民生活，影响工农联盟，影响安定团结。无论从现实或发展上看，都已经到了非解决不可的时候了"。因此，正是有了计划经济时期特别是十年"文革"期间极为深刻且活生生的惨痛教训，才有了改革开放初期城市发展理念的转变及城市科学精神的回归。

（二）20 世纪 90 年代中期以来："经营／营销城市""建设巨型、靓丽、具有竞争力的超级城市"

如果说上文讨论的城市发展理念的几次转变，均有较强的"国家主导"或"国家意识"特征，那么，随着从计划经济体制向社会主义市场经济体制的逐步过渡，国家层面对城市建设和城市发展的"主导"和"干预"色彩则呈现逐渐退化的态势。翻阅有关政策文件和档案资料，已很难再找到与前几次城市发展理念"等量齐观"的明确指示。与之前对"城市"发展目标这一相对"具体、明确"的概念的强调相比，近 20 多年来国家的指导思想则转向了"城镇化／城市化"这一相对理论化但却"较虚"的概念："八五"计划（1991～1995）首次出现"城市化"概念，要求"有计划地推进我国城市化进程"，2000 年"十五"计划（2001～2005）纲要提出"随着农业生产力水平的提高和工业化进程的加快，我国推进城镇化条件已渐成熟，要不失时机地实施城镇化战略"……

与此同时，从各地方和城市中则不断地"滋生"出诸多的城市发展理念，如国际化大都市、区域中心城市、世界城市、国家中心城市、科技城市、创新城市、绿色城市、低碳城市、生态城市、智慧城市等。受一些政府部门所组织的评选活动的影响，又产生出"国家卫生城市"（全国爱卫办，1990 年）、"国家园林城市"（建设部，1992 年）、"国家环境保护模范城市"（环保部，1996 年）、"全国绿化模范城市"（全国绿化委，2003 年）、"国家森林城市"（国家林业局，2004 年）、"全国文明城市"（中央文明委，2005 年）、"国家节水型城市"（建设部、国家发改委，2006 年）、"国家生态园林城市（试点）"（建设部，2007 年）等诸多概念。加之"欧陆风"、"大学城"、"精明增长"、"CBD"、"TOD"等新概念的不断引入，相关的城市发展理念可谓层出不穷、不胜枚举，每过几年便有新的"流行时尚"出现，有时对一个理念／概念尚未认识清楚，新的理念／概念又已出现。以当前所流行的"智慧城市"为例，在不少人对其内涵尚缺乏深入认识的时候，一批又一批的"智慧城市"名单则已经公布出来；虽然国家的政策文件中强调的只是"创建"或"试点"工作，但在社会舆论看来，这些城市俨然已获得"智慧城市"的某种认可。

这样的一种局面大致出现在 20 世纪 90 年代中期以后，基本上与我国 20 多年的高速城镇化发展相伴而生。这一时期的城市发展理念虽然"名目众多"，似乎是在走向多元化，但也能总结概括出来一个最核心的特征，这就是："经营／营销城市"、"建设巨型、靓丽、具有竞争力的超级城市"。不论任何城市，都要做大、做强、做精、做优，没有条件创造条件，现状不行先搞规划。诸多的城市发展理念，其根本的目的在于提升城市地位、扩大城市影响力和提高区域竞争力，直接的运作手段则是做规划、"圈地"、拆迁，建新城、新区、各类新的产业园区，以投融资、土地储备、土地银行和土地经营链条为核心，提高城市身价，促进土地增值，既能快速增加城市财政收入，又能在较短时期内创造出崭新的、看得见的政绩。这是国内许多大、中、小城市的领导者均已"参悟"并能熟练操作的"套路"。在这种城市发展理念的支配下，城市发展模式的典型特征表现为行政主导型，即城市发展的机会、动力、规模及前景等很大程度上由城市的行政级别所主宰，城市级别越高，掌控各类资源和政策的能力越强，其城市建设和发展也就越是迅猛。

总的来说，导致这一时期城市发展理念转变的因素主要在两个方面：（1）随着土地有偿使用制度改革的逐步深化，1994 年的分税制改革塑造了中央政府与地方政府的独特关系，激发了城市发展的市场活力及地方政府谋求经济发展的巨大动力；(2) 改革开放逐步深入，特别是 2001 年中国加入世界贸易组织，实现经济全球化发展，谋求城市发展的思想观念异常活跃，城市竞争和经营／营销等意识深入人心，形成以城市自身的"意志"为主导观念的强大动力。"经营／营销城市"、"建设巨型、靓丽、具有竞争力的超级城市"这一对社会舆论具有明确主导性的城市发展理念，既是造成 20 多年来快速城镇化发展，有力推动国家的工业化和现代化进程的成功"秘诀"，也是造成当前城镇化发展中发展模式粗放、城市规模不断膨胀、土地资源浪费突出、环境污染严重、农民工市民化进程缓慢，住房和医疗、教育、卫生、文化、体育等基本公共服务问题十分突出的根本症结所在。

四、小结与展望

（一）60 多年来城市发展理念转变的历史轨迹

综上所述，60 多年来，新中国的城市发展理念经历了从建国初期偏重于工业化建设的"社会主义城市"理念，到"二五"计划早期"从实际出发，逐步建立现代化城市"，进入"三年困难时期"后"干打垒"和"不建集中城市"，再到改革开放初期"建设适应四个现代化需要的社会主义的现代化城市"，以及 1990 年代以来"经营／营销城市"和"建设巨型、靓丽、具有竞争力的超级城市"的发展和演变过程。如果把早期偏重于工业化建设的"社会主义城市"和后来"干打垒"、"不建集中城市"的城市发展理念归纳为具有"左"的思想特征，那么，"二五"计划早期"从实际出发，逐步建立现代化城市"和改革开放初期"建设适应四个现代化需要的社会主义的现代化城市"则具有回顾科学、理性的"中"性特征，而 20 多年来"经营／营销城市"、"建设巨型、靓丽、具有竞争力的超级城市"的城市发展理念则可描述为向"右"的发展，60 多年来城市发展理念的变化因而便具有了"左→中→左→中→右"的轨迹特征。促成城市发展理念这种转变的因素，主要是政治体制的变革，以及其背后影响深刻的现实社会经济条件。近 60 多年来，尽管我国的城乡发展面貌已经发生历史性巨变，但受各方面政治和社会经济发展条件的制约，城镇建设和发展迄今仍未走上健康、科学的正确轨道，这也是今天重新回顾和反思城市发展理念的历史性变迁的重要意义之所在。

（二）中央城市工作会议的新起点

根据对 60 多年来城市发展理念"左→中→左→中→右"转变轨迹的粗浅判断，当前我国正在推进的新型城镇化战略，无疑是要再次回归"中性"，回归科学和理性，即遵循城市科学的内在规律和要求，来谋划城市的健康、协调与可持续发展之道。2015 年 12 月，中共中央和国务院以极高规格召开了中央城市工作会议。会议指出，我国城市发展已经进入新的发展时期，要深刻认识城市在我国经济社会发展、民生改善中的重要作用，切实做好城市工作。这次中央城市工作会议明确提出，要认识、尊重、顺应城市发展规律，端正城市发展的指导思想，明确反映出对城市发展理念回归科学和理性的政治要求。

中央城市工作会议强调，当前和今后一个时期，我国城市工作的指导思想，必须贯彻创新、协调、绿色、开放、共享的发展理念，转变城市发展方式，着力解决城市病等突出问题，不断提升城市环境质量、人民生活质量、城市竞争力，建设和谐宜居、富有活力、各具特色的现代化城市，走出一条中国特色城市发展道路。由于城市工作的系统性，城市发展必须统筹考虑各方面的复杂制约因素，城市问题的改革也不可能一蹴而就。但是，由当前我国城乡发展所面临的种种突出问题所决定，未来城市发展的基本理念，在根本上必然应当承载着广大人民群众当前真心而朴素的殷切期待：但愿城市不再是大量住房空置，而普通居民却根本买不起；但愿城市不再是一面"高、富、帅"、大量土地浪费的新城、新区，一面则是拥挤不堪、设施简陋的棚户；但愿城市的领导者不再是处心积虑地从城市发展和规划建设中"榨取"金钱和"政绩"，而真心实意地为城市发展伸出援手，奉献爱心！为此，公众诉求应当切实成为今后城市发展和规划建设活动的根本出发点和落脚点。

（撰稿人：李浩，博士，高级规划师，注册城市规划师，中国城市规划设计研究院邹德慈院士工作室）

注：摘自《规划师》，2015（10）：89-93，参考文献见原文。

"一带一路"战略对中国城市发展的
影响及城市规划应对

导语："一带一路"战略是中国积极融入全球经济和参与国际经济合作的国家战略，不仅将对沿线国家和地区产生重大影响，也将全方位地影响中国的经济社会发展。文章探讨了"一带一路"战略对中国城市发展的影响，并阐述了城市规划的应对策略，具体包括城市战略规划指向、统筹区域基础设施建设和加强城市与区域规划中的生态研究等。

2013 年 9 月 7 日，国家主席习近平在出访哈萨克斯坦时在纳扎尔巴耶夫大学的演讲中提出了共建"丝绸之路经济带"，明确提出"为了使我们欧亚各国经济联系更加紧密，相互合作更加深入，发展空间更加广阔，我们可以用创新的合作模式，共同建设'丝绸之路经济带'"。同年 10 月，习主席又在印度尼西亚提出共同打造"21 世纪海上丝绸之路"。"一带一路"重大倡议的提出，立即引起了国内外各界的高度关注，纷纷从各自不同的角度阐述和诠释其内涵。通过中国知网的查询，以"一带一路"作为关键词进行检索，中文期刊发表的相关论文 2014 年有 14 篇，2015 年则猛增到 700 篇，显示出"一带一路"已成为国内学术界研究的热点。通过对这些研究文献的阅读发现，目前的研究主题多聚焦在对"一带一路"概念和内涵的解析以及与"一带一路"沿线国家之间的互联互通、贸易与经济合作上，也包括国内相关区域和城市如何参与国际贸易与经济合作等，也有少量研究成果聚焦于"一带一路"对中国国土空间开发格局的影响等。但是，在当今城镇化快速发展和城市在区域发展中起核心引领作用的时代，学术界对"一带一路"如何影响城市的发展及城市规划的应对等的研究却鲜有涉及。根据对中国知网中文期刊论文的查询，以"一带一路"和"城市"以及"一带一路"和"空间"为关键词进行检索，2014 ~ 2015 年在中文期刊上发表的学术论文分别为 1 篇，而以"一带一路"和"城市规划"为关键词进行检索，至今未发现有任何研究成果。本文通过对"一带一路"内涵的诠释，重点聚焦"一带一路"战略对中国城市发展的影响，并提出"一带一路"战略下的城市规划应对策略。

一、"一带一路"战略的内涵与地域空间解读

（一）"一带一路"战略的内涵

2015 年 3 月 28 日，经国务院授权，国家发改委、外交部和商务部发布了《推动共建丝绸之路经济带和 21 世纪海上丝绸之路的愿景与行动》（以下简称《愿景与行动》），这是官方发布的对"一带一路"战略的最公开、透明的阐述和诠释，标志着对中国发展将产生历史性影响的"一带一路"战略进入全面推进建设阶段。该文件从"一带一路"战略的时代背景、共建原则、框架思路、合作重点、合作机制、中国各地方开放态势、中国积极行动和共创美好未来等 8 个方面全面阐述了"一带一路"的总体战略。

《愿景与行动》明确提出了"共建'一带一路'，致力于亚欧非大陆及附近海洋的互联互通，建立和加强沿线各国互联互通伙伴关系，构建全方位、多层次、复合型的互联互通网络，实现沿线各国多元、自主、平衡、可持续的发展"。其共建原则是和平共处、开放合作、和谐包容、市场运作、互利共赢，其合作重点是"五通"，即政策沟通、设施联通、贸易畅通、资金融通和民心相通，其目的是顺应世界多极化、经济全球化、文化多样化、社会信息化的潮流，促进经济要素有序自由流动、资源高效配置和市场深度融合，致力于维护全球自由贸易体系和开放型世界经济。

根据《愿景与行动》，中国的"一带一路"战略推进建设将充分发挥国内各地区的比较优势，实行更加积极主动的开放战略，加强东中西互动合作，全面提升开放型经济水平。

（二）"一带一路"战略的地域空间解读

"一带一路"战略借用了古代（陆路、海上）丝绸之路的概念，即连接亚洲、非洲和欧洲的古代商业贸易路线，其陆上丝绸之路起于西汉都城长安，穿过中亚、西亚，直达罗马帝国；海上丝绸之路是中国与世界其他地区之间海上交通的通道，包括东洋、南洋和西洋航线，分别通往朝鲜与日本、东南亚及南亚各国、西亚与东非和欧洲等。古代丝绸之路的最初作用是运输中国古代出产的丝绸等产品，但最终成了 2000 多年前亚欧大陆上勤劳勇敢的人民探索出的多条连接亚欧非几大文明的贸易和人文交流通路的统称，是一条东方与西方经济、政治、文化交流的通路和纽带，是中国对外政策的空间载体。

如同古代丝绸之路由最初的特指中国丝绸、陶瓷与茶叶等商品的国际贸易线路到泛指中国与亚欧非各国经济、政治、文化交流的通道和纽带的统称，"一带

一路"战略贯穿了亚欧非大陆的经济活跃的东亚经济圈、发达的欧洲经济圈和经济发展潜力巨大的广大腹地国家，虽然明确了丝绸之路经济带重点畅通中国经中亚、俄罗斯至欧洲（波罗的海），中国经中亚、西亚至波斯湾、地中海和中国至东南亚、南亚、印度洋的线路，"21世纪海上丝绸之路"重点方向包括从中国沿海港口过南海到印度洋，延伸至欧洲，以及从中国沿海港口过南海到南太平洋等线路，但随着经济全球化的深入，世界经济所表现出的显著特征是世界各国之间在经济发展上的深度融合，主导经济发展的要素流动越来越超越于国家和地区的界限，并引起大规模的国际分工合作和经济空间结构的重组，形成发达的全球贸易体系，任何国家和地区都难以在经济全球化的进程中置身事外。因此，从经济地理学的意义上讲，"一带一路"战略的地域空间涵盖的范围已不仅仅局限于上述国家和地区，而更倾向于在经济全球化过程中从更大更广的地域推动区域融合与经济发展。

同样，在"一带一路"战略的中国各地区应对上，《愿景与行动》虽然明确提出了我国四类地区（西北、东北地区，西南地区，沿海和港澳台地区，内陆地区）的27个省区市以及港澳台地区和25个核心城市的比较优势、参与的角色定位和发展目标，并且提出了要使新疆成为"丝绸之路经济带"上重要的交通枢纽、商贸物流和文化科教中心，打造"丝绸之路经济带"核心区；支持福建建设"21世纪海上丝绸之路"核心区。但是，"一带一路"战略对经济要素与资源配置及流动的高度市场化和高效化的促进决定了该战略的空间应对不是排他性的，而是各省市和各城市协同、合作的共建。例如，《愿景与行动》虽未提及江苏省，但江苏省与《愿景与行动》所提到的省区市及核心城市之间均已形成了紧密的经济社会联系，与"一带一路"沿线国家之间的经济贸易往来和文化交流甚至比其他省份更密切。因此，通过区域基础设施建设的完善，形成网络化的、安全高效的各类要素联系通道，城市与区域之间将构成一个开放的、包容的区域空间有机体，参与到服务"一带一路"的战略格局中。同样，"一带一路"沿线的中心城市也将与区域内的其他大中小城市与小城镇形成紧密联系的城镇协作圈，共同发挥在"一带一路"战略中对区域的开放引领和辐射作用。从这个意义上讲，"一带一路"战略不是一个区域发展战略，而是统筹中国全方位对外开放的长远、顶层战略，是一个具有一定空间指向和空间范围的国家战略。从目前国内针对"一带一路"研究的成果看，对"一带一路"战略空间内涵的理解尚有一定的局限性，大多集中于《愿景与行动》中明确的部分特定地区，如中国西部地区或新疆、福建、广东与广西等个别省区，缺少对中国整体国土空间开发格局影响的研究。

二、"一带一路"战略对中国城市发展的影响

（一）城市发展要素不断集聚

"一带一路"战略作为延续经济全球化态势下世界经济格局的一种新形态，体现为一种全新的包容性发展特征，其核心依然是促进经济要素流动的自由化和市场引导与融合下的资源高效配置。作为倡导"一带一路"战略的国家，中国既体现出了与其全球第二大经济体相吻合的大国责任，是"中国提供给世界的公共产品"，同时也在实施"一带一路"战略的过程中促进了自身的发展。

在经济全球化的过程中，中国抓住了机遇，充分有效地利用了经济全球化带来的国际资本和国际市场体系，成为全球利用外资最多的国家、最大的出口国和最大的贸易体，实现了整体经济实力和竞争力的快速提升。其主要体现是城镇化的加速发展和各类发展要素在城市的集聚，尤其是在各类中心城市的集聚，架构了以城市发展为核心的中国经济发展格局。

"一带一路"作为国家战略，在全国各地区均能根据不同的比较优势，在战略实施中得到相应的响应，并且在战略架构的引导下得到相应的发展机会。例如，《愿景与行动》提出广西要"发挥与东盟国家陆海相邻的独特优势，加快北部湾经济区开放发展，构建面向东盟区域的国际通道，打造西南、中南地区开放发展新的战略支点，形成'21世纪海上丝绸之路'与'丝绸之路经济带'有机衔接的重要门户"。实际上，自中国与东盟开展广泛合作以来，广西就始终承担着面向东盟区域的区域性服务中心的职能，同时也表现出各类发展要素在广西的集聚，尤其是加速了资本、贸易和人口等经济发展核心要素的流动与集聚（表1）。

历年广西进出口总额排名前三位的国家和地区情况一览 表1

序号	比较内容	2001年	2002年	2003年	2004年	2005年	2006年	2007年	2008年	2009年	2010年	2011年
1	进出口额（亿美元）国家	2.9越南	4.9越南	6.7越南	7.5越南	9.9越南	14.7越南	23.8越南	31.3越南	39.8越南	51.3越南	75.8越南
2	进出口额（亿美元）国家和地区	2.0美国	2.7中国香港	3.7美国	5.0美国	5.3美国	5.9美国	7.9美国	9.4美国	12.8美国	15.3美国	15.9美国
3	进出口额（亿美元）国家和地区	2.0香港	2.7美国	3.0中国香港	3.6日本	4.3日本	5.3日本	6.0日本	7.7日本	9.7澳大利亚	12.7澳大利亚	13.0香港

　　广西面向东盟区域的跨境贸易也对广西首府南宁的发展产生了根本性的影响。南宁跨境出口表现出快速增长的趋势，出口产品结构也向着高附加值的工业制成品转变。2003 ~ 2012 年，南宁的对外贸易出口总额从 5.1 亿美元快速增长至 23.5 亿美元，其中东盟国家始终是最重要的出口伙伴国家。南宁出口产品结构的升级和转型也强化了城市工业用地的规模化和集聚空间布局模式，并促使城市相应的服务功能发生改变，表现为第三产业内部结构的升级和生产性服务业的快速发展，如南宁出现了金融业的国际化发展趋势，表现出一定的区域性金融机构的集聚特征和发展趋势。2008 年，越南西贡商信银行在南宁设立代表处，这是外国银行在广西设立的首家办事机构，也是越南银行业在国外设立的首家代表处。目前，在南宁设立的外资银行包括新加坡星展银行、南洋商业银行和香港汇丰银行等，已表现出一定的区域性金融中心的特征。同时，南宁城市人口、劳动力和就业等社会性要素的集聚程度也进一步提高，面向东盟区域的中心城市服务功能直接创造了对金融、贸易、物流和商务等高端生产性服务业岗位的需求，并在区域要素自由流动的条件下推动了城市人口要素构成的变化和提升（表2）。

2000 ~ 2010 年南宁市中心城区人口迁移原因统计　　　表 2

迁移原因	2000 年		2010 年		增长人数（人）	年均增长率（%）
	人数（人）	比例（%）	人数（人）	比例（%）		
务工经商	15272	24.40	760954	45.72	745682	47.82
工作调动	2687	4.29	57103	3.43	54416	35.75
寄挂户口	—	—	6106	0.37	—	—
分配录用	2198	3.51	—	—	—	—
学习培训	16868	26.95	249175	14.97	232307	30.90
拆迁搬家	5039	8.05	87640	5.27	82601	33.06
婚姻迁入	4418	7.06	71200	4.28	66782	32.05
随迁家属	9417	15.05	249038	14.96	239621	38.75
投亲靠友	2917	4.66	58840	3.54	55923	35.04
其他	3775	6.03	124149	7.46	120374	41.81
合计	62591	100.00	1664205	100.00	1601614	38.83

（二）城市体系更加完善，中心城市功能愈加凸显

　　随着区域发展空间边界的开放和发展要素的自由流动，城市之间的各项联系越来越紧密，区域内的城市愈加表现出合作的态势。尤其在经济全球化的发展趋势下，全球经济的不断整合和重组对城市发展产生了深远的影响，城市与区域外部的要素资源流入和重新配置组合，越来越深入地参与到城市及其区域的发展中，并发挥着更加重要的作用。"一带一路"战略指导下的区域发展要素空间指向主要包括两个层面，一是指向与"一带一路"相关的区域和城市，二是根据各地区内部的比较优势形成集聚中心，并形成区域内部聚焦中心、联系紧密、分工有序的城市群体。

以长三角地区为例，《愿景与行动》提出要利用长三角等经济区开放程度高、经济实力强与辐射带动作用大的优势，推进"一带一路"建设。长三角地区有着区位、交通、产业与产品、文化等优势，长期以来长三角地区借助于由外部嵌入的全球商品和要素链而建立起区域内部各次区域之间以及区域对外的经济联系，体现了全球城市区域的特征，即节点和其联系纽带的结构，也是一种极化的区域经济体系。长三角地区未来的发展极有可能借助于全球商品和要素链向中国大规模的延伸，建立起全球联系和融入全球城市网络之中，成为世界上的生产、经济增长和创新中心，以及新的全球经济的区域推动力，并在"一带一路"战略中起到积极的推动作用。在这种全球联系中，长三角地区的核心——上海更多的是充当外部资源流入与产成品流出的桥梁，这与发达国家的核心城市通过本土公司演变为跨国公司向全球拓展其分散化生产而成为控制与管理及生产者服务中心和全球城市有着本质的不同。如果没有上海逐步成为全球城市，成为国内大公司和跨国公司的特殊基点，也就难以使全球商品与要素链向长三角地区的大规模延伸得以顺利进行并长期维持下去。反之，如果没有全球商品与要素链向长三角地区大规模延伸所形成的广泛的加工基地，也就不会形成对全面服务的需求，促使高级生产者服务嵌入上海的生产过程，并使其作为全球商品与要素链的服务节点而获得综合性的全球中心地位。从这个意义上说，"一带一路"战略对长三角地区提出的要求，更是对作为长三角地区核心城市的上海提出的要求。通过研究上海在推进"一带一路"建设中的作用，也可以确定上海未来的战略发展定位。综观全球经济发展的引擎地区，大多通过其核心城市及城市区域的集聚发展而带动整个地区乃至国家的发展。例如，美国政府为了应对21世纪美国国内人口的急剧增长、基础设施需求、经济发展和环境等问题的挑战，制定未来美国国土发展框架，于21世纪初编制了"美国2050"空间战略规划。规划提出了巨型都市区域（Mega-region）作为未来新的全球经济竞争单元，共划定了11个巨型都市区域，汇集了国家的全球性港口、机场、通信中心、金融和市场营销中心，是美国与全球经济联系的门户，并将成为未来至2050年美国经济增长的主要地区。因此，在长三角地区建设全球城市区域并对接"一带一路"战略，应致力于构建高效的物流系统，提供快速流动网络体系支撑，包括航空运输系统、国际航运港口群、城际快速交通系统及全覆盖的快速物流系统，成为中国对外联系的国际门户地区。基于长三角全球城市区域，上海应通过发挥对内、对外两个扇面的作用，努力实现全球城市的定位和目标。其中，对外链接要通过航运中心和港口物流中心的打造积聚全球资源，通过先进制造业的发展和相应服务的完善对接国际市场，通过城市文化的打造与城市魅力的激发吸引国际人才，以形成国家门户和更高能级的全球城市。对内辐射则要将自身置于国家区域化和长三角全球城市区域的发展战略中，全面增强全球城市区域辐射和带动能力，为长三角区域成为世界级制造业基地提供必需的高端生产性服务，使其成为长三角北翼与南翼资金、信息、商品流的汇集点。

区域内城市体系的完善，意味着区域内部各城市功能定位的明确和城市之间合作的不断加强。《愿景与行动》提出，要支持福建建设"21世纪海上丝绸之路"核心区，并且明确要加强福州、厦门与泉州等沿海城市港口的城市建设。"21世纪海上丝绸之路"建设将推动中国沿海城市和港口的发展，必将使中国沿海港口和城市的功能发生质的变化和量的提高。在历史上福建就是古代海上丝绸之路的起点，泉州是海上丝绸之路的主港之一，被誉为"东方第一大港"；福州港是中国东南沿海重要的通商口岸，是外销陶瓷器等海上贸易大宗商品的重要出口港；厦门是中国最早实行对外开放的4个经济特区之一，东南沿海地区的重要中心城市，台湾海峡两岸合作的示范城市。如何定位福建中心城市在推进"一带一路"建设中的作用，以及如何界定"21世纪海上丝绸之路"的核心区，就必须明确福州、厦门和泉州乃至"福州—莆田—宁德"大都市区和"厦门—漳州—泉州"大都市区的发展分工和功能定位。笔者通过比较这三大中心城市和两大都市区后发现，与厦门和泉州相比，作为福建省会城市的福州，其传统经济发展在总量和质量上都不具备明显优势，同时经济发展的核心—边缘特征明显。但福州在服务业、互联网创新等方面具有一定的区域比较优势，在未来发挥"21世纪海上丝绸之路"核心功能方面应充分发挥省会城市的特殊地位，强化服务业和新兴产业投资，进一步提升经济发展的水平和质量。而分析"福州—莆田—宁德"大都市区和"厦门—漳州—泉州"大都市区的发展水平，发现两者有较大差距，在经济发展、城镇化水平和信息强度及关联度上呈现出较为明显的强弱特征。福州的直接经济腹地集中在宁德、南平等闽东北地区，厦门的直接经济腹地集中在漳州、龙岩等闽东南地区，但福州与闽东北地区的实际信息联系强度较弱，与厦门对闽东南地区的信息流影响力有较大差距。以上分析，可以为"21世纪海上丝绸之路"核心区的空间与能级识别提供重要依据。

（三）促进城市产业结构的调整与完善

"一带一路"战略提出的重点合作方向——政策沟通、设施联通、贸易畅通、资金融通、民心相通（简称"五通"），为相关城市的发展带来了新的机遇。"一带一路"战略给全球经济带来更加自由的相互投资和产业合作，按照优势互补和互利共赢的原则，可以优化区域和国家的产业结构，实现经济的可持续发展。

中国在经济全球化的过程中，充分吸纳和集聚了全球资本、技术等重要的要素资源，并迅速形成了生产规模，大大促进了中国的经济发展和实力提升。目前中国经济已步入"新常态"，劳动力、自然与生态资源的限制正在成为中国经济调整的主要原动力。因此，必然会对自身的产业规模和产业布局有所调整。同时，中国的新兴现代服务业随着产业结构的不断调整和完善，正在迅速发展壮大，并具备了进一步寻找市场扩大规模的条件和能力。"一带一路"战略与全球经济的平等合作为中国部分过剩的产能转移和消化提供了可能，通过与资金融通和技术转移的结合，实现国家和区域之间的经济平等合作与共赢，同时也使中国城市产业结构的调整和城市职能的提升具备了条件。因此，"'一带一路'战略不仅是单纯的拓展海外市场，更是以对外开放带动国内经济转型的综合战略"。

随着"一带一路"能源基础设施的互联互通合作，输油、输气管道等运输通道的安全性提高，中国能源进口通道将更加多元化，能源安全水平将大大提高。同时，与"一带一路"相关地域的节点城市将获得建设能源加工储运基地的机会，并形成新的经济增长点。新疆克拉玛依市的独山子区在 20 世纪 90 年代初利用克拉玛依油田投资建设了 14 万吨乙烯项目，此后由于加强了与中亚地区国家的能源合作，为独山子区的石油化工生产规模的扩大提供了保障。2005 年独山子区获批 1000 万吨炼油和 100 万吨乙烯项目，并于 2009 年建成投产。目前，独山子区、奎屯和乌苏已成为新疆天山北麓经济带的重要发展地区，对新疆的发展和稳定起到了重要的作用。

（四）城市区位条件的变化和提升

"一带一路"战略不可能是空间全面开花的战略，而是需要依靠节点城市有序推进开发的战略，基础设施的互联互通既是"一带一路"建设的优先领域，又是确定优先节点城市开发的重要依据。《愿景与行动》提出要努力实现区域基础设施更加完善，基本形成安全高效的陆海空通道网络，使互联互通达到新水平。互联互通基础设施条件的改善，改变了城市的经济地理区位，必将造就新的经济增长热点区域，特别是中国目前基础设施建设水平仍较薄弱和交通区位条件较差的西部地区，将形成新的区域节点性城市，推动区域多节点中心城市的发展格局。

同时，基础设施建设不仅可以连通外部区域，还可以连接区域内的城市，尤其是通过区域交通基础设施及其廊道建设和区域内港口的联系，实现城市腹地的拓展和延伸，形成城市之间的互联互通和地区内城市群体的网络化发展。从国家的国土开发格局看，区域内外的基础设施互联互通将不断优化区域空间格局，有效连通沿海地区和内陆腹地，为沿海地区提供更广阔的经济腹地，有效发挥沿海地区的门户区位优势，将内陆腹地纳入到全球生产体系中，并开发内陆地区国际化发展空间，创造更大范围和更宽领域的全面对外开放格局。

近年来，中国的内陆地区陆续开通了便于国际贸易的铁路运输通道，在降低内陆地区国际贸易成本的同时，也改变了传统中西部地区的区位特征，极大地拓展了内陆城市的发展机会。2011 年中国重庆和世界上最大的内陆集装箱转运地——德国杜伊斯堡港之间开通了全长 11000km 的国际铁路——渝新欧铁路，从中国重庆出发，经新疆、哈萨克斯坦、俄罗斯、白俄罗斯、波兰至杜伊斯堡，历时 14 ~ 16 天，比长江水运加海运时间节约 30 ~ 40 天，运行成本只有空运的 1/6 ~ 1/5。渝新欧铁路在有效满足重庆以笔记本电脑为代表的 IT 产品对铁路国际经贸大通道需求的同时，极大地提升了重庆作为长江上游物流中心的地位，改变了重庆在世界物流中的地位。此外，蓉欧快铁、汉新欧、郑新欧、西新欧等线路也都在进行前期的探索之中。

三、"一带一路"战略下的城市规划应对

（一）"一带一路"空间指向下的城市战略规划

聚焦"一带一路"合作重点对城市及其区域可能带来的影响，分析城市与区域发展的内外部条件变化，充分挖掘城市与区域发展的资源要素及发展潜力。特别要强化对城市发展的区域分析，从全国或国际劳动地域分工的角度明确城市的职能及城市内部合理的经济结构。因此，作为"一带一路"合作重点的"五通"将是深入分析影响城市发展方向的主要路径和聚焦点，继而将深化城市与区域要素、资源禀赋及经济发展条件的评价，重点研究区域内城市之间以及城市与外部区域之间的经济联系，由此分析和确定区域内各城市的职能分工。

城市发展的主要动力来自于城市为外部区域服务的职能，并将决定城市的经济规模、人口规模与用地规模。由此，要从城市服务"一带一路"的角度分析城市的经济与社会发展对劳动力的需求量，并在合理布局生产力、明确区域内各城市职能分工和协调各相关城市发展规模的基础上，确定中心城市的合理发展规模；

尤其要将城市发展置于经济全球化的发展趋势下，从城市与区域发展要素资源国际化的视角分析全球经济整合对城市发展的影响及其规划应对，重视现代服务业发展要素对城市与区域发展的关键作用。

（二）区域层面的基础设施建设统筹

区域乃至全球层面的设施联通为区域内各类发展要素在更大空间范围内的优化组合提供了条件，其中包括了城市赖以发展的物质、技术、人才、资金和信息等要素的优化组合。

由此，依据推动"一带一路"建设的合作内容和建设重点，界定合作与建设所涉及的城市及其区域范围，通过该区域范围内的人口、经济、社会、科技、资源与环境等系统及其内部各要素之间的相互协作、配合和促进，使之在空间上有序、良性循环发展。可通过基础设施建设提升其服务水平，由此带动区域内城市之间的空间统筹协调，以实现城市及其区域的服务功能，并最终通过公共政策的推行保障城市功能的有效实施。

（三）加强城市与区域的生态研究

"一带一路"战略给城市与区域的产能转移和产业结构调整提供了条件与可能，但产业结构的调整和空间优化必须建立在对城市与区域全面发展的基础上，强调绿色经济和生态文明，既不能将自身产业结构调整建立在落后产能的对外转移上，输出传统经济增长模式，也不能片面关注某些投资条件而破坏城市与区域生态环境。

印度洋将是未来全球主要大国发展的重要战略焦点，即使只从能源运输安全的角度考虑，印度洋对于中国来说也具有重要的经济和战略意义。《愿景与行动》提出"一带一路"的区域空间指向包括中巴经济走廊、孟中巴印经济走廊这两个经济走廊，但与缅甸接壤的中国云南省的生态容量极其有限，生态环境相当脆弱，在规划城市产业发展方向选择时应谨慎对待"一带一路"沿线区域节点城市优先开发的策略，选择那些突出生态文明理念和适应当地生态环境容量的产业体系，尤其要避免由印度洋经缅甸进入云南的能源通道所带来的节点城市石油化工产业开发对生态环境的破坏。

四、结语

"一带一路"战略是中国积极融入全球经济和参与国际经济合作的国家战略，这一战略全方位地影响着中国的经济社会发展，在承担大国责任的同时，也为促进自身的发展提供了难得的机遇。从城市发展的角度分析，"一带一路"战略将延续多年来中国利用经济全球化的资本与要素自由流动的态势，有利于城市发展要素的不断集聚和优化组合，使区域城市体系更加完善，愈加凸显中心城市的区域带动作用，并促进城市产业结构的调整与完善和城市区位条件的变化与提升，为城市发展挖掘更多的机会，同时改变宏观区域的发展与对外开放格局。由此，中国需要更加明晰在城市规划中的应对策略，包括城市战略规划指向、统筹区域基础设施建设和加强城市与区域规划中的生态研究。

（撰稿人：彭震伟，同济大学建筑与城市规划学院党委书记，同济大学建筑与城市规划学院教授、博士生导师）

注：摘自《规划师》，2016（2）：11-16，参考文献见原文。

中国城镇化的战略思考——智力城镇化

导语：基于对 2012 年世界各国或地区人均 GDP 和城镇化率关系研究，揭示城镇化率超过 50% 的国家或地区在走向稳定城镇化过程中，逐渐出现 "Y" 型道路分化趋势——Stand 道路和 Lay 道路，即依靠智力创新的 "智力城镇化" 道路和依靠资源环境、廉价劳动力的 "体力城镇化" 道路，并构建了智力城镇化和体力城镇化区别的理论架构。研究指出城镇化率 65% 左右是决定城镇化道路是向 "智力" 还是 "体力" 发展的关键点。随后通过对 G20 国家 1960 ~ 2012 年以后的城镇化率与国家智力产出、智力投入、智力主体要素的发展变化研究，实证了智力城镇化和体力城镇化道路的主要区别。最后结合中国发展状况，指出智力城镇化道路是未来中国的必然选择。

根据中国统计局资料显示，1978 ~ 2013 年，中国常住人口城镇化率从 17.9% 提升到 53.7%，年均提高约 1 个百分点。中国用约 30 年的时间，在一代人成长的时间中，从一个农业为主的社会，跨越到以非农业生产为主的社会。传统乡村文明和现代都市文明在快速城镇化进程中产生了激励碰撞，各种城镇化发展带来的问题尖锐呈现，包括环境持续污染、城乡矛盾加剧、资源耗费严重等诸多风险，稍有不慎，可能落入 "中等收入陷阱"，进而影响现代化进程。李克强总理在 2013 年中国城镇化工作会议上指出，"城镇化是现代化的必由之路"。中国改革开放 30 年以来，取得了经济社会发展的巨大成就，但是以大量消耗资源能源、依托廉价劳动力为基础换取的成果。中国未来 30 年如何走上一条区别于传统城镇化的可持续发展道路，是横亘在我们面前的一道世纪难题。

一、研究背景

从本质上说，城镇化是一种人类社会随着生产力不断发展的经济和社会现象，是随着社会化大分工而带来人类聚居地不断向城镇集聚的主要结果。城镇化现象伴随着城镇的出现而产生，并随着城镇的发展而发展。在工业革命之前，城镇化的进程非常缓慢，相关资料显示，1800 年全世界城镇化率仅为 3.1%。工业革命开始后，欧洲地区城镇快速发展，引领着世界城镇化格局发展，随后 19 世纪开始在北美等地区快速扩张。而在 20 世纪初之前，全球除欧洲和北美之外，其他地方的城镇化水平发展缓慢，所以经过百年发展，到 1900 年全球城镇化水平仅为 13.6%。

20 世纪是全球城镇化快速发展的时期，拉美、北非、亚洲、北欧地区的城镇化终于快速发展起来，截至 2000 年，全球城镇化水平已经剧增到 46.6%。这段时期全球城镇人口年均增速年平均在 2%，1950 年达到顶峰至 3.1%（见图 1）。根据 2014 年联合国人口统计数据库资料显示，世界城镇化水平 2007 年已经达到 50.1%，城镇人口首次超过农村人口，标志着全球正式进入城市时代。截至 2013 年，世界城镇人口有 38.02 亿人，城镇化率达到 53.1%。2014 年版本《世界城镇化展望》揭示，全球城镇化还将持续推进，预计到 2050 年全球城镇化率将达到 66.4%。

目前，全球城镇化存在区域发展不平衡、城镇化进程快慢不同、人口越发集聚在大城市等发展特征，各国所走的城镇化道路也不同，但是存在一些共性发展特征。对城镇化道路的研究文章颇多，主要从人口向城市聚集程度、经济发展方式、城镇空间扩展、城镇化动力等方面出发，针对不同国家（地区）不同阶段的城镇化的现象特征进行分析归纳，主要提出了"逆城镇化""反城镇化""超前城镇化"以及"后城镇化"（城乡融合论、后工业化的城镇化、全球化时代的城镇化）、"乡村城镇化""就地城镇化"、麦基（McGee）的"Desakota"、Qadeer（2000）的乡村都市带（ruralopolises）等不同的城镇化发展模式（王建军，2009），同步城市化、过度城市化、滞后城市化（简新华，2003）。2010 年仇保兴从可持续发展的角度，提出了城镇化发展"A"模式、"B"模式和"C"模式道路（仇保兴，2010）。这些文章都主要从城镇化的初期、中期和成熟期全过程来进行研究，而针对城镇化率 50% 后的国家城镇化发展道路的研究较为缺乏。

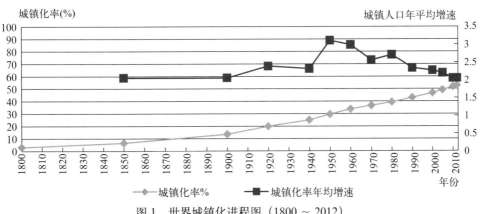

图 1　世界城镇化进程图（1800 ~ 2012）

二、50% 城镇化阶段后世界城镇化 "Y" 型道路分化

（一）50% 城镇化率后国家的城镇化发展水平分类

根据世界银行数据库关于城镇化率的数据分析，2012 年世界国家或地区城镇化率超过 50% 的国家有 118 个，其中有 8 个国家是没有人均 GDP 数值统计的，所以不纳入研究范围。城镇化率达到 50% 后，不同国家或地区的城镇化发展差异很大。以 2012 年的数据计算，32 个国家或地区人均 GDP 的水平达到 25000 美元以上，基本都属于发达国家行列；12 个国家人均 GDP 水平在 15000 ~ 25000之间，处在发展的过渡阶段，除韩国经济发展形势良好之外，希腊、葡萄牙等为代表的国家也面临着转型危机。此外 66 个国家或地区的人均 GDP 在 15000 美元以下，主要集中在亚洲、南美洲等欠发达地区（见表 1）。

城镇化率在 50% ~ 65% 之间的国家或地区有 37 个，城镇化发展水平还未进入成熟发展状态。其中只有爱尔兰（62.5%）、希腊（61.7%）、葡萄牙（61.6%）、斯洛伐克共和国（54.7%）四个国家人均 GDP 达到 15000 美元以上，且都是欧

2012 年城镇化率超过 50% 的国家或地区的统计表　　　　表 1

	城镇化率大于等于 70%	城镇化率 65% ~ 70%	城镇化率 50% ~ 65%
人均 GDP 小于 15000 美元	阿根廷，保加利亚，白俄罗斯，巴西，哥伦比亚，多米尼加共和国，阿尔及利亚，加蓬，乔丹，黎巴嫩，墨西哥，马来西亚，巴拿马，秘鲁，帕劳群岛，苏里南，俄罗斯，土耳其，乌拉圭，委内瑞拉	玻利维亚，哥斯达黎加，多米尼加，厄瓜多尔，匈牙利，伊朗，伊拉克，立陶宛，拉脱维亚，蒙古，萨尔瓦多，突尼斯，乌克兰	安哥拉，阿尔巴尼亚，亚美尼亚，阿塞拜疆，博茨瓦纳，中国，科特迪瓦，喀麦隆，刚果，佛得角，加纳，斐济，冈比亚，格鲁吉亚，洪都拉斯，克罗地亚，危地马拉，海地，牙买加，印度尼西亚，哈萨克斯坦，摩洛哥，马其顿，黑山，尼日利亚，前南斯拉夫，尼加拉瓜，波兰，巴拉圭，罗马尼亚，塞尔维亚，圣多美和普林西比，塞舌尔，图瓦卢
人均 GDP 15000 ~ 25000 美元	巴林，巴哈马，智利，塞浦路斯，捷克共和国，韩国，马耳他，阿曼	爱沙尼亚	希腊，葡萄牙，斯洛伐克共和国
人均 GDP 大于等于 25000 美元	阿联酋，澳大利亚，比利时，百慕大群岛，文莱，加拿大，瑞士，德国，丹麦，西班牙，芬兰，法国，英国，中国香港，冰岛，以色列，日本，科威特，卢森堡，中国澳门，挪威，荷兰，新西兰，波多黎各，卡塔尔，沙特阿拉伯，新加坡，瑞典，美国	奥地利，意大利	爱尔兰

洲国家；其他国家或地区的人均 GDP 都小于 15000 美元，正处于城镇化发展的关键时期。

（二）中国面临世界城镇化"Y"道路的选择

从 2012 年世界主要国家或地区城镇化率水平与人均 GDP 的增长关系可见，城镇化率水平达到 50% 之后，各国由于发展条件差异，发展道路开始分化，城镇化率 70% 以后，主要是两类道路（见图 2）。

第一条道路是城镇化率与人均 GDP 同时提升的健康之路，国家发展稳定，人民生活较为富裕，本研究称为"Stand"道路。城镇化率超过 70% 以后人均 GDP 超过 15000 美元的国家或地区共有 37 个（含中国香港和澳门），主要代表国家有美国、澳大利亚、法国、英国、日本等发达国家。

第二条路则是城镇化率不断提升，人民生活质量和经济能力却没有得到同样速度的提升，国家发展面临巨大的危机，本研究成为"Lay"道路。城镇化率超过 70% 以后人均 GDP 低于 15000 美元的国家共有 20 个，主要代表国家有阿根廷、墨西哥、巴西、匈牙利、俄罗斯、土耳其等，以南美洲和东欧剧变国家为主。

需要注意的是，国家城镇化率大于 50% 且人均 GDP 高于 25000 美元，才达到一个真正发展的良性路径，步上了发达国家的城镇化道路。而国家人均 GDP

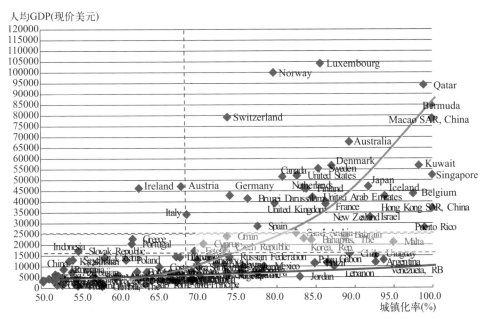

图 2 　2012 年城镇化率超过 50% 国家的城镇化率与人均 GDP 散点图

注：2012 年城镇化率超过 50% 且有人均 GDP 统计数字的 110 个国家和地区进行统计分析，数据来源：2014 年世界银行数据库。

在 15000 ～ 25000 美元之间的区域国家，城镇化发展道路还存在发展的不确定性，稍有不慎则会进入不可持续的发展路径，代表国家有捷克共和国、巴哈马群岛、巴林、智利、塞浦路斯等。

对中国而言，目前刚跨越城镇化率 50% 的门槛，面临着一条 "Y" 型道路的选择：要不走向城镇化与经济发展同步发展的健康绿色 "Stand" 道路；要不走向经济发展滞后于城镇化发展的动荡红色 "Lay" 道路。

三、智力城镇化道路及含义

（一）"Stand" 与 "Lay" 道路区别

以 20 国集团（G20）为例，2010 年三产从业人员比例分析，当城镇化率超过 65% 之后，各国三产从业人员比例都超过了 50%，但是进入城镇化 "Stand" 道路国家的第三产业从业人口比例普遍高于 "Lay" 道路国家（阿根廷除外）（见图 3）。"Lay" 道路国家代表墨西哥、阿根廷、巴西、俄罗斯和土耳其等第三产业主要是低端的服务业为主，主要包括个人消费服务、批发和物流等的低端生产性服务等。而 "Stand" 道路国家日本、韩国、美国、英国等，第三产业从业比例非常高，且多以智力化和资本化的第三产业为主，包括科技、教育、总部经济、金融、创意设计、流通等行业。比如同样是汽车行业，在德国主要是以汽车制造标准、发动机核心技术和金融资本支持为主，以核心科技力提供了高附加值的智力型工作岗位；而在墨西哥和土耳其的汽车制造业，虽然从产值上来看非常繁荣，并且努力打造自主核心品牌，但是主要以代工、加工和仿制国外的主要品牌汽车，

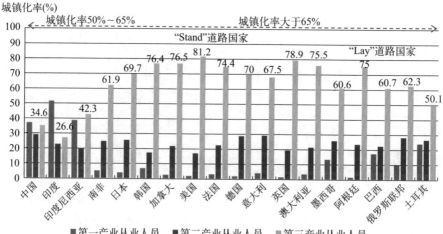

图 3　2010 年 G20 主要国家三产从业人员比例分析图

并不掌握核心汽车研发能力和创新设计能力。

如表 2 分析所示，以 G20 的主要国家为例，"Stand"道路代表国家中除了沙特以矿产资源石油为主要支柱产业之外，英国、美国、澳大利亚、加拿大虽然本身具有良好的矿产资源，城镇化过程中经历了依靠能源矿产发展的重要阶段，但是城镇化率65%之后主要以服务业为主导产业，不断提升产业的智力创新能级。

两条道路国家的主要产业类型比较　　　　　　　　表 2

	国家	国家经济主要产业概述
"Lay"道路国家	阿根廷	世界粮食和肉类的主要生产和出口国，工业门类齐全，农牧业发达
	巴西	农业、采掘业、制造业和服务业较为发达，劳动力充足。严重的收入不均是主要问题
	墨西哥	拥有现代化的农业和工业，汽车制造业是墨西哥的支柱产业。人均收入不平衡、政局动荡、具有外债危机
	俄罗斯	十分依赖天然资源的出口。目前是全球最大的天然气出口国及 OPEC 以外最大的原油输出国
	土耳其	在生产农产品、纺织品、汽车、船只及其他运输工具、建筑材料和家用电子产品方面具有一定领导地位
"Stand"道路国家	英国	服务业非常发达，特别是银行业、金融业、航运业、保险业以及商业服务业占 GDP 比重最大且处于世界领导地位。能源生产占总 GDP 的 10%（发达国家中最高）
	德国	工业基础坚固，拥有高技术的工业、庞大的股本，具有高创新能力。2011 年服务业约占德国国民生产总值的 71%
	法国	经合组织中第二大接收外国直接投资国家，主导产业依然是工业，特别是钢铁、汽车和建筑方面，是八大工业国中生产力最高国家，拥有先进的工业技术。法国是最富有的欧洲国家
	美国	服务业，尤其是金融业、航运业、保险业以及商业服务业占 GDP 比重最大，全国 3/4 的劳力从事服务业
	韩国	外向型经济，国际贸易在韩国 GDP 中占有很大比重，是世界第 7 大出口和进口国
	意大利	国际贸易与出口金额畏惧世界领先地位，创新的商业、创意农业、创意及高品质汽车与电气工业以及服装设计闻名世界
	澳大利亚	十大农产品出口国、六大矿产资源出口国。金融业、商业和服务业极为发达
	加拿大	全球十大贸易国，经济高度国际化。加拿大经济以服务业为主，约有 3/4 的国家从事该行业。有能源可出口
	日本	第三产业，特别是银行业、金融业、航运业、保险业以及商业服务业对 GDP 贡献最大，占全国 GDP 逾 70%
	沙特	以石油为支柱，全球最大的石油出口国（探明石油总量是世界的 24%）

（二）智力城镇化道路含义

"Stand"道路和"Lay"道路的根本区别在于，"Stand"道路国家经济增长主要靠智力化、资本化的产业为支撑，走创新、科技的高附加值经济发展道路，在全球化经济网络中占据中心或关键节点位置；而"Lay"道路国家经济增长则是依靠能源、资源、廉价劳动力为主的产业，其劳动附加值低，在全球化经济网络发展中处于劣势地位。所以本文认为"Stand"道路，实际上是"智力城镇化"道路，而"lay"道路则是"体力城镇化"道路，其理论架构见图4。

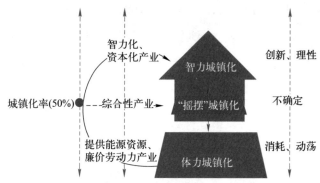

图4 "智力城镇化"与"体力城镇化"的理论架构

本研究定义智力城镇化道路是依靠智力化产业为基础的城镇化发展道路，整体表现出创新性，国家走上理性的发展道路，其主要显性表征为城镇化率超过70%后，人均GDP大于15000美元；体力城镇化道路则是依靠出卖资源能源、提供廉价劳动力产业为基础的城镇化发展道路，整体表现依托消耗大量资源能耗发展，国家容易陷入动荡的发展局势，其主要显性表征为城镇化率超过70%以后，人均GDP小于15000美元。❶

城镇化率超过70%后，人均GDP介于15000～25000美元之间的国家则会再次分化，有的成为发展稳定的智力城镇化国家如韩国，有的容易掉入体力城镇化国家的泥沼成为动荡的国家，如塞浦路斯、捷克。在这个区间的城镇化道路，可以称之为"摇摆"城镇化区间。2012年希腊的城镇化率为61.7%，人均GDP为22442美元，面临严峻的外债危机，若无法创新发展，则容易进入体力城镇化国家行列。

城镇化的道路是体力城镇化还是智力城镇化，不是从城镇化一开始就决定的，是在城镇化进程中经济积累和智力积累到一定程度的产物，在城镇化率65%以

---

❶ 本文人均GDP的美元单位，是指2012年世界银行计算后的现价美元。

后表现最为明显。智力城镇化道路代表了城镇化率 50% 后世界城镇化道路一种智力水平高、科学技术发达、可持续健康发展的趋势，是分析城镇化道路如何选择的重要路径之一。

四、决定两种道路的城镇化水平关键点

为了便于分析城镇化道路的特征，本文以经济发展具有代表性的 20 国集团为主要研究对象，其中欧盟在进行国家为单位的分析研究中不纳入。根据 2012 年城镇化率与人均 GDP 的划分统计可知，G20 中唯有印度的城镇化率小于 50%，仅仅为 31.66%；中国、南非和印度尼西亚是属于在刚跨入 50% 城镇化率，城镇化道路正处于关键时期。智力城镇化道路的国家或地区有英国、法国、德国、日本、澳大利亚、加拿大、沙特阿拉伯、美国、韩国和欧盟；体力城镇化的国家有阿根廷、巴西、墨西哥、俄罗斯和土耳其。而城镇化率没有达到 70% 的中国、印度尼西亚、南非和印度，无论从主导产业还是从人均 GDP 的水平来看，目前都还属于"体力城镇化"国家的行列，而意大利则开始表现出"智力城镇化"道路的趋势。

对智力城镇化和体力城镇化的划分，依据诺瑟姆的"S"形曲线，主要是看进入城镇化率 70% 之后的发展状态，但是决定两条道路的城镇化关键点则是在 65% 左右（见图 5）。英国、法国、德国、日本等发达国家代表的智能城镇化道路，在城镇化率 65% 左右跳跃发展，经济增长迅速，进入创新型国家的发展路径。

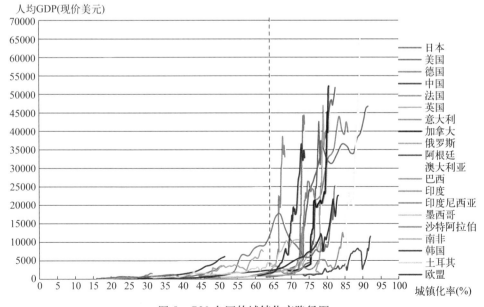

图 5 G20 各国的城镇化率路径图

这些国家在城镇化率从 65% 提升到 75% 之间，人均 GDP 可以翻 3 ~ 5 倍，达到人均 25000 ~ 50000 美元左右。在这期间，各国的高等教育人数急增，创新能力爆发，社会全面法治，环保体系进入到成熟阶段。而对巴西等为代表的体力城镇化国家而言，在城镇化率 65% 阶段没有智力和资本支持，缺乏创新能力，则社会将徘徊在模仿与复制之间，城市社会出现大量失业，国家政治体系动荡，环境处于慢性病状，生产技术缺乏原创，人均专利徘徊在低水平，人均 GDP 徘徊在 5000 ~ 20000 美元。

五、G20 集团智力城镇化与体力城镇化道路的区别实证研究 ❶

智力城镇化道路的主要特征集中表现在"智力化"，与科技、资本、精英人群等智力发展要素息息相关。本文拟从国家或地区城镇化发展过程中智力投入、智力主体和智力产出三方面进行两者区别的实证研究。根据数据可获取性，智力投入选择科研投入量占 GDP 比例、公共教育支出所占 GDP 的比例、公共教育支出占政府支出比例三个指标进行研究；智力主体主要选择高等院校入学率、每百万人中技术人员数、每百万人中研究人员数进行研究；智力产出则从人均高科技出口额（现价美元）、本国居民和外国居民的专利申请量、科技期刊文章发表数进行研究。

从 20 国集团 1960 ~ 2012 年数据分析可知，智力发展要素的各项指标值，主要随着城镇化进程的不断推进而提升，但是智力城镇化国家在这些指标方面的提升速度明显高于体力城镇化国家，并且在绝对值方面普遍高于体力城镇化国家。

（一）智力投入区别

智力投入的大小，决定着城镇化能否创新发展的基础储备，是城镇化发展能否智能化发展的重要推动因素。

科研投入量占 GDP 比例方面，从公共教育支出所占 GDP 的比例值上面，以美国、韩国、日本、德国、英国为代表的智力城镇化国家，在城镇化率超过 70%之后，依然快速持续增加科研投入量，以推进掌握高附加值产业技术力量，推动国家创新智力发展。从图 6 所示，智力城镇化国家科研投入量占 GDP 比例普遍高于 1%，而体力城镇化国家的科研投入量随着城镇化率提升不稳定发展或缓慢

---

❶ 本小节图表的主要数据，都来自于 2014 年世界银行数据库的关于智力投入、智力主体和智力产出相关指标的统计数据。年限缺失的数据，利用 SPSS 采用线性插值的方法获取。

提升，并且除中国之外，普遍低于 1%（见图 6）。

公共教育支出占 GDP 的比例分析入手，两条道路差异的区别体现在随着城镇化水平的推进，公共教育支出所占 GDP 的比例由增加到减少的城镇化率区间。智力城镇化国家分析，在城镇化率 65% ~ 75% 期间仍然在快速加大公共教育投资量，直到在城镇化率 75% 以后，基本完成了适应城市现代生活的国民教育后，才逐渐降低其所占 GDP 的比重，随后稳定维持在 4.5% ~ 6.5%。体力城镇化国家，其国家公共教育支出所占 GDP 的变化趋势的城镇化率水平主要是滞后性，往往从城镇化率水平较达到 80% 左右才是投入的高峰期，导致国民教育水平的提升速度远远跟不上城镇化率的发展速度。比如阿根廷、巴西公共教育支出所占 GDP 的比例目前还没有投资下降的趋势，主要是用于弥补人口城镇化快于产业城镇化所带来的人口质量提升的欠账（见图 7）。

公共教育支出占政府支出的比例方面，与公共教育支出所占 GDP 的比例所反映出来的体力城镇化与体力城镇化的特征基本一致。智力城镇化国家虽然公共教育支出占政府支出的比例从城镇化率 70% 城镇化率后，都从高峰点趋于降低，比例维持的区间在 10% ~ 15%；以巴西、阿根廷、墨西哥等国家在城镇化率 70% 以后仍然在持续加大投入比重。智力城镇化的国家，其公共教育支出占政府支出的比例并不高，但是其大学入学率很高（见高等院校适龄入学率分析），充分说明了智力城镇化的国家教育不仅仅是靠国家投入，也靠引入民间资本进行，普遍低于体力城镇化国家的投入比例（见图 8）。

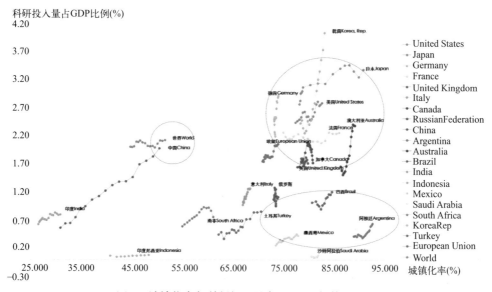

图 6　城镇化率与科研投入量占 GDP 比例的关系图

公共教育支出占GDP比例(%)

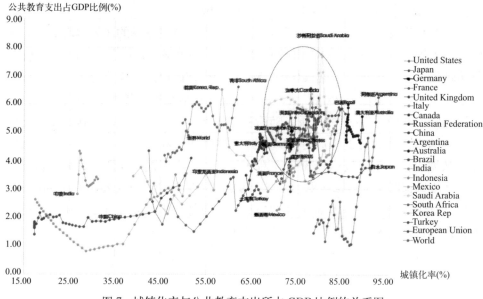

图 7　城镇化率与公共教育支出所占 GDP 比例的关系图

公共教育支出占政府支出比例(%)

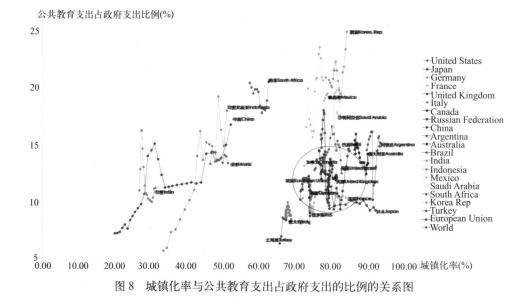

图 8　城镇化率与公共教育支出占政府支出的比例的关系图

（二）智力主体区别

人的品质是城镇化能否智能发展的关键要素，智力主体的量越大，能够走上智能城镇化的道路几率越大。

　　高等院校入学率方面分析，智力城镇化国家，以美国、英国、法国、韩国为例，城镇化率达到70%以后，高等院校适龄入学率在不断提升中，普遍大于55%。第一类为韩国、美国、德国、英国、沙特的城镇化水平分别超过70%后已经基本稳定，其高等院校入学率总体上一直在迅速增加。第二类为法国、日本城镇化率过70%之后，高等院校入学率趋于平稳增加。第三类为加拿大城镇化率超过70%之后，原来高等院校入学率不断增加的趋势改变为逐年快速降低，到2012年的60%左右。体力城镇化国家中，除了阿根廷之外，高等院校入学率都在50%之下。其中以巴西最低，城镇化率78.3%的时候高等院校入学率仅为11.8%，所以巴西在城镇化70%以后不断提升公共教育支出，以提升其智力主体质量。而俄罗斯和阿根廷，其高等院校入学率均超过70%，甚至超过法国、德国、英国的水平，但是由于其政局不稳，发挥不出智力人才的效用，以致城镇化发展受到严重阻碍（见图9）。

　　每百万人中研究人员数量方面分析，智力城镇化国家和体力城镇化国家在每百万人技术人员数，在总量和增速方面具有明显的差异区别。城镇化率65%之后，法国、美国、韩国、日本等的每百万人中研究人员数量均高于2000人。其中，韩国和日本最高，2012年的指标均超过5000人。而墨西哥、阿根廷、巴西为代表的体力城镇化国家，每百万人中研究人员数量均低于1000人。其中俄罗斯虽然具

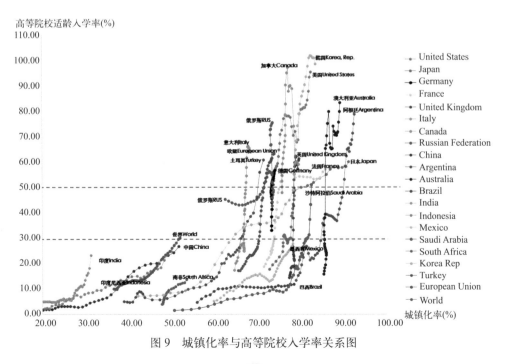

图9　城镇化率与高等院校入学率关系图

每百万人中研究人员数(人)

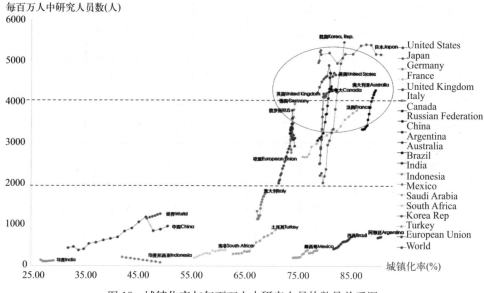

图10　城镇化率与每百万人中研究人员的数量关系图

有较高的每百万人中研究人员数量，但是近年由于政局动荡，其总量在不断降低，从 4000 人左右下降到 3000 人左右。在发展速度方面，体力城镇化国家城镇化率超过 70% 之后，在 70% ～ 85% 的区间，数量从 2000 人迅猛增加到 4000 ～ 5500 人。而体力城镇化国家进入 70% 城镇化率之后，每百万人中研究人员数量缓慢增加，在 70% ～ 85% 区间，仅仅从 200 增加到 1000 人左右（见图 10）。

每百万人中技术人员数量分析，智力城镇化国家和体力城镇化国家在每百万人中技术人员数量方面，与每百万人中研究人员数量差异表现非常一致。城镇化率 70% 之后，智力城镇化国家的水平随着城镇化水平的推进，每百万人中技术人员在 70% ～ 85% 区间快速上升，数量均高于 700 人，其中加拿大、德国、法国的最高，在 1500 ～ 1900 人左右。体力城镇化国家则随着城镇化率的变化，均不超过 700 人，且个别国家的数量在逐渐降低（俄罗斯）。其中，日本的每百万人中技术人员数，在城镇化率 78% ～ 90% 区间，从 700 人下降到约 570 人。但是日本的百万人研究人员数量很高，填补了科技人员逐步减少带来的危害。但是近 20 年来，日本百万人研究人员和技术人员的总量是在减少，对日本未来的智力发展带来一定的影响（见图 11）。

（三）智力产出区别

能否产出有价值的智力产品，促进社会创新和创造经济价值，为国家进一步发展积累创新动力，是衡量城镇化是否可以走上智力化可持续道路的重要标准。

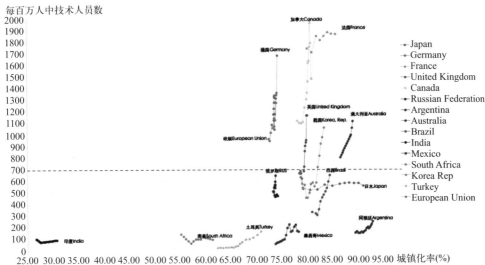

图 11　城镇化率与 100 万人中技术人员的数量关系图

　　从人均高科技出口额方面分析，智力城镇化国家的值远远高于体力城镇化国家。智力城镇化国家在城镇化率 70% ～ 80% 之后，高科技出口的人均值呈现爆发式增长，这要归功于之前这些国家对于智力投入的不断增加；从智力投入和智力产出拐点产生的时间上来看，各个国家的智力产出的拐点时间相对于智力投入具有不同程度的滞后性。例如，韩国在 75% 城镇化率之后，加大了公共教育的投入，而其高科技出口的高速增长拐点约出现在城镇化率 80% 之后，约滞后了 10 年左右（1991 ～ 2000 年）。体力城镇化国家，其高科技出口的人均值在城镇化率达到 85% ～ 90% 之后呈现了缓慢的增长，可以看出其前期的智力投入起到了一些作用，但作用不甚明显，其增长速度远远低于智力城镇化国家（见图 12）。

　　从本国专利申请量分析，日本、美国、韩国这些国家在城镇化率达 70% 之后均经历了高速增长的阶段。这些国家中，日本在经历了迅速增长后，呈现缓慢下滑的趋势，我们回看日本的智力投入部分可以发现，日本公共教育支出占 GDP 比例和公共教育占政府支出比例大约以城镇化率 77% 为拐点，大幅减少，这也间接导致了其本国居民专利申请量的减少，但由于之前的基础较好，因而本国居民专利申请量的减少相对于公共教育占 GDP 比例和公共教育占政府支出比例具有一定的滞后性。反观体力城镇化的国家，其本国居民专利申请量则一直处于一个低迷的水平。体力城镇化国家和智力城镇化国家本国居民专利申请量的分界点约在 5000 个左右。中国由于智力投入的增加，也使得在城镇化率在 35% 之后呈现了快速增长的态势（见图 13）。

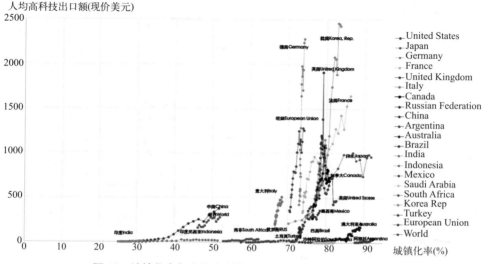

图 12　城镇化率与人均高科技出口额（现价美元）关系图

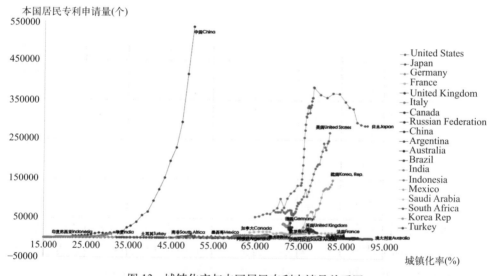

图 13　城镇化率与本国居民专利申请量关系图

　　从外国居民专利申请量分析，智力城镇化国家和体力城镇化国家的界限约在5000 左右，值得注意的是，欧盟以 65% 的城镇化率为拐点，外国居民专利申请量急剧下降，与此同时美国的外国居民的专利申请量则急剧上升。在本国居民专利申请量上，中国第一、日本第二、美国和韩国次之，但是在外国居民专利申请上由多到少则是美国、中国、日本、韩国。以美国为例，其本国和外国的专利数量非常高，充分表明美国具有非常强的创新环境，能够吸引国内外人才进行技术革新和创业。2013 年，世界知识产权组织发布的年度报告表明，中国已取代美国成为世界最大专利申请国，占了全球总申请量的 1/4。但是外国居民专利申请量不如本国居民专利申请量，则值得中国反思目前创新环境对国内外人才的汇聚能力（见图 14）。

从科技期刊文章发表数量分析，智力城镇化国家与体力城镇化国家的划分界限约在 4000 篇左右。科研期刊文章，是学术思想传播和产生专利的基石，从研究方面反映了城镇化发展的智慧度。需要指出的是，中国和印度由于人口基数较大，因而其总量超过了部分智力城镇化国家，但中国的期刊文章数增长速度也较快，其走向智力城镇化道路的趋势较好（见图 15）。

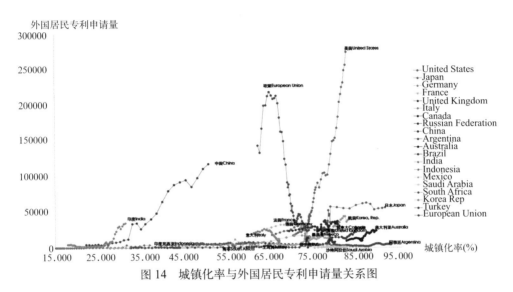

图 14　城镇化率与外国居民专利申请量关系图

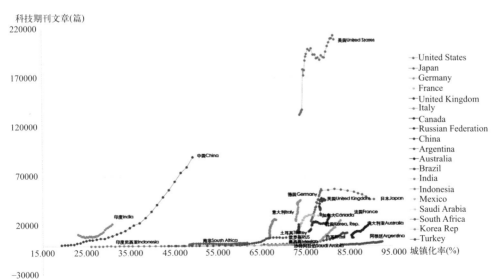

图 15　城镇化率与科研期刊文章发表数关系图

六、智力城镇化道路是未来中国的必然选择

以目前中国城镇化推进速度，其城镇化率将在 8 ~ 10 年之内到达 65% 的关键点，将面临上述智力城镇化和体力城镇化分化。如果中国城镇化在未来的每一个百分点的提升中不能对中国的劳动生产率做出重大的质量提升，不能主要完成适应城镇现代生产生活的国民教育，中国将走向体力城镇化道路，国家将一次性的将城镇化历史性资源消耗完毕。如此发展，当城镇化率达到 80% 以上，就会形成大量的城市人口负荷，城市的社会冲突和理性智能水平以及社会智力创新贡献都无法使国家走向一个高劳动生产率的城市社会。

因此，中国必须在未来城镇化率 50% ~ 65% 区间内大量提升城镇化智力发展的投入、主体和产出要素，以保证在 65% 城镇化到达之前，为中国走向智力城镇化的道路奠定基础，也就是上述的智力城镇化做好历史性的准备。只有这样，中国未来 30 年的城镇化途径，才能让每一个城镇化百分点的提升，直接贡献于整个民族的创造力的提升，进入一个创新型社会，使中国在城镇化率达到 75% ~ 80% 左右的时候，劳动生产率达到发达国家的水平。因此，未来的十年时间中国城镇化如何发展，将决定中国未来几十年的发展道路。

（撰稿人：吴志强，博士，同济大学建筑与城市规划学院城市规划系，高密度人居环境生态与节能教育部重点实验室，教授；杨秀，同济大学建筑与城市规划学院城市规划系，博士生；刘伟，同济大学建筑与城市规划学院城市规划系，硕士生）

注：摘自《城市规划学刊》，2015（1）：15-23，参考文献见原文。

国家新区 25 年——规划的回顾与思考

一、国家新区的诞生

国家新区最早诞生于上海。1990 年 4 月 18 日，李鹏总理在上海宣布，中共中央、国务院同意上海市加快浦东地区的开发，在浦东实行经济技术开发区和某些经济特区的政策。4 月 30 日，上海市人民政府宣布开发浦东的十项优惠政策和措施。9 月 10 日，国务院有关部门和上海市政府向中外记者宣布开发、开放浦东新区的九项具体政策规定。浦东的开发、开放随即进入实质性启动阶段。

国务院同意在浦东新区采取以下优惠政策：第一，区内生产性的"三资"企业，其所得税减按 15% 的税率计征；经营期在 10 年以上的，自获利年度起，2 年内免征，3 年减半征收。第二，在浦东开发区内，进口必要的建设用机器设备、车辆、建材，免征关税和工商统一税。区内的"三资"企业进口生产用的设备、原辅材料、运输车辆、自用办公用品及外商安家用品、交通工具，免征关税和工商统一税；凡符合国家规定的产品出口，免征出口关税和工商统一税。第三，外商在区内投资的生产性项目，应以产品出口为主；对部分替代进口产品，在经主管部门批准，补交关税和工商统一税后，可以在国内市场销售。第四，允许外商在区内投资兴建机场、港口、铁路、公路、电站等能源交通项目，从获利年度起，对其所得税实行前五年免征，后五年减半征收。第五，允许外商在区内兴办第三产业，对现行规定不准或限制外商投资经营的金融和商品零售等行业，经批准可以在浦东新区内试办。第六，允许外商在上海，包括在浦东新区增设外资银行，先批准开办财务公司，再根据开发浦东实际需要，允许若干家外国银行设立分行。同时适当降低外资银行的所得税率，并按不同业务实行差别税率。第七，在浦东新区的保税区内，允许外商贸易机构从事转口贸易，以及为区内外商投资企业代理本企业生产用原材料、零配件进口和产品出口业务。对保税区内的主要经营管理人员，可办理多次出入境护照，提供出入境的方便。第八，对区内中资企业，包括国内其他地区的投资企业，将根据浦东新区的产业政策，实行区别对待的方针。对符合产业政策、有利于浦东开发与开放的企业，也可酌情给予减免所得税的优惠。第九，在区内实行土地使用权有偿转让的政策，使用权限 50 年至 70 年，外商可成片承包进行开发。第十，为加快浦东新区建设，提供开发、投资的必要基础设施，浦东新区新增财政收入，将用于新区的进一步开发。

　　早期的特殊政策主要集中在国家新区和其他特区，但是随着改革开放的深入推进，一些发展的优惠政策逐步朝着普惠的方向过渡，最终"特区不特"。截至2015年9月，全国共成立15个国家新区，包括浦东新区、2009年3月批复的天津滨海新区、2010年6月批复的重庆两江新区、2011年6月批复的浙江舟山群岛新区、2012年8月批复的兰州新区、2012年9月批复的广州南沙新区、2014年1月批复的陕西西咸新区和贵州贵安新区、2014年6月批复的青岛西海岸新区和大连金普新区、2014年10月批复的四川天府新区、2015年4月批复的湖南湘江新区、2015年6月批复的南京江北新区、2015年9月批复的福州新区以及2015年9月批复的滇中新区。

　　最近一个阶段的新区批复文件主要内容包括以下几个方面：一是明确新区需要落实贯彻的重大国家战略；二是确定新区发展定位，并提出新区的发展路径；三是对省政府工作和新区建设提出要求（见表1）。

部分国家新区落实国家战略及作用一览　　　　　　　　　　　　　　表1

新区名称	国家战略	新区作用
重庆两江新区	应对国际金融危机，落实区域发展总体战略	带动重庆发展、推进西部大开发、促进区域协调发展
浙江舟山群岛新区	区域发展总体战略、海洋发展战略	推动浙江发展，推动东部发展方式转变，促进全国区域协调发展
兰州新区	西部大开发战略	带动甘肃及周边地区发展，深入推进西部大开发，促进西南开放
广州南沙新区		推动珠三角转型发展，促进港澳地区长期繁荣稳定，构建开放型经济新格局
陕西西咸新区	西部大开发战略	西向开发
贵州贵安新区	西部大开发战略，探索欠发达地区后发赶超	
青岛西海岸新区	海洋战略、发展海洋经济	促进东部沿海地区经济转型，建设海洋强国
大连金普新区		带动东北老工业基地振兴，推进东北亚区域开放合作
四川天府新区	西部大开发战略、推进新型城镇化、创新驱动发展战略	发展内陆开放经济，西部地区转型升级，完善国家区域发展格局
湖南湘江新区	区域发展总体战略、长江经济带发展	带动湖南及长江经济带发展，促进中部地区崛起
南京江北新区	区域发展总体战略、长江经济带发展	创新发展和新型城镇化的示范作用
福州新区	区域发展总体战略，国家支持福建发展的重大政策	

　　资料来源：根据各国家级新区批复文件整理。

74

总结起来，设立国家新区的"国家"意图包括以下四个方面：一是，在对外方面，寄希望于国家新区能代表国家参与国际竞争与分工。改革开放初期，国家新区是中国走向世界，积极参与国际竞争的前沿阵地。在全球经济持续走低的国际背景下，设立国家新区是应对国际金融危机、推动改革创新的重要举措。二是，在国内方面，突出国家新区是国家重大发展战略的空间载体。区域发展总体战略、一带一路、京津冀协同发展、长江经济带等重大国家战略的实施，需要通过国家新区进行落实。三是，国家新区是落实国家重大改革发展任务和创新体制机制的试验场，如统筹城乡综合配套改革试验、探索内陆开放性经济发展模式、推动海洋经济发展和探索欠发达地区后发赶超新路子。四是，国家新区是国家新型城镇化发展方式的示范基地，推动产城融合发展，提高资源效率，改善生态环境质量。

二、国家新区发展的四个特征

（一）不同时期国家新区的构想愿景有较大差别

1990～2005年间国家只设立一个国家新区，即浦东新区，它是国家改革开放、经济发展的龙头，之后未再批国家级的新区。经开区、高新区、经济特区是这段时期国家发展政策空间投放的重点。由此，这一时期国家新区的设立具有很强的中心性，除了上海以外的城市多是以地方的名义建立各种新区。2005年之后设立国家新区的政策重新启动，并进入到一个密集投放期。2005～2010年国家设立2个新区，即滨海新区和两江新区，是落实区域发展总体战略的重要举措。2011年至今国家设立了12个国家新区，特别是最近两年共批准设立9个国家新区，国家新区一下子成为国家实现战略部署的新抓手。目前的密集投放体现了国家寄希望用一个旧的政策工具来推动新的发展，而各地在经历了15～20年的快速发展积累后，也希望通过中央的批复，争取在国家战略部署上谋取较高的发展地位（见图1）。

1. 发展定位：区域战略、改革试水和模式示范

国家级新区首先承担的是"国家意志"，集中体现在三个方面：一是国家整

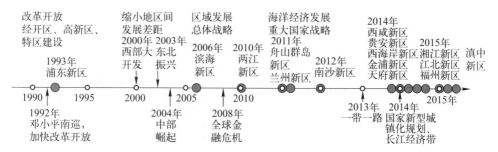

图1 从时间角度观察国家级新区的投放

体对外开放及体制机制改革的探索作用；二是对特定区域的发展发挥带动作用；三是在探索新型城镇化道路方面发挥示范作用。

改革开放初期，国家新区更多是中国走向世界的政策试水地，以及代表国家参与国际分工与竞争的前沿阵地。浦东新区和滨海新区无论是成立之初还是最终获批，都被赋予明确的国家使命，它们对于转型发展、对外开放、体制改革发挥着举足轻重的作用，成为中央机构和中央企业建立分支机构和实施重大投资的承载地。

改革开放中期，国家新区更多是国家空间发展战略的重要载体。"十二五"规划以来，为逐步解决地区发展不平衡的问题，国家相继出台多项区域空间发展战略，包括西部大开发、东北振兴、中部崛起，以及一带一路、长江经济带、京津冀协同发展等。而与此相伴随，国家新区的布局也从沿海走向内陆，全面支撑国家空间发展的战略部署。内陆的国家新区在统筹城乡综合配套改革试验、探索内陆开放性经济发展模式、探索欠发达地区后发赶超新路子等方面的确发挥着各种积极作用，而沿海的国家新区则在推动海洋经济科学发展方面做出政策、体制、机制的探索和尝试，同时国家新区也成为城市发展模式转型的示范平台，在推动产城融合发展、提高资源效率、改善生态环境质量方面都积累了许多有价值的经验。

从两江新区开始，新区在引领区域经济发展方面作用更加凸显。两江新区、西咸新区、贵安新区、天府新区均是西部大开发战略的重要支撑，每个国家新区都被赋予内陆开放、扶贫攻坚、创新驱动的任务；舟山群岛新区、南沙新区、西海岸新区、金普新区、福州新区位于东部沿海地区，按照不同区域的转型发展要求承担着不同的改革探索任务；湘江新区、江北新区是长江经济带发展的重要支撑，同时也被赋予区域引领的任务（见表2）。

国家级新区发展要求一览表 表2

新区名称	改革示范	模式创新	区域带动
浦东新区	综合配套改革试验区	—	东部地区率先发展
滨海新区	开发开放改革试验区	—	经济重心从东部沿海向东北转移
两江新区	城乡综合配套改革试验 内陆开放型经济	资源节约和环境保护； 发展社会事业	带动重庆发展； 推进西部大开发
舟山新区	—	海陆统筹发展	推动浙江经济社会发展； 推进东部地区发展方式转变
兰州新区		欠发达地区加快推进新型工业化、城镇化和实现跨越式发展； 特色产业、循环经济和节能环保	增强兰州作为西部地区重要中心城市的辐射带动作用； 推进西部大开发； 拓展我国西向开放的广度和深度

新区名称	改革示范	模式创新	区域带动
南沙新区	—	优质生活圈、新型城市化典范；以生产性服务业为主导的现代产业新高地；具有世界先进水平综合服务枢纽和社会管理创新试验区	推动珠三角转型发展促进港澳地区长期繁荣稳定
西咸新区	—	以人为核心的新型城镇化；西咸一体化进程	推进西部大开发
贵安新区	—	欠发达地区后发赶超；生态文明建设	推进西部大开发
西海岸新区	实施海洋战略，发展海洋经济	—	促进东部沿海地区经济率先转型发展
金普新区	—	—	促进东北地区老工业基地振兴；深入推进东北亚区域开放合作
天府新区	—	着力发展高端产业，建立完善现代产业体系；推进生态文明建设，保护和传承历史文化，促进人与自然和谐发展	推进西部大开发；西部地区开发开放，构建内陆开放型经济
湘江新区	—	高端制造研发转化基地和创新创意产业集聚区；产城融合城乡一体的新型城镇化示范区；全国"两型"社会建设引领区；长江经济带内陆开放高地	促进东部地区崛起；推进长江经济带建设
江北新区	—	自主创新先导区；新型城镇化示范区；长三角地区现代产业集聚区；长江经济带对外开放合作重要平台	推进长江经济带建设；推动苏南现代化建设
福州新区	—	探索新型城镇化道路；推进城乡一体化发展	深化两岸交流合作；推动福建省经济社会发展和生态文明现行示范
滇中新区	西部新型城镇化综合试验区和改革创新先行区	经济社会和资源环境协调发展	推进实施"一带一路"；推进长江经济带建设；推进西部大开发

资料来源：根据各国家级新区批复文件整理。

2. 实质投放：项目投放和政策实验的力度差异

国家实质性推动国家新区发展，一是给予优惠政策，二是直接的开发项目投入。20 世纪 90 年代，伴随浦东新区同时成立的还包括陆家嘴金融贸易区、外高桥保税区、金桥出口加工区和张江科技园区。以四个国家级开发区为空间平台，国家赋予浦东一系列特殊优惠政策，通过允许经营人民币业务的外资金融机构在陆家嘴开设办事处，吸引外资银行在此设立总部；在外高桥保税区设立特殊的海关监管区域；金桥出口加工区享有多项免税和减税政策；张江科技园区同时拥有国家软件产业基地、国家软件出口基地、国家文化产业示范基地、国家网游动漫产业发展基地等多个国家级基地。综合来看，国家通过从金融、海关、税收、技术等多方面的政策投放，为浦东新区成立之初的飞跃发展注入强劲的动力。

2006 年，天津滨海新区升级为国家新区，《国务院关于推进滨海新区开发开放有关问题的意见》从金融改革和创新、土地管理改革、进一步扩大开放、财政税收政策扶持四个方面鼓励、支持、推动新区加快发展。大项目的密集投放对于新区产业升级发展发挥了重要作用，2006 年国家新区成立第一年，滨海新区优化调整产业结构，继续壮大发展电子通信、石油开采、汽车制造、现代冶金等支柱产业，一大批国家级项目如大乙烯、大炼油、空客 A320、中联芯片等在滨海新区实施。统计表明，滨海新区 2006 年经济增速超过 20%，GDP 占天津全市的比重达到 45%。

2015 年国家发改委发布《关于推动国家级新区深化重点领域体制机制创新的通知》，对 13 个已经成立的国家新区提出明确的发展方向，同时可以看到改革开放初期的金融、关税等优惠政策到目前已经具有一定的普遍性，而随着国家经济发展进入新常态，大规模的定向投资已大大减少，国家对新区的投入力度和方向均有所改变，不再对新区投入大量的项目和给予优惠政策，而是更多鼓励地方创新发展，挖掘自主动力。

（二）国家新区的投放在空间上逐步具有均衡布局的特征

自 1992 年设立浦东新区以后，在长达近 20 年的时间内，浦东新区和滨海新区一直作为仅有的两个国家级新区发挥作用，是国家参与国际竞争、推进国内改革的重要支点和平台。直到 2010 年，两江新区成为第三个国家级新区，开启了成立国家级新区的新篇章。

浦东新区是在 20 世纪 80 年代末国家经济发展的低潮期出现的，目的在于构建新的开放格局，对重振国家经济发挥了举足轻重的作用；而滨海新区标志着区域发展战略从东南沿海向北方沿海转移，是国家空间发展战略的重要抓手；两江新区则是内陆第一个国家级新区。2011 年设立 2 个国家新区，2012 年设立 1 个国家新区，2014 年设立 5 个国家新区，2015 年设立 4 个国家新区，在短短 5 年时间内，全国新增 12 个国家级新区。而且一个重要的趋势是，国家新区在空间区位上呈现由东部向西部推进，逐步走向均衡布局的特征。

（三）"国家新区"由国家设立逐步转向地方启动、中央批准

2010年前国家是设立新区的主体，国家新区的定位较为明晰，如设立浦东新区目的是推动改革开放，设立滨海新区的目的是综合配套改革试验，设立两江新区的目的是促进内陆开放，设立舟山群岛新区的目的是探索陆海统筹发展新路径。2010年后，地方政府在国家新区设立的过程中起着重要的推动作用，中央政府行使审批权力。对于这类国家新区而言，通常着眼于贯彻落实重大国家战略，把带动所在区域的发展、提升经济质量和规模作为发展目标，往往先在城市和区域层面划定"经济区"，谋划和建设多年后启动申报"国家新区"的工作，这种设立的路径比过去承载了更多地方的发展诉求和意图。

从表3中我们可以看到绝大多数的国家新区在正式批准之前都经历了多年的筹备过程。这些国家新区的设立大多为地方和中央政府双向互动的结果，标

国家新区的设立方式一览　　　　　　　　　　　　　　　表3

设立方式	新区名称	前期工作	设立时间及方式	后续工作
国家直接设立	浦东	1990年，中共中央和国务院决策开发浦东	1993年，管委会成立	2001年，浦东新区行政区
	滨海	1994年，新区管委会成立	新区写入"十一五"规划	2009年，滨海新区行政区
国家引导设立	两江	2009年，国发2号文提出研究设立两江新区	2010年批复请示文件	成立两江新区管委会
	舟山群岛	2010年，长三角区域规划提出舟山海洋综合开发试验区。海洋发展战略	2011年批复请示文件	一套班子，两块牌子
自身启动，国家空间战略引导	兰州	2010年，管委会成立	2011年批复请示文件	西部大开发"十二五"规划
	西咸	2011年，管委会成立。西部大开发"十二五"规划	2014年批复请示文件	
	贵安	2011年，建设开始。西部大开发"十二五"规划	2014年批复请示文件	
	天府	2010年，建设开始。西部大开发"十二五"规划	2014年批复请示文件	
地方根据国家战略，贯彻实施	南沙	编制完成《南沙新区发展规划》	2012年批复《规划》	
	西海岸	2012年，设立新的黄岛区	2014年批复请示文件	一套班子，两块牌子
	金普		2014年批复请示文件	2015年，新区管委会成立
	湘江	2008年，大河先导区建设	2015年批复请示文件	
	江北	2013年，江北新区筹备工作	2015年批复请示文件	
	福州		2015年批复请示文件	

资料来源：笔者自制

志是以"国函批复"的文件形式为主，而不是"国发设立"的文件形式，即地方政府根据国家空间发展战略和城市发展基础，主动建设并申报成立国家新区。国家在新区的成立中更多扮演规则制定和审批的角色。因此说，与浦东国家新区的设立过程相比较，后来许多国家新区的设立不再具有强烈的国家意志，而是地方响应国家发展战略、承担区域发展责任的积极举措，地方政府成为国家新区设立的第一推动力，在 2010 年以后设立 12 个国家级新区的申报主体均为省级政府。

综上所述，国家新区的设立在 20 世纪 90 年代具有强烈的国家意志，反映了国家在特定历史时期政治经济方面的重大抉择，区域发展的意图处于从属地位。相比而言，后来的国家新区其设立往往是国家战略和地方发展意图结合的产物，有时后者显得更突出，在国家区域发展的优惠政策趋向均衡普惠的时期，地方提出诉求的先后并不一定就代表了它所在区域发展优先性的排序。当然有了国家新区的批复，地方的发展就有了更强的推动力，地方和所在区域的发展信心相应地增强，这也是不争的事实。

三、国家新区的建设情况

（一）国家新区发展的阶段性差异

15 个国家新区由于发展基础和设立时间不同，发展阶段也有巨大差异。浦东新区和滨海新区启动早，设立早，处于提升期，主要以完善自身功能，提高综合竞争力为主要目的。两江新区、南沙新区、天府新区启动早，设立较晚，基础较好，处于扩张期，主要以空间扩张、产业集聚为主，并逐步向模式创新、空间融合、品质提升方面发展。西咸新区、兰州新区、贵安新区等设立较晚，处于起步期，城镇建设基础相对薄弱，产业发展处于起步阶段，主要工作是确立空间框架、理顺管理机制、明确发展任务（见图 2）。

（二）国家新区建设中存在的普遍问题

1. 集约发展水平有待提升

从现有统计数据来看，浦东新区和滨海新区建设用地分别达到 705 平方公里和 390 平方公里，分别占规划建设用地的 93% 和 77%，未来新增建设用地有限，城市逐步进入存量更新的阶段。南沙新区、西海新区、西咸新区、舟山群岛新区、兰州新区规划建设用地较少，建成区的用地面积已经超过规划建设用地的一半。天府新区、两江新区、贵安新区建设用地完成度超不过 40%（见图 3）。

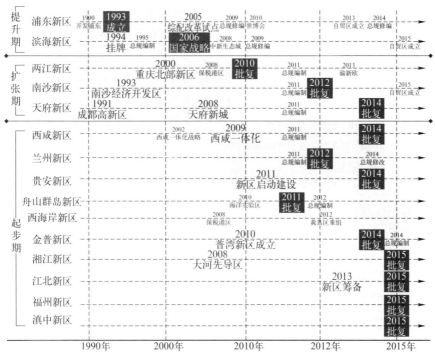

图2　国家级新区发展阶段
资料来源：笔者自绘

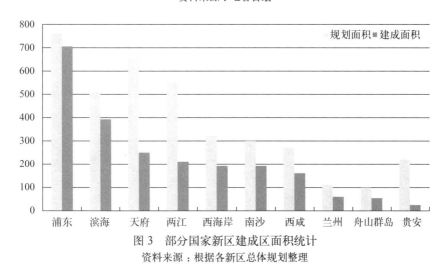

图3　部分国家新区建成区面积统计
资料来源：根据各新区总体规划整理

　　工业用地的集中投放和道路基础设施的大规模建设，是过去一个阶段建设用地大量增加的主要原因。但工业用地出让多、建设缓、投产少，使建设用地的经济产出整体偏低；同时道路建设求宽、求快还是一个普遍问题，为了树立国家新区的外在形象，大量城市道路断面超宽，而且动辄延伸上百公里，不仅增加了财政投入的负担，而且道路两侧大量土地既不能再去耕种，又不能进行城市开发，造成资源的阶段性浪费；受新区"零地价"政策影响，近期建设主体按照"多多益善"，而非"实事求是"的原则争取建设用地。新区起步建设阶段，出于招商引资的需要，土地跟着项目走，缺乏严格的前置管理，一些单个项目占地动辄几百亩，甚至上千亩。按照这样的用地方式，新区将在数年后面临产业用地供地不足、招商引资项目难以落地的局面。粗放的土地管理不仅造成新区用地的闲置浪费、投入产出效益的降低，也使未来新区开发的增值大部分落入企业之手，不利于国家新区的长远发展。

2. 产城分离现象频现

大多数新区选址位于传统城区之外，城市建设基础相对薄弱，加上产业园区主导的新区发展模式，造成新区产城分离现象频现，"有产无城"成为最主要的表现形式。

除浦东新区和浙江舟山群岛新区外，大部分的国家新区采取的仍然是以第二产业为主导的发展路子。例如：从浦东新区、滨海新区、两江新区历年产业结构来看，新区成立初期均以二产推动为主，浦东新区通过产业结构调整，2000 年二产比重开始下降，滨海新区在 2008 年前后二产比重开始下降，而两江新区正处于二产比重不断上升的阶段。随着第二产业的发展，许多新区在工业用地的供给量方面远远高于居住用地的供给，造成生活配套设施不完善，从业人员必须每天通勤于新区和老城区之间，新区的城市运行效率偏低。调查发现，某些国家新区虽然供应了住房，但由于建设初期的配套设施不完善，难以在短期内积聚大量人气。同时，住房供应量中的相当部分被投资客占有，而他们购房多用于二次转让，这样新区购房人群并非新区实际的居住人群和就业人群。居住人口的不稳定，还造成了社会组织发育缓慢，新区难以很快发展成为较为成熟的城市地区（见图4、图5）。

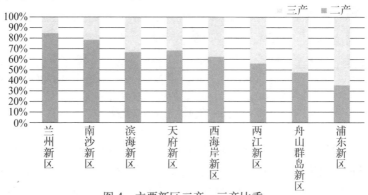

图 4　主要新区二产、三产比重

资料来源：依据各新区统计年鉴绘制

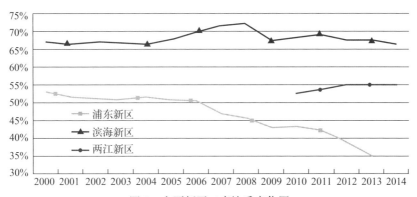

图 5　主要新区二产比重变化图
资料来源：依据各新区统计年鉴绘制

3. 环境品质破坏严重

国家级新区获批之后大多经历一段时间的高速建设期，表面上城市建设快速推进，新建建筑群拔地而起，但由于缺少空间层面的精细化设计，很多新区存在城市空间尺度偏大、地域特色和历史文化特色逐渐消逝的问题，城市风貌趋同化，建成环境"缺乏特色"似乎成为新区建设的普遍特征。同时，争分夺秒的工程建设难以兼顾山水资源保护，低冲击开发模式往往到现实工作中被置于脑后，许多新区中的园区建设还在采用"大平场"的方式，对原有自然景观和地貌造成严重破坏，也留下许多城市安全方面的隐患，加大了城市防灾基础设施方面的投入。

四、国家新区的规划转变

（一）国家新区的规划编制历程

传统的产业区开发模式已经不适应新区的发展要求，综合性城市建设的思路成为新区规划的主要方向，处于不同发展阶段的国家新区都在进行因地制宜的探索。

浦东新区、滨海新区经历两轮总体规划编制，规划编制体系基本完善，城市建设在规划的指引下有序进行。两江新区和天府新区在 2010 年完成第一轮总体规划，经过五年城市建设，规划实施取得了巨大成效，而建设中的一些问题也逐渐显现，因此天府新区在 2014 年完成规划实施评估，并对原规划进行了第一轮修编工作；两江新区在 2015 年开始规划评估工作，从品质提升的角度对城市新阶段的建设发展提出更高要求。舟山群岛新区、兰州新区、南沙新区、西咸新区、贵安新区、西海岸新区、江北新区总结过往经验，在新区成立之初就高标准、高要求编制总体规划，有效指导城市各项建设（见表4）。

国家级新区规划编制情况 表4

新区名称	第一轮规划	第二轮规划
浦东新区	1987年,《浦东新区规划纲要》 1989年,《浦东新区总体规划初步方案》 1992年,《浦东新区总体规划》	2009年《浦东新区总体规划修编》
滨海新区	1999年,《滨海新区总体规划》	2005年,《天津滨海新区总体规划》 2008年,《滨海新区空间发展战略研究》 2010年,《滨海新区城市总体规划》
两江新区	2010年,《重庆两江新区总体规划》	2015年,《两江新区总体规划实施评估》
舟山群岛新区	2012年,《浙江舟山群岛新区(城市)总体规划》	—
兰州新区	2011年,《兰州新区总体规划》	—
南沙新区	2011年,《广州南沙新区城市总体规划》 2012年,《广州南沙新区发展规划》	—
西咸新区	2010年,《西咸新区总体规划》	—
贵安新区	2010年,《贵安新区总体规划》	2014年,《贵安新区建设回顾与评估》
西海岸新区	2012年,《青岛西海岸经济新区发展规划》	—
金普新区	—	—
天府新区	2010年,《天府新区总体规划》	2015年,《天府新区总体规划修编》
湘江新区	—	—
江北新区	2014年,《南京江北新区总体规划》	—
福州新区	—	—
滇中新区	—	—

资料来源:笔者自制

处于提升期的国家新区规划着重于带动区域发展,落实国家战略意图,规划重点在于存量更新、空间织补。浦东新区、滨海新区第一轮总体规划的目标基本实现,已经进入第二轮的规划实施过程,2009年《浦东新区总体规划修编》编制完成,2010年《滨海新区城市总体规划》编制完成。在新一轮规划中,转型发展、规模控制、空间优化、产城融合、生态建设成为规划中频现的主题词。

处于扩张期的国家新区规划着重于落实国家区域战略,探索内陆开放、创新驱动和跨区合作的新路径,规划强调空间整备、品质提升。两江新区和天府新区对五年城市规划实施情况进行评估,产业高端、产城融合、特色塑造、城市建设成为评估的重点。天府新区对原总体规划进行修编,重点工作包括完善定位、缩减规模、优化布局等内容。两江新区提出开展"品质提升"规划工作,从"功能高端化、生活宜居化、空间精致化、设施低碳化"四个方面对新区的规划建设工作进行改善。

处于起步期的国家级新区，如西咸新区、兰州新区和贵安新区设立较晚，集中在西部，主要目的是落实西部大开发的战略意图，规划着重于产业集聚、空间优化，规划重点在于控制底线、搭建框架、把握时序。蓝图式的空间规划已经难以满足快速建设的新区的各项要求，新近批复的国家新区在规划编制中更多考虑生态底线控制、整体空间框架、规划实施管理的相关内容（见表5）。

部分国家新区规划的演变历程　　　　　　　　　　　　表5

新区名称	1990 ~ 1999 年	2000 ~ 2009 年	2010 至今
浦东新区	1989，《浦东新区初步方案》1992，《浦东新区总体方案》	2009，《浦东战略》2009，《浦东新区总体规划修编》	
滨海新区	1999，《天津市滨海新区城市总体规划（1999—2010年）》	2005，《天津市滨海新区城市总体规划（2005—2020年）》	2015，在编《天津市城市总体规划》
两江新区		2001，《北部新区总体规划》	2011，《重庆两江新区总体规划》
天府新区			2011，《四川天府新区总体规划》2012，《天府新区成都部分分区规划》2015，在编《四川天府新区规划》修改
贵安新区			2014，《贵安新区总体规划》
南沙新区			2012，《广州南沙新区发展规划》2014，《广州南沙新区城市总体规划》

资料来源：笔者自制

（二）天津滨海新区规划

天津滨海新区在近期的一系列规划（2009 天津战略、2013 美丽滨海建设纲要）中明确要调结构和优品质，具体体现在通过经济指标推进结构调整，2016 年全区服务业比重要达到 35%，战略性新兴产业占工业比重超过 40%，全社会研发经费支出占地区生产总值比重达到 3%；生态指标是重点，2016 年万元生产总值能耗比"十一五"末下降 20%，PM2.5 的年均浓度较 2012 年下降 20%，城镇污水集中处理率达到 95%，再生水利用率达到 30%，城镇生活垃圾无害化处理率均达到 98%，林木绿化率达到 12%。

滨海新区新一轮规划着重落实以下五方面的重点工作：

第一项重点工作是促进功能布局调整。2009 年"双城双港"战略中提出调整港口布局，带动京津中轴服务功能转型，新增于家堡中心区和南大港产业区。

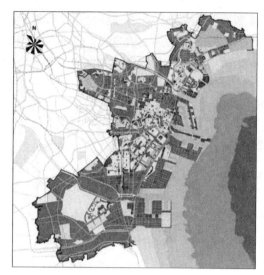

图 6　滨海新区用地布局图

资料来源：《天津滨海新区城市总体规划（2009-2020 年)》

2013 年美丽滨海三大产业提升计划中明确科技创新引领、高端制造业领军和综合服务功能提升三大计划。科技创新引领计划提出要全力打造"京津科技新干线"，加快建设"未来科技城"国家自主创新示范区建设。高端制造业领军计划提出要建成 10 个国家级和市级新型工业化产业示范基地。综合服务功能提升计划提出要建设于家堡国家金融改革创新基地，推进东疆港自由贸易示范区建设，加快市级文化创意、大型会展和服务外包园区建设。后续工作包括编制了《滨海新区工业布局规划》专项规划，落实于家堡等片区规划建设，研究《小微企业分割出让出租土地政策》（见图 6）。

第二项重点工作是提升城市建设品质。滨海新区启动了老旧社区全面更新整治工作。通过高水平城市设计形成标志性景观区域，重点打造于家堡、响螺湾、开发区 MSD 商业建筑集群和海河两岸。推进城市精细化建设。对已建区推进市容环境综合整治、建筑外观、道路交通、灯光夜景、绿化广场等工程。后续工作包括"总体、片区、单元、重点"四个层面城市设计的全覆盖，并形成导则，编制《整合提升于家堡等 15 个单元的城市设计》《塘沽老城区等 9 个单元的城市设计》《海河两岸、文化中心等重点区域城市设计》《解放路外滩地区更新改造城市设计》等分类型批量定制的片区规划。

第三项重点工作是解决产城融合问题。积极创新社区服务和管理，完成街镇社区服务中心（站）新建和改造任务，建成 120 个美丽社区。做好 20 项民心工程，包括社会养老服务体系、保障性住房建设和教育、卫生、文化等社会事业。后续工作包括编制了《滨海新区蓝白领公寓规划》《滨海新区生活区优化提升规划设计》《滨海新区基础教育设施布局专项规划》等专项规划。

第四项重点工作是高水平建设基础设施。推进综合交通体系和能源资源保障设施的建设，打造"智慧城市"。后续工作包括编制了《滨海新区综合交通规划》《滨海新区轨道交通线网规划》《滨海新区交通控制专项规划》《滨海新区智慧城区建设规划》等专项规划。

第五项重点工作是实施保护生态环境。实施水系净化和生态修复建设工程，着力打造生态"绿核",强化滩涂、湿地、盐田生态系统的修复。实施整体绿化提升工程,推进三大郊野公园、四大城市公园、路网绿化和水系绿廊建设,加快垂直绿化、屋顶绿化、高架绿化等建筑物立体绿化。实施美丽城镇示范工程,加快生态城开发建设。推广生态城建设管理经验,高标准建设新城区和示范小城镇。启动开展村庄环境综合整治行动、示范小城镇和示范工业园区工作。后续工作包括开展了北三河郊野公园、独流减河郊野公园、港城大道、塘汉路和新北公路综合整治、核心标志区中央景观带等示范片区的规划建设工作。

(三)四川天府新区规划

天府新区在近期的一系列规划(2010 总体规划,2015 总体规划评估)提出四个转变,第一个转变是总体定位和核心功能要符合新的发展形势和发展要求,确定了天府新区"两化互动、三位一体"的总体定位和"一门户、两基地、两中心"的核心功能;第二个转变是适应新常态,调低经济增长目标,提升服务业比重目标。将"再造产业成都"目标调整至 2025 年,相应调低 2020 年、2030 年 GDP 目标为 5000 亿元、11000 亿元。2025 年三产比重达到 50%,比原规划提升 5 个百分点;第三个转变是按照新型城镇化要求,进一步优化建设用地结构和标准。调整生产、生活用地比例,适当增加居住用地、生态用地和服务业用地的比例,适当降低工业用地比重和人均建设用地指标;第四个转变是针对历史文化保护、景观风貌、城乡统筹等专项内容,深化具体管控手段。编制总体城市设计,加强城市建筑风貌和建设强度控制(见图 7)。

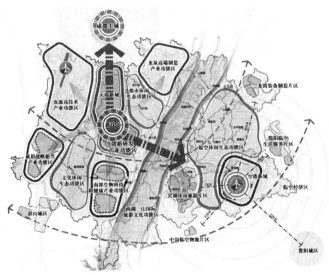

图 7　天府新区空间布局图

资料来源:中国城市规划设计研究院《天府新区总体规划》成果

2015 天府新区总体规划评估中提出四项工作调整建议：一是落实功能布局，开展产业创新研发功能区的起步区、中央商务区、西部国际博览城、天府创新中心和保税区等一系列功能区规划建设，落实各类功能区建设用地构成控制标准研究和工业用地供应方式研究。二是促进产城融合，落实高品质生态社区、普通商品房社区和兼容型社区（含商务兼容社区、研发兼容社区、产业兼容社区）三类社区规划。三是保护特色资源，编制《生态绿地系统与水系规划》《直管区河湖水系规划》《地下空间规划》《历史文化保护规划》等专项规划。开展锦江生态带、"三纵一横"景观提升、天府中央公园、视高园区生态湿地等示范项目规划建设。四是提升设施水平，强化三层次（轨道、公交、有轨电车）公共交通统筹规划建设，开展《天府新区直管区现代有轨电车线网规划》《货运通道建设规划》《P+R交通枢纽建设规划》专项规划。强调以市政走廊整合各类管线，开展《"市政走廊"建设规划》等专项规划。

总之，国家新区的规划普遍在经历转型，从单一注重产业布局的空间规划转变为注重城市发展、文化保护、特色塑造、设施支撑的综合规划。

五、思考与讨论

"国家新区"是我国深化改革、扩大开放、推进城镇化、实现区域发展而采取的空间规划政策手段。回顾国家新区设立 25 年来的历程，国家新区的定位正在发生变化。在设立 14 个沿海开放城市、4 个特区之后，中央第一次在上海浦东设立"国家新区"，对长三角、长江流域乃至全国的开发开放起到了历史性的引领作用。进入新世纪以来，中央批准设立 14 个国家新区，体现了区域发展总体战略、"一带一路"、京津冀协同发展、长江经济带等国家重大战略部署。

国家新区的建设未来所面临的发展机遇和挑战并存，其健康发展之道还需要全面观察和深入研究，包括：第一，在国家新区的规划中，如何更好落实国家战略部署，在功能定位和产业选择方面如何体现区域特色，在推进新型城镇化进程和探索生态文明发展道路中如何发挥出引领和示范作用；第二，产城融合虽然已经是国家新区管理者和决策者的共识，但是在长远目标和现实发展基础之间如何推进是难题，特别是中西部地区如何选择一条健康而有效率的路径，避免过度依赖房地产产业，出现有城无业和有城无人的局面；第三，国家新区的规划建设会对区域发展的空间结构产生重要影响。在这个过程中，如何处理好国家—省—城市之间的关系，理清各类综合性规划的相互关系，如何依法使国家新区的规划建设有机地纳入城市总体规划之中，都是需要在体制机制上做出合理的安排。若国家新区未来采用的是独立管理模式，如何保持适度的开发规模和理性的布局，建构国家新区同城市的良好互动关系，这类政策性的问题也需要在未来国家新区建设发展的过程中加以更深入的探索。

参考文献

[1] 吴昊天，杨郑鑫．从国家级新区战略看国家战略空间演进 [J]．区域与城市 .2015 (3)：1—10

[2] 彭建，魏海，李贵才，陈昕，袁媛．基于城市群的国家级新区区位选择 [J]．地理研究 .2015 (1)：3—14

[3] 晁恒，马学广，李贵才．尺度重构视角下国家战略区域的空间生产策略——基于国家级新区的探讨 [J]．经济地理 .2015 (5)：1—8

[4] 王佳宁，罗重谱．国家级新区管理体制与功能区实态及其战略去向 [J]．改革 .2012 (3)：21—36

[5] 周家新，郭卫民，刘为民．我国开发区管理体制改革探讨 [J]．中国行政管理 .2010 (5)：10—13

[6] 刘畅，李新阳，杭小强．城市新区禅城融合发展模式与实施路径 [J]．城市规划学刊 .2012 (7)：104—109

[7] 张晨光，孙占芳．滨海新区与浦东新区的比较分析 [J]．现代财经 .2008 (10)：71—75

[8] 周旭明．兰州新区行政管理体制现状、问题与创新 [J]．经济研究导刊 .2014 (21)：271—273

[9] 王佳宁，胡新华．综合配套改革试验区管理体制考察：上海浦东与天津滨海 [J]．改革 .2009 (8)：22—33

[10] 王振坡，游斌，王丽艳．基于精明增长的城市新区空间结构优化研究——以天津滨海新区为例 [J]．地域研究与开发 .2014 (4)：90—95

（撰稿人：张兵，博士，中国城市规划设计研究院总规划师，教授级高级规划师；陈怡星，硕士，中规院西部分院总规划师，高级城市规划师；谭静，硕士，中规院城乡所主任工程师，高级城市规划师）

我国开发区规划 30 年
——面向全球化、市场化的城乡规划探索

导语：在 1984 年我国首批经济技术开发区建立至 2014 年的 30 年间，作为我国城市规划体系中一种新的、颇具中国特色的类型，开发区规划得到了不断的发展和完善。在我国城市规划由计划经济向市场经济、由封闭向开放转型的过程中，面向全球化、市场化的开发区规划探索，对于完善我国新时期城市规划体系发挥了不可替代的作用。研究结合改革开放以来我国社会经济发展的整体进程，将我国开发区规划的发展分为 4 个阶段，通过分析各阶段开发区规划工作面临的形势、需要解决的任务、规划编制的特点和典型案例，总结、梳理开发区规划与其他规划的异同，并对未来开发区规划的发展进行了展望。

开发区作为一种政策性的产业功能区，目前尚缺乏规范的学术性概念。通过对既有的开发区类型和模式的总结概括，可以将开发区定义为"由政府设立并由专门设置的机构进行管理和开发、具有明确的管辖边界和管理权限、区内实行特殊优惠政策、提供专门的配套和服务体系及吸引外来投资的特定区域"。我国的开发区一般由中央或省级人民政府批准设立，包括经济技术开发区（以下简称"经开区"）、高新产业技术开发区（以下简称"高新区"）、保税区、出口加工区和自由贸易区等类型，还有部分城市新区、边境经济合作区、保税港区、国家旅游度假区、海峡两岸科技工业园、台商投资区、留学生创业园和大学科技园等。

1984 年 5 月 4 日，党中央、国务院转批《沿海部分城市座谈会纪要》，决定开放沿海 14 个港口城市，并在有条件的地方兴建经开区，实行经济特区的某些政策。我国的开发区建设发展之路由此全面开启。开发区的发展和建设有力地促进了我国的改革开放事业、外向型经济及高新技术产业的发展，为我国的工业化、城镇化作出了巨大贡献。开发区是改革开放以来中国特色城镇发展模式的典型代表，也是按照规划进行系统建设的新型城市空间，其 30 年来在逐步市场化、外向化环境下的规划探索历史，无疑是我国当代城市规划实践的重要组成部分，并应该在国际规划舞台上占据一定的地位。

一、开发区规划体系建设的政策环境

开发区是在我国改革开放事业快速发展的大潮中应运而生的，其发展之初就肩负着为市场化、国际化"探路"的任务，其发展轨迹和历程与我国社会主义市场经济及对外开放的步伐完全吻合。我国开发区规划在市场化、国际化的政策、体制和机制环境中对事关开发区发展命脉、与开发区规划体系息息相关的土地、资本和人才等要素的探索，为我国城市规划体系由计划、封闭模式向市场化、国际化和全球化模式的转型发展提供了借鉴。

（一）市场化的土地政策环境

在土地的有偿使用方面，1979年7月第五届全国人大二次会议审议通过和颁布施行的《中外合资经营企业法》规定，可以出租、批租土地给外商使用。我国的开发区在建设之初就是以外资企业入驻为主的区域，自然成为土地有偿使用的先行实验区域。然而，随着开发区数量的增加、竞争的加剧和区外土地的全面有偿使用，作为开发区唯一掌控的资源—土地资源，必须在竞争性市场环境中有效地"变现"，开发区内的土地开发由此成为其生存和发展的命脉。

在此政策的影响下，开发区普遍表现出强烈的土地"饥渴症"，需要通过不断编制、修改规划来扩大用地范围，掌握更多的土地资源。同时，开发区极力维持低地价甚至零地价，以此提升竞争力（见表1）。为了改变这种人为扭曲土地市场进行恶性竞争、浪费土地资源的做法，2003年开始，国家出台了一系列相关政策对开发区进行清理整顿，并对国家级开发区的扩区标准、土地用途等进行了限制。例如，2006年出台的《国务院关于加强土地调控有关问题的通知》要求"工业用地必须采用招标拍卖挂牌方式出让，其出让价格不得低于公布的最低价标准"。为了不断适应土地市场和政策的变化，开发区规划在土地规模和用途、开发时序和方向、功能结构等方面不断进行探索和转型。

（二）市场化的投（融）资政策环境

开发区的产业项目和开发资金是通过市场化方式获得的，这与起步期区外尚通过计划安排和政府投资的开发模式完全不同。为了促进开发资金的筹集，我国一般通过成立国有城建或城投公司进行间接投资，而各开发区政府设立的各种类型的开发公司或投资公司也丰富和拓宽了投（融）资的手段及途径。

在开发区转型发展时期，开发区投（融）资方式的市场化程度得到进一步提高。商务部、国土资源部联合印发的《国家级经济技术开发区经济社会发展"十一五"

规划纲要》第 64 条要求"促进国家级开发区与金融机构合作，建立股权式投资实体，投资区内高成长性的企业，建立推进市场化的金融合作模式"。同时，开发区的产业项目主要通过市场化的招商引资来完成，这就需要通过营销、宣传和竞争等方式获取项目。为此，各级开发区都成立专门的招商部门和机构，而通过市场化竞争获得的产业项目与城市规划的土地控制之间的协调，则成为开发区规划的重要内容。

我国首批国家级开发区规划面积变化一览表（单位：km²） 表 1

开发区	批准时的规划面积	起步面积	1997 年的规划面积	现状规划面积
大连经济技术开发区（1984）	20.00	3.00	41.00	738.70
秦皇岛经济技术开发区（1984）	1.90	0.62	3.10	56.72
天津经济技术开发区（1984）	33.00	3.00	25.00	398.00
烟台经济技术开发区（1984）	10.00	3.00	36.00	228.00
青岛经济技术开发区（1984）	15.00	2.00	31.00	274.10
南通经济技术开发区（1984）	4.60	1.20	20.00	183.80
连云港经济技术开发区（1984）	3.00	1.30	22.90	162.00
上海闵行经济技术开发区（1986）	2.13	2.13	3.50	3.50
上海虹桥经济技术开发区（1986）	0.65	0.65	—	0.65
上海漕河泾经济技术开发区（1988）	13.30	—	5.32	14.28
宁波经济技术开发区（1984）	3.90	1.50	—	29.60
福州经济技术开发区（1985）	4.40	1.90	10.00	184.00
广州经济技术开发区（1984）	9.60	2.90	30.00	78.92
湛江经济技术开发区（1984）	9.20	2.00	9.20	400.00

（三）国际化的对外开放政策环境

我国设立开发区的重要目的之一是建设外向型的"窗口"，吸引外资、对外出口创汇和发展外向型经济，因此开发区建立伊始就站在对外开放和融入国际化经济发展的前沿位置上。相应地，其管理模式、服务理念和税收政策等均是按照"吸引外资"的要求来设计和构建的。以国家级经开区的生产型外商投资企业为例，依据 1991 年 4 月 9 日第七届全国人民代表大会第四次会议通过的《中华人民共和国外商投资企业和外国企业所得税法》第 7 条，对于运营期超过 10 年的企业，可享受"免二减三"（即免征税两年，后三年减半征税）的优惠政策。这类对外资的税收优惠政策，要求开发区规划必须在空间安排上做出应对、在功能配置上要满足外商的投资要素和服务要求。同时，税收的优惠期限也成为外资项目候鸟式徙居的"周期",影响到开发区规划的周期和空间变化的时序。

进入新世纪以后,我国的财税政策逐步弱化,尤其是 2002 年各项财税政策的相继到期和 2008 年《中华人民共和国企业所得税法》的颁布实施,使各类开发区逐渐失去了财税优惠政策的支持,这直接影响到开发区外资企业的引入和区域迁移,开发区规划的服务对象也由以外资企业为主向各类多元化产业投资主体转变。

(四)小结

上述高度市场化的土地政策、投(融)资政策及以对外资税收优惠为核心的财税政策在开发区汇集,形成了开发区作为面向市场化、国际化"试验田"的核心特征。我国的开发区规划体系就是在计划经济的城市规划模式上,结合上述市场化、国际化的发展政策环境来展开探索的,这也促进了我国城乡规划体系由计划模式向市场化、国际化模式的转型与适应。

二、我国开发区规划的发展历程

综合分析 20 世纪 80 年代至今我国改革开放的总体进程、城乡规划体系的历史演进及产业空间的历史演化特征,可将我国改革开放以来的以开发区为主体的产业空间规划实践分为 4 个阶段:(1)改革开放之初、开发区正式设立之前的开发区规划序幕期,是为开发区规划体系的建立探路的阶段;(2)开发区设立之初以沿海地区开发区为主、模仿和借鉴城市规划方法编制开发区总体规划等规划的阶段,是我国开发区规划独立探索的开端;(3)20 世纪 90 年代初邓小平"南方谈话"发表之后,开发区建设在全国形成高潮,开发区规划编制成为重要的城市规划类型,这是开发区规划的逐步规范阶段;(4)21 世纪初开发区清理整顿之后,随着科学发展观的确立,针对开发区发展理念的转型和适应对外开放新形势的需要,我国开始进行开发区规划的新探索,这是开发区规划多元化发展和转型的新阶段。

(一)开发区规划序幕期

改革开放之初(20 世纪 70 年代末至 80 年代初),沿海国门微开和工业发展向沿海转移并行。在这一阶段,虽然外向型开发区的建设尚未正式开始,但深圳、上海等城市已经在筹划建设外向型工业区,开辟对外开放的试验田,并相应地进行了部分外向型工业区规划的初步试验。例如,1983 年编制的深圳蛇口工业区规划、1982 年编制的上海闵行昆阳工业点规划和 1983 年编制的闵行开发区详细规划、1981 年启动编制至 1984 年定稿的上海虹桥新区规划、1985 年编制的上海漕河泾微电子工业区规划是较早的开发区规划实践。

这一阶段，我国在传统规划模式下对新的、即将出现的新型工业区的规划体系进行了有益探索，包括地块的划分方法、工业区的开发控制和产业类型的划分等。例如，虹桥新区规划明确了按国际惯例且可向开发商提供的基地图纸内容（包括比例、周边地形和道路红线等）、一般规划要求（包括交通、水源和消防等要求）及 34 块基地的 8 项规划控制要素（土地使用功能、基地面积、建筑后退道路红线、建筑面积密度、建筑密度、建筑高度、出入口方位和车库车位），是我国在土地有偿使用后开始编制的控制性详细规划的雏形。而上海漕河泾微电子工业区规划提出的将整个工业用地划分为若干分区和地块，并明确每个分区的产业布置和开发强度控制等的做法，也为后来面向市场化开发的园区规划做出了有益探索。

（二）开发区规划独立探索期

20 世纪 80 年代中期至 90 年代初期，国家对外开放的部署在沿海逐步展开，各类开发区的建设开始起步，开发区规划逐步成为沿海地区城市规划和工业产业空间规划的重要类型。这一时期开发区总体规划的编制基本延续和采用了城市规划的技术路线及体系，同时在面向市场的招商引资及与之匹配的地块出让和空间划分等方面，开始进行与传统工业区规划不同的实践探索。此后，我国最早设立的经开区和高新区均编制了总体规划。

在规划编制的实践探索方面，连云港经济技术开发区总体规划探索提出，开发区的总体规划仅能对开发区的性质、发展规模、用地选择、监管系统及社会结构做出决策和对用地构成及布局做出功能性分配，在总体规划编制中应坚持经济性原则与滚动发展手法、综合功能的环境设计原则与以工业为主的布局方法、方便实用的原则与可增可延的手法、"先粗后细"的规划原则与逐步调整的再设计方法等。而 1988 年编制的南京浦口高（新）技术外向型开发区总体规划则是我国早期高新区总体规划编制实践的典型代表性成果，该规划完全按照计划经济时期城市总体规划的内容体系和技术路线展开，规划确定了开发区的性质、规模及总体布局，将 2.77km^2 的实验区分为不同的产业功能区块，确定了每个专业功能区的位置和建设要求等，并对各专项设施提出了规划方案。

在开发区规划的组织方面，一些开发区发展起步早的地区出台了开发区条例等相关文件，对开发区的规划体系进行了初步设置。例如，《天津市经济技术开发区管理条例》（1985 年）、《广州市经济技术开发区条例》（1987 年）和《上海市经济技术开发区条例》（1988 年）等均对开发区的规划编制等内容进行了明确，但对比 3 个条例的内容可发现，除了广州在条例中赋予开发区制定和组织实施经济与社会发展规划及组织编制开发区建设总体规划、审批详细规划的规划管理权限，天津和上海仅是明确了其制定经济与社会发展规划的管理权限，并未提及是否具有城市规划制定权限的问题。

（三）开发区规划逐步规范期

开发区清理整顿期间（20 世纪 90 年代初期至 2003 年）是我国开发区建设全面开花的时期。这一时期开发区的数量、规模和类型飞速增长，最早设立的一批开发区基本完成了启动区的开发，开始进行规划调整和拓展。伴随着一批批新开发区的创建和发展，开发区规划成为城市规划中最重要的类型之一。这一阶段经历了 3 次开发区规划高潮：

1. 邓小平"南方谈话"催生的开发区发展与规划高潮

1992 年邓小平"南方谈话"之后，开发区模式伴随着国家全面开放的步伐在全国范围内普及，原有开发区的扩区和新开发区的设立催生了开发区规划编制的第一次高潮。为了规范开发区的规划和发展，原国家建设部在 1995 年出台了《开发区规划管理办法》（以下简称《办法》），对开发区规划与城市规划的关系、开发区规划层次等进行了规范。《办法》明确要求，开发区规划应当纳入城市总体规划中，并依法实施规划管理。开发区必须依法编制开发区规划，同时提出"开发区规划可以按照开发区总体规划阶段和开发区详细规划阶段进行编制。在城市规划区以外的开发区，参照本办法执行"。各地也纷纷出台相应的开发区规划管理办法，如《上海市工业区规划编制技术要求》（1994 年）、《北京经济技术开发区条例》（1995 年）、《山东省开发区规划管理办法》（1996 年）等，促使我国开发区规划在城市规划框架下逐步迈入规范发展的阶段。

2. 亚洲金融危机和土地财政催生的开发区扩展和规划高潮

1998 年的亚洲金融危机带来了开发区外贸发展形势的变化，外贸和外资受挫后，开发区因 1994 年国家分税制改革的推行而开始实施依靠土地资源的滚动开发和分税制，使地方政府的土地财政依赖问题进一步显化及加剧，由此加速了开发区土地的资本化，而开发区之间招商引资竞争的加剧，造成了其寻求不断扩张的"土地饥渴症"。同时，此时适逢我国改革开放以后城市规划修编新周期的来临，由此带来了开发区规划编制或修编的第二次高潮。

3. "入世"带来的开发区发展与规划编制高潮

2001 年我国加入世贸组织后，出现了新一轮省级开发区设立和开发区升级高潮，而外贸形势的变化促使原有开发区提出"二次创业"和转型发展的要求，加上许多开发区的扩区和管理体制的变化，以及所在城市为扩大规模对开发区提出新要求，由此带来了开发区规划编制与修编的第三次高潮。由于开发区数量的迅猛增长导致开发区之间的竞争恶化，开发区规划中的功能异化现象开始出现，特别是部分产业竞争力不强的开发区，其房地产功能超越了工业功能。这一阶段是我国开发区发展大繁荣、大扩张时期，为了满足开发区飞速发展、特事特办的需要，许多开发区的规划管理与所在城市单列或通过授权实行"规划自治"，开发区规划与城市规划的冲突和打架现象不断出现。

这一时期的开发区规划编制，主要是全面应用我国业已建立起来的城市规划编制体系，包括城市规划法规和技术标准、规范等，编制了大量开发区总体规划、控制性详细规划等，为开发区规划和城市规划的衔接及土地储备与土地出让服务。但由于开发区"规划特区"的特点导致其总体规划与城市总体规划在用地范围衔接方面的矛盾、冲突非常明显，开发区总体规划在一定程度上成为开发区"圈地"的变通手段和依据，对城市规划产生了一定冲击。同时，开发区总体规划没有考虑开发区与城市在功能上的相互依存关系，简单照搬城市用地指标和进行规划用地的区内平衡，导致其规划的"用地平衡"与开发区在实际运行中存在的"功能平衡"及在建设开发中存在的"资金平衡"相互脱节，影响了开发区总体规划的调控效果。开发区的控制性详细规划由于简单模仿城市控制性详细规划的内容和技术体系，造成大量工业区控制性详细规划的控制指标体系与居住区控制性详细规划的指标体系高度类似，无法体现工业区的发展和建设需求，导致开发区内工业区控制性详细规划的实施效果不理想。

值得一提的是，1994～1996年陆续编制的苏州工业园区首期开发区和二、三区总体规划等系列规划成果，立足该园区的独特机制和借鉴新加坡规划体系的经验，并与我国城市规划编制体系进行了非常成功的衔接，其统一规划与分步开发的建设理念、由外到内和由近及远的规划实施时序、系统的邻里中心和便利中心规划体系等，对我国开发区规划编制体系的创新发挥了重要的示范、引领作用，是我国产业园区规划编制体系规范期的典范案例。

（四）开发区规划多元发展和转型期

进入21世纪，我国开发区规划的编制和管理面临新的环境，开始进入开发区规划多元发展和转型期。

（1）开发区发展累积了许多内在矛盾与问题，需要编制科学的规划进行引导和协调，特别是开发区壮大之后面临日趋激烈的内外冲突问题，需要通过科学的规划引导予以协调。在内部，由于长期全方位、无选择的招商引资，导致开发区内部普遍出现了产业布局混乱，没有形成空间上有序分布、专业化集聚的空间格局，为此开发区规划提出了在产业上进行集群化、专业化布局规划引导的规划要求；在外部，开发区的迅速扩张，导致其与所在城市之间、周边乡镇和生态环境之间均出现了一些空间冲突，为此开发区规划提出了进行开发区与周边地区的整合发展和区域联动发展的规划要求；在发展导向上，经过长期的规模扩张、粗放发展之后，迫切需要树立新的产业空间环境，为此开发区规划提出了品质提升、特色塑造的规划要求。

（2）由于开发区发展的政策导向出现了重大变化，我国对其规划体系创新性地提出了新要求，如 2002 年商务部提出经开区"二次创业"和转型发展的要求、2003 年对开发区进行的清理整顿及 2004 年国家和地方相关工业投资项目准入标准的出台等，均要求开发区必须集约发展。2008 年出台的《中华人民共和国城乡规划法》第 30 条提出，在城市总体规划、镇总体规划确定的建设用地范围以外，不得设立各类开发区和城市新区。同期国土资源部门开展的开发区土地集约利用评估工作要求，开发区规划必须与城市规划和土地利用规划进一步衔接。同时，国家税收、投资、土地、社会保障和产业等政策出现重大变化，各种优惠政策由区域转向产业，开发区创设以来的"三低"（低税收、低地价、低工资）模式已难以为继。政策环境的转变要求开发区规划体系必须转型。

（3）全球化进入新阶段，开发区发展的时代背景和历史使命出现新变化，需要新的规划进行应对。随着国际投资和贸易环境发生重大变化，开发区长期依赖的人口、土地和商务成本等比较优势逐步丧失，各种发展瓶颈、发展约束加剧；全球金融危机及随之而来的贸易保护主义等，使开发区的招商引资环境和外贸环境进一步恶化；新一轮科技革命带来新的挑战，特别是战略性新兴产业的发展对开发区的提升发展、创新发展提出了新的要求。在新的全球竞争环境下，我国开发区不得不"走出去"寻求发展空间，这就要求开发区规划必须国际化。

在上述环境的综合影响下，我国在新世纪对开发区规划进行了创新与探索，在开发区战略规划或概念性规划、基于空间准入的产业发展与布局规划、创新型园区建设规划、低碳型园区建设规划、开发区整合规划、开发区的再开发规划、产业区的城市设计及境外产业园区规划等方面，取得了一批具有影响力的实践成果。例如，2004 年唐山高新区编制的发展战略、2007 年常州天宁经济开发区编制的概念性规划及 2006 年连云港经济技术开发区编制的产业布局规划等，均全面引入了地均效益指标，并提出了产业项目的准入门槛等内容；《江阴高新技术产业开发区总体规划（2011—2030）》在其产业选择部分提出了创新发展和集约发展的产业引导指标，并从产城融合角度确定了园区"一带、双心、四板块"的总体布局结构；盐城经济技术开发区建设创新型园区规划提出了构建创新型园区的五大体系，并确定了各种要素的空间布局及具体行动计划。

三、我国开发区规划体系特征的比较分析

我国的开发区规划与计划经济时期的产业空间规划及一般的城市规划相比较，其作用和运作体系等均完全不同，而不同阶段的开发区规划也具有一定差异。

（一）与计划经济时期的产业空间规划相比较

就规划与项目建设的关系而言，如果说计划经济时期是项目主导空间，即先有项目再规划设计产业空间的话，那么在对外开放和市场经济条件下，这种产业项目和产业空间的先后关系就反过来了。在市场经济条件下，产业空间作为一种资本要素被投入城市开发建设中，先"生产"空间，再利用空间来吸引、发展产业，是一种典型的"以地为本"的规划空间。这种在产业项目确定前被"规划"出来的产业空间——开发区，不再是对国家项目计划的空间落实，而需要主动筹划产业发展、进行项目招商引资等，因此开发区规划就不能停留在单纯的按照有关定额指标和城市规划技术标准、规范要求进行空间设计及布局的层面，而需要从空间定位和具体的空间布局上进行系统的谋划、策划，进而落实到技术性的空间布局规划和设计层面，即开发区规划要统筹考虑市场经济和工程技术等多个方面要求。由此观之，与计划经济时期的产业空间规划相比较，开发区规划体系的建立过程就是探索如何适应规划体系开放化、全球化和市场化的过程。

（二）与一般城市规划相比较

与一般城市规划相比较，开发区规划由于服务于国际化、市场化的生产空间的发展需要，其竞争导向、效益与效率导向及规模扩张导向非常明显。同时，在开发区的人口与用地规模的确定方面，产业发展的决定性作用更为突出，以就业和产出密度为纽带，形成人口、用地与产业发展三者之间密切的循环决定关系；而一般城市空间中人口与用地规模的预测更加依赖历史路径及其累积叠加的惯性规律。此外，开发区规划需要以经济效益和竞争能力的提升为核心，以产业为主线，对功能上的产与居、投资上的内与外、规模上的大与小、效益上的投入与产出、空间关系上的远与近及规划管理上与城市的统与分等存在比城市规划更为复杂的统筹、平衡和博弈，并提出尽可能弹性适应、刚性控制的具体策略。

（三）开发区不同发展阶段的规划体系比较

在开发区规划的不同发展阶段，其规划体系的特点也有异同。在开发区规划类型上，初始阶段偏重工程性的规划，主要是套用法定城市规划的总体规划—控制性详细规划的模式，但同时在具体规划内容、技术方法等方面针对开发区的特点有所创新，如为适应土地有偿使用的要求，探索和形成以容积率为核心的控制性详细规划体系，是对市场经济下规划编制的一个创新。在开发区的拓展期，其规划关注的重点则是空间拓展和用地指标的获取，以满足产业项目、房地产项目的用地需要；在开发区发展的转型提升期，则关注产业发展与空间布局规划、各类专项规划和战略规划及城市设计等，以满足开发区谋划新产业、探索新方向和树立园区新形象的需求。在规划编制的组织管理方面，在开发区大发展、大扩展和"放权"时期，一般采取授权管理委员会编制和管理规划的模式，而在紧缩期与"清理整顿期"，一般采取城市统一编制规划、授权开发区管理委员会进行一般性规划管理的模式，借此协调宏观层面的"产—城"关系。

四、对我国开发区规划的展望与建议

过去 30 年，开发区作为一种产业区，其管理委员会多数仅具有经济管理职能，其规划也主要关注经济发展及关联的空间布局和设施配套问题，是一种典型的面向经济发展的规划类型。这种单纯市场化开发导向的规划模式，虽然在提高发展速度和提升发展效益及迅速形成市场化、外向型的产业发展环境与区位方面发挥了不可替代的作用，但也导致了我国城市规划体系的"过度市场化"趋向，突出反映在规划指标市场化、规划编制模式市场化、规划理念和目标市场化等。这种以外资和企业需求为规划导向与服务对象、以企业成本最低化为目标而忽视了城市发展综合成本和劳动者的生活需求的规划模式，潜藏着一定的负面影响，需要加以逐步矫正。特别是随着开发区的不断成熟、人口的不断增长等，开发区的城市化特征不断强化，其内部的产城融合、职住平衡和生活配套等问题日益突出，开发区的社会发展理应受到更多重视。同时，开发区的发展优势已经发生深刻变化，已经由原来的土地资源的增量优势发展到综合要素的存量优势，由产业集聚优势发展到综合功能优势，由政策洼地优势转化到综合服务优势，并需要由制造优势向创造优势、由相互竞争向区域协同模式提升，开发区的规划体系必须随之进行变革以助推其持续发展。

此外，随着全球化新阶段的来临，我国开发区在进一步完成"引进来"历史使命的同时，已经肩负起引领我国"走出去"的新的历史重任。因此，需要对我国的开发区规划进行系统的总结和提炼，并伴随境外开发区建设的潮流对其开发经验加以输出，为"中国模式"的城市规划走向全球作出贡献，这也是我国开发区规划在全球化新时期的历史使命。

（撰稿人：王兴平，东南大学建筑学院教授、博士生导师，东南大学区域与城市发展研究所所长，中国城市规划学会城市规划历史与理论学术委员会委员、副秘书长；顾惠，东南大学建筑学院硕士研究生）

注：摘自《规划师》，2015（2）：84-89，参考文献见原文。

应对挑战：城市规划的自我演化

导语：本文分析了当前中国规划界面临项目缺乏问题的内因外因，提出规划自我演化的理念，并对演化的可能方向提出建议，包括加长规划产业链；增强规划的社会性；改革规划教育；组织如何改革的大讨论；坚持规划核心信念等开源节流两方面的对策。

近来，对规划的冬天或其他天气的讨论颇为热烈。以规划项目的多少而言，当前规划界确实正在经历着某种程度的不景气，特别是一些不属于政府的规划机构（民企、外企）寻找项目变得困难。规划行业面临困境，有些年轻的规划学生开始担心就业前景，甚至担心整个规划行业的前途。在分析了当前中国规划界面临的挑战，提出规划自我演化的理念，并对演化的可能方向提出建议，以供讨论。

一、当前城市规划自我演化的背景

中国规划界面临的挑战有经济和城市发展规律的原因，也有政策的影响，但首先应该认识到：任何现存的行业都遭遇过挑战，经历了自我演化得以发展。行业的演化是人类社会演化的表现和结果，在一个不断变化的世界里，没有一个行业可以永远不变，所不同的只是行业转型周期的长短以及成功演化或被迫淘汰的区别而已。即使是曾经被认为是金饭碗、铁饭碗的行业也无法逃避改变。行业演化在科技快速进步、社会频繁转向的今天尤其突出。人们看到，纸质媒体受到电子媒体和网络销售冲击而衰落，使得报纸发行量和实体书店大幅减少。电子交易和网络销售挑战了传统金融业，近年来美国的纸币发行量减少了16%。在银行界，包括最老牌的一些银行也面临收缩。例如英国汇丰银行2015年5月报告，这个业务遍及世界73个国家和地区的著名银行将不得不缩小业务规模，减少12%的分行，裁减5万个工作岗位。与此同时，各种网络支付模式却方兴未艾，带来金融行业发展的新机遇。又如曾经是公认的铁饭碗的美国邮政局（USPS），20年来传统业务经历了严重衰退，不得不关闭了大量地方邮电局，只能依靠发送商店广告（上面可能附有减价券所以仍有需求）和包裹（主要是网购递送服务）为主要收入。另一方面，FedEx、UPS等快递业务则大有扩展。客观环境的挑战对任何行业都有筛洗作用。西方金融危机时，美联储主席格林斯潘引用过一句俗语："只有退潮之后，才能看出谁没穿游泳裤就下水。"此语说明了外部危机的清盘功效，而这种重新洗牌对行业质量的提升具有积极意义。当前城市规划面临的困境，同样迫使人们正视中国规划行业的自我演化问题。

自我演化即主动调整，自我进步，一定程度上类似于"范式转变"。自从介绍了库恩（T.Kuhn）的范式理论后，经常看到关于规划范式转变的议论。但是必须谨慎使用这个定义。真正的规划范式转变是规划的基本工作内容和工作方法发生了根本改变，例如从"做蛋糕"转到"分蛋糕"。这样的范式转变不是朝夕速变，而是缓慢渐变的。当前，中国规划的主要工作仍然是做蛋糕、同时分蛋糕的工作正在出现，还不是完全的"范式转变"，故把这种既有传统内容、又有更新内容的情况称之为"演化"。就根本性质而言，规划属于公共服务领域，具有公共政策的属性，必然受限于城市的经济、政治、社会、环境等公共生活各方面。在中国，这些客观条件的变化是渐进的，长期的，混杂的，矛盾的，有时甚至是进两步退一步而令人困惑的。规划的自我演化因此也必然是渐进的，需要逐步顺应外部变化做出调整，同时又是紧迫的，需要尽快行动。

为了适应城市发展客观条件的变化，各国规划界都经历过曲折的自我演化过程。众所周知，今天美国的规划工作以社区发展为中心，设计性、物质性的规划是次要内容。美国城市规划这种从物质规划转变为社会规划为主的转变，记录了美国规划在内因外因作用下自我演化的过程。1920年代后期，美国处于工业化上升期，城市快速扩张，大部分城市通过立法，开始建立起以管理用地及物质建设为主的规划工作，形态规划及设计占有重要地位。规划的基本工作是做蛋糕，或者管理做蛋糕，规划教育以建筑教育为基础。然而在1929-1930年的经济衰退中，罗斯福总统推行"新政"，美国国内需求及政治气候发生了变化。为了应对危机，规划被政府赋予了分配资源的"第四种公共权力"，规划学科开始从物质建设及设计转向社会科学和管理科学。"新政"时期的"示范城市"（demonstration cities）推行的工作方法，包括收集资料，分析数据，评估各种可行方案，然后选优实施，开创了一种非物质性、不同于传统的规划工作模式，揭开了规划演化的过程。关于新条件下规划应该加强政府管理还是反映市场需求的争论，引发了美国规划理论史上著名的"大辩论"（great debates）。以凯恩斯主义和规划干预来应对经济衰退的做法，一定程度化解了当时的社会矛盾，带来了美国1935年到1940年代的经济增长，也确定了规划作为政府综合性工具的功能定位。但是外部经济政治起伏变化，规划的自我演化也非线性过程。二次世界大战后，美国的政治气候转向保守。一批有凯恩斯主义思想的学者被迫退出政界进入学界，发展出理性规划理论，同时给市场经济下的规划工作作出界定：规划在市场经济下的基本作用是"补充市场的盲点，纠正市场的错误"。这些规划教授受到年轻一代规划师的推崇，也极大影响了以后美国规划的发展方向。在民权运动高涨的 1960 年代，美国的政治气候再次趋向自由主义。客观上，经过 1950～1960 年代的快速发展，美国城市渐趋成熟，大规模的建设项目减少，城市更新（urban renewal）的不良后果特别是社会后果浮现，如何公平地"分蛋糕"的呼声开始超过了继续"做蛋糕"的需求。1960 年林德堡（C.Lindblom）提出的"渐进主义规划"和 1965 年达维多夫（P.Davidoff）提出的"倡导性规划"，修正了从上而下决策的理性模型，主张规划应该代表基层大众，大大增强了规划的政治色彩及社会功能，不少规划师甚至卷入地方政治。但是规划工作的过度政治化偏离了规划师的职业范围，规划界内部和社会渐渐对此产生疑问，出现"1970 年代的规划危机"（Stiftel，2000）。1970 年代后期，很多规划学者受到倡导性规划参与地方政治的启发，特别是新马克思主义结构主义的影响，1980 年出现"政体理论"（the Regime Theory），核心是从政治经济学角度来分析城市决策过程，更加强了规划的社会科学性倾向。1980 年代后，美国经济明显进入后工业时代，大部分城市的建设以存量空间改造为主而少有增量空间的开发，规划师的日常工作是社区复兴（community revitalization），必须有公众参与，和当地居民合作，这与尚无居民居住的新区规划有很大区别。在此条件下，弗里德曼（J.Friedmann）提出"执行性规划"（transactive planning）的理念，认为在规划中市民和社区领袖应该是核心，而非规划师是核心；规划师的职责在于"执行市民意见，办理规划事务"，而不是按照规划师设想、由上而下地编制规划（Friedmann，1987）。这无疑表现出社区规划的特点。然而在一个利益多元、意见分歧的社会，如何"执行市民意见"？当前，得到广泛接受的"交流性规划"（communicative planning）提供了在现有居民中建立共识的基本理念及方法，成为规划理论主流。至此，美国的规划工作从理论上到方法上，基本完成了从"做蛋糕"到"分蛋糕"的演化。反映在现实中，几乎所有美国的城市规划院校均归入社会科学，有别于建筑、景观等设计学科。大部分城市的规划局被整编到社区发展局（Department of Community Development），成为下级单位，其中一些规划师仍然从事"标准的"规划工作如用地管理、设计报审等，更多则参与社区复兴项目，包括经济振兴、就业培训、公立教育、社区安全、绿色食品、儿童保护、妇女权益、环境质量等形形色色的项目，社会性工作已经成为规划的主体（如芝加哥市社区发展局的规划处）。

当然，如此转型是否就确定了未来规划的方向？迄今没有实证。30 年前就有美国规划师质疑"如果规划想涉及一切事物，规划就无所事事"（if planning is everything, planning is nothing）。一个新动态是：2008 年美国经济危机后，民间自发的具有规划性质的活动越来越活跃，目前美国规划界热门的议题如众筹

(crowd-fund raising，在公共投资减少的情况下社区自己为项目筹款)，非正式发展 (informality，与传统模式不同的民间非正式经济活动及居住建设)，"自己动手"运动 (DIY-do it yourself，由于公费削减，居民自己管理城市广场、公共绿地等)，既可以看作是美国规划正进一步向社会性转化而规划师的角色正越加淡化，也可以看作正是由于政府规划部门未能满足社会对实质性规划的需求，故公众不得不自己动手来满足要求。对此，尚未看到美国理论界的深入讨论。客观上，如果按照美国社会的标准把自由主义标签为左派，那么当前美国社会正渐渐"左倾"，规划界不可能置身事外。

回顾美国规划界近百年的自我演化，有三个重要发现：第一，城市发展阶段及经济条件的变化，促使规划的职责范围、工作对象、内容方法作出调整，是规划演化的首要外因；第二，国内政治气候及执政者理念的变化，使作为政府行为的规划工作的理念及目标不得不作出应变，是规划演化的又一个外因；第三，规划教育，特别是主导了教育话语权的规划理论对规划演化具有极其重要的影响。社会性规划替代物质性规划，在很大程度上是 20 世纪 60 年代后自由主义倾向的城市理论成为规划理论主导的结果，这是规划自我演化的内因。

必须说明，美国规划的演化是美国国情所致。一方面，今天美国基本以社会性规划为内容的做法应对了其内因外因的变化，满足了变化中的社会需求，故规划行业得以继续，可以认为是成功的演化；另一方面，就学科发展而言，美国一些规划院校过于强调规划的社会政治性而忽视其物质空间性一面，在笔者看来，是一种倾向掩盖了另一种倾向，有可能仅是规划学科演化过程中的又一个历史插曲。笔者认为，规划工作不能脱离其根本的社会功能即管理城市的空间性问题而全部去从事非规划特长的非空间性问题。毫无疑问，任何空间问题的根源及本质具有政治、社会性，作为公共政策的城市规划必须充分认识这个前提，并且从空间角度进行干预。然而，规划毕竟是空间化的公共政策，或落实在空间上的公共政策，而非政治社会政策。规划之所以具有自己的社会功能分工，在于其从独特的空间角度参与解决社会性问题，而不是依靠复制、搬用其他社会科学的途径。规划在充分反映政治社会背景的前提下向物质性、空间性特色回归，也许是方向。结论是，当前美国的实践不一定具有普遍的比照意义，但是，分析美国规划自我演化的动因却有抽象的理论借鉴意义。

目前中国规划界面临的困境，首先和城市发展的阶段有密切关系。或迟或早，任何城市总有基本成熟、从向外拓展延伸转为向内调整提高的时期，规划内容也必然随之改变。中国过去 25 年城市建设的成绩有目共睹，但急于以超常速度来推进城市发展，客观上加速了城市的成熟，以至在没有准备好的情况下过早出现成熟过度的问题（如过度的私人交通的模式和现有城市结构不匹配）。一些城市甚至完全超前成熟，物质表象繁荣而缺乏经济、社会基础支撑。当前，一些地方出现缺乏规划项目的现象，往往是那里过急开发的后果。越是建设超越了市场需求及经济实力的地方，当前对建设规划的需求越可能停滞。城市建设的一个重要指标是房地产开发。根据一些经济学家的估算，房地产及相关产业在中国国内生产总值中占的比例约20%。总体而言，目前中国城市、特别在非一线城市，待售房屋仍然过剩。统计表明，2014 年的房产销售额下降了7.8%，这也反映在2014 年中国经济的增速降至7.4%，是24 年来最低水平。国际货币基金组织最近发布的文章显示，在中国的三四线城市，市场上待售房屋存量相当于将近三年的销售量，而且不少地产商仍然握有大量未开发的土地（NeilGough，《纽约时报》2015 年6 月12 日）。过去十余年房地产过度供应，使开发商当前正努力减少房屋存量，而不是开启新项目。2015 年1～5 月，广州土地出让金总收入为102.6亿元，比2014 年1～5 月减少近280 亿元。同期，长沙市内五区土地挂牌总数缩减23%，成交宗数减少34%，土地出让金额锐减80%（《华夏时报》2015 年6月18 日）。地方政府土地收入减少，这对以新项目为业务主体、主要依靠政府开发项目的规划行业当然有颠覆性的负面影响。

规划面临的困境，也和中国整体经济转型以及国际经济大趋势有密切关系。英国《金融时报》2015 年6 月的社评指出：新兴市场（金砖五国）并非世界经济的"永动机"，当前正在经历艰难的转型过程，特别是巴西、南非和俄罗斯。2015 年5 月的世界银行报告称，发展中国家正面临一场"结构性放缓"，而且未来5 年将继续缓慢。人们已经看到了2014 年以来中国经济的放缓，正是全球性经济放缓的一部分，并且同样会在近期内继续而成为新常态。中国经济的转变迫使规划演化。有经济学家指出，1999 年中国富豪榜前60 位大部分是房地产商。而2014 年十大富豪榜却有5 位和互联网有关（吴晓波，IT 时代周刊，2015 年5 月）。规划设计师是房地产产业链上的一个生产者，规划师从房地产业获得收入，当房地产业兴旺，规划必然兴旺。但是规划和互联网经济的关系不同，规划属于互联网的消费者，规划师为互联网经济贡献了资金而不是获得收入。大数据是否可以改变情况？尚不明显。在2000 年代初期国内城市开发一片兴旺，规划行业处于黄金时期。一些规划师曾问我，这样的城市高速发展能够继续多久？我当时的回答是：如果经济能保持增长，20 年应该没有问题。现在随着经济放缓，已经接近转变的时间点了。

国内政策、政治气候变化对规划行业具有重要影响。仍然以房地产业为例，在国家执行控制政策时，全国包括一线城市的房地产市场都出现停滞。而一旦政策放松，一线城市的房地产市场就复苏，房价又有所上升，可见政策影响之大。目前，中央政府对房地产采取宽松政策，一线城市的开发活动可能有所上升，规划需求也会有所增加。但必须看到，由于一批主要城市执行了城市开发边界的政策，新的增量开发将是有限的，存量空间的重新开发、社区复兴越来越会成为规划的主要内容。

从政治气候及政府行为来看，2012 年以来，中国政府的执政理念和施政方法发生了重大变化，中央政府加大了反腐力度，强力干预各种事务。据中央纪委监察部 2014 年 8 月报告，中央巡视组巡视的地区中 95% 存在房地产腐败，成为反腐重点，现在官员很难再通过房地产开发获得非法收入了。但是，一些官员因此采取"为官不为"的对策（新华网，2015 年 4 月 16 日）。地方官员的施政态度影响了城市开发的进度，进而影响规划项目。与此同时，社会发展早已提上中央政府的日程，体现社会公正的"分蛋糕"工作受到关注（虽然一些地方政府不见得真正响应）。困难的是，什么是有实效的社会发展规划？什么是城市开发中的公共"蛋糕"？如何通过规划来体现公平地"分蛋糕"？对这些问题缺乏成熟的经验，迫切期待创新。

总之，面对当前国内外形势的变化，中国的城市规划必须进行自我演化，这是行业发展的规律，也是城市建设进程、经济发展阶段、政治气候及政策变化的需求。

二、城市规划如何自我演化？

当前，中国规划的演化当然必须基于当前的中国国情，对此，有以下建议。

第一，建立并加长规划的产业链。规划是一种公共服务，包含极其广泛的内容。传统的设计性工作是规划的重要部分，但不是全部，可以从上游下游来加长规划的产业链，特别是增加规划的社会性内容。从上游来看，可以通过社会调查、市场调查及利益相关者参与，进行城市发展阶段预测、国内国际比较、项目可选择性分析，来研究项目的规模、选址、使用者及使用周期预测、资金安排等一系列策划性工作。也可以通过制定开发政策，分析该项目的得益者及受损者，提出优惠政策及补偿政策，来体现政府的社会公平目标。在下游，可以深入社区，落实规划决策，参与用地、资金、建设工作，制定规范、组织使用者参与监督管理等，并在建成后从居民及使用者获得反馈。可借鉴的是，当代美国任何一类规划都包含四方面的内容：技术性、经济性、政策性及社会性规划。例如交通规划，虽然以技术性规划为主，但同样有经济性交通规划（交通经济学的投入产出分析、效益分析、预算、资金组织等）；政策性交通规划（如在大交通决策中是加强水运、高速公路、航空，还是建高铁？在城市交通中扩大公交还是增建道路？如果建造道路，是建设环路还是加密路网？如果扩大公交，采用什么模式：地铁、BRT、还是轻轨或其他地面轨道交通？如何提高公交效率？如何提供公交补贴？）；社会性交通规划（交通问题中如何体现环保、可持续考量？交通建设项目得益－代价的公平分配问题？通过交通项目对落后地区的经济拉动作用？老弱病残的交通问题等）。

第二，增强规划的社会效果。近年来由于任务重，规划工作往往求快。现在有条件提出一些新理念，例如"细规划、软改造、慢更新"的旧区改造方法，使规划根植于社区中，产生更好的社会效果。事实上已经有一些规划项目开始向此转变、并获得较好的口碑。例如北京从 2011 年开始进行的"大栅栏更新计划"，规划师和当地合作者以软性的逐步生长方式进行更新，不走整体拆迁和全面商业化的老路，不是硬性规定完成项目的时间要求，而是和社区自身的生长结合在一起，一栋房子、一个项目地做工作，比较符合 J. 雅各布的理念。用他们的说法是"可以慢，但不可以破坏"（罗天：大栅栏——苏醒中的北京老城区，《纽约时报》2015 年 6 月 3 日）。由于深入社区、服务于用户，更多体现了规划的社会贡献而不仅仅是经济考量，是规划转型的一条路子。

第三，改革规划教育，包括两方面。其一，中国现在已经有 200 所左右的规划院系，数量足够有余，质量良莠不齐。今后应大力提升质量而控制数量，减少规划招生。近年来几乎所有美国规划院校（美国加拿大共 88 所）均出现申请人数减少的趋势，主要原因是经济危机后美国规划师供过于求，学生毕业后难找工作。很多院校转向了外国留学生，特别是中国学生。例如 2014 年的哥伦比亚大学规划系，120 名学生中有 40 余位中国学生。南加大（USC）、伊利诺斯大学香槟校区（UIUC）都有类似情况。目前中国规划院校参差不齐，在规划项目多的时候，一些质量不高院系的毕业生也可以找到工作。现在随着规划项目减少，规划教育应该调整。同样，项目减少也迫使规划设计机构提高质量，这一轮洗牌，是提升规划质量的机遇。对于质量较差的院校及缺乏项目的规划机构，可以提供再教育的机会，帮助有志于规划事业的教师、规划师到重点院校进修。这样也可以在项目减少情况下充分利用重点院校的资源。控制规划招生，按照城市化进程的预测来安排招生，可以及早防止未来规划师供过于求。当前，特别要解决一些规划机构为了争夺项目而降价内耗的问题。这是关系到规划界未来的大事，规划学会应该组织专门的、为规划师自身服务的调查研究，在年会上设立专题讨论。其二，提倡不同规划院校的特色，防止规划教育同质化。前几年大部分规划项目是设计性的，需要设计背景的规划师，使具有设计传统的规划院校成为非设计背景院校羡慕的对象，甚至出现过一流的地理、公共管理背景的规划系也转向设计性规划的趋势。随着规划的社会性功能增强，应该提倡保持不同规划院校的特色，有的以经济性为特色，有的以社会性为特色，有的以政策性为特色，有的擅长生态问题，不一定都转向设计方面。

第四，继续发挥规划学术刊物的引导作用，进一步开展关于规划改革方向、理念及具体措施的大讨论。很多规划刊物已经组织了不少讨论，但是讨论往往停留在讨论者之间，会后缺乏行动。历史经验证明，社会进步不能只破不立，不能只解构不建构，只有宏大叙事而没有落地实施。规划学会可以主动在建设部领导下研究改革规划的具体措施，也许可以从审视现有的规划标准、规范、程序开始，增加规划的社会性内容，反映社会需求。从政治环境来看，由于地方政府的弱化，当前也是一个窗口期。改革的目标是建立或重建社会对规划工作的信任，重构政府对规划工作的功能定位，即规划不仅是经济建设的工具，而且是社会改革的工具。规划给社会的贡献是间接的，规划师安身立命的基础是制定空间政策，服务的根本对象是人民。中国城市已经基本进入中产阶级社会。规划改革必须获得中产阶级（主体是技术工人及专业人士，也包括几乎所有的规划师）的支持。获得支持的最大公因素是继续改革。如果规划不改革，服务不符合社会需求，那么规划师就可能面临失业的命运，规划行业也真的可能消亡。

第五，应该坚持规划的核心信念，无论如何演化，一些底线不能逾越。生活宜居，社会包容，生态健康，管理公平，决策透明，观念开放，理性中庸，这些价值观是中国规划师以及各国所有规划师公认的普世理念。几十年来中国规划也已有相当的经验积累，这些积累乃是改革的出发点，将规划泛意识形态化的反面教训必须屏弃，把规划作为公众服务工具的正面经验必须坚持。在某个时期，社会风向可能有某种变动，规划也许不得不局部调整以应对，但是规划为全体居民的长期利益服务的核心信念不能动摇。

回到主题，解决规划项目不足问题的出路是开源节流。开源是做长规划产业链，良好的规划项目应覆盖多重内涵、包含广泛内容，以增加规划需求。节流是控制规划教育规模，提升规划机构质量，以减少规划供应。中国的城镇化仍然是一个长期的过程，中国规划仍然大有可为。

（撰稿人：张庭伟，博士，美国伊利诺斯大学（芝加哥）城市规划系教授，亚洲和中国研究中心主任）

注：摘自《城市规划学刊》，2015（4）：8-11，参考文献见原文。

社会公平、利益分配与空间规划

导语：社会公平问题是当前我国社会经济发展面临的一个重大问题。现阶段公众社会公平问题主要集中在以下方面：收入分配差距逐渐拉大；社会保障制度不健全；未能形成保障社会各阶层利益的住房制度；环境公平问题突出等。社会公平的实现核心在于利益的合理分配，而走向公共政策的空间规划是公权力在实现经济、社会、环境平衡发展时体现效率和公平的一种重要调控手段。它通过资源空间配置有助于缩小区域发展差距、实现城乡统筹、基本公共设施均等化以及住房公平化。

一、序言

改革开放 30 多年来，随着经济的快速发展，人们的物质文化生活得到了大幅改善。然而随着改革实践的不断深入和发展，出现了社会阶层的分化和社会利益结构的变动，进入了利益冲突和社会矛盾的凸现期：无论是城乡区域发展差距还是居民收入分配差距都在逐步拉大；产业结构不合理，"三农"问题依然突出；生态环境恶化，资源环境约束加剧；社会保障制度不健全，教育、医疗、住房等关系群众切身利益的问题较多；贪污腐败现象层出不穷，反腐力度需要加强。自1994 年开始，中国基尼系数就已越过 0.4 这个国际公认的警戒线，至 2006 年，中国基尼系数已高达 0.47，成为威胁社会安全的最大隐患。事实上，这种社会不公已经演变成为社会的不稳定因素，并由此引发了不少的社会问题。2003 年，世界银行专门对中国经济发展做了一份研究报告（China Country Economic Memorandum：Promoting Growth with Equity），在该报告中，世界银行对中国 20 多年的经济改革和发展又一次作出了公正的、权威的评价，深刻分析了中国所面临的重大挑战，即日益扩大的收入不公平和贫困人口问题。党的十七大报告明确指出，实现社会公平、正义是发展中国特色社会主义的重大任务。中共十八大报告不仅多次提及社会的公平正义，还提出推动经济、教育、分配、社会保障等方面的公平，亦明确提出共产党人要做"公平正义的维护者"，推动政府职能向创造良好发展环境、提供优质公共服务、维护社会公平正义转变。

如何建立起完善的社会公平体系仍是考验党和政府的课题之一，其中，平衡不同利益诉求是关键，仅仅依靠市场来调节远远不够，政府必须通过有效的公共政策来协调利益关系和冲突。任何公共政策必然会落实到具体空间，而伴随着空间规划向公共政策的转型，空间规划在协调各种利益关系，促成社会、经济、生态、文化、政治"五位一体"和谐发展中扮演着日益重要的角色。

二、社会公平核心是利益分配

（一）社会公平的内涵

人类对公平的关注具有非常悠久的历史。早在古希腊和古罗马时期，人们就把处理人与人之间关系的基本准则纳入公平范畴。到了近现代，由于社会分化，随之出现贫富差别，各种社会不公现象层出不穷，关于公平的论争此起彼伏。古典自由主义公平理论将个人自由选择的权利置于至高无上的地位，认为自由必然导致不平等；它只承认法治规则保证的程序公平、机会平等，而反对任何结果公平。平均主义诉求的是一种绝对均等的社会秩序，推崇的是结果公平。功利主义所认定的公平是全社会个人效用之和的最大化。根据卡尔多最优标准，把社会得益者的利益增加总额大于利益受损者的利益减少总额的状态作为最优状态。罗尔斯的正义思想就是自由和平等的调和，简言之，就是"自由优先、兼顾公平"。

现代公平是一个复杂的有机体系。党的十八大提出，社会公平包含权利公平、机会公平、规则公平。权利公平是社会公平的起点和基础，要求公民都要按照宪法和法律的规定平等地行使权利和履行义务，尤其是享受健康、教育、消费水平的权利，使其在平等的起点上融入社会。机会公平是最大的社会公平，是社会公平的首要标志，要求社会提供的生存、发展、享受机会对于每一个社会成员都始终均等，实际上是一种过程的公平。规则公平是社会公平的标尺，从规则执行角度来看，要保障规则的刚性，每个人受着同样行为规范的约束，在同样规则中展开竞争，体现过程的公平。

简单来说，社会公平就是指人们在市场竞争中的参与竞争的机会、获取收入的机会等机会的均等，享受教育的权利、享受医疗的权利、政治民主自由的权利等权利的均等以及遵守同样规则，展开公平的竞争。

（二）社会公平是一个经验范畴，关注的焦点是具体利益的分配及评价

与公平相近的概念有公正、正义、平等。正义主要关注的是更为抽象的、深层的价值观念，它被看作社会制度的首要价值。公正是以一种不偏不倚的原则，处理人与人的关系，在政治、法律、伦理道德等关系上保持社会以及社会成员之间追求权利和义务的统一。在经验的范围内，公正的原则和核心与公平是很接近的。相对于社会正义与社会公正对于抽象的理念价值与宏观的社会制度的关注，

社会公平更多地关注现实的、具体的利益分配问题，社会公平基本上是一个经验范畴，主要强调：（1）社会公平的课题核心处理的是社会群体利益的合理分配或社会资源配置的方式方法问题，这一问题具有很强的现实性和经验性，它是与人们生活息息相关的经验问题，也是与社会秩序和社会稳定息息相关的经验问题。（2）作为经验命题的社会公平会重点考察公平的社会条件、实现途径及其社会效果。社会公平始终与特定的社会状况相联系，只能被放置到特定的社会情境中才有其现实意义。中国目前社会公平问题的凸显就与经济体制改革的具体历史背景有很大关系，同时，这一问题所造成的利益格局必然对进一步的社会发展产生重大影响。因此，充分考虑到社会公平的历史背景与现实条件，是"社会公平"这一概念内涵的显著特征。而社会平等注重人们在获取资源和利益的数量、质量大小均等的客观性维度，是能够用现代数学、经济学、统计学等等方法来检验，而公平则是一个主观的、依赖于判断主体自身固有观念的价值判断问题。"希腊人和罗马人的公平观认为奴隶制度是公平的；1789 年资产阶级的公平观则要求废除被宣布为不公平的封建制度"，可见，公平是一定社会关系下的相对的公平，其标准是历史的；而平等总体上不受时代、社会制度条件的制约，其标准是永恒的。当前公众对社会公平认可度低，关键在于不同群体之间的权益失衡，它受社会权益、经济权益、政治权益等因素的直接影响。因此，社会公平问题实质上是权益失衡问题。

三、新中国成立后在社会公平道路上的探索

如上所述，社会公平是个历史范畴，而不是一个永恒的范畴。恩格斯指出：公平不是先验的、决定经济关系的东西，恰恰相反，它是由经济关系决定的，人们关于公平的标准是随着经济关系的变化而变化的。

新中国在社会主义改造完成之后陷入了以绝对平均为特征的传统公平的迷雾之中。平均主义是社会公平的陷阱，在实践上挫伤了劳动者的积极性，其结果是阻滞了生产力的发展和进步，造成经济发展的低效率，导致社会成员普遍贫穷。计划经济时期实施"重工业导向"的发展战略，工农业产品的价格"剪刀差"使城乡之间的收入差距明显，明显违背了权利公平与机会公平原则。

在总结历史教训的基础上，邓小平认识到"我们坚持走社会主义道路根本目标是实现共同富裕，然而平均发展是不可能的……打破平均主义，打破'大锅饭'"；并提出通过"部分先富"达到"共同富裕"的途径。

"部分先富"政策的实施以及"效率优先、兼顾公平"机制的运行，一方面极大地调动了劳动者的积极性和创造性，促进了生产力发展和经济繁荣；另一方

面也使得社会公平问题日益凸显，影响社会的和谐与稳定。

在卢周来所作的 2010 年田野调查中，15578 位参与调查者 79.3% 非常关注社会公平问题。这表明，经过 30 多年的制度转型后，社会公平状况的恶化的确成为全社会普遍关注的突出问题。现阶段公众社会公平问题主要集中在以下方面：

一是收入分配差距逐渐拉大。自 20 世纪 80 年代中期始，中国改革进入了"自上而下"的"强制性变迁"阶段，制度转型造成的损益分布具有明显的特定群体针对性。其中，主导改革的强势集团从中获得的收益远大于作为"被改革者"的相对弱势群体。这不仅仅证实了"掌勺者多占"形成的机会不平等在中国制度转型过程中普遍存在，而且也进一步证实了：制度转型与经济绩效的成果并没有为社会大众所分享，是因为机会不平等尤其是"初始权力配置的不平等"造成的。2011 年 12 月国家发改委主任张平指出，城乡收入差距较大的局面尚未根本扭转，区域发展的相对差距有所缩小，但绝对差距仍在扩大，欠发达地区和资源枯竭型地区发展面临诸多困难。

中国的收入分配差距有其独有的特点，表现为：(1) 城乡收入差距加速扩大。2011 年城镇居民家庭人均可支配收入 21809.8 元，是农村居民家庭的 3.12 倍，城镇居民人均消费支出是农村居民的 2.9 倍，城乡收入差距依然很大。(2) 地区收入差距扩大。2011 年东部地区国内生产总值占全国的 52%，与其土地面积接近的东北地区仅占全国的 8.7%，经济活动高度集中于东部地区。(3) 行业收入差距扩大。高垄断行业的存在，导致了行业之间的收入差距逐渐扩大。据统计显示，2000 年我国行业最高人均工资水平是行业最低人均工资水平的 2.63 倍，到 2011 年，这一比例已惊人地增加到 4.17 倍，已经远远超过了国际上公认的差距合理水平 3 倍左右。

二是基本公共服务的不完善。由于起点不公平和发展机会、发展过程的不公平，必然造成结果的不公平。为弥补市场失灵，政府必须采取有力措施，通过税收、转移支付、社会保障等二次分配手段，尽量控制结果的不公平。

基本公共服务体现了发展的社会属性。基本公共服务的不完善表现为公共服务总量的不足以及分配失衡这两个方面。中西部地区公共服务与东部地区有较大差距，农村居民享受到的公共服务远落后于城镇居民。统计表明，1991 ~ 2005 年城市人均社会保障支出占人均 GDP 的比重平均为 15%，而农村只有 0.18%，城市人均享受的社会保障费用支出是农村的 90 倍之多。

实际上，我们的社会的确远没有保障所有公民的基本需要。在 2000 年世界卫生组织对成员国卫生筹资与分配公平性的评估排序中，中国列 188 位，在 191 个成员国中倒数第 4。

三是未能形成保障社会各阶层利益的住房制度。杜甫诗云："安得广厦千万间，大庇天下寒士俱欢颜。"可见，在中国传统观念中，居者有其屋，是大同天下的标志。居民流离失所，涉及基本人权，也会使民众怀疑社会丧失了基本救助功能，极大增加社会的不公平感。我国 1998 年开始住房制度改革取得了显著的成绩，但也暴露出一些问题：（1）表现为房价收入比不合理。我国城镇房价收入比为 12.07，一线城市房价收入比高达 25.25，远远超过国际标准 3 ~ 5 倍的合理范围，按国际标准应定性为极度不可支付的状况。（2）伴随着城市更新改造，大量"城中村"的拆除，规模庞大且迅速增加的进城务工人员对公租房、廉租房的需求强烈。保障性住房供给比例较低，难以适应新增城市人口的需要。（3）居住空间贫富差异明显。适度的居住空间贫富分化格局可满足不同收入阶层居民的多元需求，但过度的空间贫富差异不仅有损公平，更形成区域间社会排斥，增加社会不稳定因素。总的来看，住房改革过程中过度强调市场化，忽视了住房的社会性质和保障属性。

四是环境公平问题。我国粗放型经济发展方式没有根本转变，环境承载压力加大，环境保护在城乡之间、区域之间、不同社会阶层之间存在明显的宽严失当现象，环境问题引发的社会矛盾日益增多。自 1997 年以来，我国环境污染纠纷呈直线上升趋势，每年上升的比例为 25%，凸显了当前环境公平问题的严重性和紧迫性。一些地方生态环境承载能力已近极限，重污染事件屡次发生，给居民人身和生命安全造成严重威胁。生态环境最恶化的地区往往是贫穷的西部地区，这些地区为发达地区输出资源、承担生态破坏的成本，却没有得到相应补偿。贫困人群却没有能力选择生活环境，更无力应对因污染而带来的健康损害，因而承受着更大的环境风险。

四、实现社会公平的路径之一：空间规划

面对明显不公平的利益结构，显然市场力量作用有限，依靠行政力量对利益结构进行调整的问题十分现实地摆到我们面前。为了使改革获得更广泛的支持，政府工作重心转向社会和谐以及社会公平。空间规划作为公共政策，其应有的再分配功能和调控功能正越来越得到中央政府的关注和支持。

（一）作为公共政策的空间规划

空间规划问题，看起来是空间问题，但没有一个空间问题不是来源于社会经济问题；而社会经济资源环境等各种矛盾总以一定的形式投射在空间上，两者之间存在密切关系。通过空间规划可以有效调节社会问题。纵观空间规划一百多年的发展历史，规划作为社会公共事务的一股组织力量，在社会变革中扮演着重要

的角色。空间规划在 19 世纪末以解决城市的环境恶化问题而出现，二战后则关注产业合理布局，致力于缓解区域发展不均衡问题；20 世纪 70 年代后从单纯的经济开发转向社会经济环境等非生产领域；20 世纪 80 年代后，空间规划已成为政府公共政策的一部分，作为合理利用土地、平衡区域发展、改善生活质量、保护环境等的基本工具。

中国正处于城市化加速阶段，日益稀缺的空间也成为资本逐利的目标。现行空间规划体系主要包括国民经济与社会发展规划、主体功能区规划、土地利用总体规划、城市总体规划等多种不同的规划。与国外发展趋向一致，我国的空间规划已从单纯的技术角色向公共政策转向。因此，现今空间规划不仅包括传统的物质性规划，还包括不同利益主体之间关系的协调。相应地，空间规划的作用体现在不同层面。在微观层面上，空间规划可分配土地资源，对各项具体建设活动进行协调，使之共同处于有序的架构中，实现社会经济效益最大化。在宏观层面上，空间规划作为弥补市场失灵和政府宏观调控的手段，协调区域之间、部门之间等各利益主体之间的关系，有助于实现社会公平。通过空间规划在宏观层面与微观层面的作用，达到社会经济环境发展中效率与公平的统一。

空间规划作为一种公共政策，已成为大家的共识。然而，受到政府主导思想的影响，在不同发展阶段，空间规划重心可能在效率和公平中偏移。我国的空间规划曾长期停滞在物质规划层面，随着社会发展，规划的社会性和政治性逐步浮现。作为公共政策的空间规划的根本目的是为了对社会公众利益进行协调和平衡，维护公共利益，在最大程度上体现社会公平。

（二）空间规划在社会公平实现中的作用

1. 空间规划对区域发展差距的调节作用

区域差距问题本质上是市场失灵的产物，需要政府加以调节。无论在我国还是在西方国家，中央政府通过对落后地区投资、综合开发是解决区域差距的最根本办法。区域规划是以土地利用为核心的空间资源及空间利益的再分配过程，而土地资源配置的本质是权利的分割、分配与交易。自 20 世纪 90 年代以来，国家相继出台了西部大开发、振兴东北、中部地区崛起、社会主义新农村建设等一系列措施，其主要目的在于缩小地区差距、维护区域之间的适度公平。这些政策和战略本身就是区域空间发展规划的考虑。2005 年以来，由国务院批复或由国务院常务会议审议通过的各种区域规划超过 20 个，批准的各类区域指导性意见约 10 个。我国区域规划战略已经在全国范围内实现布局，但东部仍然是区域规划的重点区域，同时有逐渐从东部向中西部扩展和延伸的发展趋势。纵观这类区域规划，还是以"锦上添花"类型为主，即围绕一些发展条件较好地区，给予更多的政策优势或项目、资金等的支持，促进区域更好更快地发展。按此规划，这类区域规划的实施极有可能进一步拉大东中西部的经济差距，在下一级空间尺度单元上也很有可能拉大地区的经济发展差距以及城乡之间差距。

反观发达国家的区域规划，更多的是强调欠发达地区的发展，以促进国土空间均衡化发展为区域规划的重要目标。发达国家实行以市场经济为主导的发展策略，但也重视区域内部经济发展的差距问题。自二战后就已经建立消除地区差距和贫困的机制，并在空间规划中予以体现。空间规划主要通过提升落后地区在市场竞争中的"核心竞争力"（主要是交通、通信基础设施、教育机会和自然资源等），逐步扭转其在市场中的不利地位，并通过区域协调使其更好地发挥比较优势。法国以均衡化作为国土整治的基本方针，"以大区权限提升为基础，以多极城市和城市圈建设为核心"，通过规划实施，缩小地区发展差距和城乡发展差距。德国非常重视区域协调发展，其《联邦基本法》《区域规划法》等对区域协调发展有明确规定，并通过区域规划加以实现。国外经验提供了空间规划如何在市场条件下实现平衡发展的有益借鉴。

2. 空间规划在统筹城乡发展中的作用

尽管连续多年国家在中央一号文件中强调"三农"问题的重要性，并采取种种措施加以解决，但城乡差异依然在扩大。只有统筹城乡发展，才能破解城乡差距的难题。城乡统筹发展，首先要保证基本公共服务均等化，让基础设施和服务设施向农村延伸，缩小城乡之间的物质和文化差距；促使资源要素的合理流动，实现社会公平。空间资源是实现各种统筹的重要物质平台，统筹城乡发展中的各项内容都需要在空间上给予落实。在城乡统筹的实现过程中，空间规划必将发挥"龙头"作用，担负起引领城乡一体化发展的重担。空间规划的思想中早已包含城乡统筹的理念。霍华德的田园城市、格迪斯的城镇集聚区、沙里宁的有机疏散理论都是强调城乡融合的，芒福德也在其巨著《城市发展史：起源、演变与前景》指出："城与乡，不能截然分开；城与乡，同等重要；城与乡，应当有机结合在一起"。这些思想主导了二战以后发达国家工业化和城市化中后期的城乡治理模式和城市建设。在日本经济进入高速发展期后，出现了大城市资源"过密"而乡村地区资源"过疏"现象。为解决这一问题，日本在 1969 年公布了第二个国土规划，通过改善基础设施特别是交通和通信设施为欠发达地区创造发展条件。法国城乡地区遵循空间规划的规定，有利于整合不同空间层面、城乡之间的建设行为，促进城乡均衡发展。2008 年我国颁布的《城乡规划法》以促进城乡经济社会全面协调可持续发展为根本任务，明确指出城乡规划是统筹安排城乡发展建设空间布局，保护生态和自然环境，合理利用自然资源，维护社会公正与公平的重要依据。

现阶段对大部分地区而言，统筹城乡发展的核心任务突出表现为"保护城乡地域生态、保障城乡聚落安全、保全城乡居民利益"的"三保""集中城镇、集聚人口、集群企业"的"三集""交通运输圈，基础设施、公共服务、社会管理的服务圈，城乡居民户外运动的休闲圈"的"三圈"规划的实现。城乡统筹发展具有明显的空间层次差异，需要注意的是，不同空间层次的工作重点会随着地域差异而有所不同，也必然随着时间推移会发生变化和转移。

3. 空间规划在基本公共服务均等化方面的作用

中国经济发展不均衡是我国基本公共服务供给地区不均等的根本原因。基本服务均等化是衡量国家制度道德性和合理性的根本政策和标准，通过公共财政制度对社会进行再分配，缩小市场经济体制内因收入分配或历史原因而造成的巨大差距，使多元利益主体均衡受益。它要保证社会底线公平，这是政府的托底之责。

公共服务设施作为一种重要的公共资源，一直是空间规划研究的重要内容。公共服务均等化反映在空间层面，就是要促进公共设施在空间上的合理布局与有效供给。具体操作上，可将基本公共服务均等化问题转化为基本公共服务节点相对于居民的空间可达性问题，一般可以对区域居民点分布、道路交通情况和交通方式、基本公共服务节点分布等三个变量进行调整。而随着外来人口结构的变化，医疗卫生设施（尤其社区医院、门诊所级别的设施）、文化娱乐和体育设施的人口基数应适当提高系数。

推进基本公共服务的均等化，早已成为发达国家空间规划的核心内容。ESDP 为指导欧洲各国制定空间规划制定的原则中特别强调"机会均等"，高度重视让各国普通民众具有均等的机会来获取知识、技能和谋生手段，以及维持基本生活水准的社会保障设施，它认为这是在活跃的市场经济条件下实现真正社会公平的核心要素。

德国空间规划目标之一是保证所有社会群体都能享受到基础的公共利益服务和设施。为了实现这一目标，德国空间规划从以下两个方面进行了加强：（1）保证公共服务的供给质量。为了确保所有农村地区以及受人口减少和老龄化影响的地区都能够享受到医疗、教育以及公共交通领域的基础服务，设立可操作性和可持续性标准修正区域发展战略和规划，并根据中心区等级系统进行公共服务功能的分配。德国区域发展的优先权依据"中心区等级系统"来界定，据此来阐明在增长地区、停止地区以及缩减地区的公共和私人基础设施提供方面的区域调整过程，有利于保障在不同类型区域所提供服务的质量。在结构脆弱的农村地区保障最小值的公共服务，在都市区则提供更优良的公共服务。（2）开展不同层面的公共服务合作与对话。

法国则采取以国家综合公共服务规划为主导的空间开发模式。综合服务规划编制年限为 20 年，以国家为地域范围，制定九项对国土利用具有结构性影响的公共设施发展规划。大区作为一个重要的考察单元，与中央政府签订了《国家综合服务合同》。综合服务规划采用专项规划的形式，实现公共服务的空间组织与其功能运行机制的协调，为国民提供较为均等的优质公共服务，引导国土均衡发展。

公共服务均等化的实践使发达国家在经济与社会发展上取得巨大成功，使其出现了经济与社会平衡协调、相互支撑的良好发展势头。我国将改善基本公共服务供给作为政府工作的重点来抓，未来可借鉴发达国家的经验，在空间规划中实现基本服务均等化，这是在城乡和区域的经济发展、居民收入差距无法得到根本消除的客观背景下，促进城乡和区域统筹发展、推进和谐社会建设的有效方式。

4. 空间规划有助于实现居住公平化

许多国家经验表明，单一的市场机制无法解决住房问题，政府的干预显得至关重要，而政府干预的重要途径之一就是空间规划。为了防止出现过于严重的社会分层和两极分化，达到住房资源的公平化，住房建设的空间规划宜侧重于弱势群体基本居住权的实现。

空间规划可引导各类居住用地布局，满足中低收入阶层的住房需求，提升整体居住质量水平。在我国，城市总体规划根据住房需求预测确定住房政策、建设标准，重点确定经济适用房、普通商品住房等满足中低收入人群住房需求的居住用地布局及标准。控制性详细规划利用居住用地的建筑密度、高度、容积率、绿地率等指标控制提升城市居住环境质量。住房建设规划是以满足不同收入阶层住房需求为导向的，重点在于满足中低收入阶层的保障性住房，规划内容侧重于各类住房建设量的计划安排，包括总量计划、结构计划（90m^2 和 70% 的控制标准、廉租房、经济适用房、普通商品房的建筑面积）、时序计划。

利用空间规划还可提升住房可支付性。直接途径是影响住房供给端，通过增加用地投入、提高开发强度、减小单位面积的方式影响总产出，来达到增加供给的目的。间接途径则通过抽取规划得益用以交叉补贴住房可支付性。

城市规划实施管理制度为调控住房供应提供了可操作的管理手段。城市规划许可制度是目前我国有关城市空间管制最有效的手段，通过"一书两证"许可管理，明确住房建设项目包括社会保障性住房的规划选址，确定住房建设项目的用地范围和土地使用条件（如土地用途、建筑密度、容积率、绿化率等）以及住房建设项目的具体建设条件（如住房套型、层数、建筑形式等），可以保证城市规划确定的住宅规划目标能够得到实现。

规划的本质在于帮助城市开发取得更高的效率，通过控制和引导城市土地开发，避免负外部效应的产生，使城市建设变得有序，从而实现社会公正与公平。

五、结语

公平问题是转型中国的最大问题，实质上就是利益分配问题。社会公平所关涉的内容主要指向公共领域，因此作为政府重要的公共行政和公共服务职能的城市规划，势必成为社会公平诉求的主要对象。社会现象折射到空间，"空间是政治的……它是社会的产物""社会秩序塑造空间秩序，空间秩序又反作用于社会秩序"，这种空间上的互动折射出利益关系的变化。随着我国市场经济体制的逐步确立，空间规划作为一项规范城市开发建设行为，保障公众利益、城市整体利益的公共政策已经为公众所接受，其主要功能是公权力在实现经济、社会和环境发展时体现效率和公平的一种调控手段。空间规划通过权力和利益拥有者对城市空间和土地的处置，有助于实现区域统筹、城乡统筹、公共服务均等化和居住公平化。此外，空间规划也是不同人群就利益诉求和责任分担所达成的一种共识，不同利益群体参与是民主的象征，是在规划实施过程中得到社会支持和通过规划实现社会公平的保证。如古希腊哲学家柏拉图所言，"如果一个政体要避免社会瓦解，就不能允许在公民共同体的任何部分出现绝对的贫困和富庶，因为这两者都会引发祸乱。"

（撰稿人：贾莉，中山大学地理科学与规划学院博士生，华南农业大学经济管理学院讲师，教学管理办公室主任；闫小培，博士，中山大学地理科学与规划学院教授，博士生导师）

注：摘自《城市规划》，2015（9）：9-15、20，参考文献见原文。

改革开放以来中国城乡规划
学科知识的演进

导语：学科知识的演进是学科发展历史的重要组成部分。基于城乡规划学科的应用属性和"人—空间"关系系统的复杂属性，围绕改革开放以来城乡规划学科中直接反映规划实践或服务于规划实践的核心知识点，以社会需求和空间尺度建构分析的基本框架，将学科知识的演进历程分为复苏重建期、系统完善期以及扩展调整期三个阶段。学科知识的演进是不同知识点基于不同空间尺度萌芽、成长到超越所在空间尺度，实现跨尺度融合的过程。由最初的单一尺度、相对独立的点状发育，到知识内容日益交叉融合、空间谱系不断完整、连续的枝状拓展，再到跨越尺度的、网络化的整体发展，学科知识的演进过程始终是学科服务社会发展、匹配"人—空间"关系系统尺度变化的过程。

学科知识的系统梳理是学科建设的重要任务，也是学科走向成熟的重要标志。改革开放近40年来，随着工业化与城镇化的快速推进，城乡规划学科的价值日益凸显，相关实践与理论蓬勃发展，并最终推动了城乡规划学一级学科的成立。学科地位的上升既是对城乡规划事业的充分肯定，更是对学科建设提出的迫切要求。面对中国城镇化"下半程"日益复杂的城乡发展格局，构建属于中国的城乡规划理论开始受到越来越多的重视（赵民，赵蔚，2009；段进，2005），相关讨论广泛而激烈。围绕城乡规划学科的本体论、价值观和方法论等内容（段进，李志明，2005；谭少华，赵万民，2006；黄鹭新，荆锋，杜澍等，2010；赵万民，赵民，毛其智，2010；魏广君，董伟，2011；冯维波，裴雯，巫昊燕等，2011），大量研究进行了总结、反思和展望，为学科理论的构建提供了多元的思路。相比于学科的基础理论，学科知识点的梳理、集成与系统化，是学科最具辨识性和特色的部分，同时也是最为基础的内容，它的确立是学科理论建构的基石。

知识存量的积累必然是一个历史的过程。作为实践导向的学科，城乡规划学知识存量的积累必然是一个持续影响实践并被实践持续影响的过程，因此学科知识的系统梳理必须回到历史与空间的逻辑中，寻找影响、推动学科知识积累的真正动力。事实上，城乡规划从来就不是一个封闭的、单纯的工程技术行为，它始终服务于特定的政治、经济、社会发展过程，并作用于多尺度的城乡区域空间。虽然，中国现代城乡规划知识的形成大多起源于苏联、欧美等国家与地区的输入，然而其在中国特定时空中的演进却有着清晰的逻辑。尤其在改革开放以后，在与实践的互动过程中形成了鲜明的本土性和根植性。从这个意义上讲，梳理改革开放以来中国城乡规划学科知识的演进，不仅是建构学科知识体系的基础，同时也是提炼学科认识论与方法论的基础。

一、城乡规划学科知识演进的时空维度

学科知识是众多知识点的系统集成，应用型学科的知识尤其纷繁复杂、动态开放。城乡规划学科既是如此，不仅涉及科学、技术层面的知识，还大量涉及经济、社会、艺术以及哲学等层面的知识，且学科边界相对模糊。因此，学科知识的系统梳理必须聚焦于直接反映规划实践或服务于规划实践的核心知识点，太过宽泛的讨论容易迷失学科的本真，也即学科知识点需要直接对应于、并反馈为规划的实践。同时，学科知识的系统梳理不是面面俱到地堆砌知识，而是基于学科特征的逻辑建构，从复杂中抽象实质、从纷繁中筛选要点，从而形成结构紧凑、思维严密、逻辑自洽的整体。基于城乡规划学科的上述属性，笔者将围绕学科历史上客观存在的主要规划类型进行学科知识演进的解读，并从时间和空间两个维度建构城乡规划学科知识演进研究的基本框架。

（一）学科知识的时间维度：服务社会发展

应用程度高、实践导向的属性决定了城乡规划学科知识演进的基本动力来自于特定时代背景下的社会发展需求。城乡规划的本质是人（社会）有意识地干预空间演化的一种方式（有别于空洞的想象和就事论事的实践），是在特定社会条件下应对当时、当地的现实需求，根据当时的空间认知、价值取向和科技能力所进行的系统安排。城乡规划的理论与实践不可能脱离其适用的时代背景（徐巨洲，1999；邹德慈，2003；李芸，2002；庄林德，张京祥，2002；汪德华，2005；黄立，2006），学科知识的发展历程也绝不是简单的线性累加，必然是响应社会需求、不断创新知识并反思修正的过程。实践导向始终要求学科知识的发展与社会总体发展需求保持一致，基于社会发展需求不断突破学科固有局限和既有认知范式，以开放、包容的创新精神动态地丰富、拓展、调整知识构成（黄鹭新，谢鹏飞，荆锋等，2009；王凯，1999；邹德慈，

2008；冯高尚，2009；杨保军，2010）。即一方面积极响应社会主流思潮和空间需求的变化，调整、创造出兼具在时性和在地性的学科知识；另一方面积极跨学科地吸纳知识并进行适应性改造，推动学科知识体系的综合集成。基于这一逻辑，笔者以改革开放以来中国社会整体的转型阶段为参照系，充分考虑学科知识"萌芽—发展—稳定"的阶段性，将中国城乡规划学科知识的演进历程大致分为三个阶段。即 1978～1992 年的复苏重建期，1993～2012 年的系统完善期，以及 2013 年至今的转型发展期。需要说明的是，在社会基本制度整体延续的背景下，社会转型通常不会出现以某一事件或某一年代为断点的截然转变，因此"阶段划分"更主要的价值在于凸显主要学科知识点的演化特征。

（二）学科知识的空间维度：匹配尺度变化

城乡规划学的研究对象是"人—空间"关系系统（罗震东，2012），研究对象的尺度性决定了学科知识的尺度性。事实上尺度性是所有涉及空间的研究的基础属性。在尺度效应的作用下，研究对象的表现不仅取决于其固有的特征，更取决于研究所采用的空间尺度。不同尺度的空间所遵循的规律以及呈现的特征不尽相同，某一尺度下的空间认知结论无法简单地推广、应用到另一尺度。因此，不同尺度下可清晰认知的发展矛盾、可采用的有效解决方式存在客观差异。根据"人—空间"关系系统的尺度性，可以将城乡规划学的研究对象从宏观到微观概括为三个层次：区域、城镇、社区，因此城乡规划学科的知识从宏观到微观同样可以分三个层次梳理，也即宏观知识围绕区域空间，中观知识关注城镇总体空间，微观知识聚焦城乡社区空间。

研究对象尺度效应的存在决定了城乡规划知识的尺度差异，然而尺度差异并不是截然割裂的，研究对象的演进过程同时决定了知识的系统性和动态特征。改革开放近 40 年来，随着社会需求的变化以及空间认知的扩展与丰富，城乡规划学科的研究对象已经从尺度单一、孤立的城镇空间，走向更为多元、联系的城乡、区域空间。不同空间尺度的知识点相互衔接，形成了从微观到宏观连续、完整的知识谱系。"分水岭"式的尺度界限已经变得模糊，源自不同学科背景的、相对独立发育的"星星之火"式的知识点，已经在不断交互影响的过程中形成相对成熟、系统、全面的学科知识。空间谱系的不断完整，空间认知的多元融合，空间思维的系统综合，必然推动跨尺度学科知识点的相互激发。更具有实践生命力的学科知识点，往往跨越原有的尺度局限，结合其他尺度的研究成果与逻辑，衍生出新的学科知识点，并最终形成交叉、融合的知识网络（图 1）。

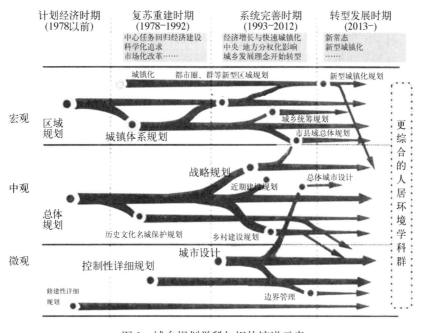

图1　城乡规划学科知识的演进示意

二、城乡规划学科知识的复苏重建期（1978 ～ 1992 年）

（一）改革开放以后城乡规划学科的恢复与科学化追求

改革开放开启了城乡全面复苏、发展的新局面，重新激活了城乡规划实践的社会需求，带动了城乡规划学科知识的复苏重建。在宏观层面，由于家庭联产承包责任制的确立和城镇国营企业的"放权让利"改革，城镇化动力开始显现。为了避免西方城镇化进程中出现的"大城市病"，并防止重蹈"一五"时期人口盲目流入城镇的覆辙（何鹤鸣，张京祥，2011），城镇化研究成为指导全国城镇建设的重要命题。同时，由于国家的工作重心重回经济发展领域，中央政府开始谋划全国生产力的合理布局，全国性以及重要地区的区域规划普遍开展。"市带县"体制改革的施行进一步推动了城乡规划学科知识向区域尺度的拓展，城镇体系规划作为连接区域规划与城镇总体规划的新兴规划类型得到重视；在中观层面，城镇经济的恢复带动了城镇空间的建设，城镇发展亟待总体规划的合理引导与控制。与此同时对于城镇历史文化保护、绿化景观建设等价值认知的变化，为城镇总体规划的发展提出了新要求；在微观层面，计划经济时期被压抑的居住需求在这一时期集中爆发，大量知青返城使居住区的建设更加紧迫，居住区规划作为城镇总体规划的重要落实得到了长足的发展。进而随着市场经济的发展，土地有偿使用引致了规划管控手段的深刻变化，在城市土地开发中各种利益取向之间的差异日益显现，为了协调开发与管控的矛盾，控制性详细规划进入探索阶段，成为传统的"总体规划—详细规划"两层体系的必要补充。

关于真理标准的讨论，引发了改革开放初期思想解放和追求科学的风潮。在既有学科知识的基础上，西方规划理论的引入和跨学科知识的介入、融合，推动了城乡规划学科结合中国国情的谨慎探索与创新。在思想解放与对外开放的大潮中，城乡规划学科的理论知识不再局限于意识形态约束下的"苏联规划理论"和"社会主义计划经济模式"，开始广泛地引入以欧美国家为代表的西方规划理论，进行"洋为中用"的实用性改造。这一时期社会需求的发展以及思想观念上对"科学"的渴望，使得城乡规划学科以工科为主体的、经验主义的、注重中微观尺度物质形态设计的学科知识开始暴露出一定的局限性。基于中、宏观尺度、注重理性分析和系统研究的理科学科知识开始融入城乡规划学科，尤其以南京大学、北京大学、中山大学等为代表的经济地理、城市地理学科的介入，全面地推动了城镇体系、城镇化等领域的研究，并在中宏观层面丰富了总体规划的理论基础和分析方法。

（二）宏观层面：城镇化、城镇体系的引入与本土化探索

城镇化概念的引入以及对中国城镇化道路的探索，体现了改革开放初期科学化思潮中城乡规划学科立足国情的严谨态度。地理学、社会学的介入打开了城乡规划研究的理论视野，为城镇体系规划以及后来的城乡统筹规划、城镇化规划等知识的发展奠定了基础。1979 年城市化问题由经济地理学家首次在国内公开提出（吴友仁，1980）。1980 年全国城市规划工作会议确定了"控制大城市规模，合理发展中等城市，积极发展小城市"的方针，成为"小城镇论"的重要政策支撑。1984 年费孝通先生通过科学严谨的调研论证，提出"小城镇，大问题"的命题（费孝通，1984）。自此以小城镇为主的分散式城镇化道路成为理论界与决策层的主流思想，并一度被认为是不同于西方国家的"中国城市化之路"——综合成本低廉，又不造成城市病。这一时期关于城镇化道路、模式的研究直接影响了相关法律、政策以及规划的制定，尤其如严控城市人口规模，严控人均建设用地指标的目标，通过采取积极建设卫星城镇的方式防止城市过快增长等内容 ❶。

城镇体系概念的引入、研究与发展充分体现了这一时期的科学追求，以经

---

　　❶　1990 年开始实施的《城市规划法》中明确规定："国家实行严格控制大城市规模、合理发展中等城市和小城市的方针，促进生产力和人口的合理布局"，表现出了浓厚的小城镇情结以及对大城市发展的担忧。

济地理学科为主的研究推动了城镇体系规划这一具有中国原创性的规划类型与方法的形成。1980 年代初，西方国家的城镇体系概念及其研究开始被引入，城镇体系规划（当时称为"城镇布局"）作为国土规划（区域规划）的专项规划得到开展，一定程度上延续了计划经济模式中的生产力布局工作。随着"市带县"等分权化体制改革的推进和经济社会的蓬勃发展，城市政区开始向广域政区转变，省、市层面政府开始需要城乡规划学科提供区域规划层面的支持。于是在城镇总体规划的编制体系中，区域规划的职能逐渐被强化，尤其如北京、上海、天津等特大城市的总体规划，开始包含中心市区和市辖各县的功能组织以及主要城镇的布局，初步具有城镇体系规划的职能（胡序威，1998）。经过深入的研究和广泛实践，"三结构、一网络"（顾朝林，1992；宋家泰，顾朝林，1988）的城镇体系规划理论（即城镇职能结构、城镇规模结构、空间结构和区域基础设施网络）逐渐成熟，并迅速成为指导城镇体系规划的原创性理论。1989 年随着城镇体系规划纳入《中华人民共和国城市规划法》（以下简称《城市规划法》），城镇体系规划知识成为这一时期最为重要的城乡规划知识拓展，并深刻地影响着此后的大量研究与实践。

（三）中观层面：城镇总体规划的延续与适应性调整

城镇总体规划在这一时期大体上是对计划经济时期知识积累的恢复与延续。作为最传统和核心的规划类型，城镇总体规划从计划经济时代开始就一直在城乡规划学科知识中扮演着主体角色，是指导、控制城镇发展和建设的蓝图，是关于城镇空间发展最系统、全面的安排。改革开放以后虽然大量有关城镇总体空间结构组织的西方理论和方法被引入，但城镇总体规划的编制方法和内容在这一时期仍延续着计划经济时期的特色，体现出终极蓝图、静态、刚性、指令式的思维，强调精密而标准化的技术规范，以及对于人口、用地等指标的严格控制。然而科学化思潮和不断发展的实践需求，推动了城镇总体规划在内容上进行适应性的调整，延伸出以历史文化名城保护规划为代表的新的独立的学科知识。

历史文化名城保护规划的产生与发展依托于城镇总体规划。1980 年，由同济大学主持的山西省平遥县城市总体规划第一次引入城市历史文化环境保护的理念（阮仪三，1986），并得到规划学界的广泛支持。此后《中华人民共和国文物保护法》、《国家历史文化名城名单的报告》等一系列国家法律、政策的推动以及大量规划实践的支撑，使得历史文化名城保护规划在概念界定、保护内容、原则和方法等方面逐步明确，形成了由"文物古迹——历史文化保护区——历史文化名城"构成的较为完善的多层次空间保护框架。除了历史文化保护，在城镇总体规划层面，城镇发展的综合理性分析（社会、经济等）以及绿地景观环境建设日益受到重视，相关知识大大完善和丰富了城镇总体规划的知识构成❶。

这一时期以经济地理学为主体的理科知识的融入，极大地丰富了城镇总体规划的视野、理论和方法，初步奠定了城镇总体规划的工科、理科两大知识系统，共同支撑了总体规划内容的适应性调整。一方面，工科系统延续了建筑学、工程学的学科传统，以城镇物质环境的规划设计为重点；另一方面，理科系统强调多尺度的综合理性分析、区域思维和科学系统方法，以城镇的发展定位为重点❷。工科、理科两大知识系统的互补、融合，奠定了中国的城镇总体规划向综合规划转型的技术基础。

（四）微观层面：居住区规划的发展与控制性详细规划的探索

居住区规划作为城镇总体规划落实的一个重要方面，在规划理念、方法上总体延续了计划经济时期的苏联模式，并根据居民的生活需求进行了适当调整。计划经济时期的居住区规划，一方面强调标准化控制、强调服务设施水平的低水平限制和住宅空间的规整布局；另一方面强调"集体居住"为生产配套的理念，形成"单位大院"模式。改革开放之初，为缓解住房供给的巨大压力，"统一规划、统一设计、统一建设、统一管理"成为当时主要的建设思路。许多居住区的建设规模甚至达到 80hm² 以上（商志原，1981），将计划建设、"集体居住"的模式发展到了极致。为了更准确地布局服务设施，在原来"居住小区——住宅组团"两级结构的基础上增加"居住区"级（赵蔚，赵民，2002），居住区具有相对的独立性，能够解决居民的一般生活需求。居住区规划也开始强调组合形态的多样化，并通过宅间绿地和集中绿地的规划设计提升居住环境品质。一些城市还通过综合区的规划探索，冲破了纯粹集中居住的理念束缚，使居住区具备了更为便利的通勤特征（张萍，2001）。

这一时期不断发育的市场环境对城乡规划的编制与管理提出了新要求，推动了控制性详细规划理念的引入和初步技术框架的形成（夏南凯，田宝江，2005）。1980 年美国土地分区规划管理（也称区划法，zoning）的理念被引入中国，1982 年上海虹桥开发区的详细规划为适应外资建设的要求，对规划区进行分区和土地细分规划，确定了每块地块的用地性质、用地面积、容积率等 8 项控制指标，成为中国最早的控制性详细规划实践探索。随后，经过上海、厦门、温州、桂林等

---

❶ 1991 年颁布的《城市规划编制办法》要求城镇总体规划增加总体规划纲要、经济合理性分析、园林绿地系统建设等内容。

❷ 南京大学的宋家泰、崔功豪等（1983）编著的《城市总体规划》，作为中国城乡规划学科第一本有关城市总体规划原理的著作，系统地阐述了城镇总体规划中的区域分析、综合分析、经济分析等方法，充分体现了理科知识对于城乡规划学科知识的贡献。

城市的实践以及相关规划设计机构和大学的研究，围绕控制对象、控制方式等内容初步形成了控制性详细规划的编制办法。1990 年施行的《城市规划法》中虽然没有明确"控制性详细规划"的法定地位，但是明确指出"城市详细规划应当包括规划地段各项建设的具体用地范围，建筑密度和高度等控制指标"，初步反映出控制性详细规划的相关知识。

三、城乡规划学科知识的系统完善期（1993 ～ 2012 年）

（一）社会主义市场经济对城乡规划的多元需求

如果说改革开放之初的十余年时间主要是城乡规划学科的恢复期与新知识点的萌芽期，那么 1993 ～ 2012 年的 20 年时间则是中国城乡规划学科面对挑战、积极建构、蓬勃发展的成长期。随着邓小平南巡讲话和建设社会主义市场经济目标的确立，分权化、市场化、全球化的动力依次叠加影响中国的城乡区域发展进程，城乡空间的政治、经济价值不断凸显，大城市空间规模迅速扩展，国家城镇化水平加速提升。增长主义倾向下的经济发展带来规划繁荣的同时，对城乡规划也提出了三方面要求：（1）更加理性地对城镇空间进行开发筹划和布局调整，以充分发挥城镇土地的经济价值；（2）更加敏锐地应对快速变化的市场环境，迎合市场发展的要求，为地方经济发展"保驾护航"；（3）更加超前地对城镇发展的蓝图进行描绘，并通过城镇愿景、形象的营销，发挥城乡规划对于市场投资的"先期诱导效应"。显然，这一时期快速的经济增长与城镇化进程，极大地冲击了城乡规划学科的既有理论与方法，尤其中、微观层面的管控与开发之间的矛盾日益突出，城镇体系规划、城镇总体规划、控制性详细规划均面临巨大的挑战，需要进行结构性的调整和重构。

这一时期同时是中国经济高快速发展的 20 年，在取得巨大经济成就的同时也积累了严重的问题，典型如城乡不均衡、区域不平衡以及生态环境恶化等。面对这些问题，以"统筹"为核心思想与主要方法的"科学发展观"，为城乡规划学科的发展转型明确了方向。对更加系统、综合的城乡区域统筹发展的追求极大地推动了学科知识的跨尺度融合。在积极响应国家发展理念变化的过程中，关于城乡规划学科研究对象的认知不断拓展，新的知识点不断涌现。在宏观层面，都市区、都市圈、城镇群等的空间概念逐渐进入城乡规划领域，并相应地产生了都市区规划、都市圈规划、城市群规划等新的区域规划类型，而响应"城乡统筹"理念的城乡统筹规划、全域规划也广泛开展。在中观层面，城镇总体规划的技术方法日益呈现城乡全覆盖的发展趋势，同时乡村发展与建设规划蓬勃兴起，广泛融合镇村体系、村庄规划与景观设计等方面的知识，逐渐形成新的学科知识。

随着市场经济的不断深化，城乡规划在这一时期日益暴露出"开发失控"、"公共利益缺失"等问题。城乡规划学科工具理性的局限性在市场力量与规划管控的摩擦中不断凸显。尤其随着城镇化进程的不断深入，人本理念的逐步建立与社会价值取向的日趋多元，迫切要求城乡规划向公共政策转型（汪光焘，2004；石楠，2005）。2008 年施行的《中华人民共和国城乡规划法》（以下简称《城乡规划法》）从制度层面明确了城乡规划作为公共政策所具有的严格的法定性和相应的法律效力，进一步推动了城乡规划学科知识向公共政策领域的延伸。公共政策属性的确立对于各类规划的价值导向均产生了深远的影响，并更为直接地表现为对开发管控学科知识的新要求。作为衔接规划与开发建设的核心环节，开发管控理论与方法既需要在公共政策定位中发挥应有的刚性作用，又需要体现出与市场兼容的弹性智慧，从而控制开发的随意性、盲目性，保障公共利益的实现，维护城乡规划作为公共政策的严肃性。

（二）宏观层面：区域规划与治理知识体系的形成

区域规划与治理知识体系以城镇体系规划为核心，包括城市群规划、都市圈规划、市县域总体规划、城乡统筹规划、新型城镇化规划等区域尺度的知识。相比于中微观的知识体系，区域规划与治理知识体系的形成具有鲜明的时空演进特征，一方面与国家治理理念和主流思潮的演进紧密相关；另一方面与城镇化、都市区化的进程密切联系。因此，在这一时期可以清晰地看到从城镇体系规划发端的区域规划与治理知识的发展与繁荣过程。

经过前一阶段的理论与实践准备，城镇体系规划的编制和审批在这一阶段进入规范化阶段，相关知识点在大量的实践过程中不断充实完善。1994 年颁布的《城镇体系规划编制审批办法》基本确立了包括全国、跨省区、省域和市县域城镇体系规划在内的完整的城镇体系规划编制和审批体系。而为了应对快速城镇化背景下生态资源与环境保护危机，城镇体系规划在传统的"三结构、一网络"等自上而下、计划色彩较浓的内容基础上，大量增加了资源与生态环境协调发展、区域空间管制分区等内容（崔功豪，2006），使原先功能较单纯的空间规划，转为更加注重经济社会发展战略研究并追求区域协调、可持续发展的综合性规划。同时经过《县域城镇体系规划编制要点》（2000 年）、《城市规划编制办法》（2005 年）等文件的进一步规范化，城镇体系规划的学科知识基本完善，并成为同时期其他类型区域规划的重要参考。

在城镇体系规划的知识基础和实践框架上，更具区域统筹意识的城市群规划、都市圈规划等新区域规划类型以及相关理论相继出现并快速发展。随着市场化、全球化的深入，中国东部沿海地区的城镇群体以及城市区域的功能联系广泛地突破行政区划限制，迫切要求城乡规划学科深入研究市场经济环境中城市区域的空间组织模式与机制，从而在更高水平上集约利用资源，打破行政区划限制，实现重大基础设施的共建共享，加强区域城镇间的分工协作，推动城镇群体协同发展。针对这些需求，一系列以功能区为研究对象的规划类型相继产生，同时全球与地方联系理论、世界城市体系、全球城市区域、新区域主义、流空间等理论相继被引入（杨开忠，2010），成为新型区域规划进行空间结构研究的重要理论基础。这一时期理论与实践的重点开始从过去强调等级的"城镇体系"逐步转向关注联系的"网络结构"，空间认知开始从单个城镇扩大到了更为广阔的、基于功能联系的城市区域范畴。

在行政辖区范围内，以城乡统筹规划、市县域总体规划以及城乡总体规划等为代表的全域规划，则将规划区的范围从传统的中心城区拓展到行政辖区全域，通过对乡村地区以及城乡整体空间的关注，体现"城乡统筹"、"城乡一体"、"可持续发展"等主流发展理念。这类全域规划以城乡之间的功能协调与资源统筹为规划重点（赵华勤，张如林，杨晓光等，2013），以促进城乡发展要素的合理流动、缓解城乡矛盾为目的，积极推动城乡之间建构区域功能协调、城乡要素互补、空间布局合理、支撑体系配套完善的系统，同时为区域生态格局的构建以及"多规融合"提供重要平台，一定程度上体现了城乡规划学科价值观的转变。这一时期为了应对乡村治理环境的特殊性和复杂性，城乡规划学科的探索不仅关注物质环境层面的规划与建设，也更加重视规划实施的制度保障研究，例如农村土地制度的改革导向与制度创新、农村居民点调整的相关政策与实施机制、村镇规划建设管理制度的改革与创新等。

（三）中观层面：城乡空间营建知识体系的转型

城乡空间营建知识体系以城镇总体规划为核心，包括发展战略规划、近期建设规划、乡村发展规划、历史名城保护规划等中观尺度的知识。作为中国城乡规划学科知识体系中最为传统和基础的组成部分，城乡空间营建知识体系在这一阶段是大发展与大挑战并存的时期。经济发展与城镇化进程的快速推进，引致了大量城镇空间发展建设需求，既为城乡空间营建知识体系的发展奠定了良好的基础，也不断提出新的要求。作为衔接宏观与微观知识的关键层级，城乡空间营建知识体系在市场化环境中始终面对着改革与创新的压力，不仅衍生出新的规划类型，在空间尺度和发展内容也日益与上下两个层级交融。

随着市场化与全球化进程的不断深入，基于大量实践的城镇总体规划一方面在理论、方法与编制内容上不断丰富；另一方面自身的计划基因和自上而下思维的局限性日益突出(汪昭兵，杨永春，2012)。关于总体规划编制理论与方法的反思、讨论与创新基本贯穿了这一阶段。显然，新的市场经济环境要求城镇总体规划不再只是计划的空间落实，不能只是纯粹的工程技术工作，它必须贴近地方政府的政策制定过程，面向市场化、全球化进程中出现的主要问题，体现出超越工程性规划的"战略引领作用"。2000年自广州开始并在全国迅速兴起的城镇发展战略（概念）规划开启了城乡空间营建知识体系转型发展的序幕，其针对城镇总体规划所存在的不足而进行的主动变革，为中国城乡规划学科更为多元、开放的发展开辟了道路。与法定的城镇总体规划相比，发展战略规划不拘泥于特定的内容与形式，能够敏锐地捕捉并反映城镇发展环境的变迁趋势（王旭，罗震东，2011），并充分体现规划实践的演进逻辑与时序安排，吻合了全球化时代发展的迫切需求。尽管学术界对战略规划超越既有指标、程序与规范制约的方式存在争议，但其在编制思路和技术方法上的探索，对于城镇总体规划的改革起到了非常有益的激励和启发。2005年颁布实施的《城市规划编制办法》就吸纳了战略规划的积极成果，进一步强调了总体规划的前瞻性、研究性和实施性，要求总体规划编制前要对新时期、新问题做深入研究，要重视总体规划纲要和近期建设规划的地位和重要性。这一时期城镇总体规划的持续改革为构建适应市场经济环境的城乡营建知识体系奠定了坚实的基础。

伴随着城乡统筹规划的蓬勃发展，以镇村聚落体系、乡村总体规划、乡村历史文化保护为主要知识构成的乡村规划学科知识在这一时期开始了积极的探索和建构。事实上，长期以来规划界对乡村规划缺乏重视和深入的研究，这一时期颁布的《村镇规划标准》（1993年）、《村镇规划编制办法》（2000年）等技术规范，总体上体现为传统城镇总体规划的简单延伸，而且城乡二元分隔。直到《城乡规划法》正式将乡村纳入规划体系，"一法、一条例"（《城市规划法》、《村庄和集镇规划建设管理条例》）的城乡二元规划法律体系才被正式打破。在新农村建设、城乡统筹等思潮的影响下，乡村规划原有知识的不适应性开始暴露，迫切需要探索符合乡村发展特征和趋势的规划理论与方法。于是，基于传统的物质空间营建，从治理与公众参与的视角、从农村土地权属特征的视角、从社区发展的视角等多方面观察、研究和改造乡村的探索日益兴起（王雷，张尧，2012；赵之枫，郑一军，2014；闫琳，2011），不仅丰富了城乡空间营建知识体系，而且有效地衔接、融合了城乡区域统筹以及乡村景观设计方面的知识。

（四）微观层面：空间设计与管控知识体系的拓展

空间设计与管控知识体系以控制性详细规划为核心，包括城市设计、发展边界管控以及历史文化街区保护等微观尺度的知识。伴随着城镇开发需求的空前增长，作为中国城乡规划学科知识体系的新生部分，空间设计与管控知识在这一阶段快速拓展，地位不断提升。尤其控制性详细规划的发展，为中国城乡规划学科开发管控知识的建构奠定了基本框架。

经过前一阶段的积极探索，到1990年代中期以开发控制为核心的控制性详细规划编制技术和方法基本形成。《城市规划编制办法实施细则》（2006年）的颁布进一步规范了具有中国特色的开发控制知识构成，并促进了相关实践活动在全国层面的迅速推广，结合地方实际的规划创新也陆续出现。《城乡规划法》的颁布实施则从国家法律高度强调了控制性详细规划的地位和作用，明确了控制性详细规划与建设管理的羁束关系，规定城乡规划主管部门必须依据"控规"确定国有土地划拨和出让的规划设计条件（赵民，乐芸，2009）。这一时期在市场经济较为发达的深圳、广州、上海、南京等特大城市，地方政府开始从城市开发管控的实际出发，积极探索控制性详细规划制度的完善和创新，在法规体系建构与技术体系建构上做出了大量有益的拓展。法规体系的建构以深圳法定图则制度、《广东省城市控制性详细规划管理条例》等为代表，通过地方立法的形式赋予"控规"法律效力；技术体系的建构以上海的"控制性编制单元规划"、南京的"6211"控制体系❶等为代表，在国家制定的城乡规划编制办法的基础上调整了地方"控规"编制的技术体系，形成了"控规分层"、"成果分类"（杨勇，赵蕾，苏玲，2013）等创新模式，大大增强了控制性详细规划应对市场开发需求的能力。

城市设计的概念于1980年代初被引入中国（吴良镛，1983），进入20世纪90年代成为提升城市空间品质、推动城市营销的重要手段。这一阶段的发展一方面与空间开发管控紧密地结合；另一方面开始从微观向中观尺度拓展，形成城镇总体层面的设计管控依据（王建国，2012）。市场经济环境下，多元开发主体的多样需求大大激发了空间设计知识的发展，城市设计也开始从单一的居住区拓展到中心区、产业区、综合新城等更多功能性空间。在与控制性详细规划同步发展的过程中，城市设计开始被广泛地用于控制城市公共空间的形成、干预城市社会空间和物质空间的协调发展中，并成为协助、规范土地开发的重要规划管理手段（刘宛，2000）。《城市规划编制办法》（2005年）在关于控制性详细规划的内容中明确规定，"提出各地块的建筑体量、体型、色彩等城市设计指导原则"。城市设计虽然没有独立的法定地位，但这一时期其作为一种管理手段的属性得到了强化，城市设计的成果形式也逐渐从单一的形态布局向更为综合的表达方式转变，尤其在较大尺度的总体城市设计领域。在空间设计与管控的学科知识中，发展边

---

❶ 南京的"6211"控制体系："6"指六线控制，包括道路红线、绿地绿线、文物保护线紫线、河道保护蓝线、高压走廊黑线和轨道交通橙线；"2"指公共设施用地控制和基础设施控制；"1"指建筑高度规划控制；另一个"1"指特色意图区规划控制。

界的管控尤其城市发展边界的管控是应对资源压力拓展出的全新知识，体现了规划过程中的实践创新，并逐步成为空间管控的核心要素❶。在保护生态底线的同时确保城市的有序拓展，探索发展与保护相互协调、精细化管控的新模式。

四、中国城乡规划学科知识的转型与展望（2013 年至今）

（一）新常态背景下的学科知识转型

随着中国政治、经济、社会整体环境进入全面转型的"新常态"，城乡规划的学科知识演进也将出现新的方向。首先，在经济增长由高速转向中速、经济结构不断优化升级的过程中，长期以来支撑城镇规模快速扩展的动力开始减弱，大量城镇将相继进入了内涵提升、存量优化的新阶段，从而要求城乡规划学科进行品质提升、集约发展的新探索，形成重视存量和更新的研究热潮。其次，国家新型城镇化规划作为指导全国城镇健康发展的宏观性、战略性和基础性纲领，为各地的新型城镇化工作指明了方向，也对城乡规划学科的研究与实践提出了更加注重科学化、精细化和本土化的期望。城乡规划学科知识体系的转型，需要更加重视城镇布局和环境承载力之间的协调；需要重构良性互动的城乡关系，探索提升乡村品质的发展路径，促进城镇化和新农村建设有序推进；需要探索综合治理手段，全面改善城乡人居环境等等。最后，"一带一路"的国家战略，开启了从依赖资本、技术输入向主动输出资本、技术的全球化新视野，为区域规划与治理知识的拓展提供了全新的领域。与此同时，生态文明、民生为本、治理现代化等时代思潮，都将激发城乡规划学科知识新的演进。

（二）更为综合的人居环境学科群建设

上升为一级学科固然是对城乡规划学科长期发展成就与价值的肯定，然而更是城乡规划学科知识系统梳理与建构的起点。更为综合的人居环境学科群，更加丰富、开放的知识体系将是新阶段发展的重要方向和特征。"人居环境"理论作为中国城乡规划学科重要的系统性理论建树（吴良镛，2001），已经获得广泛的共识，并为城乡规划学科知识体系的构建提供了可以参考和预见的方向。人居环境科学强调把人类聚居作为一个整体，整合并超越建筑学、地理学、社会学等单一学科知识，系统地观察人类聚居的整个系统和各个方面，以认知人类聚居发展

---

❶ 2005 年深圳通过《基本生态控制线规划》，将基本生态控制线作为城市发展边界，是国内最早以生态保护为导向进行边界管控的城市。为保障基本生态控制线在城市建设当中得到落实与实施，同期配套出台了《深圳市基本生态控制线管理规定》。

的客观规律和更好地建设符合人类理想的聚居环境为最终目的。从改革开放以来城乡规划学科知识的演进不难看到，学科知识已经超越了传统的以工科为主体的内容，系统地融入了以理科为主体的内容，并向着更广阔社会学科领域渗透，在与社会学、经济学、政治学以及法学等学科的交叉融合过程中，初步形成了更为综合的人居环境学科群的雏形。可以预见，随着人们对城乡空间社会属性的深入认知和对空间现象复杂矛盾的系统思考，以"人－空间"关系系统为研究对象的城乡规划学科，必将在更多学科的交叉融合中形成更为丰富的学科构成，建构更为综合、复杂的知识体系。

五、结论

基于城乡规划学科的应用属性和"人－空间"关系系统的复杂属性，围绕改革开放以来城乡规划学科中直接反映规划实践或服务于规划实践的核心知识点，笔者以社会需求和空间尺度作为分析的基本框架，将学科知识的演进历程分为三个阶段：（1）在复苏重建期（1978～1992），受到改革开放初期科学化思潮的影响，相继引入的城镇化、城镇体系等概念推动了规划对象向区域拓展，总体规划在恢复、延续的计划经济时代知识构成的基础上开始适应性调整，居住区规划成为这一阶段微观知识发展与实践的主体，控制性详细规划处于初步探索阶段；（2）在系统完善期（1993～2012），社会主义市场经济的确立为城乡规划学科的发展提供了广阔的舞台，也提出了严峻的挑战，巨大的社会需求和实践探索推动了区域规划与治理知识体系的形成，引发了城乡空间营建知识体系的转型，促进了空间设计与管控知识体系的拓展，一定程度上可以说这一阶段奠定了中国城乡规划学科知识的基本构成；（3）发展转型期迄今还只是一个开端，然而中国政治、经济、社会的全面转型已经预示了一个新的阶段所应当具有的特征，以科学化、精细化和本土化为特征的更为综合、复杂的知识体系将是中国城乡规划学科发展的方向。

作为新兴学科，中国的城乡规划学在迈向成熟的过程中必须基于学科自身丰富的研究和实践基础建构根植中国本土特点的学科知识。通过三个阶段的梳理，可以看到中国城乡规划学科知识的演进是不同知识点基于不同空间尺度萌芽、成长到超越所在空间尺度，实现跨尺度融合的过程。由最初的单一尺度、相对独立的点状发育，到知识内容日益交叉融合、空间谱系不断完整、连续的枝状拓展，再到跨越尺度的、网络化的整体发展，学科知识的演进过程始终是学科服务社会发展、匹配"人－空间"关系系统尺度变化的过程。因此，任何离开社会需求、忽视尺度变化的知识建构对于学科发展可能都是没有助益的。改革开放以来的近四十年是中国城乡规划学科获得巨大发展的重要阶段，系统地梳理这一阶段学科知识的整体演进历史与逻辑，对于建构本土学科理论、指导规划实践有着非常重要的价值。而且，中国这一世界最大发展中国家的工业化与城镇化进程正深远地影响着世界历史进程，中国城乡空间所发生的问题、给出的解决以及对于解决效果的评估与改进，对于广大的发展中国家甚至发达国家都具有重要的参考和借鉴价值，因此值得中国规划学界持续的总结和研究。

（撰稿人：罗震东，博士，南京大学建筑与城市规划学院副教授、南京大学区域规划研究中心副主任；何鹤鸣，南京大学城市规划设计研究院战略研究室副主任；张京祥，博士，南京大学建筑与城市规划学院教授）

注：摘自《城市规划学刊》，2015（5）：30-38，参考文献见原文。

技术篇

区域规划的历程演变及未来发展趋势

导语：自区域规划诞生起，城市规划师从物质空间角度、政治家和经济学者从区域发展角度，对区域规划一直进行深入的研究和探索。新中国成立以来，我国区域规划在"联合选厂"、国土规划、城镇体系规划和城镇群规划、经济区规划等的推动下，编制体系和技术方法不断成熟。未来，区域规划面对经济发展"新常态"，必须研究空间需求的新变化。面对规划体制改革，必须实现编制内容的创新。面对区域治理的新要求，必须发挥中央、地方、市场和民间的共同作用。面对技术的日新月异，必须实现分析方法的精细化。

区域问题的复杂性，决定了以研究和解决区域问题为使命的区域规划必须将科学的区域研究、美好的区域蓝图、合理的区域政策有机地整合在一起，才能使区域规划既能够解决特定时期区域发展的难题，又能够前瞻性地谋划区域发展的未来。因此，传承、创新和发展，是区域规划百年发展历程中永恒不变的主题，也与新中国建立特别是改革开放以来的伟大实践一脉相承。

一、区域问题和区域规划的再认识

（一）区域规划和区域问题

讨论区域规划，自然要针对区域问题。有意思的是，规划师眼中的"区域问题"，和政治家、经济学家眼中的"区域问题"，内涵是不一样的。规划师警觉和忧虑的区域问题，起源于工业革命以来城市迅速的扩张和蔓延。而政治家和经济学家眼中的区域问题，往往是萧条问题、贫困问题和发展问题。针对这两种不同的"区域问题"，两类规划在编制理念、编制方法和技术内容差异显著的"区域规划"，沿着各自心中理想蓝图，在不断地探索和前行。可以认为，前者，物质空间规划的特色鲜明；后者，经济发展的导向鲜明。在相当长的一个时期，两类区域规划的对象、范围以及规划机构的职责是完全不同的。按照彼得·霍尔的观点，"造成混乱的原因仅仅在于两种规划用了同一个名称"。

随着区域问题更加复杂，对区域认识更加全面，区域政策作用更加突出，再加上技术进步和学科融合，两类区域规划都认识到了各自的局限性，相互借鉴和学习，推动着区域规划不断创新。虽然公共政策属性在强化、政策工具箱在日益丰富、空间尺度在不断扩展，但两类区域规划依然能够保持各自鲜明的技术特色，做到"和而不同"，这种源自历史传统技术特色的长期保持，是区域规划技术编制和研究异彩纷呈、与时俱进、互促共进的重要基础。

（二）两类区域规划的技术变化过程

1. 物质空间规划特色突出的区域规划

早在 19 世纪末，霍华德、盖迪斯、芒福德等现代规划大师就观察到，工业革命以来，随着城市扩张越来越迅猛，郊区的农业、生态、休闲等用地不断遭到蚕食，这种巨大的破坏性从城市不断向区域扩张，引发了规划思想先驱者对区域未来、乃至人类命运前途的深刻忧虑。

在这种背景下，以大伦敦规划为代表的、采用绿带隔离方式抑制城市无序蔓延的规划理念和方法，曾经深刻影响和改变了城市发展形态和模式。指状蔓延、有机疏散理论强调了城市功能要在区域尺度进行合理的布局。绿带隔离、卫星城及新城战略、划定增长边界和实施空间管制等，是空间规划重要的政策工具和实施手段。

随着新区域主义和区域管制理论和实践的兴起，实现区域的协调发展，成为政治家和民众的共识。各种机构编制了大量的区域规划，主要目的是解决区域存在的问题、凝聚区域发展共识、构筑区域发展蓝图。从空间尺度来看，既有英格兰东南部地区、美国东北海岸大城市连绵区、德国鲁尔、日本东京圈等这样范围达到几万平方公里的空间规划，也有欧盟 ESDP、美国 2050 等这样尺度超大、甚至跨越国界的区域规划。

虽然区域规划的空间尺度由当初的城市地区扩展到省域、甚至跨越国界，但规划师处理空间秩序的传统和能力，在规划中始终得到坚守，成为区域规划拥有蓬勃旺盛生命力的重要保障。当然，这些物质规划特点鲜明的区域规划，对财政、税收、环境、农业发展、就业等综合政策的实施和应用也显得愈益成熟，体现出区域规划重视空间结构和蓝图，也关注规划实施的综合性特点。

2. 经济发展导向突出的区域规划

学术界一般认为，德国鲁尔矿区住区联盟（SVR）20 世纪 20 年代在鲁尔开展的相关规划，开启了该类区域规划的先河。两个事件导致该类区域引起普遍重视：一是 20 世纪二三十年代席卷西方的"大危机"，二是同一时期苏联以特定地区为对象实施的区域开发。在 1932 年危机结束后，德国鲁尔、英国诺森伯格一达勒姆等传统工矿区，经济发展依然没有起色，失业率高，迫使国家出台了针对这些"问题区域"的经济发展规划。形成鲜明对比的是，苏联通过实施区域发展计划，不但没有受经济危机影响，反而建设成效斐然，促使西方国家凯恩斯主义迅速风靡，促动了以美国罗斯福"新政"为代表的一批区域规划和项目实施和启动。其中，影响深远的规划有美国 1933 年启动的田纳西河流域开发规划；英国 1945 年通过工业分布法对萧条地区的综合扶持政策；日本自 1961 年起，以均衡国土开发格局为战略目标的连续五次的国土综合开发规划；美国 1965 年实施的阿巴拉契亚地区援助开发等。

该类区域规划的地位和作用，容易受政治局势的左右。右翼政党执政，倾向减少对经济活动的干预，弱化针对特定地区的区域规划和政策，希望更多地发挥市场机制的作用。左翼政党执政，往往会强调对弱势群体和落后地区的保护、扶持，强化区域政策和区域规划。里根—撒切尔主义兴起后，许多国家联邦或中央政府主导的、面向贫困地区的区域政策边缘化。在欧洲，随着欧盟的成立，各国将区域政策的主导权，逐步转交给欧洲委员会了，本国区域规划的作用逐步降低。

但是，区域政策弱化，并不代表着区域问题可以被忽视。新自由主义盛行和全球化推进，导致贫富差异扩大、阶层矛盾激化，要求政府对贫困群体和欠发达地区进行扶持的呼声越来越高。以美国为代表，1993 年通过的《联邦受援区和受援社区法案》，成为美国第一个比较系统地解决欠发达地区发展问题的法案。法案希望采取综合措施，为受援地区创造经济机会，培育可持续发展能力，而不仅仅依赖联邦和州政府的援助。

3. 区域规划新的特点和趋势

进入 21 世纪以来，全球化、市场化、信息化的不断推进，西方发达国家大规模的国土开发基本完成，人民物质生活已经实现了普遍富裕，公共治理体系普遍得到完善，可持续发展的理念已经深入人心。区域规划呈现出以下新的发展特征：

一是国家规划权力的下放呈普遍趋势。更好地发挥区域和地方政府的作用，让下位规划发挥更大的作用成为改革的主要趋势。如《荷兰国家空间战略（2006年）》对中央、省和地方三个等级政府之间的责任重新进行了划分，给低级别的市政府赋予更多的规划和开发权利。日本在 2008 年编制的"第六次国土形成规划"中，放宽了对地方的束缚，规划体系只包括全国和 10 个广域地方规划两级。德国联邦州的空间规划内容和篇幅大规模减少，但基于经济活动联系的区域规划得到较大的强化。

二是强调不同形式的区域治理和地方权力。日本 2005 年的《国土形成法》强调，规划要推进协议式、协商式与参与式结合，预先征求国民意见，与环境等相关行政机构协商，并听取都道府县及指定城市意见。"美国 2050"不仅包括物质设施和环境空间的安排，还包括对不同利益相关者的矛盾冲突和关系的协调，提出了相应的激励政策体系和管理制度。

三是提高全球竞争力成为重要议题。区域规划普遍倾向于更高的灵活性，放松严格的分区规则，推动地域的发展和振兴。如《美国东北海岸大城市连绵区规划》强调通过大容量快速的高铁和轻轨网络系统来强化区域的网络化发展，增强区域经济发展的集聚效应。《英格兰东南部地区空间规划》强调使该地区成为持续繁荣的世界级区域，到 2026 年年均生产力提高 5%，共增加 25 万劳动力。

四是宜居和提高空间品质成为重要目标。《纽约 2030 规划》提出"更绿色、更美好的纽约"的发展目标，提出要投资建设新的休闲设施、开放公园，为每个社区增加新绿化带和公共广场，到 2030 年实现步行 10 分钟内可达公园。日本 2003 年发布《美丽国家建设政策大纲》、《观光立国行动计划》，从创造国家魅力的角度对各地区景观建设提出新要求。2004 年颁布《景观法》、《实施景观法相关法律》、《城市绿地保全法的部分修改法律》（合称"景观绿三法"），希望促进城市和农、山、渔村等地区形成良好的景观，力争实现美丽而有风格的国土、丰富而有情趣的生活环境、健全而有活力的地域社会。

二、我国区域规划的历程与变化

我国区域规划，从时间上来看，历经了近现代时期、计划经济时期、改革开放以及新世纪以来四个特色鲜明的发展阶段。

（一）近现代时期：区域开发的探索

张謇 19 世纪末在南通开创"地方自治"式的实践，被认为是中国最早的区域规划探索。其"成聚、成邑、成都"的区域构想，体现了谋求城、镇、乡地区的协调发展。在实践上，通过以工业化奠定区域现代化的经济基础，通过教育提升民众的整体素质，通过交通、水利和慈善公益事业来改善生态和人文环境，体现出张謇知行合一的务实精神。

孙中山在 1921 年提出《建国方略》，被认为是我国现代史上最早的国家空间规划雏形。他按照地域提出了六个地区的发展设想，内容涵盖交通、住宅、产业等各个方面。他还以区域来划分，并以交通建设发展为最先原则，提出了六大计划。

国民政府在 1935 年组建了资源委员会，被赋予开发全国资源、经办国防工矿事业、建立腹地国防经济的重任。1936 年，委员会拟定《国防工业初步计划》，核心是在湘、赣一带建立国有化的重工业区、开发西南各省的矿产资源、建设以国防为中心的重工业等。抗战期间，委员会在中西部地区建立了 11 个工业中心区，推动了内地的工业化进程，有力地支持了全民抗战。

（二）计划经济时期：区域规划的探索

新中国的区域规划是伴随着国家"一五"时期的大规模建设起步的。为适应建设新兴工业基地和新兴工业城市的需要，在从苏联引进项目的同时，区域规划的理论和方法也同步引入。这一时期的区域规划，以"联合选厂"为出发点，强调统筹工业、城镇和区域的生产力布局，并在包头—呼和浩特地区、西安—宝鸡地区、张掖—玉门地区等 10 个地区开展了建设和规划实践。以后，虽然历经三年困难时期、"三线"建设等重大事件影响，但区域规划作为指导生产力合理布局的重要工作，还是得到了贯彻和坚持。可以说，我国的区域规划，就是在工业布局研究基础上发展起来的，也是区域经济和社会发展提出的客观要求。

（三）改革开放以来：国土规划的探索

改革开放初期的区域规划实践，是以国土规划的名义展开的。1981 年，原国家建委启动了国土整治规划工作。1982 年，国务院机构进行改革，撤销国家建委，国土规划的主管职能划转原国家计委。在原国家计委的主持下，1982 ～ 1984 年间，以京津唐为代表的国家重点发展区域，以红水河、乌江干流沿岸地区等为代表的流域，以山西、新疆克拉玛等为重点的能源基地，开展了国土规划的试点工作。1984 年，原国家计委开始牵头编制《全国国土总体规划纲要》，并在 1989 年完成草案。1987 年，原国家计委发布《国土规划编制办法》，并陆续开展了一些跨省（区市）的国土规划，如攀西—六盘水地区、湘赣粤交界地区、晋陕蒙接壤地区、金沙江下游地区等。

应该说，在历时 10 年（1980 ～ 1990 年）的第一轮国土规划研究和编制过程中，为摸清国家资源家底、推动重大问题研究、规范和确定编制内容等，发挥了非常重要的作用。

（四）新世纪以来：区域规划的"三国"时期

自 1992 年确定市场经济体制改革目标后，伴随改革的深入，区域规划逐步成为强化部门事权、贯彻发展意图、引导资源配置、协调各方利益的重要公共政策。历史上主管或编制过区域规划的发展改革部门、国土部门和建设部门，在立足部门事权的基础上，以不同的名义强化了区域规划的职能。

1. 规划建设部门：城镇体系规划和城镇群规划

在国土规划停滞时期，省域城镇体系规划开始向区域规划方向发展。这个发展方向，是与改革开放以来城市综合实力不断增强、辐射和影响范围不断扩大、城市之间的竞争日益激烈息息相关的。自浙江省率先于 1996 年开展此项工作后，各省积极跟进并相继获批。

城镇群规划从 2003 年后也呈现"井喷"态势。建设部先后组织和指导编制了珠江三角洲、长江三角洲、京津冀、海峡西岸、成渝等地区的城镇群规划。一些省市也先后组织开展了山东半岛、北部湾、长株潭、呼包鄂等地区的城镇群规划。这些规划以城镇组群的方式组织产业发展、功能布局、城乡统筹、基础设施建设和环境保护，尽管其主要的目的仍然是促进经济发展，但统筹的思想还是体现在了方方面面。可以认为，由建设部门开展的城镇体系规划和城市群规划，可以看成是区域规划在中国的演变或历史延续。

2. 国土部门：编制新一轮国土规划

国土资源部在 1998 年启动了新一轮国土规划的试点。首先在天津、辽宁、广东、新疆 4 省区，以部省合作方式，编制完成了 4 地的国土规划。之后，福建、重庆、山东、浙江、上海、贵州等省区，也陆续开展了省级国土规划的编制。在区域层面，河南中原城市群、广西北部湾经济区、湖南长株潭经济区国土规划的编制也相继完成。

应该说，这一轮国土规划的编制与上一轮相比，在经济社会基础、技术手段、发展理念、法制建设等方面，已经有了翻天覆地的变化。市场经济体制的确立，部门之间利益博弈的加剧，使这轮国土规划的编制对国土部门有不同寻常的意义。通过编制国土规划，将各类开发建设行为和保护管制措施"落地"，强化在区域规划方面的"话语权"，是国土部门非常现实的选择。

3. 改革发展部门：区域发展政策和经济区规划

国家制定区域规划和政策的行政职能，一直保留在发展改革部门。在区域规划编制方面，国家发改委在 2004 ~ 2008 年，编制完成了京津冀都市圈区域规划。2007 年，长株潭城市群区域规划、武汉城市圈总体规划、成渝经济区规划等三个区域规划，相继获得国务院的批复。特别是 2008 年爆发国际金融危机以来，国家发改委编制和审批了一批经济区规划，基本覆盖了国家主要的城市化地区。

比较尴尬的是，国家发展和改革委员会（发改委）作为统筹协调部门，虽然"权力"很大，但在区域规划方面，它有其"名"而无其"实"，只有行政职能而缺乏法律授权。目前，土地、城乡规划建设等涉及空间资源配置的行政职能不但"名花有主"，而且都通过立法获得了法律的授权与许可。国家发改委编制的区域规划，缺乏强有力的法律实施工具。因此，获得法律地位，强化空间管制是区域规划加强管理实施的客观需要。因此，通过编制主体功能区规划，是发改委试图改变其区域规划"宣传式"、"动员式"的地位，"尝试"空间落地的战略性工作，体现了其"管空间，要落地"的强烈意图。

三、对我国区域规划未来发展的初步思考

（一）面向转型：应对经济发展新常态

当前，支撑我国投入型经济增长方式的所有要素和环境几乎都发生了重大或者根本性的变化，经济发展进入"新常态"成为各界的共识。

1. 经济新常态对区域空间的影响

首先，政府主动供给和扩张空间的能力和动机都在下降。根据中国社科院的研究报告，截至2014年底，我国地方债务总额30.28万亿元，虽与总资产108.2万亿元相比，杠杆率42.7%尚属可控，但政府债务规模的快速膨胀，会制约杠杆的使用，使其撬动空间扩张的能力下降。另外，新城新区及房地产的阶段性、普遍性"过剩"，政府进一步供给和扩张空间的动机也在下降。

其次，区域性基础设施催生和影响空间结构的边际作用下降。当前，以铁路、公路、机场为代表的区域性基础设施已基本成网，稀缺性大幅降低，通过重大基础设施引导空间结构、优化空间资源配置的边际作用显著下降。

最后，经济增长带动空间持续扩张的能力是在下降的。我国经济外贸依存度已经高达65%，比德国、美国、日本等经济大国高出40个百分点以上，通过外贸带动加工基地扩张，潜力极其有限。最终消费的增长是比较平稳的，对增量空间的需求有限。虽然投资仍是稳定经济增长的主要工具，但一方面投资的领域将更多转向城市基础设施、村庄功能和设施的完善等，对区域整体的结构性带动能力必将弱化；另一方面，投资的重点将转向企业技术更新升级、新型环保节能技术、针对环境污染和生态修复等的投资。在传统产能全面过剩的情况下，无论是以电商、"互联网＋"为代表的新经济，还是以并购、技术升级为代表的传统产业的发展，对新增物质空间的需求显然不如传统产业大规模扩张时期。

2. 经济新常态对区域规划的影响

一是需要直面不同城市的不同发展"结局"。在城市普遍性的扩张期结束后，发展条件和基础好、生态承载能力还比较强的城市，仍会实现精明增长。发展条件一般的城市，需要精明调整，即充实现有各类园区、以时间换取空间的"去库存化"、以功能的置换获得城市发展的提升。一些发展动力严重不足的老工业基地城市、人口流失城市，正视发展现实，实现精明收缩，是城市必须面对的窘境。

二是区域规划必须发挥核心城市增长极核的作用，带动区域的发展。在城市发展出现分化的背景下，更加凸显了国家和区域中心城市的核心作用。要发挥中心城市规模庞大的消费群体的消费作用，带动区域各消费和休闲娱乐空间的发展。要通过网络化、多组团的方式，让区域参与核心城市的功能分工，实现更广域地

区的一体化发展。

三是要更加关注内生性的、文化性的和独特资源性的新动力对区域发展的推动力量。在传统发展动力减弱的背景下，培育和激发这些新动力尤为迫切。另外，在移动互联和电子商务等的推动下，新的业态、新的商业模式、新的技术不断涌现，民间创新创业热情高涨。只有更好发挥这些新优势，才能为区域持续健康发展注入活力。

（二）面向改革：应对体制变革新趋势

未来，顺应国家空间规划体制的变革趋势，区域规划应该朝以下 3 个方面前行。

1. 尽快形成适合我国国情的规划事权机制

当前是我国规划编制与实施事权明晰化的关键时期，要求规划的编制体系、行政体系与法规体系的事权架构应有高效协调机制。对区域规划而言，应该以事权为线索，不同层次空间规划的管控要逐层深化，不同部门的规划要加强协作，对不同类型的空间资源实现分类管理，各司其职。

2. 强化下位规划和法定规划对区域规划的落实

要注重整合各部门落实规划的相关政策措施，如发展改革部门落实主体功能区提出的财政、投资、产业、土地、人口管理、环境保护、绩效评价和政绩考核七类配套政策，国土部门的各级土地利用规划、用途管制、农转用制度、耕地占补平衡、"三界四区"（建设用地规模边界、扩展边界、禁止建设边界、允许建设区、有条件建设区、限制建设区、禁止建设区）等制度，规划建设部门的各级总体规划和详细规划、"一书三证"和"三区四线"等行政许可和政策措施，将区域规划的空间管制要求逐级予以落实（图 1）。

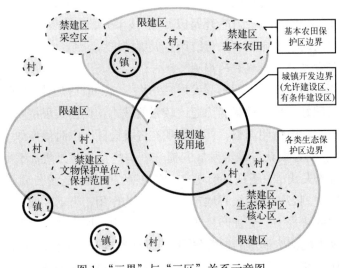

图 1 "三界"与"三区"关系示意图

3. 解决实际问题的专项区域规划将更加重要

未来，面向实施、解决共同关注问题的规划将变得更加重要。如在人口、经济和城镇密集的区域，地方发展和建设相互影响严重，针对共同关心的经济协作、交通道路、水源保护、市政基础设施、区域休闲空间、生态环境治理等的区域专项规划。还有，针对跨行政区的流域的保护与合理开发规划，在生态文明建设的背景下，会得到更大重视。再如针对区域贫困和萧条地区的扶持型规划，对我国这样一个区域差异大、贫困人口多的发展中国家而言，未来仍是关注的热点。

随着我国经济实力和政治影响力的持续增长，我国边境省区与邻国，在经济互促共进、生态环境保护、能源资源开发、基础设施建设、城镇体系布局、历史文化资源的保护与传承等方面，有许多共同的利益，通过区域规划引领，开展务实合作，是未来区域规划的重点。另外，随着国家海权战略意识和维护能力的不断提高，陆海统筹协调发展的区域规划也会是研究的热点。

（三）面向治理：落实规划实施新保障

区域规划的实施一直是个难题。区域规划的成功，一定是区域实现"善治"推动的。区域规划的失败，一定是对市场力量和地方权利的漠视导致的。无论国家还是区域，根植于文化传统、形成于历史长河的政治智慧、契合民众基层实践的管理经验，才是实现规划目标的根本所在。一个国家正式的管理制度，无非就是将历史和民间长期存在的非正式制度进行正规化、契约化和法律化而已。这一点，诺斯、奥斯特罗姆等许多著名的经济学家都有过深刻的阐述。

我国是一个幅员辽阔、民族众多、区域差异显著的大国。历史上，一方面，保持一个集权式的强大中央王朝，是实现国家稳定、兴建和维持运河、驿路、渠道等庞大公共工程畅通的制度基础；另一方面，历朝统治者面对的都是高度分散化的、自给自足的、少有文化的农民。交通的闭塞、传播媒介的缺乏更拉开了他们与现实制度的距离，很多高度统一的制度往往管理不了高度分散在穷乡僻壤的小农。因此，默认乡村一定程度的自治，成为历朝统治者降低治理成本、退而求其次的政治选择。

改革开放以来，我国的市场化进程依照着政治上保持着中央"集权"，经济上推动地方"分权"的模式展开。在中央继续保持政治权威性、实现政令畅通的基础上，通过放松精神和市场管制来激发民间的创富能力，通过鼓励竞争来动员地方政府强力推动经济发展，最终创造了经济发展的中国奇迹。这种独特的改革开放进程，仿佛是我国古代"中央集权"和"基层自治"的历史延续，当然是遵循着现代政治制度的"现实版"和"升级版"。

察古方能知今，继往才能开来。我们认为，未来我国区域治理的框架，仍会有四个鲜明的特征：

一是中央政府高度的集权，决定了他始终是区域治理重要的外来力量。无论是从单一制国家的特点看，还是从强大中央王朝继承的历史遗产看，中央政府会一直掌握着区域发展最主要的政策工具箱，如金融、土地、财政、税收和对官员奖惩所形成的强大激励等。复杂的边疆和民族问题，区域经济社会的巨大差距，使中央政府保持强大的政治和经济调控资源，是历史和现实的合理选择。

二是地方政府是推动区域实现良性治理的权力重心。地方政府通过合法途径实现剩余索取权的最大化、必要时以"机会主义"的方式谋求自身利益的最大化，是普遍存在的客观现实。正视这种现实，要求区域规划要充分尊重地方的权益。虽然区域规划是种"责任规划"，侧重自上而下的责任分解，但是，漠视地方权益的规划，只能是空中楼阁。无疑，尊重多元主体的权益，促进多元利益主体之间形成一种良性关系，在博弈过程中寻求"最大公约数"，应成为规划管理者、编制者的共同责任。

三是市场在资源配置中的作用越来越具有决定性。我国 30 多年"渐进式"的改革开放进程，就是证明市场这种强大力量的鲜活范例。持续多年的地方政府间竞争性的招商引资、地方国企改制大规模的完成、商业银行等法人治理体系的完善、财政资金支出的日益规范，使地方政府实施地方保护主义的动机和能力大大削弱，全国市场的一体化程度大大提高。利率、汇率的市场化改革已经在持续推动，互联网和民间金融的活跃，使政府只能沿着放松资本管制的道路继续前行。我国的土地制度虽然具有特殊的国情体制，改革也有"牵一发而动全身"的全局性困难，但我们依然坚信，改革的取向仍是坚定的市场化方向而不是相反。

四是民间的智慧和创举一定是区域治理的重要力量。近年来，在生态环境保护、大型企业的选址、历史文化资源保护、公共资源可持续的利用、基础设施和公共服务配置的优化等方面，各种民间力量和组织已经凸显了其不可小觑的力量。未来随着区域规划的重点转向解决实际问题和凝聚基层单元共识，在规划中向基层"授权"，充分发挥民间智慧、乡规民约等的作用，就变得越来越重要。

（四）面向创新：实现区域分析精细化

1. 经济社会分析方法要针对区域的特点

区域既不是国家那样的封闭空间，也不是城市那样以地域实体空间为核心的城乡一体化发展地区。要深入理解"区域"这个特殊的尺度和空间，避免将国家和城市尺度的分析方法生搬硬套的用于区域分析。比如，针对国家这个"封闭空间"的分析模型和工具，如三次产业结构、城镇化和工业化率、钱纳里的研究、霍夫曼重工业指数、刘易斯的城乡二元结构的分析等，就不能简单套用于区域。同样，许多适合城市尺度的分析研究，如城市竞争力评价、城市就业和空间结构、城市转型与衰退等许多研究，也不能简单用于区域的分析。

2. 加强空间分析模型方法在区域规划中的应用

信息、遥感、建模等技术的飞速发展，使空间规划分析和研究可利用的技术手段日新月异。包括遥感影像数据、地理信息等数据在内的数据信息系统的不断丰富和完善，使空间变化规律的研究可以在丰富数据的支持下得到更深入的挖掘。经济和人口统计数据"空间化"方法的逐步成熟，使 GIS 平台能够分析和处理的数据范围有很大的扩展，模型处理复杂数据的能力和水平有了很大的提高。这些技术和方法的最新进展，都为空间分析提供了扎实的基础。为应对规划的不确定性和决策者的不同期望，对模型和决策过程进行动态的干预和调整，也为区域规划的多目标、多情景的分析提供了强大的分析工具。

3. 关注和推动大数据在区域规划中的应用

大数据时代已经到来。同时，信息技术也加速了知识、技术、人才、资金等的时空交换，流空间已经成为区域、城市以及居民活动的主要载体，并通过大量而复杂的网络或信息设备数据的形式表现出来。通过大数据，从个体空间行为的分析来获取群体、整体空间行为的判断、集成和预测，再结合传统数据的分析手段和方法，有利于从技术上保障"以人为本"规划理念的落实。

（撰稿人：陈明，中国城市规划设计研究院，区域规划研究所副所长，高级工程师；商静，中国城市规划设计研究院，区域规划研究所所长，高级城市规划师）

注：摘自《城市发展研究》，2015（12）：70-76、83，参考文献见原文。

基于多规融合的区域发展
总体规划框架构建

导语：主要论述基于我国国情的"多规融合"的空间发展规划框架问题。文章认为，"多规融合"的空间规划框架，就是在原有国民经济和社会发展规划、城市总体规划、土地利用规划、环境保护规划等"类空间规划"的基础上，将"空间规划"元素抽取形成一个高于这些规划的"一级政府、一本规划、一张蓝图"的"区域发展总体规划"。文章进行了"区域发展总体规划"内涵界定和编制内容及相互关系设计，并通过南京市溧水区实践探索，就"区域发展总体规划"编制和实施过程的"多规融合"进行事权划分，同时也进行了规划组织、规划编制程序、规划技术和规划管理等讨论。

2014 年 12 月在北京召开的中央经济工作会议提出了 2015 年经济工作五大主要任务，优化经济发展空间格局是其中之一，明确指出"要加快规划体制改革，健全空间规划体系，积极推进市县'多规合一'"。可以认为，"十三五"期间，"多规合一"和健全空间规划体系是核心内容之一。所谓"多规合一"，就是实现国民经济和社会发展规划、城市总体规划、土地利用规划、环境保护规划、综合交通体系规划等"类空间规划"之间在规划目标、规划区范围、规划期限、基础数据和标准的相互"融合"；所谓"健全空间规划体系"，就是在原有的几个"类空间规划"基础上，整合或合并成一个规划，或在这些"类空间规划"的基础上，将"空间规划"元素抽取出来，形成一个高于这些规划，能够实现"一级政府、一本规划、一张蓝图"的城市或区域总体规划，即"区域发展总体规划"。本文根据南京市溧水区发展总体规划和南京"十三五"规划前期研究重大课题"多规融合试点的实践探索研究"，论述基于多规融合的区域发展总体规划框架构建。

一、区域发展总体规划定位和编制内容

（一）区域发展总体规划定位

区域发展总体规划，是在国家和省区社会和经济发展目标指引下，对市县人口、经济、产业、交通和市政设施、绿色基础设施、公共服务设施进行空间配置，

并对土地、水资源、天然资源分配预规划，编制一本目标性、策略性、政策性、纲要性的长期总体发展规划。市县地方政府赋予区域发展总体规划独立的地方开发裁量权（发展区划定）、区域交通设施和绿色基础设施建设投资划拨权，使规划编制可操作、可实施。

（二）区域发展总体规划主要编制内容

根据南京市溧水区发展总体规划和南京"十三五"规划前期研究重大课题"多规融合试点的实践探索研究"，区域发展总体规划编制内容主要包括11个方面：（1）规划背景（发展需求分析）和发展条件（自然和社会经济基础）；（2）发展目标和策略；（3）功能定位与发展规模；（4）自然资源开发与保育：非建设用地划定和非城市用地利用与管制、水源涵养区划定、生态区划和生态绿道划定、生态—生活—生产空间划定、禁止和限制建设区划定、城市刚性增长边界划定；（5）重点功能板块策划：人口布局（中心城区、新市镇、新农村）、产业布局（开发区、市镇产业集聚区）、发展区（明确范围和方向）；（6）空间组织构想：城市弹性增长边界划定、城市群发展构想、都市区空间构造、区域空间结构、规划期发展区划定；（7）经济和产业发展规划：经济功能区划分、产业体系和产业集群与产业用地、产业园区划定（包括静脉产业园）及其园区土地取得；（8）交通、信息和物流业发展：综合交通运输网、枢纽和站场、快速交通体系（航空、高速铁路、高速公路、轻轨和地铁系统）、公共交通体系、慢行交通体系、信息网和信息港、物流产业和物流园；（9）城市（镇）建设规划地区发展策略：城市（镇）整体开发设想、城市（镇）功能区组织、重要开发片区划分、重要公共设施布局；（10）美丽乡村建设：农业现代化、农地重划和管制、农村社区重划、农村公共服务设施配套等；（11）规划实施和政策：规划空间管制、就业岗位与人口政策、农地释出和旧城改造原则、开发费用估算和财务计划、区域协调及周边互动发展、体制和机制改革。

二、区域发展总体规划中的开发控制和引导权分配

区域发展总体规划编制，实现空间的"多规融合"，在基础数据（人口统计口径、地图坐标等）、规划区范围、规划期限、土地利用分类等方面实现完全一致。在此基础上，国民经济和社会发展规划、城市总体规划、土地利用规划和环境保护规划等分别编制实施规划、项目规划和年度计划，强化规划实施的质量标准、造价估算和融资途径，与之对应的发展和改革委员会、城乡规划局、国土资源局、环境保护局、交通局等政府部门，对区域发展总体规划中的空间开发实施各自的监督、控制和引导权，以期获得有效的协作和融合（表1）。

基于区域发展总体规划的政府部门空间开发控制和引导权　　表1

政府部门	空间开发控制和引导权	指标
经济和社会发展	发展目标	经济、社会和环境综合指标
	开发强度	投资规模和投资强度
	空间效率	功能板块划定，综合考虑项目性质，对土地需求不同的产业门类加以划分，制定不同的供地标准
国土资源	用地规划调整	非建设土地使用管制
	土地使用指标	非农用地析出
	土地利用效率考核指标体系	如地均基础设施投入（成本）、地均投资（投资强度和密度）、地均工业产值、地均GDP（土地产出效益）等，加大处理土地闲置的力度
城乡建设	建设用地蓝图	城市弹性增长边界、建设重点地块划定
	各类建设用地空间坐标	红线管制，规范实施建用地规划许可，根据规划建设用地的合理标准对用地规模、用地建设情况进行严格审查
	新区建设和旧城改造	容积率及其调控，明确规定用地容积率下限和绿地率上限
环境保护	生态红线（I、II类）	城市刚性增长边界、水源涵养区
	环境容量	水、空气和土壤质量
	环保产业	垃圾资源化、静脉产业及其园区
交通	交通运输体系	交通网、站场、交通工具
能源	能源供应体系	电力网、燃气和热力供应
……	……	……

三、基于"多规融合"的区域发展总体规划框架

区域发展总体规划编制技术框架如图1所示。不难看出，该区域发展总体规划框架是建立以规划编制背景、上级和本级政府确定的发展目标和策略、功能定位、发展规模、经济和社会发展条件，以及自然资源开发和保护为基础，以空间开发和规划为中心，实现满足生态和环境承载力的经济（产业）和人口（城乡）的既可持续又最大化的区域总体发展。首先，构筑"与自然和谐共生"平台。根据市县发展目标和策略、功能定位、发展规模以及自然资源，进行非建设用地划定与管制，划定水源涵养区、生态保护区、生态—生活—生产空间、禁止和限制建设区以及城市（镇）刚性增长边界，使未来空间开发、社会和经济发展均建立在"与自然和谐共生"的基础上。其次，搭建循环经济和产业发展平台。以规划编制背景、发展目标和策略、功能定位和发展规模、经济和社会发展条件以及自然资源基础，基于循环经济和绿色生态产业理念，进行市县经济功能区划，为空间发展中重点功能板块和发展区准备，同时构建基于各经济功能区的产业体系、产业集

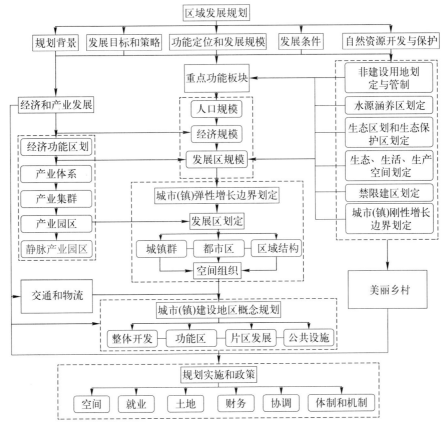

图1 基于"多规融合"的区域发展总体规划编制技术框架

群、产业园区以及以循环、再利用、再制造为特征的3R静脉产业园区，编制经济和产业发展规划。第三，在市县重点功能板块的基础上，根据人口和产业规模确定各重点功能板块的发展区规模，划定城市（镇）弹性增长边界和发展区，在城镇群、都市区和区域结构的基础上进行发展区空间组织，进而编制发展区建设地区概念规划，确定整体开发方案、功能区组织、片区发展和公共设施布局。第四，依据产业和发展区空间组织，进行市县区域交通和物流规划，为发展区概念规划提供对外交通、物流、信息基础设施条件。第五，在自然资源开发和保护的基础上，进行美丽乡村规划建设。最后，在空间、就业、土地、财务、跨区协调等方面保证规划实施，从而实现"一个政府、一本规划、一张蓝图"干到底的设想。

四、区域发展总体规划的编制方法和技术

区域发展总体规划的"多规融合"依靠下述方法和技术实现。

（一）规划组织

由于"多规融合"的区域发展总体规划，高于其他各项规划，因此，规划编制的组织至关重要，主要表现如下两方面。

1. "一本规划"编制工作领导小组。在市县区域发展总体规划编制时，一般成立党、政领导和部门首长为核心的工作领导小组，以发改、规划、国土、环保四部门为牵头单位，涉及交通、通信、电力、燃气、供热、水利、自来水、环卫、消防、教育、卫生、文化、体育、科技、宗教、民政等政府职能部门，开展"多规融合"区域发展总体规划编制工作。规划实施主体是市县政府。

2. "一张蓝图"工作平台。首先，规划区范围，以行政区为边界，以土地利用规划确定建设用地控制范围、基本农田保护范围，城市规划利用城市增长弹性边界进行功能调整；其次，通过整合城乡规划、土地利用规划、国民经济与社会发展规划，形成全市统一的"一张底图"空间规划，构建全市统一的空间信息联动管理和业务协同平台，实现经济社会发展目标、土地使用指标、用地空间坐标的"三标"衔接。

（二）规划编制

区域发展总体规划编制一般分 3 个阶段，按顺序排列如下。

1. 区域发展总体规划编制。首先是确定发展目标和发展策略，实现凝聚共识的一张"发展蓝图"并落实到空间，形成"一张图、三类空间、多个边界、一套技术规范和规划编制监督管理机制"规划成果。

2. 多部门多领域规划编制。统筹协调各部门需求，在区域发展"一张图"基础上，进行土地、空间、产业、人口、公共服务、基础设施、生态、农业布局等要素的全面对接与整合，形成多部门的多规划文本和图纸。

3. 多规与总规协调和融合。在规划编制过程中，对各部门多规文本和图纸涉及区域发展"一张图"核心内容的，进行共同研判并达成共识，并调整规划方案和实现多规协调。规划协调和方案调整遵循"绿色发展、职住平衡、功能复合、配套完善、布局合理"的规划理念。

（三）规划技术

1. 统一基础数据

区域发展总体规划和多部门多领域规划编制，需要大量的基础数据，而这些数据大部分又需要数据挖掘。这些不断变化的基础数据为规划编制带来的一定的困难，需要规定一个统一的数据获取时间，一般按人口普查、企业普查、土地普查时间为准进行协调。

对于基础空间数据，按照用途采取不同的比例尺地图（表2）。如用于审批规划、房产发证等业务，采用1：500～1：1000基础空间数据库，且需要时时更新；用于土地利用、交通管理、公共安全、宏观经济分析、城市总体规划等，采用1：5000的基础空间数据库，按规划内容更新即可，对实时性要求略低；用于地形图数据、数字高程数据等，采用1：5000或1：10000以上的小比例基础数据，其结构复杂，可按年度更新。规划数据库建构以后，将对国土、规划建设、生态环境、人口等各因素数据采集量、数据更新周期以及采集的数据结构进行有效的界定，通过动态的采集和使用，为规划编制单位服务。

对于人口数据，按"六普"现住地登记原则进行人口规模统计，市县（镇）人口是指已在统计区内常住人口和居住满一年以上的暂住人口，不再细分城镇人口、农村人口和流动人口。

基础空间数据应用分类　　　　　　　　　　表2

规划	城市－区域	分辨率（m）	比例尺
城市设计	住宅设计	10	1：100
	街道	100	1：500
	社区	1000	1：1000
城市规划	城市	10000	1：5000
区域规划	区域	100000	1：10000
空间研究	省或国家	1000000	1：50000

对于土地利用数据，国土部门编制土地利用规划时，是将土地利用变更调查的更新数据和土地详查资料作为参照，采用遥感像片并结合实地调查、核实和纠正获取数据，可信度较高。其他部门（包括城市总体规划）涉及土地数据时，统一采用该数据，在共同的基础地理信息平台上，各部门添加本专业领域的相关信息，实现用地基础资料信息的统一。

在图形数据管理上，城市规划所用的地形图数据为AutoCAD的dwg格式，而土地利用规划采用ArcGIS或MapInfo等地理信息系统建立的数据集和地籍图。地理信息系统对于资料查询和分析十分便捷，利用其数据库分析就可以辅助管理和决策，有助于提升管理和决策的效率、质量与水平。目前城市规划部门的地图测绘的地理信息应用技术和基础地理数据库已经成为城市信息化建设的"基础设施"，可以通过这一系统与土地利用图建立空间图形连接。

对于社会经济数据，以基准年的统计年鉴为准。其他专业部门数据，如水文、气象、环境、交通等，可以在"数字城市"或智慧城市搭建基础资料数据管理平台。

2. 统一规划期限

规划期限结合各规划分为 3 个层次的期限。第一层次，区域发展总体规划为长期规划，规划期限 20 年，如果时间太短会影响战略性；第二层次，国民经济和社会发展规划、城市总体规划、土地利用规划、环境保护规划，规划期均调整为 5 年期；第三层次，国民经济和社会发展实施计划、城市近期建设规划、土地供应计划以 1 年为限，结合土地利用总体规划，将国民经济和社会发展规划重大项目在城市规划进行年度落实。

3. 统一用地分类

城市总体规划中的用地分类采用住房城乡建设部 2012 修订版的《城市用地分类与规划建设用地标准》GB 50137—2011，土地利用规划采用 2007 年版《土地利用现状分类》。目前城市总体规划和土地利用规划中，有些相同类型的土地其代号有所不同，有些土地分类名称相同而含义互相包含、各有侧重或内涵不同，用地分类的明显差异造成了"两规"衔接上的巨大困难。

其一，城乡用地分类的衔接。现行《城市用地分类与规划建设用地标准》GB 50137—2011 确定的城乡规划用地分类标准和现有土地利用总体规划采用的分类方式是"两规"用地分类标准协调的框架基础。《中华人民共和国土地管理法》规定国家编制土地利用规划，规定土地用途，将土地分为农用地、建设用地和未利用地"三大类"用地。《城市用地分类与规划建设用地标准》GB 50137—2011 确定的城乡规划用地分类充分对接"三大类"用地，空间覆盖完整，与土地利用分类衔接清楚（图 2）。

其二，城乡建设用地类型的衔接。根据《城市用地分类与规划建设用地标准》GB 50137—2011 中城乡用地分类和《市（地）级土地利用总体规划数据库标准（征求意见稿）》，城乡建设用地分类衔接如表 3 所示。

（四）规划实施

1. 以土地供给为抓手

"多规融合"的区域发展总体规划实施，紧紧依靠土地年度供给计划实现，土地利用规划需要将城市规划、国民经济和社会发展规划融合后，配合环境保护、电力、交通、公共服务等专项规划，对重点发展区、城市建设用地、产业园区和重点建设项目等进行梳理，通过土地供给、土地需求分析和土地空间分配，对需求情况和空间分配进行协调。

2. 规划渐趋精细化实用化

在区域发展总体规划"一张蓝图"编制完成的基础上，国民经济和社会发展

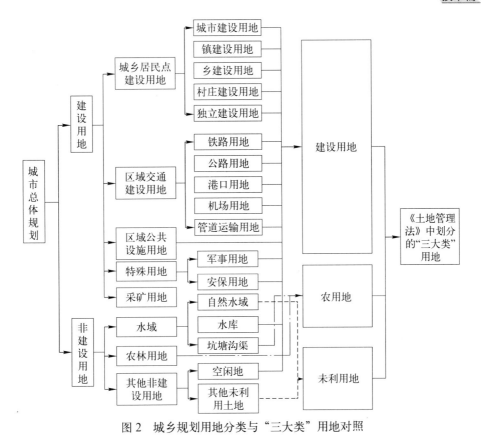

图 2　城乡规划用地分类与"三大类"用地对照

土地利用总体规划分类与城乡用地分类对照　　　　表 3

市（地）级土地利用总体规划数据库标准 （征求意见稿）			城市用地分类与规划建设用地标准 （GB 50137—2011）	
一级地类	二级地类	三级地类	地类代码	地类名称
农用地	耕地	水田	E2	农林用地（包括耕地、园地、林地、牧草地、设施农用地、田坎、农村道路等用地）
		水浇地		
		旱地		
	园地			
	林地			
	牧草地			
	其他农用地	设施农用地		
		农村道路		
		坑塘水面	E13	坑塘沟渠
		农田水利用地		
		田坎	E2	农林用地（田坎）

市（地）级土地利用总体规划数据库标准（征求意见稿）			城市用地分类与规划建设用地标准（GB 50137—2011）	
一级地类	二级地类	三级地类	地类代码	地类名称
建设用地	城乡建设用地	城市用地	R	居住用地
			A33	中小学用地
			A	公共管理与公共服务设施用地
			B	商业服务设施用地
			U	公共设施用地
			M	工业用地
			W	物流仓储用地
			S	道路与交通设施用地
			G	绿地与广场用地
			U	公共设施用地
			A	公共管理域公共服务设施用地
			B	商业服务设施用地
			W	物流仓储用地
			S	道路与交通设施用地
			H3	区域公共设施用地
			G	绿地与广场用地
		建制镇用地	H12	镇建设用地
		农村居民点用地	H13	乡建设用地
			H14	村庄建设用地
		采矿用地	H5	采矿用地
		其他独立建设用地	M	工业用地
			W	物流仓储用地
			U2	环境设施用地
	交通水利用地	铁路用地	S3	交通枢纽用地（铁路客货运站）
			H21	铁路用地
		公路用地	S3	交通枢纽用地（长途客货运站）
			H22	公路用地
		民用机场用地	H24	机场用地
		港口码头用地	S3	交通枢纽用地（港口客运码头）
			H23	港口用地
		管道运输用地	H25	管道运输用地
		水库水面用地	E12	水库
		水工建筑用地	U32	防洪用地
	其他建设用地	风景名胜设施用地	B14	旅馆用地
		特殊用地	A7	文物古迹用地
			H41	军事用地
			A8	外事用地
			H12	安保用地
			A6	社会福利用地
			A9	宗教用地
			H3	区域公共设施用地（殡葬设施）
		盐田	H5	采矿用地
其他土地	水域	河流水面	E11	自然水域
		湖泊水面		
		滩涂		
	自然保留地		E9	其他非建设用地

154

规划、城乡总体规划、土地利用规划等，逐渐从"全域规划"转向"发展区规划"，如新型功能区规划、发展单元规划、更新单元规划等，既可以体现规划对城市转型发展的应对，也大大减少规划种类、数量和层次，降低规划成本和协调难度。

3. 实行企业化政府运作方式

所谓企业型政府，是指由一群富有企业家精神的公职人员组成的政府部门，职员们运用各种创新策略，使政府运行效率更加有效。在区域发展总体规划编制的基础上，通过与具有企业精神的企业化政府结合，寻求一流且长远的发展目标和实现途径，运用长期投资、战略思维以及某种程度的计划，解决单靠市场无法解决的各类区域和城市问题。

五、结语

综上所述，不难看出，通过在原有国民经济和社会发展规划、城乡总体规划、土地利用规划等以上编制市县区域发展总体规划，既可以做到"多规融合"，又能够实现"一级政府、一本规划、一张蓝图"的设想，而且原有的规划编制方法仅需要小的调整，也避免了政府部门机构的事权之争引发各类矛盾。

（撰稿人：顾朝林，博士，清华大学建筑学院教授、博士生导师；彭翀，博士，华中科技大学建筑与城市规划学院副教授，硕士生导师）

注：摘自《城市规划》，2015（2）：16-22，参考文献见原文。

从"多规合一"到空间规划体系重构

导语：分析我国地方层面的"多规合一"的实践，认为目前的"多规合一"工作主要在于规划协调，但源于我国空间规划体系的问题未能解决，"多规合一"仍面临法律与机制的障碍，改革我国空间规划体系才能从根本上解决多规矛盾、实现治理体系与治理能力现代化；通过比较研究，分析借鉴日本、德国、新加坡等国家在空间规划体系构建、各级事权划分、法律法规体系、行政协调机制等方面的经验；结合具体实践，分析厦门"多规合一"的实践成效，介绍厦门以"空间战略规划"承接上位规划、统筹专项规划的空间规划体系模式，阐述厦门"空间战略规划"的编制内容、统筹协调方法与面临困惑；总结地方层面的创新探索，进而对我国空间规划体系改革提出重构空间规划体系、完善相关法规、整合配套机制等建议。

我国的空间规划体系经多年整合，形成以国民经济和社会发展规划（以下简称"经规"）、城乡规划（以下简称"城规"）、土地利用规划（以下简称"土规"）三规并重，其他规划互为补充的格局。实际工作中，各类规划目标不一致、内容矛盾、管控空间重叠，从国家到地方层面呈现"三国演义"、"多规混淆"的局面。随着我国经济社会的发展、新型城镇化的推进，按照中央城镇化工作会议的要求，"建立统一的空间规划体系"、"一张蓝图干到底"成为我国破解多规矛盾、推进国家治理体系和治理能力现代化的重要手段。近年来，诸多学者从空间规划体系、规划协调等角度进行了研究（王向东，刘卫东，2012；林坚，等，2011；朱江，等，2015；牛慧恩，2004；魏广君，等，2012），并提出一些对策。一些城市开展的"多规合一"实践也各具特色，但多数城市的工作重点主要在于规划协调，"多规合一"引发的空间体系改革尚处于探索阶段。通过分析地方层面"多规合一"的实践，反思我国空间规划体系存在的问题，借鉴国外空间规划体系经验，并总结地方层面的规划体系创新实践，将有助于我国空间规划体系的改革探索。

一、我国"多规合一"实践解析

（一）"多规合一"得到广泛关注的原因分析

我国的空间规划体系呈现一种"纵向到底、横向并列"的网络状。纵向来看，各类规划从国家、省、市级层面上下衔接，部门实行自上而下的垂直管理，上级部门对地方的规划审批与实施的干预较多。横向来看则多规并行，各类规划从广度和深度上不断拓展、相互渗透。在国家、省级层面，由于空间尺度大，各类规划的矛盾尚不明显，到了市级层面，面对同一个具体的空间进行规划实施，各类规划的矛盾集中爆发，出现规划内容打架、管控空间重叠、审批部门众多等问题。地方政府对如何落实各类上位规划无所适从，为协调众多的专项规划和部门诉求而费尽心机。

地方层面的空间规划冲突导致土地资源浪费、生态环境破坏、城市管理随意性大等问题。管控土地使用、上报上级部门审批的城市总体规划与土地利用总体规划，在基础数据、用地分类标准、城乡建设用地规模与布局存在较大差别，而经济社会发展规划又缺乏空间支撑，规划无法落地。"经规"的发展目标、"城规"的空间坐标与"土规"的规模指标"三标"不衔接，造成"有地没项目、有项目没地，有地有项目没规划"等现象，导致土地资源得不到有效利用。环境保护规划等专项规划与城市总体规划的规划目标存在偏差。造成这些问题的主要原因，表面上看是由于地方政府没有协调好各类规划，根源则是因为顶层设计——空间规划体系的构建不合理。各类空间规划依据的国家编制办法、法律法规互相矛盾；城市各管理部门职责交叉、审批程序繁琐，地方与国家、省级部门事权不清。城市管理"缺位"、"越位"，造成审批效率低下、治理能力不强。

为此，从国家到地方层面均希望通过"多规合一"工作，协调好各部门规划，形成有共识的"一张蓝图"，破解空间规划冲突；通过"多规合一"而引发的审批制度改革，提高审批效率，提升城市治理能力；通过"多规合一"的机制创新，理顺管理体制，厘清国家、省级部门的事权划分，推进简政放权。

（二）各地市的"多规合一"实践探索

近年来，一些城市开展了"多规合一"工作。2014年9月，国家发改委、国土部、住建部、环境部四部委联合发文开展28个试点城市的"多规合一"探索。已经开展"多规合一"工作的城市，大都以实现经济、社会、环境可持续发展为目标，以形成统筹城乡的一张规划蓝图为手段，建立城市统筹发展的方法和平台。从体系架构看，大概分三种类型：(1)"两规合一"，以"经规"为发展目标，以"城规"和"土规"合一作为空间规划的主体，并行引导城市发展。以上海、武汉、深圳为代表，通过规划与土地部门的机构合一，促成两规的同步编制相互协调，实现一张蓝图全覆盖、城乡统筹规划，化解空间规划编制内容混淆、多头管理、责权不清等问题。(2)"经规"、"城规"和"土规"的"三规协调"，通过明确三规的管控底线、制定三规协同平台和共同执行法则，协调三规的编制和管理矛盾。如广州的"三规合一"并不是编制一个规划，而是完成"一个规划协调工作"。是"隐于法定规划之后的协调手段和机制"（朱江，等，2015），其实质是在遵循国家空间规划体系现况语境下的规划协调。（3）编制一个综合规划，汇总整合经济社会发展规划、城市总体规划、土地利用总体规划、环境保护规划及各专项规划，形成引领城市发展的一个综合规划，并以其明确城市发展战略目标、统筹城乡空间、引导重大设施布局、保护生态环境。深圳坪山新区曾做出编制综合发展规划的探索，厦门市也正在进行从"多规合一"转向空间综合规划的编制创新。

（三）从"多规合一"到空间规划体系改革

各地市的"多规合一"实践，主要还是通过规划对接和部门协商，使得涉及空间的规划内容基本一致，形成一张蓝图，从而释放出因规划矛盾而沉淀的建设用地指标，并搭建信息平台以促进信息公开、提高审批效率。这些实践探索的本质，把"多规合一"视为一项技术协调工作，只能在短期内缓解规划之间的矛盾，但源于空间规划体系混乱而带来的深刻矛盾未能得到解决。

空间规划是经济、社会、文化、生态等政策的地理表达，应具有统一的目标和相应的规划体系（王向东，刘卫东，2012）。协调形成"多规合一"一张蓝图，仅是空间规划体系改革的第一步，"置身于国家治理体系现代化的宏大背景中"，寻找"实现相关部门利益协调与收敛的手段"（张京祥，2014），通过顶层设计构建系统合理的空间规划体系，才能从根本上解决多规矛盾，真正实现治理能力现代化。

二、国外空间规划体系借鉴

（一）国外空间规划体系特点

国外并未出现"多规合一"的说法，多数发达国家经历了从管制城市地区到管制区域土地的过程，最终建立了完整的空间规划体系。经过多年的完善，发达国家的空间规划不再是城市规划在地域空间的孤军奋战（吴志强，1999），也不是多部门编制规划、争夺空间管治权，而是形成一套从国家到地方层面，包含规划编制、配套法律、管理机构的完整的空间规划体系。发达国家的空间规划体系从结构角度可分成垂直型、网络型、自由型（蔡玉梅，高平，2013）。从类型角度可分为单一体系和并行体系（林坚，等，2011）。现选取日本、德国和新加坡三个典型案例，分析其空间规划体系特点，寻找经验借鉴。

（二）日本

1. 日本的空间规划体系特点

日本是中央集权国家，人口密集、自然资源有限。为了合理利用国土资源，科学保护生态环境，日本形成从上到下的国土规划、国土利用规划并行的空间规划体系（林坚，等，2011），国土规划和国土利用规划由同一部门编制，各有重点互相协调。国土规划是一项统筹利用土地资源、防范自然灾害、调整城乡差距、合理进行产业布局、实现地区间均衡发展的综合规划；主要内容包括国土形成的基本方针、目标措施和国土政策。国土利用规划则是制定国土资源利用的基本方针、用地数量、布局方向和实施举措的纲要性规划，主要内容包括国土利用构想、各类用地目标和地域概要、实施措施等（逯新红，2011）。国土规划自1962年以来先后编制了五次各具特色的"全国综合开发规划"，2005年改称国土形成规划，分成全国、广域地方两个层次同步编制。国土利用规划分成全国、地区、都道府县和市町村四个层次编制。国土规划的核心是明确发展政策和重大空间布局，国土利用规划是对土地类别和规模的管控，两者功能明确，形成对国土空间的开发与控制（图1）。

从国土规划到城市规划，是自上而下、由大到小的过程。根据国土规划划定的城市区域划定城市规划区，并在城市规划区内编制城市规划。城市规划包括土地使用规划、公共设施规划、城市开发计划等类型。土地使用规划分为地域划分、区划和街区规划三层次（唐子来，李京生，1999），地域划分主要内容是确定城市发展目标、实施策略，划分城市化促进地域和城市化控制地域，提出公共设施与基础设施的布局，以管控城市开发建设，促进城市整体有序发展。公共设施规划、城市开发计划是对具体项目的布局和计划安排，以落实项目、引导投资，完善城市配套、改善城市环境（王郁，2008）（图2）。

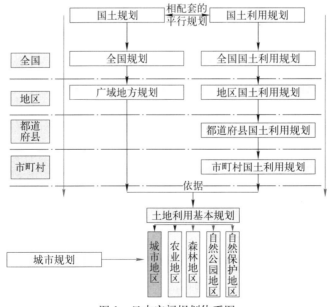

图1　日本空间规划体系图

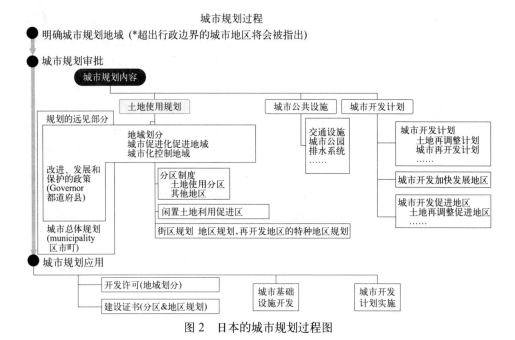

图 2 日本的城市规划过程图

都道府县和市町村负责编制的规划：（1）与中央共同编制国土规划，明确地区发展方向和目标，制定开发政策和重要设施布局；（2）根据全国土地利用规划，编制本地区的土地利用基本规划，划定农业区域、森林区域、城市区域、自然公园和自然保护区五类地域，并阐述土地利用开发计划、综合土地调整等要求；（3）在城市区域划定城市规划区，并编制城市规划。

中央和地方的事权清晰，分工明确。中央对地方的干预：（1）通过国土规划实现从中央到地方的宏观调控、资源合理配置和规划引导；（2）通过立法规定部门职能，明确各级事权；明确国土开发中的财政和金融支持，中央和地方的财权和投入比例；（3）通过对开发项目的财政补助、特定开发项目预算管理、参与大型设施建设和开发活动推动项目落实（王郁，2008）。

同时，日本确立了与空间规划体系相配套的法规体系。国土规划遵从《国土综合开发法》（2005 年后改为《国土形成规划法》），国土利用规划遵从《国土利用规划法》，农业区域、森林区域、城市区域、自然公园和自然保护区均有其配套法规，《城市规划法》仅适用于城市区域（潘安等，2015）（图 3）。

2. 经验借鉴

日本的空间规划体系看似繁杂，但其编制内容、管理职责和法律框架十分清晰：（1）日本的国土规划与城市规划的功能作用十分明确。国家层面以国土规划为指导，地方的城市建设以城市规划为主导。国土规划是融合经济、公共投资、

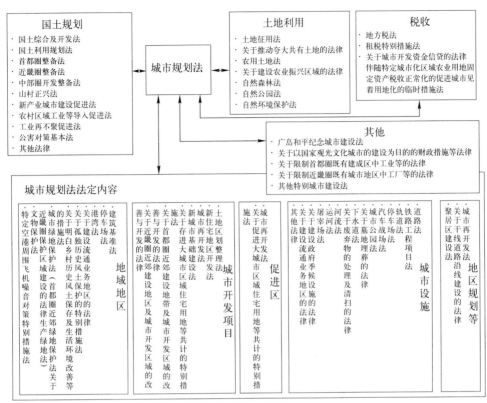

图3　日本的城市规划法相关法规体系

土地使用和政策措施的宏观规划，形成对国土空间的开发与控制。地方层面通过国土规划来进行全域的资源保护与土地使用管理，以城市规划来引导和管理城市区域的建设发展，实现城市规划与国土规划的对接。（2）中央和地方的事权界定清晰。中央对地方的规划干预和管控，通过国土规划、财政投资、立法保障来实现（王郁，2008）。（3）完备的法律体系成为空间规划体系的有力支撑。各层级、各类别详尽的规划法规，明确各类规划内容和部门职责，各级政府遵照法规而不是行政命令来管理土地使用与城市开发建设。

　　我国空间规划体系也是多规并存，并大量借鉴了日本的经验。但在发展过程中，各类规划界限逐渐模糊，争当综合规划（魏广君等，2012），城市规划上升为城乡规划，以进行全域土地管控，土地规划通过城乡建设用地规模指标与范围管控，来约束城乡规划，主体功能区划也通过划分空间、制定政策，来管控土地使用与空间发展。考虑我国现有的行政体系与发展阶段，日本多规并存下的规划各司其职、管理事权清晰、法规完备，应该成为我国改革空间规划体系的主要借鉴。

（三）德国

1. 德国的空间规划体系特点

德国的空间规划体系为垂直型、单一型，分成联邦、州（地区）和地方三个层次，各层次的规划以综合规划为统领。联邦、州（地区）层面的综合规划为优于市镇建设、不同于专项规划的概括性规划，目的是保障各空间功能分区和区域的综合发展、整顿和安全（周颖，等，2006）。地方（市镇）规划是对单个城市、乡镇的空间发展和土地利用进行控制的规划，包括土地使用规划、建设规划图则两部分。土地使用规划根据城市发展的战略目标和各种土地需求，通过调研预测，确定土地利用类型、规模以及市政公共设施的规划（吴志强，1999）。地方（市镇）规划以土地使用规划落实联邦、州（地区）层面等上位规划，实现了从空间政策到土地利用规划的过渡（图4）。

德国三个层次的综合规划目标明确、内容完整，上位规划对下位规划起战略指导作用。同一层次的综合规划和专项规划遵循目标相容，并遵循"对流原则"、"辅助原则"。综合规划从整体出发制定战略，并吸取交通、农业、环境、生态等各类别专项规划的重要内容，遵循专项规划的法规约束。综合规划的编制是一个使各方利益达成一致的工作协调过程（周颖等，2006）。

德国联邦、州和地方三个层次的综合规划均有空间秩序法、州（地区）空间规划法、联邦建设法典等相对应的法律为依托。

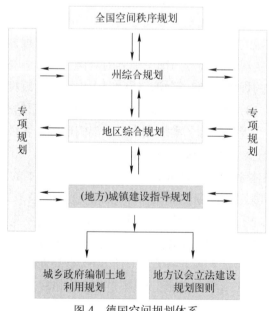

图 4　德国空间规划体系

2. 经验借鉴

德国的空间规划体系是综合空间规划为主导，并以此统筹协调各专项规划。联邦、州等大尺度的综合空间规划以战略为主，确定发展目标和政策框架，地方层面则落实战略目标、确定空间布局。我国国土面积是德国的27倍，在现有行政体系下，国家、省级层面采取一本综合规划来统领天下可能较难实现，但在地方层面可从"多规协调"逐步向"一本综合规划"过渡。

（四）新加坡

1. 新加坡城市规划体系特点

新加坡是一个城市国家，不存在国家到地方的规划管控，其规划编制体系分为概念规划和总体规划两个层次。概念规划是战略性综合规划，制定发展原则和长远目标，确定全局性的功能分区、中心等级、道路交通系统、环境绿化、重大基础设施布局等内容。总体规划确定土地使用用途、开发强度、基础设施和其他公共建设的预留用地。此外，新加坡将全岛分成5个规划区域55个规划分区，以土地使用和交通规划为核心分别编制开发指导规划，并将开发指导规划的成果纳入总体规划。两个层次的规划职能明确，概念规划解决宏观发展问题，超前引导各主要功能区和重大基础设施的布局，并作为总体规划的依据。总体规划则汇总协调各类型专项规划、各分区开发控制规划，作为开发控制的法定依据（图5）。

新加坡由国家发展部及其下属机构市区重建局全权负责规划编制与管理，管制所有的土地开发。国家发展部主管城市空间发展规划，包括制定规划法的实施条例和细则、审批总体规划、受理规划上诉等，而其他部门不具有规划职能。市

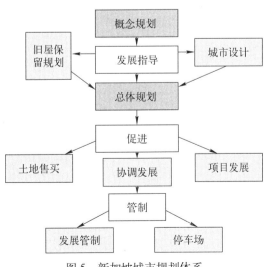

图5 新加坡城市规划体系

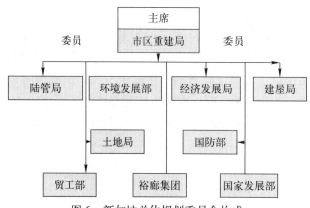

图 6　新加坡总体规划委员会构成

区重建局负责发展规划、开发控制、旧区改造和历史古迹保护、土地标售等。律政部下设的土地局负责土地权属和产权登记，不参与规划制定和开发经营。由规划委员会统筹协调各方利益，对应于规划编制层次，成立概念规划工作委员会、总体规划委员会、开发控制委员会，统筹未来发展、采纳各部门的专业计划、落实部门用地需求、协调相互矛盾（图 6）。

2. 经验借鉴

新加坡的规划编制与管理值得我国地方政府借鉴的方面：一是以城市规划主导，保证规划的一元性。新加坡的城市规划覆盖城市土地利用和空间形态的所有内容，通过概念规划、总体规划两级规划来协调、落实各专业部门的用地需求和建设安排；二是部门职权清晰，由一个部门负责规划编制与管理，不存在职权交叉；三是建立协调机制，通过规划委员会建立专业部门和规划部门的协调机制，通过协商取得共识，以便统一决策和高效执行。

（五）小结

纵观发达国家的空间规划体系，无论是以德国为代表的单一体系还是以日本为代表的并行体系，都具备三个特点：（1）各类规划的功能作用清晰，各层次内容明确。国家、区域层面的规划以战略为主，地方层面的规划落实上位规划，并进行空间布局。（2）都有事权明晰的管理体系，一级政府一级事权，同一层级的各部门事权清晰，并有完善的规划协调机制。（3）都有完备的法律法规体系为支撑（潘安，等，2015）。地方层面的规划都是战略与空间的结合，以城市规划为主，将土地使用作为一个整体来对待。发达国家并不存在所谓"多规合一"，借鉴其空间规划体系的经验，改革我国的空间规划体系，才能彻底破解我国多规矛盾，真正统筹城乡空间、协调各方利益，推进治理能力的现代化。

三、从"多规合一"到空间规划体系构建的厦门实践

（一）厦门市"多规合一"实践与成效

厦门市作为国家四部委的"多规合一"试点城市，已率先完成"多规合一"的工作。厦门市并未将"多规合一"视作"一个规划"、"一项协调工作"，而将其定位为"治理体系和治理能力现代化的实践和创新，空间规划体系与规划管理制度的深层次变革"，并致力于"利用信息化手段，建立统一的空间规划体系，实现城乡统筹发展的方法和平台"（厦门市城市规划设计研究院，厦门市空间规划体系研究，2015）。厦门"多规合一"工作成果包括"四个一"，即"一张图、一个平台、一张表、一套机制"：（1）"一张图"是以"美丽厦门发展战略规划"确定城市目标定位、发展战略、空间格局、行动策略，奠定"多规合一"的基础，通过协调多规矛盾，汇总整合形成"一张图"，并划定生态控制线、城市增长边界等控制底线。（2）"一个平台"是构建统一的空间规划信息管理协同平台，实现信息共享共用、各部门业务的协同办理。（3）"一张表"是统一的建设项目协同审批表，推行"一张表"受理审批、一个窗口统一收件、各审批部门协同审批。（4）"一套机制"是建立"多规合一"的法律保障机制，完善建设项目生成机制和配套法规政策。

厦门市的"多规合一"工作以问题为导向，以"一张图"破解规划矛盾，以"一个平台"破解空间规划信息紊乱，以"一张表"破解审批效率低下，以"一套机制"破解规划的随意性。厦门市通过"多规合一"摸清资源环境和空间条件的家底，明确生态控制与城市开发边界，保障重点项目和民生项目的落地，提高管理实效。但"多规合一"在实际应用中，仍然面临法规和制度的障碍。厦门市费尽一年时间协调形成的"多规合一"一张图并无法定地位，如何发挥其对各法定规划的约束和指导性作用？厦门市依托"多规合一"协同平台进行项目审批流程再造，变各部门"串联审批"为部门协同"并联审批"，又与目前的法律法规要求的法定程序存在冲突。为继续探求解决新问题与真问题，厦门市由"多规合一"逐步转向空间规划体系创新的探索。

（二）构建厦门空间规划体系的设想

厦门空间规划体系的设想是在城市层面编制一个综合规划，以"空间战略规划"向上承接国家、省域层面的上位规划，向下统筹市级各部门专项规划，形成"一本规划、一口进出"的空间规划体系构建模式（图7）。

厦门市的空间战略规划是"美丽厦门发展战略规划"、"多规合一"一张图、

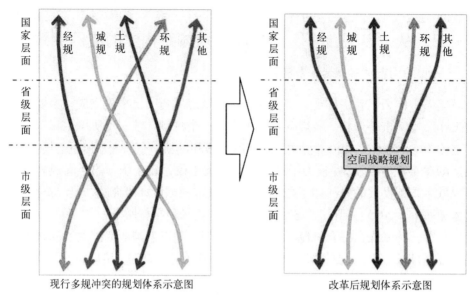

现行多规冲突的规划体系示意图　　　　　　改革后规划体系示意图

图 7　厦门市空间规划体系示意图

城市总体规划、土地利用总体规划的核心内容的统筹集成。空间战略规划内容包括明确城市发展战略、目标定位、发展规模，确定城市空间布局与空间容量、划定生态控制线、城市增长边界线、提出生态控制线范围内的控制要素与政策要求、明确城市增长边界线的重大公共设施、重大基础设施布局等。

厦门市的空间规划体系架构是在不冲击各部门规划架构下的统筹协调。为处理好空间战略规划与城市总体规划、土地利用总体规划以及各部门专项规划的衔接关系，厦门市正着手编制《专项规划编制指引》，对各类规划编制提出如下要求：(1) 各部门专项规划应统一规划编制期限、统一基础数据处理；(2) 各部门专项规划应遵守空间战略规划确定的城市布局安排、遵守控制线的管控要求；(3) 各部门专项规划需提出对城市空间布局有重大影响的项目的规模布局，按照空间战略规划要求确定控制要素；(4) 涉及与其他部门空间管控交叉的内容，需在空间战略规划的指导下进行协调（图 8）。

厦门市初步设定了与空间规划体系配套的规划编制与审批机制。空间战略规划由市政府组织编制。厦门市对各部门专项规划的编制组织、审批机构、审批程序也作出要求：规范各部门专项规划的编制主体，由规划管理部门统筹、各部门按照《专项规划编制指引》的要求负责编制各类专项规划；完善协调机构，依托"多规合一办公室"进行空间战略规划与部门专项规划、各部门专项规划之间的规划协调；明确报审程序，各部门专项规划由"多规合一办公室"统筹协调，经城市规划委员会审议（批）通过后按程序报送上级部门审批。

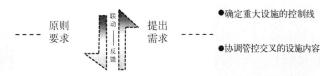

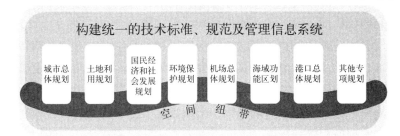

图8　厦门市空间战略规划与各部门专项规划关系示意图

厦门市正在着手进行配套法规的研究，希望通过地方立法，建立统一的空间规划体系、配套机制和法规保障。

（三）厦门实践的困惑

厦门市空间规划体系的构想是在不改变我国空间规划体系的语境下，结合厦门"多规合一"实践，以"空间战略规划"作为"转化器"来承上启下，以在地方层面"束腰"的形式来破解我国空间规划体系"纵向到底、横向并行"在地方层面造成的众多矛盾，并希望利用特区立法权，立法明确"空间战略规划"的法定地位，规范各部门规划编制和审批制度。这种"避开上面矛盾往下走"以解决厦门本身的具体问题，以体制创新化解规划矛盾、界定城市各部门的权益与责任边界，其先行先试的探索值得研究。但不可忽略的是，厦门之所以能迅速完成"多规合一"工作并转向空间规划体系的创新，与市领导高度重视、城市规模小、行政架构简单、信息基础好、规划长期高度集权等因素密切相关，厦门模式能否在其他地市复制推广尚待研究。但若国家、省级层面的体系架构不变，多规矛盾依然存在，则以城市一己之力，难以处理众多的问题，没有国家层面的法规支撑，空间规划体系的创新仍存在障碍，国家治理能力的现代化亦无从谈起。显然，总结试点城市经验，推动我国空间规划体系的改革，才能从根本上解决问题。

四、我国空间规划体系改革建议

（一）重构空间规划体系

我国空间规划体系的改革，可"从下试点、自上推进"。首先可在条件成熟的城市试点编制"空间综合规划"，允许其在"空间综合规划"的指导下，修改城市总体规划、土地利用总体规划的相关内容，统一各专项规划标准，并报上级相关部委认可。其次，应尽快梳理相关研究成果，重构空间规划体系，形成层次清晰、内容明确的国土、区域、城市规划（牛慧恩，2004）（图9）。

鉴于现行的行政体制，可以经济社会发展规划和空间综合规划两者并重成为国家、省域层面的法定规划。经济社会发展规划主要注重经济社会发展战略、重大产业布局引导、资源环境保护等内容，空间综合规划融合城乡规划和土地利用规划对发展目标定位、空间布局结构、土地指标、空间管制的核心内容，以重要城镇布局和土地使用管控为主。

地方层面则以空间综合规划为主导，细化落实国家、区域的发展战略和空间管控要求，协调各专项规划和部门发展诉求。地方层面的空间综合规划内容可包括发展战略、目标定位、发展规模、空间布局、空间管制等内容，划定生态控制线、城市增长边界线，并作为空间综合规划的主要控制要素，实现空间综合规划对环境资源的保护和土地使用的管控。空间综合规划统筹引领各部门专项规划，其编制过程必须与各部门专项规划相协调，并吸取各部门专项规划的重要内容。空间

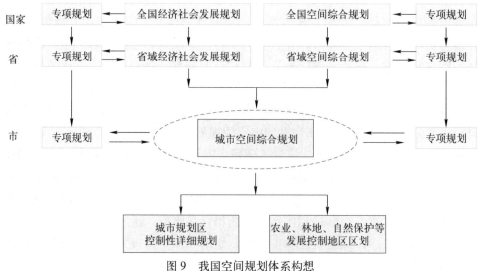

图 9　我国空间规划体系构想

综合规划的下一个层次，可结合城市增长边界划定城市规划区，在其范围内分区分片编制控制性详细规划。在生态控制线范围内，根据需要编制农田、林地等保护与控制规划。

（二）完善相关法规

空间规划体系的改革离不开法律法规的保障，可根据空间规划体系的架构设计，制定《空间规划法》，修改《城乡规划法》、《土地管理法》等相关法规，规范空间综合规划的编制主体、审批程序，明确相应的管理职责和各级事权，规范各部门专项规划的编制与审批要求。

（三）整合配套机制

进行行政机构改革，明确国家、省、市各级政府的事权，厘清国家各部委对土地的管控职责，并适当整合行政机构。国家、省级层面由同一个部门来组织编制空间综合规划、管控土地资源与空间布局。国家对地方的土地使用和城市发展的管控干预，主要通过法规制定、投资引导和规划监督来完成，改变以行政管理审批为主的局面，真正简政放权，以地方政府为主管理具体的土地开发建设。

五、结语

我国空间规划体系改革还有很长的路要走，地方层面的"多规合一"探索已经提供了鲜活的案例和丰富的实践，通过分析总结试点城市实践，借鉴国外空间规划体系经验，寻找我国空间规划体系的改革之道，建立有效的规划、有限的管理、规范的秩序，才能提升城市治理的民主化、法制化，实现国家治理体系的现代化。

（撰稿人：谢英挺，厦门市城市规划设计研究院副院长，教授级高级规划师；王伟，厦门市规划委员会副主任，规划师）

注：摘自《城市规划学刊》，2015（3）：15-21，参考文献见原文。

"多规合一"：探索空间规划的
秩序和调控合力

导语：我国空间规划体系存在重纵向控制、轻横向衔接的问题，导致同一空间不同规划"打架"现象严重，给城市空间管理带来诸多问题。国民经济和社会发展规划、城乡规划、土地利用总体规划是我国空间规划体系中最为重要的三种规划，这三种规划之间的矛盾是我国空间规划体系问题的集中体现。"三规合一"工作的重点是解决这三种规划之间的差异和矛盾，破解我国空间规划体系的难题。现阶段，受法律、管理体制的影响，"三规合一"工作是地方政府主导下的基于城乡空间的规划协调工作。随着"三规合一"工作的深入开展，在我国政治经济体制不断深化改革的大背景下，"三规合一"及在此基础上扩展的"多规合一"将融入我国空间规划秩序的构建和探索之中，发挥重要作用。

一、引言

2015 年 12 月 20 日至 21 日，时隔 37 年中央城市工作会议再次召开，会议推进"多规合一"和空间规划改革工作的重要性提到了新高度。空间规划是经济、社会、文化、生态等政策的地理表达❶，是政府管理空间资源、保护生态环境、合理利用土地、改善民生质量、平衡地区发展的重要手段。目前，我国正处于政治经济体制改革的转型期，现有的空间规划体系存在体系庞杂、职能划分不清、协调沟通不畅等问题。空间规划之间的越位、缺位、错位现象已经严重影响了规划职能的发挥，降低了空间管理效率，制约了城市可持续发展。我国空间规划体系亟待结构性转型和系统性重构。

空间规划体系的构建首先需要探讨各种空间规划的职责范围，也就是从解决规划"打架"问题入手，通过规划"合一"工作使各类空间规划的目标和要求在同一空间上实现统一，进而探讨"一个空间一个规划"的可行性和建立统一的空间规划体系的实现途径。规划"合一"工作是建立统一空间规划体系的基础。近些年，上海、深圳、武汉、广州、厦门等城市，基于地方实际需要，"自下而上"

---

❶ 王向东，刘卫东．中国空间规划体系：现状、问题与重构[J]．经济地理．2012，32（5）：7–15，29

自发开展了多种空间规划"合一"的探索，在体制创新、理念倡导、技术整合、城市治理等方面积累了丰富的经验。但是由于缺乏顶层设计推动和制度保障，地方试点常常面临与上层法律和政策冲突等问题。分析我国现有空间规划体系存在问题，总结提炼目前城市空间规划之间的衔接和协调工作的具体做法，研究其中存在问题，探索空间规划的秩序和调控合力，对建立统一的空间规划体系、提升我国城市治理水平具有重要的意义。

二、我国空间规划体系的现状与问题

（一）空间规划体系的现状

我国的规划体系从无到有逐步形成，经历了较长时间的调整和完善过程。长期以来，基于不同法律规定和政策要求，我国逐步制定并形成了众多不同类型、不同层级的空间规划。据不完全统计，我国经法律授权编制的规划至少有83种❶。这些规划分属于不同的行政部门，可以说一个部门一种规划、一级政府一级规划，横向与纵向的交织，构成了我国复杂的空间规划体系（图1）。

在这众多规划中，我国的空间规划可分为城乡规划、经济社会发展规划、国土资源规划、生态环境规划等诸多系列。其中，国民经济和社会发展规划、城乡规划、土地利用总体规划是目前我国城市在经济社会发展、资源有效配置及保护等方面起主导作用的几种主要规划类型。

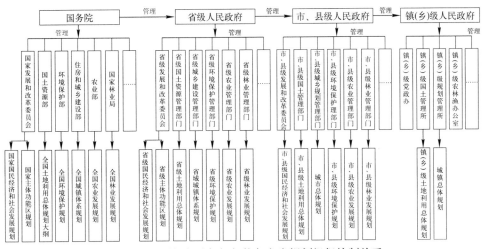

图1 我国现行行政部门架构与各类规划组织编制关系

---

❶ 蔡云楠. 新时期城市四种主要规划协调统筹的思考与探索 [J]. 规划师.2009，25（1）：22-25

（二）空间规划体系的问题

我国空间规划体系可以描述成一个由纵向规划类型和横向规划层级交织而成的网。原则上，这种纵横交错的网络状结构可以实现城乡空间的无缝化全方位管理。但是实际上，由于这个体系是一个由多个自上而下的纵向规划类型逐渐拼贴的网，其主导形态是纵向控制，而同一空间上的横向衔接和联系往往不足，造成了在同一横向维度上不同规划管控逻辑的矛盾，而这种矛盾恰恰是造成目前我国城市空间管理问题的根源。因此，剖析我国空间规划体系的问题，也应该从理清空间规划之间的纵横关系方面入手。

1. 规划类型过多，各规划类型间编制要求、技术标准缺乏有效协调

因政府管理的需要，各个部门均有某一领域的专业或专项规划，其中涉及空间的规划主要有：主体功能区划、城乡规划、土地利用总体规划、区域规划、环境保护规划、流域综合规划、海洋功能区划、交通规划、林业规划等。空间规划类型过多，体系庞杂，诸多规划之间存在基础数据无法共享共用、规划编制时期和规划期限不一、技术标准和编制要求不同等问题，造成各类规划之间难以衔接和协调。

2. 规划职能划分不清，造成规划层级之间的越位、错位、缺位

我国空间规划的编制绝大多数采取的是"自上而下"的层级管理模式，上级为纲，是下级规划编制的依据；下级为目，是对上级规划目标的分解和具体落实。但是，一些规划仍然沿用计划经济体制下的管控思维，以行政计划作为主导空间资源配置的主要方式，在规划目标设定上"贪多求全"，追求全方位和全覆盖，在规划要求上将宏观规划内容微观化和具体化，在规划管控方式上片面追求"指标化"，忽视空间自身规律，等等。以上诸多问题，往往导致空间规划在层级关系上上下脱节，脱离实际，甚至相互冲突。另外，在生态环境保护和必要公共基础设施配置等政府应当发挥作用的领域，规划在部分层级上还存在"缺位"问题。总体来说，我国空间规划的层级间关系上下衔接不尽合理，造成规划错位、越位、缺位问题。

3. 同一空间各类规划缺乏共识，造成规划管控要求打架

按照事权划分，一级政府、一级事权、一级规划。在同一空间层次下的各类规划一般是同一级政府主导编制。林坚❶提出，中国空间规划面临成为"责任规划"还是"权益规划"的定位选择，所划定的边界也有"责任边界"和"权益边界"之分。因此，即使在同一空间下，规划管理也存在上级与下级政府、不同部

---

❶ 林坚，许超诣. 土地发展权、空间管制与规划协同[J]. 城市规划. 2014,38（1）：26-34

门之间、其他利益相关者之间的博弈过程。各方都期望通过规划确立自身的"权益边界"，以谋求政策权力上的话语权。在缺乏健全完善的利益协调机制的情况下，利益平衡和规划共识难以形成，必然导致规划之间的管控要求打架的情况。

4. 空间管理体制不顺，规划协调不畅

空间规划秩序紊乱的根源在于空间规划管理体制的不顺。首先表现为各类空间规划的法律关系尚未真正明确，各级各类规划之间以及规划编制过程中的各个环节、各方面关系难以有效理顺。其次，缺乏统一有效的规划管理机构，规划管理权限过于分散，权责边界不清晰，产生分权和争利的"内耗"，影响了城市整体发展目标的实现。另外，空间规划的"多头管理"，导致在实际管理中执法主体模糊不清，很难适应市场经济管理的需要。规划协调机制的缺失，使各类规划间的协调缺乏有效途径和必要的制度保障，城市空间政策丧失了整体性、统一性。

总之，当前我国空间规划体系的一系列问题给城市空间管理带来了诸多困惑。众多具有法律依据的规划，在同一空间上提出了不同的管控要求，使规划管理者无所适从，降低了行政管理效率，增加了行政成本，不利于资源的合理利用和生态环境的保护，影响了规划的公信力。由于国民经济和社会发展规划、城乡规划、土地利用总体规划是我国城市中最为主要的三种规划，这三种规划之间的矛盾和差异集中体现了我国空间规划体系中的主要问题，而由这些差异和矛盾给城市空间管理带来的问题，也是最为突出的。因此，各城市在讨论和研究城市空间规划体系问题的时候，往往从国民经济和社会发展规划、城乡规划、土地利用总体规划这三类最主要、基础性的法定规划入手，从如何进行"三规合一"的角度，寻求突破城市空间管理瓶颈的方法。

三、"多规合一"的发展历程与类型

（一）"多规合一"的发展历程

"多规合一"并非新生事物，见诸于各个规划编制的要求中。如《中华人民共和国土地法》第十七条和第二十二条规定："土地利用总体规划编制应当依据国民经济和社会发展规划、国土整治和资源环境保护的要求等；城市总体规划、村庄和集镇规划，应当与土地利用总体规划相衔接"，《中华人民共和国城乡规划法》第一章第五条提出："城市总体规划、镇总体规划以及乡规划和村庄规划的编制，应当依据国民经济和社会发展规划，并与土地利用总体规划相衔接"。一直以来，国民经济和社会发展规划是全国或者某一地区经济、社会发展的总体纲要，其主导地位已基本形成共识。空间规划从早期由城市规划独揽空间发展的决策方向，到城市规划与土地利用总体规划的"两规"并行，如今已逐渐向主体功能区规划—土地利用总体规划—城乡规划—环境保护规划等"多规"共同参与的协同管治转变❶。自 20 世纪 80 年代土地利用总体规划体制确立、三个规划并行成为城市治理的政策工具以来，加强各个规划之间的衔接和协调，探索规划融合的理论方法、操作途径已成为规划编制及实施过程中不可回避的问题。尤其是 2000 年以来，我国大部分城市相继进入了快速城市化发展阶段，传统的规划各自分立、难以协调统一的问题给城市政府带来了较大的困扰。围绕着规划转型、城市治理和行政改革等问题，北京、上海、广州、武汉、深圳、重庆、厦门、云浮、河源等城市开展了"两规合一"或"三规合一"等相关规划融合工作。总体来说，我国空间规划的融合大致经历了三个阶段。

1. 早期探索期

早在 1996 年，深圳市在城市总体规划中实现了全域覆盖，在管理体制上实现了市规划与国土部门合一，但即使如此，对特区外农村集体用地的管理仍然遭遇很多阻力和困难❷。2003 年，广西钦州首先提出了"三规合一"的规划编制理念，即把国民经济和社会发展规划、土地利用总体规划和城市总体规划的编制协调、融合起来。国家发改委也曾于 2004 年在江苏苏州市、福建安溪县、广西钦州市、四川宜宾市、浙江宁波市和辽宁庄河市等 6 个地市县试点"三规合一"工作❸。由于缺乏顶层设计和体制保障，完全寄希望于地方政府以及单个部门的摸索，在无有效的理论方法和技术应对手段之下，改革难以推进，原计划试点后在全国推广的想法也无疾而终。

尽管早期各地在规划编制过程中开展了规划融合探索，但由于缺乏顶层设计，仅仅依靠单个部门的推动，很难调动其他部门的积极性。并且在当时的快速城市化发展阶段，规划管理处于相对松散和不规范状态，部门规划之间的冲突不太明显，地方政府改革的意愿也不太强烈，所以很难取得实质性效果。此外，由于各项规划都是动态变化的，这种"自发"的融合长效性较差，特别是土地利用总体规划和城市规划在编审和管理体制方面的差异性以及我国土地资源紧张的问题导致"多规冲突"问题愈演愈烈。

2. 试点推动期

2008 年，伴随着国家大部制改革，上海、武汉相继对国土部门和规划部门进行机构合并，并开展了对"两规"或者"三规"整合工作的有益探索。2010 年，

---

❶ 魏广君. 空间规划协调的理论框架与实践探索 [D]. 大连：大连理工大学，2012：27-28

❷ 邹兵. 实施城乡一体化管理面临的挑战及对策——论《城乡规划法》出台可能面对的若干问题 [J]. 城市规划 .2003（8）：64-67，85

❸ 发改委酝酿市县规划改革"三规融合"重大突破. 条例年底将出台 [N].21 世纪经济报道，2004-08-08

重庆市也在全国统筹城乡综合配套改革试验区先行先试的政策中，将产业发展规划、城乡总体规划、土地利用总体规划、生态环境保护规划进行叠合，整合形成经济和社会发展总体规划，称之为"四规叠合"。2012年广州市基于"两规"矛盾造成土地资源浪费、行政审批效率低下的客观现实，率先在全国特大城市中，在不打破部门行政架构的背景下，开展了"三规合一"的探索工作，摸索出了一条相对成功的合一路径。这一轮实践和之前的实践具有显著的不同，组织性更强，是由城市政府全面推动而非部门局部推动，重视"多规合一"工作与城市管理的具体衔接，重视动态维护机制建设以期发挥长效作用，信息技术的大量使用也成为这一轮多规合一的重要特征。

这一时期规划融合的探索，以广州市、厦门市为代表，主要集中在一些较为发达的特大城市和地区。其原因是经历高速城镇化以后，我国部分城市产生了进一步加强发展的内在需求与动力，也积累了资源和环境的外在压力，同时面临政府职能转变的社会需求。地方政府一方面希望通过不断的改革，解决自身在城市发展和规划管理过程中面临的突出问题；另一方面，也希望通过自身的突破和尝试，向国家相关部委争取更多政策空间和"先行先试"的权限，获得更多的"政策红利"。这一阶段的规划融合探索，实质上是由地方政府"自下而上"向国家部委争取空间管理政策和权限的过程。由于在机制和配套政策改进方面面临一些法律和制度上的障碍，无法得到相关部委的正面呼应，这种自发的规划融合探索取得的效果存在着一定的局限性。

3. 政策支持期

2013年年底中央城镇化工作会议提出了建立空间规划体系、推进规划体制改革的任务❶，同时《国家新型城镇化规划（2014—2020年）》也提出在县市层面探索经济社会发展、城乡、土地利用规划的"三规合一"或"多规合一"的要求❷。2014年，国家发展和改革委员会、国土资源部、环境保护部、住房城乡建设部等四部委联合发文，确定了全国28个市县作为"多规合一"试点市县。从部委下达的试点要求上看，寄希望于在市县层面探索推动经济社会发展规划、城乡规划、土地利用总体规划、生态环境保护规划"多规合一"，形成一个县一本

---

❶ 2013年12月12日至13日，中央城镇化工作会议在北京举行。会议提出了推进城镇化的主要任务。就加强对城镇化的管理，会议提出：建立空间规划体系，推进规划体制改革，加快规划立法工作。城市规划要由扩张性规划逐步转向限定城市边界、优化空间结构的规划。城市规划要保持连续性，不能政府一换届、规划就换届。编制空间规划和城市规划要多听取群众意见、尊重专家意见，形成后要通过立法形式确定下来，使之具有法律权威性。

❷ 2014年3月16日，中共中央、国务院印发了《国家新型城镇化规划（2014-2020年)》，在第17章第2节"完善规划程序"中提出，加强城市规划与经济社会发展、主体功能区建设、国土资源利用、生态环境保护、基础设施建设等规划的相互衔接。

规划、一张蓝图的经验，为国家空间规划体制改革凝聚共识。

由于县是我国行政单元中功能完整但相对较小的地域，便于打破部门管理的弊端实行统筹规划 ❶，因此当前由党中央、国务院决策，多部委共同部署，自上而下地推动的地方试点，全部集中在市县层面。虽然在探索的过程中，各个试点城市的政策出发点和规划融合的途径会各有不同，但市县政府可以在中央"授权式改革"的大背景下，在规划体制、行政机制以及资源环境管理等领域开拓出广阔的探索和试错空间。国家政策支持下的地方规划融合试点，将为我国空间规划体系的顶层设计和制度性改革积累更多的经验，对构建适应我国国情的多层次的空间规划管理体制具有重大的推动作用。

（二）"多规合一"的主要类型

从已开展规划融合工作的城市的经验看，目前已基本形成了三种主要的规划融合模式：概念衔接型、技术融合型和体制创新型。

1. 概念衔接型

这种类型主要出现在某种单个规划编制过程中。通过部门合作和公众参与等形式，利用咨询、讨论、协商、交流、参与等措施在一些规划理念、目标及主要内容上，融合其他类型规划的理念和规划要求，最终形成与其他多种规划的共识。然而由于缺乏可行的协调制度，在一些关键性环节缺乏具体可行的协调范式，规划编制多数只能是采取"折中"以及"抹平"的办法，最终在一些较为宏观的层面形成一种"概念"上的融合，解决不了微观层面的指标和管控要求的具体"落地"问题。如河源市编制了广东省首个以"三规合一"为技术手段的城乡发展总体规划，在具体编制中采用统一基础数据、统一目标、统一标准的方法，在空间管制和土地利用布局两方面与土地利用总体规划相协调，建立"三规合一"的协调实施平台，在不突破传统总体规划强制性内容的基础上，从规划理念和编制原则上强调了三个规划的融合关系。

2. 技术融合型

各种规划的技术体系庞杂，意图以单一规划来掌控全局、涵盖所有内容的"多规合一"做法既不切实际，也难以奏效；且任何一个规划都是有界限的，规划之间存在着独立、交叉、叠合的关系。基于以上认识创立的技术融合型模式，是在梳理各个规划的体系和技术内容、明确各类规划管控底线的基础上，通过制定一套三个规划共同执行的法则，形成一种在"技术整合"基础上的融合。如广州、厦门等城市在"三规合一"工作中，将相关规划的目标和指标体系进行整合，在

---

❶ 何克东，林雅楠. 规划体制改革背景下的各规划关系刍议 [J]. 理论界 .2006（8）：49-50

梳理各类规划底线的基础上，重点提出了与各个规划相衔接的控制线体系，并结合统一信息平台和相关的配套政策，协调"三规"的编制和实施管理。

3. 体制创新型

采用此模式的城市，认为空间规划体系的运作都是由政府行政管理体制决定的，因此应将规划融合与政府规划管理的具体方式和组织架构的改革、转变与调整相结合，采取职能合并、改组、调整等运作方式，使行政整合直接影响到空间规划融合，最终形成一种"机制"上的融合。云浮市在广东省率先推行市规划编制委员会统筹整合规划编制的工作机制。规划编制委员会几乎包揽了所有与规划有关的工作，包括组织制订全市资源环境、城乡区域统筹发展规划和负责牵头组织各部门开展专项规划编制和规划调整工作，并对各项规划及规划调整进行审核等。上海、深圳武汉等地规划和国土两个部门的合并也属于此类型。此外，云南省在2010年以后推行城镇上山政策的过程中，也考虑将存在较大冲突的国土、城规和林业部门的规划进行综合统筹。

以上几种融合模式可能综合出现在地方实践中，但无论是基于概念的"衔接"，源于技术的"融合"，还是突破体制的"创新"，都是基于城市自身特点的因地制宜的做法，对于其他城市尤其是自主权力较小的地方政府，迫切需要找到一种系统性的规划融合路径。

四、"多规合一"的内涵与工作思路

"多规合一"是现阶段解决我国城市空间管理问题，提高城市治理能力的重要手段，也是探索我国空间规划体系改革的重要方向。立足于现有的法律体系和行政管理框架，从广州、厦门等一些城市的实践来看，现阶段"多规合一"的工作是一种基于城市空间的规划协调工作，也就是说，"多规合一"是构建一个空间的发展保护底线，而非编制一个规划。

（一）"多规合一"的内涵

"多规合一"具体指国民经济和社会发展规划、城乡规划、土地利用总体规划等规划基于城乡空间的衔接与协调，是合理布局城乡空间，有效配置土地资源，促进土地节约集约利用，提高政府行政效能的有效手段。"多规合一"本质是一个规划协调的工作，而非一种"规划"。在工作过程中，"多规合一"不是重新编制新的规划；在管理上，"多规合一"不会取代任何一个法定规划。"多规合一"的主要工作是在现有社会经济体制和法律框架下，理顺多个规划在规划编制和实施管理过程中各个环节、各个方面的关系，有效界定规划管控边界，统一技术内容，创新规划实施和反馈机制，建立信息化规划管理手段，实现一种多层次、全方位的融合。

（二）"多规合一"的工作思路

"多规合一"作为一种协调工作，其工作重点是设计协调工作方式，明确协调主体和客体，并规范其运作程序。

1. 明确协调主体：谁来协调

在"多规合一"工作中，利益相关方包括纵向的上下级政府和横向的发改、规划、国土等行政部门。也就是说，通过整个工作，要使得上下级政府和各部门的利益在城乡空间安排上达成一致。鉴于"多规合一"是跨部门的协调工作，在现阶段需要建立党政领导主持下的协调组织架构，成立专门机构以促进工作的顺利推进。

如广州市在推进"三规合一"工作过程中，成立了以市长为组长，发改、规划、国土等11个局委和12个区（县级市）为成员的"三规合一"工作领导小组。该工作领导小组的成立标志着"三规合一"工作是市、区两级政府和发改、规划、国土多部门的共同责任，明确了参与"三规合一"规划协调的相关利益方。领导小组下设工作办公室，其领导由市分管领导兼任，并集合规划、发改、国土三部门相关人员组成专责小组专职办公，形成三级组织架构（图2）。

2. 明确协调客体：协调什么

协调内容应当直接面对城市空间管理的底线。"多规合一"的突破点，在于对城市空间发展底线的判读。"多规合一"的重要工作内容是协调解决规划矛盾。规划的矛盾千差万别，核心问题是空间利益分配的差异。对于空间发展来讲，最大的利益分配问题是发展权的问题，也就是建设和保护的问题。"多规合一"通

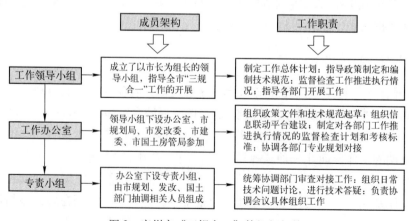

图 2　广州市"三规合一"的组织架构

过划定建设、保护的边界，控制城市发展底线，也就是说，从底线思维和底线管理的角度，守住了空间发展的共同底线，就可以从根本上保证"多规"核心管控要素的一致性。按照各类规划的管控要求，"多规合一"的控制底线可以划分为政策底线、发展控制底线、生态底线、环境底线、服务底线等。

（1）政策底线，指建设用地边界、基本农田保护边界。"多规合一"的核心是建设用地边界，《土地管理法》、《城乡规划法》明确规定了土地利用总体规划与城乡规划在建设用地规模和布局上相衔接的要求，它是上级规划管控下级规划的政策底线。此外，根据国家粮食安全要求及严格的耕地保护政策，基本农田保护边界也是"多规合一"的政策底线。

（2）发展控制底线，指建设用地增长边界。针对城市发展中的不确定因素，从保障城市功能完整性的角度，在建设用地边界之外划定一个弹性空间，其目的是保证城市在不增加建设用地规模的情况下，具有一定灵活增长的可能，也保证城市结构不因突破建设用地边界而造成损害。

（3）生态底线，指生态保护边界。是保障城市基本生态安全的"铁线"和"生命线"。从生态安全角度识别"多规"共同保护的区域，通过部门协作，从各自的职能出发加强保护，也就是明确共同的保护界限，形成保护合力，保障保护效果。

（4）环境底线，指具有排他性功能的用地边界。"多规合一"中的环境底线边界特指对环境有可能造成影响的功能用地的边界，包括工业仓储用地和厌恶性市政设施用地的边界等。例如广州市在"三规合一"工作中，为引导城市工业仓储产业的规范发展，引导相关产业集中入园，划定由"工业园区—连片城镇工业用地"组成的产业区块边界，形成产业用地集中布局区域的围合线。

（5）服务底线，指基本公共服务设施边界、基础设施空间廊道控制线等。是为保障城乡居民生存和发展最基本的条件和社会公平、公正，由政府所提供的包括公共教育、公共卫生、公共文化等社会事业以及公共交通等公共服务设施相关用地的边界和交通、市政等重要基础设施廊道的控制边界。

3. 明确协调方式：协调路径的问题

协调方法和机制应当是行政和技术手段的统一。在"多规合一"工作路径中，围绕底线思维，通过规划技术和行政协调，划定具有严格管控意义的控制线，最终形成"多规合一"空间方案的核心内容。设计好协调路径，明确市、区责任和部门分工，建立良好的协调制度，保障市与区，规划、国土、发改等职能部门的充分沟通与协调，确保不越位、不缺位、相互补位，是保障"多规合一"成果质量、规划效果的必要条件。

如广州市在"三规合一"过程中，通过"三上三下"、市区联动工作路径的设计，明确每一步市级与区级的工作内容和联动方法，强化了市、区联动的过程，同时，

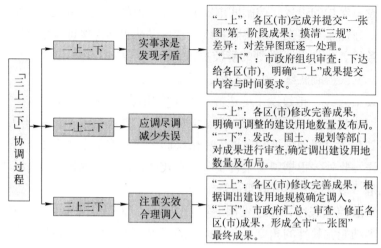

图3　广州市"三规合一""三上三下"工作内容

在明确"发改定目标、国土定指标、规划定坐标"的"三规"关系基础上，建立发改、国土、规划、建设、林业、园林等多部门之间的沟通协调机制（图3）。

广州市在"三规合一""三上三下"每一个工作阶段开始时，先由市"三规合一"领导小组发文，提出此阶段的工作要求和重点，并配套相关的技术要求；在每一阶段的工作过程中，区（市）人民政府都积极响应，按照市级统筹的要求，结合本地实际作出相应的工作成果，并以区（市）人民政府的名义上报市"三规合一"领导小组，完成"上"的工作；市在接到区（市）上报成果后，组织相关审查工作，形成审查意见，下发区（市），完成"下"的工作。"三上三下"的工作重点是市、区的联动，市、区（市）共同努力完成"三规合一"成果，共同使用和分享该项成果。三个部门通过"三上三下"中的三次审查，部门意见充分协调，达成了共识，形成了合力，并都承诺将"三规合一""一张图"成果落实到各自的法定规划中，保障了"三规合一"工作的落地实施。

（三）"多规合一"机制保障

规划协调只能解决当前的矛盾问题，长期的规划融合需要依靠机制保障，主要包括以下两个方面。

1."多规合一"成果法定化

"多规合一"是一个基于城乡空间的协调工作，其工作成果不具备法律效力，无法直接用于城乡空间的行政管理，要保障"多规合一"成果的有效落实，需要进行其成果的法定化步骤，即通过国民经济和社会发展规划、城乡规划、土地利用总体规划等依据"多规合一"成果进行修改，使得各规划达成一致。

2."多规合一"运行协调机制

"多规合一"成果法定化工作完成后，需构建一个由政府统筹、多部门参与的协调咨询工作机制，定期组织多部门联席会议，协调各部门规划立项、规划编制、规划审查及实施管理中出现的矛盾等；另外，需建立起"多规合一"实施评估、检讨和监控制度，按照"多规合一"工作成果的要求，各部门间互为监督，评估"多规合一"的实施效果并提出完善措施。其次，需制定一套部门间协作的管理流程，确定协调消除"多规"管理过程中存在的矛盾的原则和方法；通过动态更新机制，实现建设项目审批中发改、规划、国土、环保等部门的业务协同机制。第三，需逐步通过立法或者制定行政规章等形式为"多规合一"建立法律法规的保障制度。

五、"多规合一"法理基础的困惑与后续发展

"多规合一"各项改革经验和成果能否很好地总结运用，与依托的行政体系、法律体系密切相连。一方面，"多规合一"不能严格限定在既有规则基础上，但又不得突破"法律"的红线。在现有法律框架下，"多规合一"只能被定义为一种基于城乡空间的协调工作，作为地方政府的行政活动，它的合法性、合理性与正确性需建立在两个基础之上：第一要有明确的编制、审批、实施和管理的实体；第二要有规范的行政程序。当前的"自下而上"的"多规合一"试点城市基本可以在规划编制环节解决上述两个问题，但如果将"多规合一"运用在政府部门日常的行政审批工作中，将面临法律缺失和既有法律障碍的问题。

为解决"多规合一"实施运行的难题，广州市和厦门市的"多规合一"工作通过地方行政力量，建立了一套运行协调机制，并通过国民经济和社会发展规划、城乡规划、土地利用总体规划等规划的协同修改保障"多规合一"成果的落实。也就是说，地方政府通过建立"多规合一"与法定规划之间的协同运行关系，将"多规合一"变为隐于法定规划之后的协调手段和机制。这种方法，在实际工作中化解了"多规合一"没有法定定位的尴尬局面，是对现有法律体制的一种妥协。但是，这种方式给"多规合一"的未来带来诸多不确定因素，基于地方政府的"多规合一"运行协调机制与长期形成的纵向分割的规划体系之间的博弈关系使"多规合一"工作成果面临功亏一篑的可能。"多规合一"工作成果的有效应用呼唤统一的空间规划体系的建立和与之配套的对现有法律体系的变革。

目前，国家正在推动的市县"多规合一"试点是中央"授权式改革"的一种局部探索。这种自上而下的试点性探索，是对党的十八大和中央城镇化工作会议提出的"建立统一的空间规划体系……在县市通过探索经济社会发展、城乡、土地利用规划的'多规合一'，形成一个县市一本规划、一张蓝图"的落实。希望

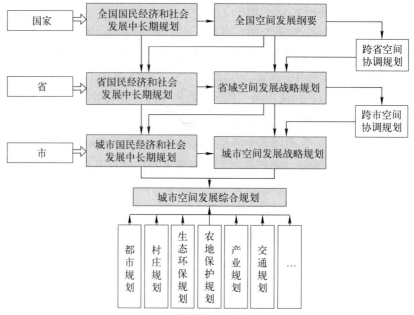

图 4　理想空间规划体系建议

通过新一轮的"多规合一"的创新，可以从法律和制度层面开创空间规划体系的新格局，破解"多规合一"缺乏法律基础的困惑。

"多规合一"的缘起在于矛盾突出的空间规划体系给城市空间管理带来诸多问题，"多规合一"的未来面临法律体制、行政管理体制的困惑，而这些困惑需要通过空间规划新秩序的构建来突破和解决。对应我国"国家—省—市"的行政管理架构，理顺我国空间规划体系纵向和横向之间的关系，特别是在市一级层面整合城市建设、村庄发展、生态保护、农地保护、产业发展等相关要求，形成城市空间发展综合规划，并赋予其法律地位，在这个统一的城市空间发展综合规划下，各个部门在界定清晰的空间和职能领域里进行相应的细化工作，也许是"多规合一"的结果和归宿，是真正意义上的"一张蓝图"形成的基础（图 4）。

（撰稿人：朱江，广州市城市规划勘测设计研究院规划一所副所长，高级工程师，注册城市规划师；邓木林，广州市城市规划勘测设计研究院工程师，注册城市规划师；桑劲，广州市城市规划勘测设计研究院上海办事处副主任；董金柱，云南省玉溪市规划局局长，高级规划师；潘安，广州市政府副秘书长；王煜坤，广州市城市规划勘测设计研究院，主创规划师）

注：摘自《城市规划》，2015（1）：41-47、97，参考文献见原文。

面向实施的城市总体规划

导语：规划编制和实施的脱节，带给城市规划工作前所未有的挑战，"三分规划，七分实施""纸上画画，墙上挂挂"等说法无不反映出实施在整个规划建设环节中的重要性以及规划实施的乏力。从规划实施来反思规划编制，存在体制机制不适应、技术方法不科学、实施路径不落地、政策机制不到位、跟踪预警不及时等多方面的问题，规划改革已成为规划行业工作的当务之急。在此背景下，国内一些大城市在新一轮的城市总体规划编制中尝试打破传统的总体规划编制范式，将实施作为重要的导向，在改革体制机制、调整编制内容、制定实施路径、完善保障政策、推动协同共治等方面开展了一些创新性工作。本文梳理了一些城市近些年在推进规划实施方面的一些探索，在此基础上提出了进一步增强规划实施性的建议，旨在引发行业内更多的关注、思考和进一步的探索，以期更好地发挥规划对城市建设发展的引领作用，提升规划参与治理城市的能力。

一、当前城市总体规划实施面临的困境

（一）体制机制不适应——规划多头，职能渗透，空间冲突，效率低下

我国规划体系十分庞杂，除了住建部门的城乡规划，国土部门的土地利用规划，发改委的经济社会发展规划、城镇群规划、主体功能区规划等三大主管部门的规划外，还有经信委的产业（工业）发展规划，商委的商业物流规划，各类公共服务设施建设规划等。这些规划都是依据各自行政部门的法律编制，近年来各规划领域从广度和深度上不断拓展，相互渗透、彼此交叉，规划职能不清、内容打架。由于往往缺乏充分的协调沟通，利益不能形成统一，造成空间规划、财政投资和用地指标脱节，实施项目、位置、指标不一致，实施目标、措施、路径不一致。既带来规划的科学性、权威性不足，也在后期的规划实施、管理运营中消耗大量的人力物力来协调、弥补。

（二）技术方法不科学——不尊重规律，被束之高阁

城市规划往往被外界认为"软"，科学性受质疑，很重要的原因是一些规划的原则经不起推敲，偏离一些基本的城市发展规律（如市场配置资源下经济集聚、

人口流动、产业调整等有其基本规律，而政府的计划色彩太浓，行政指令太多，并强加到规划上，造成规划在指导经济社会发展时往往显得乏力）；一些分析和结论缺少量化分析，支撑和说理能力不足。如何让政府各个部门和社会各界认同城市规划、执行和实施好规划，需要在规划编制科学性上下功夫。

（三）实施路径不落地——宏观目标和指标缺乏相一致的行动来落实

城市规划的宏观目标（如宜居城市）和指标（如总人口、城市化水平、建设用地、经济）由于缺乏具体化和实现的标志，同时未向各级政府、社会、市民指明实现规划的建设实施路径，从而形成各自为政的实施路径，各方博弈的结果，造成城乡规划确定的规模、结构、布局和实施时序失控，形成规划的整体性与实施的分散性的矛盾，结果是削弱了城市规划对经济社会发展的综合协调力和参与城市治理的能力。

（四）政策机制不到位——削弱了规划实施的力度和效力

1. 支撑规划实施的制度改革和政策没跟上

政府的公共政策是影响城市发展的最重要因素，也是保证城市规划实施的最有效手段。随着我国经济社会转型，城市规划的实施模式从以往的"增量发展＋土地财政＋'项目－成本'导向"向"减量发展＋空间织补＋'统筹－价值'导向"转变，但支撑规划实施的配套政策体系——土地政策、税收政策和收益分配的改革没有跟上。同时，一些大城市在面对"城市病"的治理时，没能制定与之相适应的人口政策、产业政策、交通政策、住房政策和环境政策等，规划实施起来显得乏力。

2. 政府考核机制的科学性和执行力欠缺

如何实施好城市规划，关键要从"官本位"入手，即建立与规划目标相一致的政府考核体系。目前的政府考核体系及对官员的任免大多还是以近期经济建设为导向，缺乏对社会发展、民生建设和环境保护等长远可持续发展问题的关注，以及对城市性质定位、战略任务落实情况的考核。

（五）跟踪预警不及时——规划内容和实施路径不能做出动态调整

城市总体规划的期限一般为 20 年，注重长远发展，体现很强的目标导向性。但规划实施的经济社会环境处在快速变化中，规划编制确定的目标、指标、内容等在规划实施一段时间后可能存在一定的不适应性，规划实施的路径和措施与规划目标之间往往也存在偏差，需要及时做出调整。但目前普遍采用的规划实施评估一般为 5 年左右的"实施结果的符合性评价"（"规划—结果"评价），缺乏年度的"实施过程评价"("规划—行动"评价），前者呈现的是现象、表征，后者探求的是原因、机制（罗震东等，2013），是对整个规划实施过程的跟踪、预警和反馈。

二、实施导向的城市总体规划编制探索

（一）改革体制机制——将"部门的规划"变成"全市的规划"，夯实规划统筹实施的基础

名义上城市总体规划是由城市政府负责组织编制，并以城市政府名义报上级部门审批并主导实施，但实际上总体规划的编制是由城市的城乡规划主管部门牵头编制，而规划实施是由城市政府的所有组成部门及基层政府共同来完成。所以，如在总体规划编制阶段实现多部门的协同将为下一步的统筹实施扫清很多障碍，这也是规划实施的关键所在。

2016年2月20日和27日，央视《新闻联播》分别以《海南：多规合一"一张蓝图干到底"》《浙江开化：一本规划一张蓝图》为题，报道了海南、浙江开化"多规合一"模式破解规划各自为政、互相掣肘的难题。"多规合一"其实是个老命题，与其说是创新，不如说是规划面临的问题。学界的理论研究和地方的实践探索始于十多年前，根据杨玲（2015）的梳理，2003年，广西钦州首先提出了"三规合一"的规划编制理念，即把国民经济与社会发展规划、土地利用规划和城市总体规划的编制协调、融合起来，在理念上提出了一些创新；2004年，国家发改委在江苏苏州市、福建安溪县、广西钦州市、四川宜宾市、浙江宁波市和辽宁庄河市等六个地市县试点"三规合一"工作；2008年，广东省住建厅以河源、云浮、广州为试点开展"三规合一"工作，同年，上海、武汉结合国土和规划部门的合并开展了对"两规"或者"三规"整合工作的有益探索；2010年，重庆市在全国统筹城乡综合配套改革试验区政策背景下，开展"四规叠合"；2012年，广州市在不打破部门行政架构的背景下，开展了一年的"三规合一"的工作探索；2013年，厦门、珠海等地相继开展"多规合一"探索工作。

各地的探索积累了宝贵的经验，推动了全国层面的工作，2014年8月，国家发改委、国土部、环保部、住建部联合下发《关于开展市县"多规合一"试点工作的通知》，全国共有28个市县确定为"多规合一"试点市县，试点工作旨在解决市县规划自成体系、内容冲突、缺乏衔接协调等突出问题，保障市县规划有效实施。2015年6月，中央全面深化改革领导小组第十三次会议，同意海南省就统筹经济社会发展规划、城乡规划、土地利用规划等开展全国第一个省域"多

规合一"改革试点。这些试点城市和省份基本建立了"横向到边、纵向到底"的"多规合一"规划编制机制,形成"一本规划、一张蓝图"。试点城市代表开化县制定的规划体系、空间布局、基础数据、技术标准、信息平台和管理机制"六个统一"为目标的"多规合一"改革方案受到了中央肯定。

（二）调整编制内容——从"大而全"的规划到抓"两头",明确规划实施的重点

目前的城市总体规划编制周期长、内容过于全面,但无重点,实施导向性不明确。由于城市总体规划的编制内容有相关的法规条例来明确,规划界的探讨主要集中在学术理论层面,实践层面的探索在近两年才开始兴起。基于编制一个"可用的"实施性规划,这方面的探索在内容上主要体现为抓"两头",来明确规划的刚性内容和实施重点,即包括定位、底线、结构等长远战略,以及近期以问题为导向,注重"城市病"治理,关注民生问题。

北京市在《北京城市总体规划（2015年）》编制中探索总体规划编制内容的革新,除了强化城市定位、底线、结构等长远战略的内容,也将大量的精力和时间投入到近期规划建设工作的编制,以问题为导向,对城市面临的"人口失控、职住失衡、产业低效、用地粗放、生态恶化、水资源紧张、大气污染、交通拥堵、设施保障不足、城市安全"等10类"城市病"的治理进行了深入细致的梳理,列出了每个问题在规划期要实现的目标以及实施中的若干具体任务。

（三）制定实施路径——变"被动落实"为"主动推进",掌握规划实施的主动权

囿于目前的规划编制体系,总体规划的目标、指标的落实,主要通过两个途径:一是在空间维度上,通过分区规划、详细规划向下逐级分解落实;二是在时间维度上,通过近期建设规划、年度建设规划来分时落实。由于规划落实的周期较长,为了防止从空间维度和时间维度分别的"被动落实"造成局部与整体、近期和长远目标出现的偏差和离散,一些城市尝试将下一步"要落实的工作"在总体规划阶段主动落实到各个分区（区县主体和空间圈层）,并划定规划实施单元统筹规划实施任务,即建立"总目标—分区目标—实施单元—工作任务"的规划实施路径,将规划目标、指标具体化,分阶段落实到具体的实施主体上,通过与目标相一致的行动来实现。

《东莞市城市总体规划（2016—2030年）》基于镇（街道）边界,将市域32个镇（街道）划分为五个分区单元,并从结构引导与要素管控两方面进行指引。在结构引导方面,构建"全境空间结构＋特别政策地区的空间结构体系",在分区层面予以落实、优化并突出空间发展的结构性与引导性。在要素管控方面，由"全景式终极目标引导"转变为"底线过程控制"，加强规划底线思维，实现"提管控的要求，减具体的内容"，形成可监控、可考核的成果体系，提高规划的可操作性和实施性（葛春晖等，2015）。《北京城市总体规划（2015年）》将总体规划目标和任务分解到16个区，明确各区的功能定位和空间管控要求，提出分阶段的人口、用地、生态等调控目标方案，在此基础上各区结合自身具体情况制定实施方案，按照"变项目平衡为区域统筹"的原则，以乡镇为基本单元，建立"乡镇为实施主体、各区为责任主体、全市宏观调控"的市、区、镇三级单元统筹实施机制，在区域范围内结合实施成本与收益的综合平衡，统筹安排实施任务与建设时序，有效分解落实总体规划的目标与任务。

（四）完善保障政策——从"附属品"到"着力点"，关注规划实施中的关键一环

基于对实施保障政策重要性的认识，先发地区的一些城市在规划编制和实施的过程中，改变以往规划实施相关政策作为总体规划搭配内容的方式，尝试逐渐建立一套支撑规划实施的政策措施，尤其是部分大城市从增量发展转向存量发展过程中，尝试在财税制度、土地制度、产业政策、行政审批、规划标准、利益分配机制等方面进行改革和创新，出台规划实施细则及技术标准。

《深圳市城市总体规划（2010—2020年）》被业内认为是中国第一个从增量为主转向存量为主的城市总体规划，基于这版总体规划，深圳市先后出台《深圳市城市更新办法》（深府[第211号]）、《深圳市城市更新办法实施细则》（深府[2012]1号）、《深圳市宗地地价测算规则（试行）》（深规土[2013]12号）、《关于加强和改进城市更新实施工作的暂行措施》（深府[2014]8号）、《市规划国土委关于明确城市更新项目地价测算有关事项的通知》（深规土[2015]587号）等规范性文件，构成了较为完善的城市更新政策体系，系统指导全市城市更新单元划定、城市更新计划制定、城市更新单元规划编制、城市更新地价政策。与此同时，为了更好地开展好城市更新工作，继广州市之后深圳市于2015年成立了城市更新局。《北京城市总体规划（2015年）》也将制定和完善政策机制作为规划编制和实施工作的重中之重，作为总体规划实施的有力保障，包括中心城城市更新办法、中心城疏解与新城对接联动机制、"两线三区"的管理办法、城乡建设用地"增减挂钩"实施政策机制、创新集体建设用地利用管理的相关实施政策机制、提高产业用地利用效率的相关实施政策机制等。同时，面对存量规划，规划部门也在呼吁进行土地收益分配改革，降低政府在土地出让中的收益，加大返还力度，推进规划实施。

（五）推动协同共治——统筹政府、社会、市民三大主体，调动各方实施规划的积极性

2015 年底的中央城市工作会议指出，要统筹政府、社会、市民三大主体，提高各方推动城市发展的积极性。城市规划编制和实施的过程，实际上是一个利益协调的过程。以往的精英规划模式更多地强调美好的蓝图愿景，而忽视了各方主体的利益平衡，也造成一些规划实施过程中的被动局面。建立多元共治的平台，将自下而上与自上而下相结合，在规划方式上实现公众参与的全社会化与全过程化，让更多的自下而上的微动力在这个平台上汇聚，以应对社会转型中公共治理模式的改革；在规划技术上实现大数据汇集与专业协同，以支持创新型总体规划的编制和实施。

《上海城市总体规划 2040》通过问卷调查、公众参与咨询团活动、网上参与规划编制、微信公众号等方式开展"城市愿景"调查、规划方案的在线设计与提交，拓展公众参与总体规划的编制渠道，提高城市规划的科学性和可实施性。《北京城市总体规划（2015 年）》编制过程中建立面向公众参与的云规划平台汇集民意，市民的意见和建议涉及八个方面：城市发展环境、交通、社区服务、生态环境、规划编制、住宅、历史文化名城保护、公共设施。在规划实施中，选取试点，与各委办局、区政府、乡镇街道、管委会等行政主管部门搭建协作规划平台，评估各实施单元内公服设施、绿地、道路等，制定"补缺清单"，结合近期拟更新的存量用地补充短板，推进规划实施。

三、进一步增强城市总体规划实施性的建议

创新往往通过城市自下而上来推动，但真正的改革需要中央自上而下来完成。虽然近些年规划界做了很多创新性的探索，但要进一步增强规划的实施性，提升规划参与城市治理的能力，必须解放思想，将自下而上的实践创新同自上而下的改革结合起来。面向未来，提出几点建议：

（一）机构改革，重划事权——通过调整生产关系增强规划实施的力度

"一张蓝图"需要一个"规划体系"去共同支撑，目前四部委和中改办分别牵头的"多规合一"试点城市的做法说到底还是试图通过技术整合解决体制机制的问题，多个部门协调出来的"合一"规划也仅仅是规划体系和体制进行彻底改革之前的权宜之计，不触动体制的"合一"，不过是"整容式"的改善，空间分治的实质依然如故（赵燕菁，2015）。下一步要做的是在国家层面从体制机制上

对目前各个部门的规划职能进行整合，对机构进行调整，明细事权，有效解决规划多头、部门分割的问题，这样将取到事半功倍的效果。在这方面，地方也已先行，上海、深圳、广州、武汉等城市已率先完成了规划和国土机构的合并，试图通过机构调整降低行政成本，减少规划矛盾冲突。但由于对应的中央部委改革没有进行，城乡规划和国土规划从技术标准、主要内容到实施管理还是面临"两套规划"的问题，尚不能做到"两规合一"。所以，最理想的改革还是应从国家层面开始，进行自上而下的改革。改革不可能一蹴而就，建议可先将涉及空间规划的城乡规划、国土规划、区域规划、主体功能区规划等进行整合，形成统一的空间规划体系，对相应的机构进行调整，在此基础上规范部门工作，建立完备的空间规划法律法规体系和统一的技术标准。

在完成自上而下的行政体制改革后，地方政府可以探索将规划的编制职能分离出来，成立由城市政府直接领导、与规划行政管理部门平行的综合规划编制机构，来综合协调和具体负责城市经济社会和统一空间规划的编制，从体制上形成"全市的规划"，而不是"部门的规划"。在规划的统一编制方面，广东云浮、福建厦门迈开了改革的第一步，成立了"规划编制委员会"，作为市政府工作部门，所有规划编制全部由"规划编制委员会"负责，取得了较好的效果。

（二）属性转换，形成政策——通过提升效力位阶增强规划实施的力度

将城市规划作为一项公共政策或者通过政策措施保障规划的实施，在西方国家得到广泛的实行。这些年来，我国规划界一直在努力推动规划从"技术"向"政策"转变，尝试建立与规划相适应的政策体系，但政策和规划往往两层皮，并且我国的国情是"政策大于规划"，处于较高的效力位阶。在政策变动频率远远快于规划（总体规划周期 15 ～ 20 年）的现实条件下，规划按照既定目标实施往往没有政策保障而显得乏力。

尽快构建我国城市总体规划实施的政策体系成为当务之急，这一政策体系包括土地政策、税收政策、住房政策、产业政策、人口政策、交通政策、环境政策等，其中既涉及国家层面的大政方针，也涉及城市层面的具体规定；既涉及城乡规划部门的职能，也涉及其他部门的事权。处在转型发展的中国，一些国家层面的法律法规、政策应该做出及时的调整以适应城市转型发展的需要，同时，城市规划确定的目标、准则、治理措施等内容只有与既有的政策相结合，转化为这些政策的一部分，才能得以全面贯彻执行，规划的目标才能最大限度地实现。

（三）落实主体，夯实路径——通过制定行动计划增强规划实施的力度

一些国际城市的规划编制特别强调行动计划，具体表现在"目标具体化、行动项目化、主体明确化、时序清晰化、资金明细化"，即将宏观的发展愿景细化成几个具体的分目标，每个分目标通过若干个与目标相一致的具体项目来实施，项目的实施明确了实施机构、时间节点和资金来源等要素，以保证规划目标和指标的顺利落实。如《悉尼 2030 展望》中，提出了 10 个目标，通过 5 个重大行动、10 个创意项目来实现这些目标，明确了悉尼未来 20 年各项规划实施的方向和引导实施的政策工具。《香港 2030 规划》向香港市民描绘了如何使香港成为亚洲国际都会的实施方法、程序、步骤、方向、目标、行动计划，并在附件中列出了已落实兴建及在研究的主要交通运输项目、止步区名单、香港未来扩充货柜港口选址比较等内容以及项目实施的时序。

如前文所述，国内城市在制定行动计划方面已有了很大进展，但在总体规划阶段从空间维度和时间维度"主动"做一些目标和指标落实工作的还不多，同国际城市相比，深度也不够，这也反映了我们"重编制、轻实施"的现状，尚有较大的提升空间。

基于我国"官本位"的国情，除了要充分调动政府、社会、市民三大主体实施规划的积极性，还应建立一套可执行、可评价的规划实施评价体系，作为政府绩效综合考评的重要组成部分。将规划确定的人口结构优化、空间约束目标、人居环境建设等涉及民生、环境的长远目标列入政府发展考核的重要内容，体现控制与引导、限制与鼓励的政策导向，摒弃单纯的 GDP 导向。

（四）动态监控，过程预警——通过及时反馈机制增强规划实施的力度

没有一个规划是完美的，也没有一个规划能按照最初的意图完全实施，规划本身及实施路径需要根据环境变化及时地进行修正。规划的实施评估应从目前的"实施结果的符合性评价"转向"动态监控，过程预警"来支持这种及时修正，通过建立一套多维城市发展模型支持的情景规划和基于政府运行的"规划编制－实施－评估－预警－调整"的常态机制，加强规划实施的动态监控和提高规划的应变能力。

研究政府的运行过程可知，城市规划的实施安排一般均体现在国民经济和社会发展五年规划以及政府年度工作报告中，包括城市五年和年度的投资计划、产业发展、土地投放、项目安排等。尤其是政府年度工作报告，可以分年度观察城市总体规划上一年度实施情况及本年度的建设安排，为动态评估和预警提供最佳资料。一方面，利用上一年度的实施情况及规划、国土等部门的行政审批数据及

时分析年度实施效果和进行趋势性评估，对偏离城市发展方向、突破空间布局、超越发展底线和基础设施支撑能力的建设进行限制、纠正；另一方面，将本年度的建设安排放到多维城市发展模型进行模拟，来预测对城市发展的影响，提前发现问题并进行适当调整，起到支撑政府决策的作用。

四、结语

增强城市总体规划的实施性，提升城市规划参与城市治理的能力，一直是规划界关注的重点和讨论的热点。部分城市在这些年的创新实践中积累了很多经验，既为更多城市的探索提供了借鉴，又为国家层面自上而下的改革提供了参考。如果说城市层面的探索是摸着石头过河，国家层面的改革则进入了深水区，生产关系的调整必然会面临阻力、带来阵痛，但唯有改革才能释放生产力，规划的实施才更有效力和效率。

参考文献

[1] 罗震东，廖茂羽 . 政府运行视角下的城市总体规划实施过程评价方法探讨 [J]. 城市师 . 2013（6）：10 ~ 17

[2] 邹兵 . 实施性规划与规划实施的制度因素 [J]. 城市师 .2015（1）：20 ~ 24

[3] 邹兵 . 城市规划实施：机制与探索 [J]. 城市规划 .2008（11）：21 ~ 23

[4] 赵燕菁 . 关于城市规划的对话 [J]. 北京规划建设 .2015（5）：159 ~ 163

[5] 施卫良 . 微时代与云规划 .Cityif 微信公众号 .2015-10-10

[6] 葛春晖，张振广，张一凡 . 大城市总体规划中分区指引的技术路径及发展方向——基于上海分区规划指引研究 [A].2015 中国城市规划年会论文集 [C].2015

[7] 杨玲 . 基于空间管制的"多规合一"控制线系统初探——关于县（市）域城乡全覆盖的空间管制分区的再思考 [A].2015 中国城市规划年会论文集 [C].2015

（撰稿人：杨明，北京市城市规划设计研究院，规划研究室主任工程师，教授级高级工程师；施卫良，北京市城市规划设计研究院院长，教授级高级工程师；石晓冬，北京市城市规划设计研究院副总规划师，规划研究室主任，教授级高级工程师）

增量规划向存量规划转型：
理论解析与实践应对

导语：城市规划由增量规划向存量规划转型，源于土地利用模式的改变，其本质意义是空间资源配置中土地产权和交易成本的变化。与增量规划是一个交易成本为零条件下的技术过程不同，存量规划的空间方案设计与产权交易方式选择是密不可分的，存量规划在进行空间设计的同时，还要参与制度设计。这种转型要求城市规划编制思路和方法必须进行重大转变：总体规划要由"以需定供"转向"以供调需"，在空间管制、结构布局、规模控制的重点和方式上进行相应调整；控规要更尊重业主的权益，更加重视现状土地的产权分析和规划过程；基础设施规划要重视系统完善和能力效率提升。同时，规划转型对于现行规划管理制度体系也将带来全方位冲击，可能倒逼国家和地方的规划管理体制和运作机制的重大变革：国家总体规划审批体制可能下放，地方规划管理重心下移并趋向分权，规划设计机构趋于多元化、市场化和社区化。最后，就规划转型对于规划学科研究、规划编制和规划管理的总体影响进行了总结。

城市规划由增量规划逐步向存量规划转型的问题，近年来得到较多学者的关注（邹兵，2013a；赵燕菁，2014；施卫良等，2014；张波等，2015）。但国内规划界在对这种变化趋向形成一定共识的同时，也反映出从理论到实践的应对都明显准备不足的现实。首先，增量规划向存量规划转型，究竟属于一种什么性质的变化？是意味着城市规划学科理论基础的全面重构（赵燕菁，2014）？抑或只是应对宏观形势环境变化的顺势调适和修正？其次，这种变化对于规划实践究竟将产生多大的影响？是只涉及规划编制内容和技术方法的变革？还是对规划管理和运作体制也有重大影响？对于这些关键性的问题尚存在不同的认识，有展开进一步深入探讨的必要。

一、增量规划与存量规划的概念辨析

概念的清晰界定是学术讨论的基础，否则将陷入各说各话的无谓纷争。增量规划和存量规划源于不同的土地利用模式，分析其内涵也必须从用地方式入手。

（一）增量用地与存量用地

增量和存量，本是企业或社会关于资产资源管理的术语。由国土部门引用到土地管理中，就产生了增量用地与存量用地的概念。按照用地供应方式的不同，我国的建设用地分为增量用地和存量用地两部分。增量用地，又称新增建设用地，主要通过农用地和未利用地的征转而获得，即所谓土地供应的"一级市场"，完全由政府垄断控制。存量用地，是指城乡建设已占有或使用的土地，可以在现有土地使用者之间进行交易，即所谓"二级市场"，交易必须出于自愿并通过平等协商的方式实现。

存量用地有广义和狭义之分。广义的存量用地，指城乡建设已占有或使用的现有全部土地。狭义的存量用地，则具有特定政策内涵，指现有城乡建设用地范围内的闲置未利用土地，以及利用不充分不合理、产出效率低的已建设用地。也就是具有二次开发利用潜力的土地（姚存卓，2009）。这是基于集约高效利用土地的管理需求提出的政策性概念。

存量用地与城市规划的现状建设用地内涵有所不同。城市规划对于现状建设用地的统计，通常以实际建设状态作为标准，一般不考虑产权与合法性因素❶。存量用地构成不仅包括已经完成建设和正在建设的土地；还包括闲置土地，即已批未建、已征已转而未用的土地（国土资源部，2012）。这部分用地从外在形态上，与增量用地基本没有区别，但土地产权内涵却有根本的不同。另外，从建设用地的合法性区分，存量用地不仅包括合法建设用地，还包括未经合法有效审批手续而占用、使用的违法建设用地，如未批已建、未征未转已建和违反规划进行建设的土地。

增量用地和存量用地的根本区别不完全是土地的建设状态，而是由土地的产权性质决定。

（二）增量规划与存量规划

城市在增长，就必然有增量；城市有历史，就会形成存量。增量与存量是城市空间两个不可分割的组成部分。城市规划是对规划区范围内的全部土地以及空间支持系统的整体安排，既包括增量用地，也包括存量用地。城市规划从来都是包括新区开发建设和旧区改造更新的内容，难以决然区分只面向增量或存量空间

---

❶ 这样的统计方式，可能将大量已批未建、已出让而未用的土地也纳入新增规划建设用地范畴，实际上放大了政府可以掌控的建设用地规模，极易造成对政府资源调配能力的误判。这也是造成"两规"冲突的源头之一。

的规划。新的概念提出是基于城市空间增长管理的需求。近 20 年来，以新区新城开发为主导的增量发展模式成为城市发展的主要路径，在推动城市经济增长的同时，也造成土地资源浪费、生态环境恶化、地方债务增加等严重问题。存量规划适应了转变城市发展模式的要求，是对于单纯依赖增量空间扩张的规划思路的纠偏，重新唤起规划对存量空间的关注，也是城市规划基本原则的理性回归。

由此，较为准确的定义是：增量规划是以新增建设用地供应为主要手段，主要通过用地规模扩大和空间拓展来推动城市发展的规划。存量规划是在保持建设用地总规模不变、城市空间不扩张的条件下，主要通过存量用地的盘活、优化、挖潜、提升而实现城市发展的规划。城市的发展建设是逐步渐进展开的过程，新增用地只是转为存量用地之前的短暂过渡状态，存量用地才是城市建设用地的常态。增量规划的对象以新增用地为重点，也会涉及存量用地的再利用；但存量规划基本不包含新增用地。

存量规划关注存量用地管理，但并不以提高土地利用效益为唯一目标。通过提供优质高效的城市空间，来支持经济的持续增长、民生福利改善和生态环境质量提升，是存量规划与增量规划共同追求的目标，两者的区别在于实现目标的方式和路径不同。除了深圳等少数城市外，国内大部分城市仍处于以增量空间为主、或增量与存量并重的发展阶段。增量规划与存量规划是相互配合、协同作用的关系，存量规划的实施往往还要依赖增量规划的支持。计划经济时期，上海、北京等特大城市也一直致力中心城人口和功能的疏解，开展旧城更新和历史文化保护。但由于当时没有土地交易市场，产权固化无法流转，缺乏增量空间支持，存量空间改造只能陷入旧城内"面多加水、水多加面"的困局。只有在土地使用的市场化改革后，启动城市大规模的空间扩张，在外围大力开发新区新城。政府获得了足够的增量空间收益，才能利用这部分收益"反哺"旧城，推动旧城区的用地置换和功能升级。这实际是通过增量规划来解决存量问题的异地空间置换模式❶。上海中心城"退二进三""双增双减"之所以能够顺利推进，是与外围"一城九镇"的快速建设密不可分的。

（三）存量规划与城市更新

存量规划与城市更新具有相近的内涵，但关注的侧重点有所差异。存量规划关注土地利用方式的转变；城市更新关注城市建成环境的质量和效益提升，具有

---

❶ 这种模式与中国渐进式改革的路径具有相似的逻辑思路：在计划经济势力强大的形势下，改革不从存量巨大的城市和国有企业入手，而是先从农村启动，从非国有经济和乡镇企业寻求突破，在体制外做大市场经济的增量。在有了足够的经济增量支持后，再回过头来倒逼城市和国企改革，大大降低了改革的交易成本。这已成为制度经济学中研究制度变迁的典型案例。

更广泛、丰富的经济和社会意义。从理论上分析，两者的工作对象应该是一致的；但各地城市的具体实践中，在相关政策的适用范围上会有所差别。

以深圳为例，城市更新范围包括政策设定的旧工业区、旧商业区、旧住宅区、城中村及旧屋村等，并不覆盖整个建成区。城市更新对象主要针对已建设用地，根据实际情况采用综合整治、功能改变、拆除重建三种不同的实施模式（深圳市人民政府，2009；2012）。除了物质性空间的改善外，城市更新还包括城市功能提升、产业转型升级、社区重构、文化复兴等非物质空间内容。但对于闲置土地和违法建设用地的处置，则不纳入城市更新的工作范畴。

根据国土资源部 2014 年开展的节约集约专项督查工作的结果，全国共清理出批而未供的土地达到 1300 万亩（约 8666.7km²），闲置土地达到 100 万亩❶（约 666.7km²）。这表明，闲置土地处置应是城市更新之外的存量规划最重要工作内容之一，但却往往被城市规划所忽视。深圳进入存量发展阶段的标志性拐点，是 2012 年存量用地供应首次超过新增用地。但这里的存量用地供应，也主要是指对过去已批未建、已征已转未用的闲置土地的消化；并非指城市更新用地规模超过新增用地。对于闲置土地，国土部门不仅有明确的法律界定，而且也提出了多种处置办法，包括：重签协议延长开发期限，修改规划条件重新办理相关用地手续，政府安排临时使用，协议有偿收回国有建设用地使用权，空间置换土地等（国土资源部，2012）。

另外，违法建设在许多经济发达地区已经成为十分严重的问题。这既包括中心城区的城中村违建，也包括城乡边缘带的农村集体建设用地上的违法行为，还包括其他主体非法占用、使用国有用地的行为。查处违建也是存量规划无法回避的艰巨任务。

因此，城市更新的内涵比存量规划更丰富，但存量规划的工作范围比城市更新更大。

二、增量规划向存量规划转型的理论解析：土地产权与交易成本的变化

探讨增量规划向存量规划转型，须先论"道"，再谋"术"。缺乏理论上的深度分析，将会低估这种转型的价值和意义。增量用地和存量用地的区分本质上是由土地产权性质决定的，土地产权就应成为研究增量规划和存量规划的基本变量。制度经济学的产权和交易成本理论近年已广泛应用于城市规划研究中

---

❶ 数据来源于国土资源部部长姜大明在 2015 年 1 月 15 日全国国土资源工作会议上的讲话。

（桑劲，2011），借助这一分析工具有益于我们理解增量规划和存量规划的深刻理论内涵。

（一）城市规划与交易成本

经济学意义上的城市规划，就是通过有效的交易方式来实现空间资源配置效率的最大化。城市规划不仅要设计出空间资源配置效率最优的方案；而且要寻求适当路径将资源转移到高效使用者的手中。根据制度经济学的基本原理，由于交易成本的存在，市场机制不可能自动发挥作用来实现资源的最优配置。交易成本是人们在一定社会关系中形成合作所需要支付的成本。受到有限理性、信息不对称、机会主义、环境不确定性、交易信用等因素的影响，交易成本不可能为零。交易成本大小是由制度设计决定的，产权制度安排对资源配置效率有重要影响。由于初始产权状态未必是最优的制度安排，为了保证更高效率生产者获得资源的配置权，需要通过制度创新来降低交易成本。

无论是增量规划还是存量规划，都应该包括两方面的工作内容，一是设计空间，二是设计空间交易方式。前者是个技术过程，主要关注空间的生产成本，重视投入－产出效益分析，目标是追求空间资源配置效益最大化。后者是个政治过程，主要关注产权转移实现的交易成本，要设计一套规则，力求将交易成本降到最低。存量规划与增量规划相比，在空间生产方面，除了建造成本外，都包含对原产权人的补偿成本。只不过一个是支付给农民，一个支付给原业主。虽然补偿标准不同，但属于同样性质的成本。但在空间权转换方面，由于初始产权状态的不同，交易方式和交易成本则完全不同，这是存量规划与增量规划的本质差别所在。

（二）增量规划中的产权转换和交易成本分析

1.增量规划中的产权转换

增量规划中同样存在土地产权转换的交易行为，只是因为特殊的制度设计使得其中的交易成本可以忽略不计。还原土地的增量开发过程，可以简化为三个环节：

（1）政府向农村集体征用土地；

（2）政府通过基础设施建设开发，将生地变为熟地；

（3）政府以协议或招拍挂方式将土地出让给开发商进行建设。

分析上述交易方式可以发现，虽然在（1）和（3）两个环节发生了土地产权转换，但都是产权人与政府之间的交易，不是充分竞争状态的市场交易行为。政府对一级土地市场的垄断，决定了它在这个过程中居绝对强势和主导地位，无论是环节（1）中被征地的农民，还是环节（3）中买地的开发商，都只能面对一个垄断的交易主体，并没有平等的谈判权。而且从国家到地方，无论征地补偿标准还是招拍挂底价的设定，都有一系列明确的规范约定，无法形成完全竞争的定价机制。

从收益分配看，增量规划属于较为典型的帕累托改进。因为，在国家严格的土地用途管制制度下，土地功能转换的增值收益是巨大无比的。政府和开发商在这一过程中都是最大的获益者；被迫征地的农民获得的收益虽然只占很小份额，但相对于从事农业生产的机会成本损失，其收益在近期也是可以接受的。所以，在增量规划中大多数人是获益的，只是获益多少而已。增量规划主要的任务就是如何分配新增的利益。

2. 增量规划编制的交易成本

增量规划的这种制度设计，不仅大大减小了其中的交易成本，而且也使得产权置换与空间设计可以分隔为彼此独立的工作流程，规划师不必要介入环节（1）和（3）的土地交易过程，可以只在环节（2）中发挥作用。因此，增量规划基本可以视作一个交易成本为零的世界里的技术工作，规划师的任务就简化为依赖自己的专业知识，提供空间资源高效配置的方案。因为不涉及产权交易问题，规划师可以按照相对理想的方式进行空间设计。增量规划当然也需要进行经济分析，但这种分析是建立在规划师个人对未来的预判和各种假设前提下，并没有现实利益主体实质性地参与议价。这时的规划方案只是土地出让前在产权虚置状态下提前配置资源的预案，对于未来发展的安排带有相当多的预期性，也存在很大的不确定性。因此，规划方案往往需要保持较大的弹性。

3. 增量规划修改的交易成本

只要土地未出让，规划就可以根据外部形势变化、政府目标和潜在市场主体的需求随时修改变更。这种修改一般也不会遇到障碍，交易成本很小。但土地一旦由政府出让给开发商的环节（3）完成后，就变成了特定产权人掌握的存量用地。现实世界中土地产权置换并不是一次性完成的，因此增量规划的修改多数情况下面临的是增量用地和存量用地并存的状态，这时就开始进入一个交易成本不为零的世界。两种用地的比例大小决定了规划修改的难易程度，存量用地比例越高，规划修改难度越大。但一个较为有利的条件是，此时的土地尚未开发建设，还没有形成现实的利益格局；规划方案调整造成的损益都是虚拟的、预期性的。土地产权人即使存在争议，也由于产生的损益不是即时的、现实的，需要很长的周期才能兑现；有可能避免眼前尖锐的冲突，并可有充分的时间来消化这些矛盾。如果规划方案本身也更具有弹性的话，规划修改的交易成本仍可以控制在较低的水平。

（三）存量规划中的产权转换和交易成本分析

1. 存量规划中的土地产权交易

存量规划面临的是与增量规划完全不同的产权状态，建设用地使用权是分散在多个土地使用者手中，并已经形成现实的利益格局。存量规划是一个在众多分散的产权主体之间进行资源重新配置的交易过程。与增量规划相比，存量规划的土地产权交易方式趋于复杂和多样。先以拆除重建类城市更新为例，也可以将存量开发过程简化为三个环节：

（1）开发者从原产权人手中收购土地；

（2）拆除原有房屋设施，将土地变为净地；

（3）开发者获得净地，进行二次开发建设。

在上述环节（1）和（3）中，将发生土地产权交易行为。这里的开发者并非单一主体，有可能是政府，也可能是市场开发商，还有可能是原业主或其代理人。因此，城市更新的土地产权交易，既可以是政府与原业主的交易，也可以是原业主与开发商的交易，还可以是原业主自主更新改造而不发生交易。既可以是双方交易，也可以多方交易。交易成本总是存在的，交易方式不同，交易成本截然不同。

城市更新无论采取何种交易方式，最大的变化就是政府不能完全按照自己的意志处置土地。政府即使作为交易的一方，也需要与其他产权人进行平等的协商谈判。除了那些以行政划拨方式取得土地、产权较为单一的国有企业旧厂区的搬迁置换等少数改造项目中，政府仍有可能发挥较强的主导作用外（冯立，唐子来，2013）；在其他交易过程中，政府并不总是居于优势地位❶。特别是国家修改拆迁补偿法律后，政府的权力空间被进一步压缩❷，城市更新改造越来越趋向于一个市场主体之间的交易过程。政府的角色更多的是充当协调者仲裁者，制订交易规则，维持公平环境和社会稳定，促使交易各方达成一致意见。

存量规划中的闲置土地和违法建设用地处置，其本质也是一个产权和利益的交易过程，也面临类似的形势和问题。尽管在这个过程中，政府相比城市更新有可能发挥更强的主导作用；但同样也要经历与既有产权主体的艰难谈判和多重博弈。政府选择不同的处置方式，交易成本也有很大的差别。

---

❶ 如深圳市政府主导的旧住宅区鹿丹村改造，从 2001 年政府做出改造决定到 2014 年 8 月完成全部拆迁工作，历时长达 13 年之久。进程如此曲折漫长，一个重要原因就是因为业主数量多且分散，就改造补偿方案难以达成共识。

❷ 2011 年 1 月国家颁布的《国有土地上房屋征收与补偿条例》明确将政府征收房屋的权力约束在国防和外交、基础设施、公共事业、保障性安居工程建设等公共利益的需要，同时还规定对被征收房屋应以不低于类似房地产的市场价格进行补偿。

2. 存量规划中的空间收益分配和面临的困难

土地再开发增值收益的获得和分配，是存量规划最重要的关键环节。增量规划的增殖收益是由于土地用途的转变而固有的，而存量规划面临的第一个难题就是如何获得更多的空间增殖收益。没有空间收益的规划方案是无法实施的，这也是计划经济时期北京、上海等特大城市的人口难以疏解、旧城保护难以成功的根本原因所在。上海中心城"双增双减"的成功实施，是依赖外围新区新城开发的增量空间收益。在这个过程中，由于政府统一掌握着增量土地收益，有可能在更大范围内进行空间发展收益的统筹、协调和平衡。而深圳当前实施存量规划的困难，是在空间扩张受到约束、缺乏外部增量用地收益支持的条件下，如何就地平衡空间损益。用地功能的转换和开发强度的调整成为获取空间增值收益的主要途径。

其次，存量规划收益来自空间资源的重新配置，是对既有利益格局的调整。与增量规划不同的是，这种调整可能是非帕累托改变，导致有人受益，有人受损。如建成区中新修一条道路、新建一所小学或新开一家商场，给不同区位的居民带来的影响是完全不同的。这种调整造成的损益是现实的、即时的，必须直接面对和马上处置。因此，存量规划要解决的第二个难题，就是如何将获得的空间增殖收益对受损者以合理的补偿，从而将非帕累托改变转化为帕累托改进。

再次，由于情况复杂多变，给业主造成的损益往往难以精确计算。加上产权界定的模糊、信息不对称以及业主机会主义行为的影响，达成一致意见十分困难。存量规划的第三个难题，就是必须制定一套行之有效的规则，来减少交易成本。既需要整体制度系统的顶层设计，也需要具体个案的操作性规则探索。深圳城市更新之所以能够顺利推行，就是通过一系列制度设计，统一了更新收益分配的规则，也较为清晰地界定了更新前后的产权归属，使得规划编制和实施中的交易成本都大大降低了。

3. 空间设计与规则设计的过程统一

用地功能和开发强度的调整是存量规划的核心内容，也是空间增值收益的重要来源。因此，存量规划的空间设计就不可能是完全脱离产权交易环节的技术过程。不同的空间设计方案不仅将产生不同的收益分配结果，而且也将形成不同的产权交易方式。交易方式的选择本身就是存量规划的重要内容，空间设计与规则（制度）设计始终是密不可分的。

仍以深圳的城市更新为例，综合整治、功能改变、拆除重建三种更新改造模式，不仅是三种不同的规划类型，实际上也是规划和产权转换的三种不同方式：（1）综合整治基本不涉及土地规划调整和产权置换；（2）功能改变涉及土地规划调整，但基本不涉及产权置换；（3）拆除重建既涉及土地规划调整，也涉及产权置换。因此，选择哪种城市更新模式，不单是不同规划方案的比较，同样也是不同交易方式的选择。拆除重建采取的是原有产权归零、空间权益完全重新配置的一种交易模式，空间收益最大，但交易成本也最大。而综合整治和功能改变则是在原产权不发生交易的前提下，提高资源配置效率的工作模式。综合整治交易成本最小，但相应的空间增值收益也最小；功能改变类更新介于前两者之间。

对于闲置用地的处置，也存在多种方案的比较与选择。可以保留原产权人的土地使用权不变，但需要补办手续延长开发期限，或调整规划条件；也可以收回土地使用权重新出让，但需要给予原产权人必要的补偿，或置换土地。无论选择哪种处理方式，都将涉及对原有规划方案的调整。而此时规划修改，不仅关系到本地块的利益关系调整，还要充分考虑对周围地区的外部性影响。

对于违法建设用地处理，可以选择的办法和措施包括：(1) 强制拆除违法建筑后，土地收归国有重新出让；(2) 没收土地和房产，转为国有；(3) 保持现状建设，进行处罚后补办手续转正，等等。但违法建设问题的存在，都有极端复杂深刻的历史原因❶。现实状况往往是合法与违法建筑混杂难以区分，权属不清，利益交织，矛盾冲突尖锐。无论采取哪种方式，实施操作都面临巨大困难和挑战。规划设计方案必须充分评估规划实施的交易成本。

存量规划必须以现状产权为前提条件，在进行空间设计的同时，研究产权转移的交易成本问题，进行相应的规则设计。

三、存量规划编制思路和方法的转变

增量规划向存量规划转型，不仅具有深刻的理论意义，对于城市规划编制技术体系和管理制度体系也将产生巨大的现实影响。在国家空间规划体系的制度改革走向尚不明朗的形势下，笔者先基于现有规划体系的基本框架，从战术层面探讨各层次规划编制的应对策略。

（一）面向存量空间管控的总体规划转型

增量规划向存量规划转型，对于现行总体规划编制和管理的冲击是最大的。笔者此前曾撰文分析过深圳总体规划转型的动因和路径（邹兵，2013），但严格

---

❶ 在深圳，尽管 2004 年已经名义上完成全部土地的国有化，但目前由原农村集体经济组织实际占有的土地仍然有 300 多平方公里，其中建设用地占全市 1/4 以上。大部分都是违法建设用地，堆积了数亿平方米的违法建筑，成为制约城市持续发展的巨大障碍。

来说，深圳 2010 版总规并不能称为完全意义的存量总规 ❶；作为转型过程中的探索实践，仍保留着相当多的增量型总规的内容和特点。真正面向存量空间管控的总体规划，应是在用地规模锁定、开发边界划定、生态底线确定、空间格局基本稳定的"四定"约束条件下，寻找城市持续发展的战略路径。存量型总规只能通过结构调整来容纳新的增长，要在宏观层面为空间结构转换提供一个战略性、方向性的框架指引。在编制技术方法上应有如下转变：

1. 总体思路，由"以需定供"转向"以供调需"

增量总规一般遵循需求导向，先确定城市发展的需求，再对其进行安排空间布局。那么，存量总规可能就是反过来，在空间布局保持基本稳定的前提下，选择适合发展的内容，对于需求必须有取有舍。对于那些必不可少的重大项目带来的空间布局调整需求，也要尽量控制在小规模、小范围地审慎进行，不可能采取手术刀式的大尺度、大手笔调整，要充分评估结构调整的收益和成本。对于那些虽然能够促进经济增长、但空间无法容纳的项目也只能舍弃割爱。

2. 空间管制，由"三区"转向"四线"控制

增量总规的管制目的是约束城市建设用地增长边界，重点在于"三区"（适建区、限建区、禁建区）控制；存量总规的管制重点，应放在城市建设用地内部的"四线"（绿线、紫线、蓝线、黄线）控制。特别是加强城市公共绿地和历史文化遗产的保护，防止城市更新改造过程中侵占和破坏行为。

3. 结构布局，由"功能定用地"转向"用地调功能"

增量总规通常遵循的工作思路，是先确定空间结构和功能结构，再依据标准规范来设定相适应的用地结构。而存量总规不同，只能通过用地结构的调整来改善城市的功能结构，实现人口就业、居住、交通、游憩等各方面职能的平衡。要确定存量用地结构调整的目标和路径：对于城市更新，需要确定不同更新改造模式涉及的用地调整总量、比例和布局；对于闲置用地，要提出延期、收回、赎买回购等不同处理方案的适用范围，作为空间腾挪、用地置换的指引；对于违法建设用地，要提出拆除清退、罚没、转正等不同处理方式的规模和布局。但在宏观规划阶段确定的这些目标，都只能是预期性或指引性的。在没有进行仔细的产权和交易成本分析之前，需要保持足够的弹性。

---

❶ 深圳 2010 版总规按照国土统计口径，有 59km² 的新增建设用地指标；而按照城市规划口径则更多，2006～2020 有 161km² 的增量。相比过去可称为"微增长"，但并不是"零增长"。现正在编制的上海 2040 总规，明确 2040 年建设用地规模控制目标与 2020 年相比保持不变，仍然控制在 3226km² 以内。但从现状用地的 3070km² 到 2020 规划控制规模目标，仍有 156km² 的新增用地指标。只能说是在规划目标上实现了"零增长"。

4. 规模控制，由用地总量控制转向建设总量控制

在城市的实际发展过程中，建筑规模和产业、居住、商服、办公等各类功能建筑的构成关系，比建设用地更能准确地反映城市功能布局的合理与否，对于城市运行质量和效率的影响更为直接。但增量型总规对此的调控是基本缺失的，只有在控规层次才通过容积率对建设总量进行管理。这种中微观层次的局部管理，无法满足全局性的调控要求。在用地功能和容积率都具有很大变化弹性的条件下，表面上合理的建设用地平衡表完全可能形成建设总量和功能失衡的城市空间。这是城市粗放扩张背景下同样粗放的城市规划管理模式的体现。存量总规对城市功能结构的调控，必须由"用地平衡"转向"建筑平衡"。需要在总体层次上明确全市及分区的建筑总量和比例控制要求，防止由于城市更新导致的建设总量失控和功能结构的失衡。

（二）面向存量用地管理的控制性详细规划转型

相比总体规划，直接面向开发控制的控制性详细规划更早地遭遇到存量用地管理的难题，许多城市的实践也积累了一定的应对经验（张波等，2015；张帆，2012）。存量控规与增量控规相比，需要转变的思路是：

1. 更加尊重土地产权人的权益

增量控规作为政府出让土地的前置条件，既是对今后开发建设行为的控制引导，也体现了政府对于城市未来发展前景的法定承诺。其作用是抵御市场变化可能造成的风险，解决土地开发中的信息不对称问题。但存量控规完全不一样，不是在一张白纸上描绘蓝图。虽然也有对开发建设行为的控制引导功能，但这是建立在保护原权利人的利益基础上。规划首先是对既有空间权利关系的法律界定，目的是防止土地再开发引起的"负外部性"。从这个意义上说，存量控规更接近美国纽约的 Zoning。

2. 更加重视现状用地的产权状态分析

基于对原业主合法权益的充分尊重，存量控规对于用地现状的分析必须紧密结合土地的产权归属和已批的规划权益等信息，这在增量控规中是容易被忽略的。规划师经常容易犯的错误，就是把已批未建用地当作新增建设用地来规划。这些尚未建设的地块看上去是空地，但实际上产权可能已经转让，用地权利和开发条件已经界定，规划必须尊重原有用地合同设定的权益而不能随意调整。如果不能充分掌握这些信息，规划方案就难以准确反映土地使用者实际拥有的权益关系，规划的合理合法性都将受到质疑。不仅无法有效实施，而且可能使规划行政部门陷入产权争执的法律纠纷之中。因此，规划和现状信息管理的"一张图"工程建设就变得至关重要。

3. 更加重视规划编制的工作过程

与增量控规相比，存量控规的工作程序比结果更重要。增量控规中的土地产权主体是虚设的，进行意见征询和公众参与的目的实质上还是一个广泛收集信息的咨询过程。而存量控规是在有明确的土地产权主体条件下开展的，牵涉复杂利益的协调，必须充分尊重产权人的意愿。这时候的公众参与就不是简单走形式的意见征询，更不是做秀式的宣传推介；而是直接利害相关人实质性参与的协商和谈判过程。这对于规划从业人员的专业技术能力、综合协调能力、社会活动能力和沟通谈判能力都提出新的挑战。规划师不仅要进行空间设计，还需要考虑不同交易方式带来的成本变化，需要参与降低交易成本的规则设计。

（三）面向存量优化的基础设施专项规划转型

存量规划的对象不仅是存量用地，还包括已建成的公共服务、交通、市政等空间支撑系统。国外经验表明，即使在城市结束空间扩张、新的土地开发活动基本停滞的阶段，交通和市政基础设施的改善工程也将持续相当长的时期。对于刚经历过快速增长的中国城市，尽快弥补粗放扩张过程中累积下来的基础设施历史欠账，提高城市支撑系统能力，以及基础设施系统自身的改造更新，都是需要长期持续推进的工作，甚至是存量规划最主要的任务。

存量发展时期的基础设施规划编制思路，重点不是新的设施项目建设，而是现有设施系统的完善。应是建设与管理手段并举，充分挖掘已有设施的潜力，节约资源，提升系统整体运行效率。存量规划中的交通和市政设施建设，都是在建成区动工，不得不经常面对"邻避现象"的挑战。规划中必须充分考虑设施建设的正负外部性效应，一方面在规划设计上要运用低碳、生态、环保等先进技术，减轻在环境、资源方面的负面影响；另一方面，要特别重视规划过程的公开性和合法性，保证公众的知情权和参与性，降低规划实施的社会风险。

在增量规划中，交通、市政专业往往是城市规划专业的配套，基本是被动满足用地规划的功能要求。但在存量规划编制中，交通、市政就不是被动的配套，而将成为土地规划调整的约束门槛。基础设施的服务和承载能力，是规划确定开发功能和总量的前提条件。面对土地空间资源的紧缺，要倡导基础设施建设与土地综合开发相结合的模式，提高城市运作效能。

四、存量规划对现行规划管理制度体系的挑战

增量规划向存量规划的转型，对于现行规划管理制度体系的冲击远比规划编制技术方法改变来得更加广泛而深远。这种影响是全方位的，将可能倒逼国家规

划审批监管制度、地方规划管理模式、规划设计机构的运作机制等各方面制度安排都必须进行重大变革。

（一）对国家规划审批管理体制的挑战

城市总体规划是中央对地方发展建设行为进行管控的重要制度安排，也是地方向中央表达利益诉求的重要平台。国家通过严格的总体规划审批制度，保证了对重要的地方城市发展的干预权力。城市建设用地规模指标、城市发展方向和空间结构、重大基础设施布局等总规的强制性内容，既是决定城市长远发展的战略性要素，需要国家进行重点管控；同时也是地方政府争取国家支持的重点内容，并成为地方政府高度重视和主动推进总规修编工作的主要动因所在。但是，这些增量总规的关键要素在存量总规中都基本成为不变的恒量。而存量总规关注的主要内容：人口居住就业分布、建设总量和比例、基层公共服务和交通市政设施配置和布局、城市设计风貌等，基本都属于地方性事务，至少不是国家管控的强制性内容。

关于土地管理的事权划分，早在 2005 年《国务院关于深化改革严格土地管理的决定》（国发 [2004]28 号）已经明确规定："调控新增建设用地总量的权力和责任在中央，盘活存量建设用地的权力和利益在地方。"这从正式制度安排上，就增量和存量用地的管理在中央和地方之间划定了责任和权力的明确边界。可以预见的变化是：进入存量发展阶段后，城市政府通过总规修编寻求国家政策支持的冲动将大大降低；总体规划作为调控城市长远整体发展的手段，在政府行政系统中的地位和作用可能也随之被削弱。如果这一推断是成立的话，国家规划主管部门管理职能面临的挑战是十分严峻的。除了少数具有历史文化名城和风景名胜区称号的城市外，对于其他城市的监管将可能面临丧失管控抓手的尴尬境地。

但从另一角度来分析，这是否预示着国家城乡治理方式将可能发生一次巨大变革：存量发展时期的城市规划将逐步转为地方事权，城市总体规划修编将更多反映地方发展意愿并成为城市政府的自主行为，规划审批和监督的责权将由国家和上级规划行政部门转为地方人大。这一重大变革对于城市发展以及城市规划将造成怎样的影响？利弊得失如何？对此规划界显然还缺乏应有的理论思考和必要的应对准备。

（二）对地方规划管理部门工作的挑战

进入存量规划时代，地方规划管理模式也将面临以下变化带来的挑战：

1. 规划工作重心的变化

增量规划时代，规划部门的一项重要职责就是组织编制规划，将规划覆盖到需要进行开发控制的区域，这个时期特别强调法定规划的刚性、严肃性、权威性，以及规划编制的全局性、系统性，加强规划的集中统一管理是必要的。但存量规划时代，建成区已经基本实现了规划的全覆盖，规划部门的工作重心将由新编规划转向规划的动态维护，规划的频繁修改将成为日常工作。存量规划以空间资源重新配置的增殖收益为基础，增量规划中作为刚性控制指标的用地功能、开发强度等就不可能是一成不变的要素，必须保持更多的弹性。面对城市再开发的旺盛需求和复杂多变的情况，无论是法定规划修编的漫长周期，还是规划委员会等复杂冗长的决策程序，都无法满足实际的管理操作要求。规划管理的重心必须向基层下移，必须赋予基层规划管理人员必要的自由裁量权。这不仅对于规划管理人员的专业素养和应变能力提出了更高要求，同时也加大了规划管理的行政风险。

2. 规划编制主体的变化

以往城市规划作为一项政府职能，规划编制的组织主体基本都是政府，主要委托下属事业单位性质的规划院承担。但存量规划时代，由于土地产权的多样化和分散化，这种单一由政府组织和委托编制规划的模式将发生根本变化。可能的演变趋势是：由各个产权主体自主委托编制更新改造规划，报政府审批。规划部门的角色由原来的组织者变为技术指导者和审查者。市场主体编制的规划，通过一定的审批程序同样可以法定化。例如，深圳的城市更新单元规划就是由开发主体自己委托编制，由规划部门审查后报规划委员审批，可以与法定图则具有同等效力。

3. 规划管理职能的变化

土地开发控制是规划管理的主要工作领域，国家法律授权的"一书两证"许可制度是主要的管理手段。但很显然，"一书两证"较为适应增量规划时代新建项目的过程管理，无法延伸到项目建成后的使用、运营、维护、修缮、更新过程以及物业的保值增值。这些内容是存量规划特别关注的，但其管理责权却并不都归属于规划部门。除了拆除重建类城市更新项目，可以基本继续沿用以往的"一书两证"的行政许可管理程序外，其他类型的更新改造并不完全受规划部门的管控。存量规划实施的许多关键环节，如闲置土地的回收回购、违法用地的查处等，国土部门的政策措施往往比规划部门更加有力有效。城市更新中的拆迁补偿标准、土地出让方式、土地增值收益再分配机制等等，也都离不开国土部门的政策支持和制度变革。广东"三旧"改造（旧城镇、旧厂房、旧村庄）之所以能够顺利推行，也正是因为在土地政策方面有所突破。以建设项目管理为核心的规划管理已经难以应对存量规划时代的空间资源优化配置需求，这也许是一些转向存量发展的城市近年来都实施了规划国土部门合并的体制改革的重要原因。此外，与存量管理相关的不动产税征收、地价评估、房产转让、工商管理、物业管理等方面的政策法规，对于存量规划实施都具有十分重要的影响，但这都不是规划部门可以左右的。

（三）对规划设计机构运作机制的挑战

无论是规划行政部门下属的事业单位性质的规划设计院，还是已经改制的规划国企，以及近年来发展很快的高校、民企规划机构，基本都是采取以项目运作为核心的生产经营管理模式。这种模式能够理清规划行政与技术的边界，有助于提高工作效率，但也割裂了规划编制和实施的关系，较为适用于关注目标和结果的增量规划模式。但在存量规划时代，规划编制和实施实际上是一个难以决然分开的整体过程：（1）需要与各利益主体进行多次反复协商、来回博弈；（2）需要对历史的规划、合同、产权、地籍情况信息有充分的了解掌握；（3）需要对不断变化的情况进行持续跟踪、及时更新反馈。这注定是一个耗时漫长的工作过程；（4）需要保持人员的稳定性、工作延续性、服务长期性、反馈的及时性，这是目前规划院以项目运作为主体、注重生产经营效益、以结果为导向的工作模式难以适应的。

但另一方面，存量规划时代规划编制组织模式的变化，广大业主自下而上进行调整修改规划诉求，对于规划设计机构也提出了巨大的咨询顾问需求，对于规划设计行业也是一个巨大的发展机会。与传统规划院只需要单方面了解和落实政府意图不同的是，存量规划要求规划设计机构更加贴近市场，要了解开发主体的意愿诉求、运作模式，帮助进行运营策划、财务分析、成本核算等，真正发挥咨询和桥梁作用。

由此，存量规划对于规划设计机构的影响，可能导致行业的进一步分化：一部分专注于服务政府管理，主要工作是对法定规划进行动态维护和日常适时调整更新，定位为非营利的公共机构，如深圳的法定机构；另一部分将面向市场主体提供专业化的规划服务咨询，是规划院市场化、企业化改革进一步推进的必然结果。如何在市场化过程中保持规划基本道德准则和职业操守，对于规划行业的健康发展也是一个重大挑战。加强城市规划行业组织建设、建立健全行业自律的机制成为当务之急。

存量规划对于规划工作的长期性、持续性和地方性要求，还可能催生一项新的规划制度安排：社区规划师。社区规划师制度的建立和推广，对于规划行业发展也可能带来新的变化趋势：弱化规划师的单位属性，突出个人责任。这时候，注册规划师的价值和作用有可能真正体现出来。

五、结语

增量规划向存量规划转型，对于城市规划的理论研究、编制技术方法和管理体制都将带来较大的变化，但这种变化对于"学校的规划师"、"设计院的规划师"和"规划局的规划师"的影响程度和冲击力度是有很大不同的。

随着经济学、社会学、法学的理论知识不断被引入城市规划研究中，城市规划早已不是单纯以工程设计为理论基础的学科。但无论存量规划还是增量规划，其工作核心对象仍然是土地使用以及相关的空间支持系统，这决定了其学科理论基础不可能完全脱离工程技术。制度经济学等分析工具的引用有助于更加深刻理解规划转型的内涵，但这种转型并不一定会引发规划学科理论基础的革命性重构。

增量规划与存量规划从来就是城市规划紧密联系的两个方面内容，存量规划一直都存在于城市规划工作之中。增量规划向存量规划转型，需要对传统规划的编制内容和方法进行较大的变革，但也未必要以彻底颠覆既有的规划体系为前提。已经率先进入存量发展阶段的深圳，针对城市更新规划建立了一套相对完整的实施操作体系。但都与现有法定规划体系进行了充分衔接，保持了整个规划编制体系的相对稳定和规划实施的持续可控。存量规划的空间设计需要考虑更多的变量和约束条件，但仍然是规划不可放弃的主体内容。

增量规划向存量规划转型，影响最为深刻和长远的是现行的规划管理制度体系。从国家规划审批监管制度、地方规划管理模式、规划设计机构的运作机制等各个方面，即将受到的挑战和冲击可能是过去没有遭遇过的。如果把这种转型仅仅理解为规划理论和技术方法的改变，而不在制度建设方面提前做好应对准备，将可能导致城市规划部门在存量空间管理中丧失话语权的不利局面。规划设计机构的运作机制如果不及时进行调整，将可能在未来的市场竞争中被淘汰出局。

就城市发展而言，像深圳这样只能完全依托存量空间的城市，选择的转型发展路径是十分艰难的。幸运的是，深圳在城市转型到来之前，已经形成了效率相对较高的空间结构和支撑系统；目前仍然保持了良好的发展态势。对于其他尚处于增量和存量发展并重阶段的城市，应充分利用日益紧缺的增量空间资源来促进存量空间的调整优化，实现城市整体空间结构的改善，为今后城市的全面转型提前奠定空间基础。

（撰稿人：邹兵，博士，深圳市规划国土发展研究中心，总规划师，教授级高级规划师）

注：摘自《城市规划学刊》，2015（5）：12-19，参考文献见原文。

以改革为背景谈城乡统筹规划的方法

导语：以城乡一体化为目标的新型城镇化之路，绝非"毕其功于一役"的社会革命，而是围绕人文本位为核心，逐步撑起一个立体的新型发展结构，最后形成以人的发展为主要脉络并一以贯之的社会系统。这就要求城乡统筹规划在实践中不断地完善，脱离直觉规划，走向系统规划。本研究论述了这一规划转型的过程，并认为中国未来的改革需要关注三件事：边缘革命、区域竞争和思想市场。城乡统筹规划的具体方法与这三件事密切相关。首先，应通过城乡统筹规划建立全社会共同的底线，目的在于规范市场，优化服务；面对区域竞争，城乡统筹规划应以全民规划为导向，纠正地方政府的偏好和干预，利用规划指引的方式迅速介入地方城乡发展中的现实问题和矛盾；为了实现城乡思想市场的长久持续繁荣，城乡统筹规划应本着和合共生的文化理念，以和而不同的态度容纳文化的多样性，从而发挥城乡文化的持续创造力。城乡统筹规划的具体方法可以概括为持守底线、顺势而为和多元包容。

一、绪论

为了扭转近代中国积贫积弱的局面，孙中山先生发表了《建国方略》，对中国的现代化进程进行了系统化的规划，自此空间规划正式登上了中国改革与发展的舞台。无论有怎样的艰难险阻，迄今为止，在规划的推动下，中国的国家空间结构已经完成了四次转变，基本形成了我国参与全球竞争的空间格局。改革开放后30多年中国城镇化进程提速，在取得举世瞩目成就的同时，社会、经济、生态等方面的宏观负效应集中爆发，宣告这种传统城镇化的道路走到了尽头。中国的传统城镇化道路有诸多缺陷，其中最严重的问题是城乡二元发展。目前中国政府正在努力转变城镇化的发展模式，全面推进新型城镇化的进程，其根本的方法是统筹城乡发展。

城乡统筹规划的研究与实践工作，是城市规划领域对于我国统筹城乡发展战略的具体落实，是我国新型城镇化进程中的规划技术保障，也是城市规划学科完善自身理论、充实规划方法的重要路径。城乡统筹规划是中国特定历史时期系统性的城乡发展策略和社会治理构架，城乡统筹规划的方法，就是城乡规划领域促进城乡一体化发展的改革方法，所以在谈规划方法之前，必须梳理中国改革与发展的总体脉络。

二、中国改革与发展的三项命题

科斯（Ronald H. Coase）在系统阐述中国的改革之路时曾分析过中国从单一市场经济走向多元市场经济的历程，从其论著中可以获取三个词组高度概括中国改革与发展的三项命题：边缘革命、区域竞争和思想市场。

在中国社会全面实现城乡一体化之前，城乡统筹规划将是城乡规划领域最重要的工作内容之一。中国改革与发展的这三项命题，城乡统筹规划无法回避。城乡统筹规划的方法，一部分是改革所释放的红利，另一部分就是改革本身；也即是说，社会改革的进程会激发出一些规划方法，而规划方法本身也会推动改革。所以对于城乡统筹规划的方法，应将其作为中国改革的探索对待，同时也应思考这些源自规划领域的努力对于整体社会前行的意义。

首先，确保社会边缘群体的权利实际上就是确保社会共同的底线，这一点与秦晖教授的"底线意识"不谋而合，秦晖教授认为共同的底线就是争取最低限度的自由权利和社会保障，城乡统筹规划公共政策设计的出发点应该是保障公民的自由权利。

其次，为了避免地方政府的恶性区域竞争，纠正地方政府的偏好和干预。城乡统筹规划应引导区域协调发展，同时也应把握城乡要素流动的趋势并顺势而为。统筹城乡发展应改变目前以空间扩张为特征的传统城市化道路，在地区发展潜力识别的基础上进行规划引导，达到"精明增长"的目的。区域竞争的重点应从争投资、争土地、争权力转向促进城乡要素的充分流动。

还有，应通过城乡统筹规划达到传承、发扬乡土文化的目的，一些特殊地区、敏感地区的统筹城乡发展应得到规划领域的广泛关注；城乡规划领域的"思想市场"应充分开放，为社会经济的发展发挥智库的作用。

所以城乡统筹规划对于边缘革命、区域竞争和思想市场这三个命题的应对方法是持守底线、顺势而为和多元包容。

三、持守底线

（一）保护交易

为了充分保障农民利益，促进市场经济空间上的统一城乡统筹规划最基本的工作就是提供农村产权市场的定价参照，以此保护交易。

城市规划已经具备了较为完善的措施用以确认资产潜能和保护交易，包括通过确定控规的指标体系并作为"招拍挂"的前置条件，通过一书两证制度控制开发流程，通过规划公示制度确保信息对称等。目前中心城区的规划体系是严密和完善的，所以公众对于资本的预期比较明确，产权交易的体系也十分完备，尤其是信息公开比较透明，避免了内幕交易和不完备的产权交易。

反观目前规划体系并不完备的地区，包括城乡接合部和广大农村地区资产的前景并不明确，交易的保护机制也不完备。所以农民并不知道自己资产的价值，也不能够将资产变为有效的资本，再加上信息公开并不完善，很有可能陷入产权不完备的交易中去，这也是小产权房产生的背景。

再回过来看城市建设用地的定价机制，当然这是一个复杂的定价体系，但是规划是市场定价的一个公认标尺，区位条件、开发类型、建设指标基本决定了资产的价值。所以目前城市建设用地的定价机制是以城市规划为核心的。不难推想，城乡统筹规划可以成为农村产权交易体系定价机制的核心。对于宅基地的价值来说，未来与服务节点的关系、新农村规划建设水平等因素是定价的关键，对于农地来说，地力、规模、承包租赁的条件是定价的核心；对于农村集体经营性建设用地来说，开发的前景直接决定了定价。所以农村产权交易体系也是以规划为核心进行定价的，因为无论城乡，对未来的预期都决定了资产的价值。之所以城乡统筹规划能够有推进"还权赋能"的能力，是因为规划和定价基本上就是一回事。一直有人在发问，城乡统筹规划的范围到底在哪儿，实际上回答这个问题很简单：需要定价的东西都得做规划。

因为城乡统筹规划具有农村资产的定价权，能够保障农村产权交易体系的运行；城乡统筹规划具有保护交易的功能，能够通过基层民主治理、规划的公众参与，降低交易风险和交易成本，最终达到社会建设和市场经济协调发展的新局面。所以，多规合一、城乡统筹规划、农村产权交易体系、农村社会治理是环环相扣、密不可分的，城乡统筹规划对于市场经济的直接贡献在于主导定价和降低交易成本，间接贡献是推动农村社会的健康发展。所以判断城乡统筹规划的方法是否有效，首先要看农村的产权交易是否真正活跃。

（二）加强劳动力转移与就业中的公共服务

在农村劳动力转移人口市民化的问题上，应有足够的历史耐心，世界各国解决这个问题都用了相当长的历史时期，关键是不论人们在农村还是在城市，该提供的公共服务都要切实提供，该保障的权益都要切实保障。

经过近 30 年的发展，中国农村劳动力人口的空间流动已经基本完成，现在的目标是促进农村劳动力人口的社会流动。所以在中国现阶段，提供针对转移劳动力的制度性公共服务至关重要，目前已经有 2 亿多农民工和其他人员在城镇常住，国家推进农业转移人口市民化的基本政策是坚持自愿、分类、有序三个原则。

根据国家对于农村转移劳动人口市民化的导向，城乡统筹规划需要综合考虑城镇化人口和回流人口的公共政策设计，在目前的政策范围内，一方面可以利用大城市周边的农村集体建设用地建设农民工公共租赁房，另一方面要科学规划新农村社区的规模和布局。

针对我国农民工的公共租赁房，一方面是要降低成本，选取农村集体建设用地兴建此类公租房可以大大降低土地成本；另一方面从选址和规划标准方面来说，也应达到现代化居住社区的平均水准，这也是规划的底线，日本东京在20世纪60～70年代兴建了大量针对劳动力转移人口的公共租赁房，这些项目并没有因为公共租赁房的性质降低住区综合标准，比如东京20世纪60年代第一处公共租赁房——江东区辰已1～10项目，区位条件优越，有地铁直达辰已（60年代这里并没有地铁，离中心区稍微有点偏，但是到银座地区的直线距离也不过4～5km）。东京公共租赁房更新的方式为滚动开发，局部一点点地更新。这些规划方法都值得我们借鉴。

考虑到劳动力转移人口的回流，新农村社区应有总体的规模控制和规划引导。新型城镇化规划预计全国整体城镇化水平将会达到60%，但是不同地区也会在阶段上有所差异。有的地区新农村的规划规模过大，就目前城镇化水平来看也属于投资浪费，更不用说未来还有增量的劳动力转移人口入城；也有的地区新农村的规划规模过小，因为通过"增减挂钩"政策农村集体建设用地流向了中心城区，这样在经济周期收缩，回流人口增加的情况下又不能满足需求，在目前的情况下，地方政府是无法判断城镇化具体的最终状态的，所以不妨先暂缓新农村的房屋建设，一方面先分批次解决好农民工市民化的问题，另一方面观察判断好回流人口的动向，待城镇化的格局初定之后，才能确定新农村的总体规模，避免盲目建设。所以说城乡统筹规划在现阶段的重点是从规划的角度建立社会治理的规则，而不是继续推动新农村房屋的建设。

四、顺势而为

（一）纠正地方政府的偏好和干预

在过去的30年中，相信中国几乎所有的地区都在区域竞争的浪潮中完成了巨大的经济增长，但并不是所有的地区都获得了充分的发展，因为发展本身就意味着结构优化，而事实是很多地区的发展结构都存在严重的失衡现象。这一发展缺陷很大程度上是因为地方政府的偏好和干预引起的。地方政府最典型的偏好是大规模投资，引发资本深化和就业弹性下降；最经常的干预就是行政性地配置土地资源，而这两种行为是贯穿在一个逻辑线索中的。

一方面，只要地方政府持续面临经济增长上的激烈竞争，那么地方政府财政支出中的基本建设支出就具有资本密集倾向；另一方面，地方政府通过招商引资又进一步提高了资本密集度，于是地方政府的支出与 GDP 的比值持续提高，导致就业弹性逐渐下降，而为了保持在竞争中的优势，地方政府不得不行政性地将土地配置为工业用地。所以高增长、低就业和粗放的土地使用这三个现象是紧密联系在一起的，为了不再挤占农民的生存空间，这一招商引资的循环必须打破，釜底抽薪的方法就是限制工业用地扩张，用优化城乡用地结构的方法保护农民的发展空间。

首先，要通过城乡统筹规划限定各类建设用地的增长边界，尤其是在目前农村集体建设用地入市的前提下，通过城乡统筹规划划定城乡各类建设用地的要求更为迫切。如果仅仅控制住了中心城区，而全域内总体城镇建成区还在扩张，就失去了建设用地总体调控的意义：如果仅控制住城镇建设用地，而将农村集体建设用地放任自流，这部分用地也会变相开发为实质上的城镇建设用地。所以，应通过全域规划明确划定全域范围内所有类型建设用地的增长边界，这样才能发挥城乡规划的调控职能。

只有精明增长是唯一出路。较高产的良田一般都是在城市近郊，也是资金投入最多的良田，如果计算综合效益的话，城市空间扩张中占用郊区高产农田并不合算，从全国范围来看，还有 $5000km^2$ 的工矿建设用地处于低效利用状态，占全国城市建成区总面积的 11%，此外还有大量城市地下空间有待开发，所以城镇建设用地存量开发的潜力很大。基于各种限制性因素综合考虑，精明增长应成为城乡统筹规划空间优化的主要手段。

空间增长是不可避免的，"精明增长"一词意味着开发可以是积极的，城乡空间应通过规划塑造成最明智的形态。将中心城区作为规划重点的城市总体规划不能起到精明增长的引导作用，只有尺度合理的区域规划才能有效地从全局出发进行空间组织，建立城乡联系紧密的"横断系统"根据从乡村到城市连续断面的逻辑进行规划。

（二）城乡统筹规划指引的羁束与服务

城乡规划主管部门在法律法规和规范条例之外还应提供城乡统筹规划的行动指南，这些具体的行动指南就是为了解决地方城乡发展中的现实问题和矛盾。而且客观地说，将城乡统筹规划纳入法定规划的体系、完善城乡统筹规划的编制办法、建立相关的技术规范和标准，需要漫长的讨论和复杂的程序，在规划实践中，规划师和管理人员需要的是规划领域具体技术的政策制定和引导。城乡统筹规划是目前城乡规划编制和管理的重点，亟需出台规划指引，以支撑立法工作周期内的规划编制工作需求。

英国的"规划指引"政策体系对我国城乡统筹规划的编制和管理具有借鉴意义。2012 年版的英国《国家规划政策框架》(National Planning Policy Framework) 是一份结构性的规划工作指南，制定实施国家规划政策框架是政府改革的部分，力求使规划系统不太复杂，极大地简化有关规划政策的规定。作为附件，《国家规划政策框架技术指南》(Technical Guidance to the National Planning Policy Frarrewo) 对于洪水和矿产等问题进行了更为详细周密的规定。

英国的规划指引中明确指导了地方、邻里规划应该做什么，比如在第三章"支持农村地区的经济繁荣"中，指引提出地方规划要支持地方旅游，要促进本地社区服务的发展，要促进农业的发展和地区多样化等。由于英国的规划法体系非常完善，所以我们看到的规划指引基本上都是服务性的内容，羁束性的内容较少。而在中国，立法本身就是城乡规划理论和实践的弱项，所以城乡统筹规划的指引必须同时体现羁束和服务的内容。

规划指引应针对地方发展中遇到的矛盾问题提供建议和要求。这方面的内容一方面是立法工作的补充，另一方面就是将新型城镇化的发展要求逐一落实。国家出台新型城镇化规划之后，地方对于这一规划的理解不同，有的地区甚至会故意曲解规划的本意，所以规划指引也有确保新型城镇化道路不走偏这一层涵义。

城乡统筹规划指引应由城乡规划主管部门负责制定，应尽量简化程序，实时修订，切实起到规划保障的作用。规划指引的体例可以参照英国的范式，按专题分篇章建立规划指引的框架，对于具体的规定还可以用附件的形式制定细则。总之规划指引的目的是简化规划，而不是把规划更加复杂化。对于目前并无统一规程的规划公共参与的具体设计，规划指引也应根据地方基层民主和社区发展的实际提供可操作的流程。

五、多元包容

（一）促进城乡思想市场共同繁荣

时至今日，城乡二元的传统城镇化建设正转向为城乡一体的新型城镇化发展，新型城镇化发展的愿景是城乡一体化发展，但是在思想市场城乡二元疏离的局面下，政治体制和市场经济又如何能做到城乡一体呢？所以城乡一体化的前提条件是城乡思想市场的共同发展，这是交流思想、传播讯息、凝聚共识的基础，也是社会创新的必要条件。统筹城乡发展的第一要务就是要统筹城乡思想市场的发展。

提倡城乡思想市场统筹发展一并繁荣，并不是一味强调思想观念完全一致，所谓城乡一体的提法也并非城乡趋同，对于城乡思想市场来说，观念的水位齐平之后，水面之上自有百舸争流。

平民教育，是提高农村思想市场水位的唯一路径。对于城镇化背景下平民教育如何突围的问题，学术界也进行了持续的探索。温铁军教授认为，新型城镇化强调的生态文明知识本身有别于工业文明。工业文明要求教育标准化和信息化，生态文明则需要多样化、在地化的教育系统。要将教育创新，特别是平民教育的创新作为重大战略调整的需求，重视平民教育和社区教育，重视知识在地化、多样化。也就是说，在农村基本公共服务均等化的内容中，除了义务教育之外，还应有更丰富的平民教育体系存在，用以支撑新型城镇化的生态、文明发展。

为了应对在地化、多样化的平民教育趋势，地方政府应在全域城乡统筹规划的基础上建立城乡教育用地储备机制以应对未来的发展。如果没有全域城乡统筹规划的支撑，乡村教育空间资源的储备就难以落实。

根据"在地""多元"的要求，关于乡村教育空间的布局和利用规划应该是自下而上的，县、镇、村等基层规划中应充分反映地方需求。而以地级市为主要对象的全域城乡规划应及时采纳地方规划的诉求，并实时纳入全域城乡的空间架构中，根据可达性、城乡形态、空间增长等多要素及时进行空间引导，力求最高效地发挥城乡教育空间资源的影响力。2012年以来，成都市实施教育圈层融合战略，城乡教育一体化已经有实质性的推进。建立城乡一体的教育用地储备机制迫在眉睫，人类的空间实践一再证明，发展只能在特定的空间区位进行，所谓差之毫厘失之千里，规划可以为平民教育提供基础性支撑，首先就在于建立相关空间资源分配的规划机制，这是培育农村思想市场的第一步。

（二）维护地区多样性

思想市场的命脉在于多样性，维护多样性是城乡规划的职责，否则规划用公式和推土机就能完成，城市规划领域关于多样性的思考源于雅各布斯，她认为"多样性是城市的天性"，在考察美国的大都市之后，雅各布斯进一步得出了结论：充满活力的街道和居住区都拥有丰富的多样性，而失败的地区多样性都明显匮乏。这一结论是对于城市发展现象的描述，主要的研究视角是基于城市功用的社会经济关系。

如果再进一步分析城市多样性背后的线索，导致城市多样性的根本原因其实并不仅限于城市功用的多样性，而在于城市思想市场的多样性。通过规划维护地区多样性被视为是理所应当的，但是往往缺乏论证和推理，导致规划的工作浮于表面。为了更好地发挥规划的作用，充分保障公民的自由权利，首先必须了解空间形态、思想市场和人这三方面的关系。

结构主义被视为哲学也好，世界观也罢，总之能够帮助我们在基于关系的基础上重新认识事物的本质。根据结构主义的观点，人是观察者，外部世界的空间形态是被观察的对象，人总是要从自己的观察中创造出某种东西，这样的话，作为被观察者的空间形态就并不是清晰、客观、独立存在的客体组成，也不能被认为是外在于人和人对峙的客观世界。如此，观察者和观察对象之间的关系至关重要，因为这是唯一可以被观察的东西，事物的真正本质并不在于事物本身，而在于人们在各种事物之间构造、然后又在它们之间感觉到的那种关系，而感觉的方式，连同其中所固有的偏见，对于感觉到的东西有无可置疑的作用，这些关系构成了思想市场的一部分，关系如果趋同或者破灭，思想市场就会受到削弱，所以从结构主义出发，可以推论人和空间形态之间多样性的关系是思想市场的重要支撑。

正如意大利人维科（Vico）所说的那样，人所感知到的世界不过是他强加于世界的他自己的思想形式，而存在之所以有意义，只是因为它在那种形式中找到了自己的位置，所以说，空间形态的存在意义，就是因为它与思想市场是发生关系的，这种关系不但具有反映的特征，也具有构成的特征。所以规划师竭力要从思想市场的变化中建立空间形态的法则，如果空间形态不能反映人类的自由意志，那么这样的形态就是虚假的，规划师需要做的最核心的工作是依据思想市场的真实性建立真实的空间世界，同时还要根据人和空间形态的关系的真实性，反过来保护思想市场的真实性。

由此可见，规划师维护地区多样性的途径，并不是简单地维护空间形态的表观多样性，而是通过规划维系空间形态和人的关系的多样性，因为这种关系是思想市场的重要组成部分。从这一方面来说，规划师确实有维护思想市场的义务，而其实质就是维护公民自由。公民个人的自由选择是规划的基础，要反对强制同化，对于一位乡村居民来说，他如果欣赏某种形态，别人不应当干预他，当然这是在法制允许的范围内；但如果他不欣赏，谁也无权强制他，包括强制他欣赏新农村建设的成果。

通过以上的论述可以得知，人和空间形态之间的关系是规划观察的本质内容，这些内容是思想市场的重要构成。多样性是思想市场的源泉和发展动力，希望地区的思想市场持久繁荣，就要致力于维护人和空间形态之间的多样性关系，规划发挥作用的重点在于通过抽象的规则保障具体的自由，反对强制同化，反对虚假的空间形态，强调空间形态的原真多样性，这一结论对于城乡来说都适用。

基于这一结论来看农村聚落的保护，可以得知我们保护的不仅是某种表观的形态特征，而是在保护一种人和自然关系的表达。这一表达就是农村思想市场中最珍贵的部分，从整体上体现了"天人合德"的思想，从细节上描述了观念和秩序。所谓"礼失求诸野"就是这个意思，当城市思想市场面临枯竭的时候，就必须从人和自然的关系中重新获得启示。

六、结论：终结单向度的城乡规划

城乡统筹规划的具体方法，是城乡规划领域对于中国改革的具体探索，中国未来的改革是多元包容的，所以城乡规划也不可能是单向度的。传统城镇化阴影下的城乡规划具有单向度的特征：以城市为核心，忽视农村发展；以增长为核心，忽视可持续发展；以劳动力的非农化为核心，忽视人的发展。人文主义和批判精神是城乡统筹规划的向度，也是城乡统筹规划脱离单向度规划的关键所在。

规划应有底线意识，无论社会潮流如何改变，规划应持续推动农村市场经济的发展，不断提高基本公共服务均等化的水平；面对区域竞争，规划应有所为有所不为，以全民规划为导向，纠正地方政府的偏好和干预，目前可以利用规划指引的方式迅速介入地方城乡发展中的现实问题和矛盾；城乡统筹规划应本着"和合共生"的文化理念，以多元包容的态度容纳文化的多样性以发挥城乡文化的持续创造力。城乡统筹规划应认识到城乡发展的原动力来自于思想市场；为了促进城乡思想市场的持续繁荣，规划应多方位支持平民教育的发展，维护地区多样性。

（撰稿人：李惟科，工学博士，中国城市规划设计研究院）

注：摘自《城市规划》，2016（1）：19-24，参考文献见原文。

市场经济下控制性详细规划
制度的适应性调整

导语：研究基于市场机制下规划作用的基本共识探讨我国控制性详细规划变革的深层理论问题，综述了改革开放后我国城市土地开发的市场化过程和"筑巢引凤"的城市开发模式，阐明了控制性详细规划是我国市场经济下城市开发和运营的规则，明确指出控制性详细规划的确定性要求与城市发展的不确定性是规划过程的内在矛盾，并充分论证了在既定制度和规划框架下功能单元与地块两个确定性尺度的控制性详细规划是协调法定规划确定性与城市发展不确定性冲突的有效方法，是市场化城市发展过程中的内在要求。

一、引言

市场驱动力是我国城市发展驱动的重要组成部分，控制性详细规划（以下简称"控规"）作为城市发展管理的重要工具，应该基于市场的背景和市场逻辑进行适应性调整。城市土地用途是由规划指定还是由市场确定，一直存在着争论。规划与市场是城市发展的一体两面，它们彼此冲突而又互相依存，即使倡导自由的市场经济理论，规划体系也是其不可或缺的组成部分；同时，现实中规划与市场的具体关系是复杂而多变的，并没有统一的模式，即使在资本主义市场经济体制内，由于各个地方政治与经济状况不尽相同，也会产生不同的地方政府策略。而城乡规划作为政府职能的一部分，也会因不同的政府策略而形成不一样的规划体系。

20世纪80年代以来的政治、经济体制变革对我国的城市化带来了深刻的影响，不仅改变了城市资本的组成，还改变了城市的政治活动。为了唤起地方政府发展的积极性，国家放宽了对地方发展事务的控制，并允许市政府在处理城市发展问题时有更大的灵活性。城市数量的大幅度增长意味着中央可能已经无法满足城市所有市政发展事务的资金需求，所采取的方法便是从中央下放权力到地方（省、市）政府，这意味着地方政府的开发建设模式由原来的计划蓝图转变为更依赖于市场力量的引入。

改革开放以来，城市发展的市场化是"摸着石头过河"，规划与市场关系的理论认识并不清晰，随着国外市场经济理论的引入和基于现实城市问题的思考，学者们逐步认识到：在完全自由的市场经济体制下会导致公共产品的缺失，这是市场失灵的表现。由于经济活动的外部性引起了开发投资的不确定性，而当代城市建设主要是由土地与基础设施的投资带动的，若没有投资带动，没有公共产品，城市就不可能得以可持续发展，这是城市发展过程中自由市场机制的致命缺陷。就城市发展而言，规划与市场是对立的矛盾统一体。持有自由市场理论观点的经济学者认为，由于公共产品缺乏清晰的产权而无法交易，导致了市场失效，而改进的方式是明晰公共产品的产权，可以通过市场机制克服市场缺陷。规划学者认为，市场固有的缺陷无法在市场内部解决，至少现实的市场机制无法克服城市发展过程中的市场失效问题，因此市场经济体制下的城乡规划是必须存在的，城乡规划是现实中城乡发展领域克服市场缺陷的有效手段。

学界对于规划与市场两者边界的确定一直存在较大的争议，对于一个矛盾统一体而言，规划的边界大了，市场的边界就小了；转换成理论问题就是在城乡发展领域中规划与市场的地位问题。坚持规划主体地位的学者认为，规划是配置城市土地和空间资源的有效工具；而批评者则认为，城市发展的不确定性与复杂性是现阶段任何规划编制主体的理性能力所不能充分掌握的，资源配置问题只能交给市场解决，规划是市场的补充，以规划弥补市场的缺陷。这是规划主体地位与市场主体地位争论的根本问题，这个问题在理论上还没有答案。尽管规划边界可以到哪里在理论上存在争论，但在市场缺陷仍然存在的情况下，规划的最小责任或最基本的任务是有共识的，那就是提供公共产品和克服土地投资的负外部性。市场机制有效的基本前提是信用与规则，而这两者都需要法律保障，市场经济就是法治下的经济，因此调节市场的手段就是法律。法定规划是法律的一种形式，有法定的内容和法定的权利边界，也是一个国家和地区规划与市场关系的具体反映。

本文基于市场机制下规划作用的基本共识探讨我国法定规划变革的深层理论问题。法定规划是提供公共产品、克服投资负外部性的有效手段，其中只有控规具备成为法律的条件，其既作为政府重要的管理工具，又是城市开发实施和运营管理的基本手段。当前我国控规在实践中面临着诸多矛盾与挑战，控规作为法定规划的确定性与市场经济下城市发展的不确定性之间有着固有的矛盾，亟需探索新的变革途径。

二、市场的边界与我国城市土地的市场化

在自由市场经济下，规划体系在城市发展管理中的作用发生了巨大的转变，必须从一个更广泛的政治经济背景去理解我国的城市化进程。首先，国家政策急

剧地转向鼓励城市化，以作为主要催化剂促进经济的快速增长。其次，20世纪80年代初，中央地方的财政分权政策极大地鼓舞和促进了地方政府的城市建设活动。再次，商品化的土地市场在20世纪80年代初就已逐渐出现在农村地区，并于1988年获得国家认可，为之后农村和城市地区的城市化提供了便利。最后，融入全球一体化的我国经济，导致城市（特别是沿海城市）快速发展。从20世纪90年代以来，我国城市化的进程不断深入，并带动了城市"创业官僚"的效应，进行大规模的城市新区开发。在改革开放的背景下，地方政府的角色发生了显著变化，而房地产业的逐步兴起导致城市土地开发状况发生了根本性的改变。在积极推动城市发展市场化的过程中，政府的社会经济管制手段由计划向规划转型，就规划与市场的关系而言，呈现出市场的勃兴与计划的退场。

（一）战后规划体制的建立与市场边界的扩大

起源于欧洲的第二次世界大战是自由资本主义国际竞争的结果，战后以美苏为代表，国际上形成了资本主义与社会主义两个鲜明对立的阵营，一些欧洲国家则在探索"第三条道路"，其中，对应于社会主义的"第三条道路"坚持市场经济，对应于自由资本主义的"第三条道路"强调政府的规划干预，如1947年英国以开发权国有化为标志确立了战后规划体制，是"第三条道路"的具体表现。

与美国自由资本主义蓬勃的经济发展相比较，"第三条道路"受到严重的质疑。20世纪70年代后期，欧美以强调减少政府干预、保护"自由市场"为目的的右翼政治运动的出现，改变了城镇规划的基本政治前提。人们逐步相信，与社会民主的公共部门的规划相比，自由主义的竞争市场是一个更为有效的组织生产与消费的方法。城市管理的风格从戴维哈维所称的20世纪60年代的"经理式"方法转向了20世纪80年代的"企业式"方法，表现之一就是公共机构和发展商形成"伙伴关系"，以完成地方政府单靠自身努力所不能实现的目标。

在一个以自由资本主义为政治经济背景的社会里，如英国，规划体系本身并不执行开发，而只是进行开发调节和控制，因此公共机构规划和政策的实施在很大程度上依赖于私人开发商（规划体系以外的其他开发者）的意愿，依赖于他们是否愿意站出来承担公众期待的开发项目。在新的政治经济背景下，规划对市场力量的态度转变是巨大的，如英国战后最大的变化是从"积极的规划"转向一个更有市场意识（有时是市场主导）的规划方法。

（二）改革开放后我国城市土地的市场化与"筑巢引凤"的开发模式

改革开放以来，在新的中央地方财政分配制度下，各级政府必须找到自己的筹款和资本融资方式以维持与升级城市基础设施。市委、市政府可以牢牢把握的最宝贵的资产便是土地和信贷。在目前的土地制度下，国有土地的使用权在固定期限内、在确定的土地用途要求下，可以由市政府进行城市用地的转让，这已经成为改革开放后市政府的一个新的、稳定可靠的收入来源。地方政府与土地开发商之间的关系日益密切，市政府由原来的建设与实施角色转化为企业管理者。

20 世纪 90 年代初，房地产行业尚处于未被引导发育的原始状态，在国家确定的对外改革开放和初期城市化政策的宏观背景下，各城市进入粗放发展的阶段，形成以 GDP 的总量目标为导向的"筑巢引凤"城市开发模式，其通过廉价的土地价格作为招商引资的优惠条件吸纳资本和产业。在最早期的城市开发模式中，城市土地的价值被严重低估，并被转嫁到土地开发结束后运营过程中的税收、就业和财政收入等诸多方面的综合效益中。在此过程中，农民的土地被低价征收，就业、安居在相当一部分地区未能得到妥善解决，累积了诸多社会矛盾和隐患。

自 1998 年城市住房制度改革之后，我国的房地产行业开始起步，到目前已形成几个"巨型"公司，其开发规模也从城市地段尺度的楼盘开发，到后来的郊区大盘开发，再发展到今日的"开发商造城"。大公司与小公司的投机行为不同，大公司拥有雄厚的资本和人才优势，其发展需要稳定的土地来源和增长预期，而目前的城市开发用地出让采取小幅、多次及招拍挂等方式，这种土地供给方式既不连续又不稳定。在此背景下，小公司的投机机会很大，且不利于大公司发挥自身优势，面临较高的发展风险。从竞争角度而言，大公司喜欢高门槛、长周期和有稳定收益预期的发展项目。

房地产业在我国各地的逐步兴起导致城市土地开发状况发生根本性的改变。城市土地的价值通过市场的寻租行为得以放大，城市政府在逐步完善的土地招拍挂制度中获得了宝贵的城市发展与再发展的资金。而城市土地一级开发与二级开发市场的形成、完善和发展，为沿海地区和城市的经济发展与基础设施建设确立了土地融资模式，进而为全国二、三线地区的城市开发融资提供了经验和样板，形成了具有中国特色的"土地财政"现象，"城市经营"和"城市运营"等城市开发与综合运营模式也应运而生。在此过程中，地方政府扮演着多重角色，既是市场经济的守护者，又是参与者和主导者，促使城市规划尤其是控规成了政府主导、调控、开发和运营土地市场的重要工具。因此，规划已经不仅仅是权力的象征，同时也是城市开发实施和运营管理的基本手段。

计划经济下的城市建设与市场经济下的"开发商造城"是两种不同性质的开发行为，两者的根本区别是行为主体及行为目的不同，后者是市场经济下的投资行为，投资需要一个确定性收益，而确定性收益与确定性规划是一致的，因此计划经济下的城市规划与市场经济下的城市规划在性质上有根本性的差异，城市规划由"建设目标的描述"变为"投资的前提"。因此，只有符合市场投资规律的城市规划才能够得到有效的实施，反之，要么束之高阁，要么被改变。也就是说，城市规划不仅要表达社会的愿望，还要服从市场规律；不仅要关注城市规划的合理性，还要考虑城市规划的实效性。这里就出现一个逻辑的悖论，即城市规划存在的理由是弥补市场缺陷，而规划的实施又必须符合市场机制，换言之，就是要求规划运用市场机制去克服市场缺陷。市场经济下的城市规划是土地与物业开发的规则，这意味着城市规划本身应当成为市场的规则，那么，作为规则的城市规划必须符合市场机制。

与资本主义国家城市规划弥补市场缺陷的方式不同，我国面临的问题是城市规划与市场的平衡点在哪里？换言之，就是城市规划的角色是弥补市场的缺陷，还是引导市场的发展？要回答这个问题，只能回到市场经济下的城市开发机制，以及管控城市开发的具体规划类型——控规。

三、控规作为市场经济下城市开发与运营的规则

（一）法定规划是市场经济下城市发展的内在需求

在市场经济下，城市土地的使用特点是竞争性使用，私人投资者追求利益最大化，表现在土地开发上就是建设规模的最大化，这将导致整体环境品质的降低，并最终影响私人物业的价值，这就是城市发展的外部性，即投资收益不仅取决于建设项目本身，还在于项目的外部环境。但对于城市新区，投资地块周边还没有已建成的项目，这时应如何测算外部环境？如何保证投资项目能够获得预期的收益？对此，开发主体的多元性、土地使用的竞争性和建设项目投资的外部性等，共同要求确定性的规划——法定规划来保障投资。与传统的城市发展是建筑的简单集合不同，现代城市是通过市政基础设施网络将建筑联结为一个整体，其发展遵循"先地下、后地上"的发展规律。在市场经济下，城市建设还要服从投资的要求，城市基础设施规划需要确定的建设规模作为保障，法定规划的确定性需要承担起保障投资的责任。

凯恩斯指出，凭借市场机制的自由调节是无法将社会经济带出谷底的，只有政府才能消除城市发展的外部性。外部性问题的实质在于产权分解后，产权主体的权利边界有没有得到明确界定和安排？而通过法规直接改变开发主体的权力与财富分配来控制外部性是最为有效的方法。不确定性与外部性是城市开发的特征，投资需要稳定的外部环境，而法定规划是提供公共产品、克服投资负外部性的有效手段。

（二）控规作为管理城市开发的工具必须符合市场机制

在我国，随着政府角色由城市建设的主体转化为城市建设的监管者，城市规划作为政府管理工具的作用得到加强，使得控规成为社会转型过程中最重要也是最有效的规划工具。控规作为政府管理工具的重要性已经超越其作为城市形态控制的技术作用。因此，城市规划已经不仅仅是权力的象征，还是城市开发实施和运营管理的基本手段。开发控制必须要有法律依据和羁束性，才能使城市规划真正成为土地开发市场的秩序保障手段，否则很容易成为"寻租"的工具及贪污腐化的温床。

依据《中华人民共和国城乡规划法》对城市总体规划和控规的有关规定，这两类规划都是法定规划。法定规划不仅要求其内容的正当性，还要求恰当的表达形式。从规划的目的、内容和成果表现形式上分析，我国的城镇体系规划与市镇总体规划等若干层次的规划类型很难成为法律文件。从世界各国的城市规划经验，以及从法律的实质与形态的角度考虑，在我国的城市规划体系中，只有控规具备成为法律的条件，其适宜的形式应当是法定图则。与城市规划相关的法律、法规和上层次规划是控规制定的外部条件，也是控规编制的要求，这些要求必须与控规的内在逻辑—法定规划的逻辑联系起来。控规的编制内容与要求在尊重城市总体发展要求的基础上必须符合市场机制，目前我国简单地、不加思考地和习惯性地将法律、法规与总体规划的指标性要求等外部条件直接落实到控规上，是控规失效的主要原因。

（三）控规是 PPP 开发模式的重要前提

我国城市在发展过程中，政府与大型开发商合作的现象屡见不鲜。我国的大型开发商不是纯粹的私人企业，而是承担部分国家政策职能的国有企业，是一种市场化运作的政府机构，但是 PPP（公私合营）合作关系不是政府部门之间的行政隶属关系，而是一种平等主体间的经济关系，是运用市场机制改进政府部门的一种改进形式（图 1）。这种形式与英国公共机构的私有化不同，其特征是公共机构借用了市场化的激励机制，因此 PPP 合作关系是不同利益取向的经济合作关系，而不是行政指令关系，法定规划在其中起着重要的作用，是两者合作的重要前提和基础，既是落实两者利益诉求的工具，又是约束双方的法规。

汕头市南滨片区的开发建设就是典型的城市运营模式。汕头市政府由于财政能力有限，难以担负南部城市发展所依托的市政基础设施——苏埃海底隧道的建设，同时由于南滨片区开发起点高、开发周期长，这两个客观条件促使汕头市政府必须以城市运营的商业模式寻求具有城市综合开发运营能力的机构，采取以苏埃海底隧道建设换取南滨片区的整体开发运营权的方式建立中长期的战略合作关系。在城市运营的战略框架下，政府和开发运营商不是简单的土地买卖关系，而是共同合作开发的关系，政府以出让土地未来的收益权来换取城市发展必要的重大基础设施，实现城市发展向南跨海拓展的战略目标；运营商投入巨额资金获取政府特许的土地一级开发权和基础设施运营权，通过长周期的土地开发和产业引进与运营获取未来土地的预期收益，与地方政府共同承担发展过程中的综合性风险。

例如，濠江的整体开发由中信集团与汕头市政府签署战略合作协议确定主体，中信集团依据协议以股份制的方式发起组建"中信滨海新城投资发展有限公司"（以下简称"新城公司"）。在规划中，受目前国家规划法规的约束，双方采取了一些法律允许的变通方式，在依然确保政府审批权的前提下，授予新城公司在控规层面上的编制权，这种做法基本确立了新城公司项目规划编制全过程的主导地位，同时也确立了城市规划与市场建立更好互动关系的可能性（图2）。新城公司组织编制的控规目标非常明确，就是在苏埃海底隧道建设、基础设施投资的基础上获得相对大的回报，简单而言就是平衡约50亿元的建设成本和南滨片区的基础设施建设成本、贷款的利息和预期利润，并将资金目标转化为可以出售的建

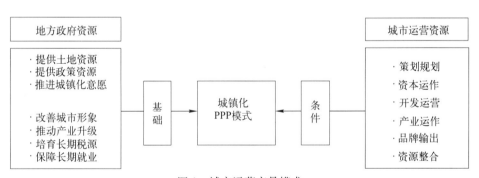

图1　城市运营交易模式

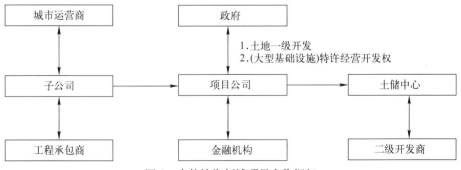

图2　中信滨海新城项目合作框架

筑面积与经营性建筑面积。控规将不同类型的可出售建筑面积落实到具体的土地单元上，并在满足社会经济、环境保护、交通、土地利用和总体概念规划等各类规划的综合要求下，达到项目预期的投资、开发和运营目标。

可见，城市规划的编制与审批关系的约定是政府与企业合作的重要前提。通过权力部门的认定（审批）的方式，将技术文件转化为法定文件，控规发挥了双向约束的作用，其规范对象不仅包括城市规划的管理对象，同时还包括规划管理者—政府本身。

（四）控规与市场经济的不适应性分析

在市场经济下，城市规划的确定性来自投资回报要求的确定性，而控规是规划内容的确定性形式，但是控规的具体规划内容往往是主观的、猜测的，不符合土地投资和城市开发的要求，如土地用途和开发指标的确定是城市总体规划的落实与经验的参照，导致控规的确定性内容与市场要求的差距较大，而规划管理过程中基于具体项目的规划调整又时常影响了发展片区的整体目标，也动摇了控规的法律地位，从而影响了整体片区发展的总体投资。尽管规划编制采用各种科学的预测和分析方法，但由于城市固有的复杂性、关联性与规划制定主体的理解能力有限，所有规划预测和假设都是不充分的。因此，将预测和假设转化为规划确定性的规定，固然能够在理论上满足投资收益的计算问题，但是现实中能否真正实现则无法肯定，这就是法定规划的确定性与城市发展的不确定性的基本矛盾。

虽然矛盾无法消除，但是并不意味着矛盾无法调和，规划管理存在的理由就是在具体的开发过程中缓和与调节这个基本矛盾。控规作为法定规划，对促进城市发展、规范建设行为有着重要的作用，但在具体实践中却遇到诸多矛盾与挑战。《中华人民共和国城乡规划法》将控规作为规划许可的唯一依据，在进一步强化控规法定地位的同时，也使得控规的确定性与城市发展的不确定性的矛盾被再次强化，包括多元开发主体下开发行为的广泛性与控规覆盖率不足的矛盾，以及控规调整率过高、控规实施严重偏离城市总体发展目标等问题。

目前我国大部分城市的具体规划实践基本形成"城市设计／控规"的工作模式。理论上，城市设计完善了总体规划—控规的逻辑链条，弥补了控规中城市形态控制的理论缺陷，但是在规划实践中并未产生预期的效果。其主要原因是我国城市设计的思想与原则是"视觉"导向的设计，在现实制度下往往是"权力审美"的产物，长官意志和好大喜功的城市设计往往脱离实际，不仅不能保证控规的实效性，反而成为城市发展的束缚，违背了城市发展的发展"时序"及土地招批租的经济规律。

　　针对控规实践中存在的诸多问题，学术界展开了多方面、深入的分析和研究，将控规失效的原因归结为两方面：一方面是控规的制度环境，可分为两个层次，深层次的评价是政治制度环境影响控规的实施；表层次的评价是城乡规划体系，即控规指标与规划许可的僵化联系是不合理的，应赋予开发控制体系相对的独立性。另一方面是控规编制体系的科学性不足，如编制过程不够合理、指标确定的科学性不足等。制度批评有其合理性，但改进和实施面临较大的困难，政治与制度变革的建议超出了学术研究的范畴，可以倡议而不能行动。相对而言，改进控规编制体系是正确的研究方向，通过纯粹科学和理性的方法解决控规的矛盾并不现实，而通过弹性的方式增强控规的适应性，与其作为法定规划的内在确定性有冲突，与市场经济下城市发展的内在需求产生矛盾。因此，控规需要新的变革方法与途径。

　　控规的本质特征是服务于管理的规划，管理的目标和要求不能脱离城市发展的实际情况和潜在的可能性。在市场经济下，城市发展的基础是城市经济发展水平及其衍生的各种市场需求，规划实效性主要表现为城市开发的经济性和城市开发的可操作性。目前，在"总体规划—控规"和"总体规划—城市设计—控规"的编制模式中，总体规划关注的是城市长远而综合的目标，经济目标仅是一个估计和远景，对近期开发的指导不足；而城市设计关注的是空间形态，是视觉维度的规划，很少有经济目标的分析，导致地方政府主导下的控规编制常常忽略对地方经济发展水平和市场需求的考量，从而导致控规的整体性失效。经济性成为控规制定中缺失的一环，弥补这个缺陷既是规划编制体系的理论问题，又是城市开发运营与管理中亟待解决的实际问题。

四、控规与市场经济的适应性调整措施

（一）市场经济下控规的核心问题是确定性尺度问题

　　控规确定性的空间尺度与规划的适应性成正比关系，控规确定性的空间尺度越大，规划的适应性就越强，管理的弹性空间就越大，在政治制度不完备的情况下，"寻租"的空间就越大；反之，规划的适应性小，管理的弹性空间就小，可能"寻租"的空间也就小。我国控规的全面、深入和细致的编制要求是压缩权利"寻租"的空间，而不是市场经济的内在要求，这是政治与经济改革不协调、城市发展进程错位的一种表现。理论上，剔除控规编制要求的政治因素，理想化地回到规划与市场的纯粹经济关系上，规划与市场的空间边界问题就转化为控规确定性的空间尺度与市场的空间边界问题，也就是说，强调市场的主导地位就扩大了控规确定性的空间尺度，强调规划的指导作用就缩小了控规确定性的空间尺度。可见，控规的问题不是自身确定性的问题，而是应当确定什么与如何达到的问题。

控规的本质是将开发问题、开发目标通过一种原则的、政策的方法转移到具体的空间和地块中，即通过尺度的变换将目标逐步分解并落实，将整体的规划目标与个体的开发项目实现从宏观到微观的、从整体到局部的及不同尺度之间的衔接与过渡。控规失效的根源是规划目标在不同尺度的转换过程中出现了问题，即规划目标与转换空间尺度之间的不对应，从而导致城市实际空间发展与规划控制目标的差异和矛盾。当今控规采取的是单一僵化的转化方法，即将所有确定与不确定的、公共与私人的，既包括宏观发展目标，又包括开发项目控制的指标，统一落实到同样的空间尺度—地块尺度中。这种方法既没有考虑到规划目标的不同属性，又没有考虑到规划目标与空间尺度的对应关系。

控制的目标根据其内在属性—与市场的关系，可分为两大类：一类是确定性的目标，包括宏观的城市发展目标、各类保护性规划内容和城市基础设施的提供等内容，这类目标是相对确定的，受市场变化及未来发展影响不大的，由规划提供公共产品的内在本质决定，也是市场开发的内在要求。同时，这类目标有的必须在总体层面进行控制，包括城市目标、主导功能、人口规模及建筑总量等，无法分解到具体的空间；而有的目标是可以直接落实到地块中的，如对历史片区、重要景观区域等具有特殊价值地区的保护。另一类是不确定的目标，其与市场变化密切相关，即规范产权地块开发行为的各项经济控制指标。其确定性受限于城市的发展阶段、发展特点和开发时序等，同时与市场的成熟程度密切相关。

可见，总体层面的规划目标基本是确定性的，需要通过总体尺度的控制与管理来落实；而地块尺度的规划目标可分为确定性的和不确定性的两类，确定性目标可以直接通过地块尺度的控规来落实，而不确定性目标则需要根据城市发展阶段与市场的成熟程度决定。在不确定性较强时通过引导的控制方式来提高适应性，在确定性较强时则可直接通过控规法定的方式进行管理。与两类控制目标相对应，可以确定两个层次的控规编制体系—功能单元层次与地块层次。

（二）以功能单元为确定性尺度的控规

当开发项目并不明确，以落实总体规划要求和指导规划管理为目的的控规编制，可以采用城市功能单元为确定性尺度，至少能够满足城市发展目标的要求，而不至于完全使控规失效。功能单元的确定性扩大了控规的适应性，即控规能够应对多种多样的情况。

功能单元尺度的控规导则主要解决整体性、系统性和强制性（公益性设施控制）的问题。作为一个独立层次的规划，功能单元层次的控规与城市规模没有必然联系，其主要作用是落实上位规划意图、将上位规划的主要控制指标进行分解，并在一定规模范围内协调各类配套设施的配置。功能单元尺度的控规应覆盖总体规划区的范围，而单元大小应与城市发展结构与模式相结合，一般旧城中心区以 $0.2 \sim 0.5 km^2$ 为主，新城区以 $0.8 \sim 1.5 km^2$ 为宜，可由一个或若干个产权权属不一的产权地块组成。规划管理单元的划分应保证城市功能与结构的延续性和完整性，将全市范围划分为若干功能突出、相对独立的用地单元，划分依据主要有行政区划界限、自然地理界限、城市土地利用结构的合理性、土地使用性质的相容性、主要道路的围合程度、交通可达性和用地规模等。

功能单元尺度的管理图则以功能单元为基本研究范围，在单元的基础上细分地块，将控制内容分为强制性指标和指导性指标两部分，其特征在于在整体单元和细分地块两个层面运用不同的控制方法。整体单元层面为强制性控制内容，包括总体的主导属性、净用地面积、总建筑面积、配套设施、开敞空间、文物保护和人口规模等方面；严格控制开发总量和规模，允许改变用地形状、项目位置和开发总量在地块中的分配。而细分地块层面的控制属于引导性控制内容，以表格的形式对地块具体规划控制和要求进行表达，分地块用地性质、开发强度等指标在原则上不允许随意变更，但在不突破功能单元总体的强制性指标的情况下，可以根据法定程度予以调整，这是一种综合控制的方法，从而提高规划对市场的适应能力。

可见，以功能单元为确定性尺度进行强制性控制，配以地块为基本单位的管理图则，再通过规划许可证的自由裁量权将管理图则的要求法定化，形成了法定框架和自由裁量的开发控制体系。

（三）以地块为确定性尺度的控规

对于有明确外部条件的城市特别地区，如旧城区、历史保护地段和城市重点地段等，其规划控制建议采用以地块为确定性尺度的控规，编制办法可延续现有的工作习惯。在此基础上，可以根据地段特点增加特征性和差异性控制指标，针对不同的功能属性进行分类控制。例如，在生态区增加地面透水率，市政黄线侧重于控制位置和用地面积，水域蓝线侧重于控制河道宽度和水面面积等。对于特殊地区或城市中心区，地块尺度规划控制的细化，可以提高开发投资建设的确定性，对每一地块的开发容量、土地利用性质等做出详尽的规定。而对于城市重点地区或历史保护区，属于控制级别很高的地块，可将控规与详细的城市设计结合，进行全面、严格的控制管理。

地块尺度的控规主要解决开发控制的灵活性、适应性和针对性的问题。这个尺度的控规是产权地块项目规划控制的直接依据。地块层次控规在落实单元层次的控规要求的基础上，更加注重灵活性，并且可以通过通则式的规定实现控规向公共政策转变，提高控制的针对性。在通则规定中，针对不同的功能单元的特点，制定差异化的控制要求。公共政策要求公平、公开和动态，而实施通则控制可以方便地达到公平、公开的目的。此外，通则还具备良好的经济性，在地块详细图则上可以节省大量的规划经费和行政审批资源。

（四）功能单元尺度和地块尺度的协调

功能单元尺度与地块尺度的控规既是两种不同的类型—分别覆盖不同的地区，又是两个不同的层次—在以功能单元尺度上的控规的基础上深化编制地块尺度的控规，地块尺度的控规是功能单元尺度的控规的法定化表现。对于大型综合开发区、大学城、大型企业单位和近期无建设意向的地区，只需在功能单元上控制开发意向，并区分强制性与引导性指标，以确保总体发展目标实现的确定性，提高规划对未来变化的适应性。而对于城市重要地区、近期重点开发的地区及其他具有特殊价值的地区，可以在功能单元尺度的控规的基础上，制定地块尺度的控规详细图则，并进行严格、确定的控制。

控规分类型、分层次地展开有利于增强其确定性和适应性，既可以很好地发挥控规承上启下的作用，又可以与规划公示及审批权限实现更好的结合，有利于日常的规划管理，并在一个合适的尺度内为控规调整提供依据。两种尺度的控规既可以有效落实总体规划的目标，维护控规的确定性，又扩大了控规的适应性，是在既定政治制度下完善控规编制的合理途径。

五、结语

规划与市场是两个缺乏充分定义的概念，规划是一个多种规划类型的集合，而市场经济在不同国家和地区，其空间尺度也不同，笼统地讨论两者之间的关系不可能出现有意义的结果。本文基于市场经济下规划存在的基本理由，重点讨论我国城乡规划的具体实践形式——控规与市场下城市开发的关系，分析控规编制过程中的内在逻辑矛盾，指出控规的编制过程不仅是总体规划内容落实的单向线性过程，还是城市总体发展目标与现实利益之间博弈和互动的过程，是基于市场机制整合多方利益的过程。控规作为利益协调的结果，其本身是开发规则而不仅是对发展愿景的描述。正如法律的确定性保障社会经济的稳定性一样，作为规则的控规也必须是确定性的，其目的就是保障城市能够持续稳定地发展。

城市发展的不确定性与规划的确定性矛盾可以通过控规确定的空间尺度进行协调，通过划分功能单元尺度和地块尺度的两种类型、两个层次的控规，既有效落实了总体规划和城市管理的目标，维护了控规的确定性，又扩大了控规的适应性，增强了其与市场发展的联系，是现行政治制度下改进控规编制制度的有效途径。

（撰稿人：鲍梓婷，华南理工大学建筑学院城市规划系博士研究生；刘雨菡，硕士，广州市城市规划设计所规划师；周剑云，硕士，华南理工大学建筑学院亚热带建筑科学国家重点实验室、城市规划系副系主任，教授，博士生导师）

注：摘自《规划师》，2015（4）：27—33，参考文献见原文。

海绵城市（LID）与规划变革

　　绿色发展可分为三大板块，即自然、乡村和城市。第一是自然，如果城乡规划能够坚强守卫生态较为脆弱的区域，禁止人类干扰自然的修复功能，大自然永远是绿色而且美丽的；第二是乡村，乡村与自然是相互交融的。乡村建设和农业现代化道路如能顺应自然、合乎自然也是绿色和美丽的；第三是城市，如果城市建设能够传承"天人合一"的理念，使城市轻轻地"安放"在大自然之中，自然美景和自然生态的运作模式能融入城市，绿色发展就会攻下最后一个堡垒。海绵城市其实是一种规划思想的变革，让城市能够跟自然和谐相处，它包含一种传承与变革的理念。

一、海绵城市的三个内涵

　　首先，海绵城市的本质是城镇化与资源环境协调发展，海绵城市是顺应自然、可持续发展、保护原有生态、低影响开发、地表径流量不变的一种城市建设发展模式。传统城市是改造自然，把自然改造成适应产业发展和人的发展，而海绵城市是顺应自然的；传统城市把自然作为一个产业基地，为经济增长而开展建设，而海绵城市是可持续发展的依托；传统城市以自己的规划手段来改变原有的生态，而海绵城市是保护自然的；传统城市是一种高强度的建设，而海绵城市是一种低成本、低冲击的开发模式；传统城市一旦建成，地表径流量大增，而海绵城市建成以后地表径流是基本不变的。海绵城市的本质是绿色。

　　第二，海绵城市是将城市排水防涝思路由传统"快排"思路转变为"渗、滞、蓄、净、用、排"的新模式。传统城市的发展模式意味着年径流量或者多年平均径流量是发生大幅变化的。如发生了100毫米降雨，其中80毫米以上都是立即排放的，下渗雨量非常少，因为城市大部分区域是硬质地面，地面和地下被割裂开了。而海绵城市是通过渗透、蓄集、净化和循环利用后再将多余的雨水外排，因此雨水排放量比原来减少了40%，雨水外排量大幅降低，大大减轻了对城市周边水生态环境的影响。这就是海绵城市与传统城市在雨水排放方面的不同思路，它模仿大自然，顺应大自然。在新编制的海绵城市专项规划中，我们也发现其与传统规划不一样的是，位于每个小区每一个组团中的公园、道路都兼具雨水渗透和净化的功能。

第三，保持开发前后的水文特征基本不变，即径流总量不变、峰值流量不变、峰现时间不变，要通过源头消减、过程控制和末端措施来实现。最终让城市有能力"弹性"适应环境变化与自然灾害。按照传统规划中，如果发生 50 毫米降雨，将形成非常大的径流峰值，这就是传统开发带来的径流量突变。造成的结果是，道路水流成河，内涝非常严重，城市基本上陷入瘫痪。有些城市甚至出现暴雨过后能抓鱼、能游泳的现象，这样的情况使城市的正常生产生活基本被中断。而海绵城市的径流量基本是不变的，并具有雨水蓄集、净化的功能，保持了原先的水生态环境。这样，大部分雨水渗入地下，大地作为水库把这些水储藏起来，同样是 50 毫米雨水，海绵城市的道路不会成为游泳池。公园临时起到了蓄水池的作用，城市的生活秩序与下雨前是一样的。因此，海绵城市有三个不变，即径流总量不变、峰值流量不变、峰现时间不变，海绵城市就是通过持续调节这三个值发挥作用的。所以，海绵城市就是通过对降雨以后的径流量进行源头削减、过程控制和采取末端措施使城市在降雨前后都能正常运转，城市能够弹性的应对突如其来的暴雨。因此，习近平总书记在 2013 年城镇化工作会议上指出，为什么这么多城市缺水，一个重要原因是水泥地太多，把能够涵养水源的林地、草地、湖泊、湿地给占用了，切断了自然的水循环，雨水来了，只能当作污水排走，地下水越抽越少。解决城市缺水问题，必须顺应自然，比如，在提升城市排水系统时要优先考虑把有限的雨水留下来，优先考虑更多利用自然力量排水，建设自然积存、自然渗透、自然净化的"海绵城市"。在习近平总书记提出海绵城市之前，没有人用海绵来表达，这是已经在国外用了多年的模式，但自从"海绵城市"这个概念被提出后，国外也将"海绵城市"视为一种更新颖的提法和更全面表达相关内涵的模式。

二、实现海绵城市的途径

实现海绵城市应该从区域、城市规划区和社区三个层面上进行变革，只有实现这三个层面的变革，并适应将到来的城市绿色化时代，才能够真正把海绵城市这个好的理念转化成实际的城市绿色。

（一）在区域层面要重视区域水生态系统保护与修复

首先，要保障区域水生态系统的保护与修复，识别和重构重要生态板块。城市处在大自然的怀抱之中，大自然的水文条件影响着城市的弹性，因此把城市周边的自然山体等作为一个水源涵养地，与大地水涵养功能结合在一起，形成绿色的生态底版，城市才有绿色发展的可能。从北京的状态来看，最新一轮的规划思路首先把城市规划用地全部作为水源涵养保护地，用绿线蓝线来严格划定这些保护的范围，这样才能保持城市的安全。所以在新一轮国务院批准的北京市总体规划，提出了对水源涵养生态敏感区的保护，以此进行生态板块的重构，逐渐提高它的水土涵养功能。

第二，规划要充分尊重自然。城乡规划的最高纲领是三个尊重，首先是尊重自然生态，第二是尊重当地的历史文化，第三是尊重普通居民的利益，从而实现宽敞的农村原野与紧凑城市的和谐并存。这样相当于把一个城市轻轻地安放在原野之中，这是实现城市绿色化的基本条件。

第三，对水生态进行系统修复。如何把原有水生态系统修复成绿色，将劣五类的"死"水体修复成能自我净化的"活"水体，与地下水能够沟通起来，城市生态涵养功能可以放大数倍，整个大地将成为一个无形的蒸发量很小的水库，城市生态环境就可优化。如杭州西溪湿地，它是城市的肾脏。在政府决定将这15平方公里的湿地进行重点保护后，发现农民在里面养了35000头猪，将猪粪排到湿地里面，原来干净的水变成了肮脏的水。西溪湿地成了城市的一个污染源，使城市得了败血病，下游学校都受到了影响。后来把35000头猪赶走，现在我们进去的水是50毫升，结果出来变成了30毫升，整个湿地发挥了肾的物理功能，而且成了一个著名的旅游胜地，重新成为城市的肾。

（二）在城市层面要明确城市规划区内的海绵城市要求

城市离不开区域，区域是城市的绿色的围栏和底板。北京近年的洪水基本不是来自外部，而是来自城市本身，城市容纳不了那么多水，结果整个城市泡在水里，许多地方积水超过4米之深，整个城市瘫痪了。所以，要实现海绵城市，就是要在城市规划区范围之内进行地表水存储。首先应从总体规划顶层设计来明确要求，提出自然水文条件保护、紧凑型开发指标、LID 理念及要求，将海绵城市理念进行渗透和贯彻。

与海绵城市相关的专项规划，包括城市水系专项规划（供水、节水、再生利用、排水防涝、绿线、蓝线等）、城市绿地系统专项规划（各类绿地及周边用地雨水控制利用等）和城市道路与交通专项规划（水文保护、道路红线内外 LID 布置）。在城市水系规划中，把供水、节水、排水、污水尽可能的组合在一起，相互之间循环利用。水是最易循环的，是能够多次循环的一种物质，如果水不能在城市里面循环利用，我们的循环经济就无从谈起。在城市和周边的雨水控制，都通过绿地来实现。暴雨到来时，绿地成了临时水库和下渗通道，雨后，城市绿地就更加肥沃。城市交通规划应规划道路红线内外的海绵设施，且都依托交通设施建设。

控制性详细规划要划定绿线、蓝线，更重要的是要明确规划区和各地块 LID 控制目标，统筹协调、系统设计。

城市政府是主要责任主体，但规划部门、市政部门、道路部门和园林建设部门是主要的实际承担者，他们都需要理解海绵的理念，然后在具体的规划层面，把总体规划、专项规划、详细规划都进行指标控制、布局控制和实施控制。在这三大层面用奖惩来引导，使海绵理念在每一个规划层面、各种分类空间中都能够贯彻实施。通过一书两证，把海绵指标落实到每一栋建筑上，作为项目来检查落实。更重要的是，海绵城市每一个项目都应该进行精心的物业管理，通过反馈和纠正不断提高海绵效能。只有这样，把一个系统建设起来，规划目标才能落实。所以，规划是一个过程，不应将规划等同于一张图，这就是规划变革的根本要求。

针对三大海绵目标，即径流总量控制目标、径流峰值控制目标和径流污染控制目标，对不同的区域提出了不同的要求：

（1）扩建或者新建城市水系。蓄水量增加率应大于等于 20%，但蒸发量应控制在 10%。如果蒸发量为 4000 毫米，降雨量为 400 毫米，不控制水文的话，水会很快蒸发，就造成水资源浪费。同时应使自然水体与地下水联通。

（2）城市的道路和广场。海绵目标是透水性地面率大于等于 70%，其中下凹式绿地大于等于 25%，径流系数小于等于 0.5。这样，小于或者等于一半以上的水将渗透下去。通过各种措施的采用，这是非常容易做到的，相对也是工程量最大的。

（3）居民区和工商业区的开发。目标是透水性地面率应该大于等于 75%，其中绿地率大于等于 30%，径流系数小于等于 0.45，也就是 60% 的水都可以下渗，这有可能比原有上凸型绿地的直接投资更小。

（4）园林绿化海绵设施。目标为人均绿地面积大于 20 平方米，绿地率大于 40%，透水性地面率大于等于 75%，其中下凹式的大于 70%，径流系数小于等于 0.15，这意味着 85% 的雨水可以与大地共通。

（三）在社区层面要关注建筑雨水利用与中水回用

大部分的雨水径流来自于建筑，所以第三个方面是建筑雨水的回用。目标是普及绿色屋顶、停车场透水率达到 100%，以及雨水收集和中水的回收率应大于 30%。这些设计实际上并不增加建筑成本，如在传统雨水管上接一个管，再将雨水排出，按照节约的水费计算，只需一年成本就能收回增加的成本。这样的建筑如果在北京市达到 80%，南水北调的水就不必要了，而成本只有南水北调的十分之一。也可以与水景观改造相结合，把中国古代园林结合在一起，我国的古代园林体现了天人合一的思想，将建筑包裹在园林当中，它就是一种古人创造的能结合自然的海绵城市样本。因此，我们要推广传统智慧，并将其思想纳入规划设计中。中国人比外国人更容易接受这种开发模式，更有实践这种模式的自主性。当然也可以将经过污水厂处理的水进行净化，将其作为中水，实现水资源的循环利用，水资源量便可成倍增长，这是新加坡的实践。古人云"以水定城"，如果把水的问题解决了，就可以摆脱这个说法，把各种各样的技术进行罗列，它的性能、性价比便可以一目了然。

三、结语

首先，城市不是造成水危机的源头，而且是解决之道。海绵城市是一个不断演进、不断深化的理念。在这个过程中，将海绵的概念方法在各种规划中加以实践，城市就可以成为雨水利用的基地。

其次，海绵城市的内涵仍在发展之中，尤其在我国，可利用古代智慧，传承古代园林各类知识来发展中国特色的海绵城市。海绵城市规划更要与其他先进理念相结合，如弹性城市提出的多样式、灵活性和模块化等，能够将外部的干扰降到最低。

第三，海绵城市建设不是重新进行规划修编，而是要把低影响的开发模式贯彻到城市规划各个方面；海绵城市不是大拆大建，而是多层次实现水的微循环，是一个细节上的改善；海绵城市不是取代、否定大排水系统，而是对它的强化和优化。

第四海绵城市在区域、城市、社区、建筑四个层次的侧重点有所不同，需要城市规划分层次进行变革与实践；

最后，分层次、分区建立合理的城市"海绵度"测评，并给予奖励引导。这样能够调动上下左右的积极性，让所有的机关都能够了解海绵城市，这样海绵城市就能够成为绿色化的主力军，成为一个绿色化的先遣队伍。

（撰稿人：仇保兴，个人简介参见序言部分）

注：摘自 2015 中国城市规划年会大会报告。

"海绵城市"理论与实践

导语：当今中国正面临着水资源短缺，水质污染，洪涝灾害，水生物栖息地丧失等多种水问题。这些水问题综合症是系统性、综合的问题，亟需一个更为综合全面的解决方案。"海绵城市"理论的提出正是立足这一背景。文章基于生态系统服务、景观安全格局等理论，结合北京市、六盘水市以及哈尔滨群力国家湿地公园等案例，详细阐述了"海绵城市"概念的源起、发展、内涵和构建方法体系，指出"海绵城市"有别于传统的工程依赖性治水思路和"灰色"基础设施，它作为一种生态途径，其构建核心在于建立跨尺度的水生态基础设施，以综合解决中国城乡突出的水问题，并对未来"海绵城市"的研究方向提出了展望。

为了贯彻落实习近平总书记讲话及中央城镇化工作会议精神，2014年2月《住房城乡建设部城市建设司2014年工作要点》中明确："督促各地加快雨污分流改造，提高城市排水防涝水平，大力推行低影响开发建设模式，加快研究建设海绵型城市的政策措施"。2014年11月，《海绵城市建设技术指南》发布；2014年底至2015年初，海绵城市建设试点工作全面铺开，并产生第一批16个试点城市。一时间，"海绵城市"这一概念再一次进入人们的视野。"海绵城市"概念的产生源自于行业内和学术界习惯用"海绵"来比喻城市的某种吸附功能，例如澳大利亚人口研究学者布吉（Budge）应用海绵来比喻城市对人口的吸附现象。近年来，更多的学者是将海绵用以比喻城市或土地的雨涝调蓄能力。"海绵城市""城市海绵""绿色海绵""海绵体"等这些非学术性概念之所以得到学界的广泛应用，恰恰在于其代表的生态雨洪管理思想，尽管表述有所不同，核心思想是一致的，"海绵城市"直观地表述了具有"海绵特征"的城市，而其他概念的"海绵"重在海绵城市功能的载体。随着近年来城市洪涝灾害的频发，"海绵城市"及其相应的规划理念和方法得到社会各界认同，在很多重要会议和媒体采访中，笔者均在呼吁"使整个国土成为一个'绿色海绵系统'，使雨水就地蓄留、就地资源化。使它与城市中的公园系统、湿地系统，形成统一的水生态基础设施自然保护系统"。与此同时，业界也更多将"海绵城市"理论和方法应用到多项规划设计实践中，例如董淑秋在《首钢工业区改造规划》中提出"生态排水＋管网排水"的"生态海绵城市"规划概念，主要针对规划区的雨水利用问题；台湾水利署也基于 LID 技术在新近的《流域综合治理计划》中提出构建"海绵城市"。

"海绵城市"的概念被官方文件明确提出，代表着生态雨洪管理思想和技术将从学界走向管理层面，并在实践中得到更有力的推广。但是，不难发现相关研究多围绕以 LID 技术、水敏感性城市规划与设计等为代表的西方国家先进的生态雨洪管理技术而展开，也越来越聚焦于城市内部排水系统和雨水利用、管理，并且在具体技术层面的诠释依旧未能摆脱对现有治水途径中"工程性措施"的依赖。在笔者看来，"海绵城市"的建设理念远不止如此，它为在不同尺度上综合解决中国城市突出的水问题及相关生态和环境问题开启了希望旅程，包括雨洪管理、生态防洪、水质净化、地下水补充、棕地修复、生物栖息地的营造、公园绿地营造，以及城市微气候调节等。因此，在"海绵城市"概念和理论尚在发展阶段之时，笔者将结合我国水情和生态问题并辅以具体案例，详细阐述"海绵城市"的理论内涵以及构建方法体系。

一、"海绵城市"理论提出的背景

当今中国正面临着各种各样的水危机：水资源短缺，水质污染，洪水，城市内涝，地下水位下降，水生物栖息地丧失等，问题非常严重。这些水问题的综合症带来的水危机并不是水利部门或者某一部门管理下发生的问题，而是一个系统性、综合的问题，我们亟需一个更为综合全面的解决方案。"海绵城市"理论的提出正是立足于我国的水情特征和水问题。

（一）我国地理位置与季风气候决定了我国多水患，暴雨、洪涝、干旱等灾害同时并存

我国降水受东南季风和西南季风控制，年际变化大，年内季节分布不均，主要集中在 6 ~ 9 月，占到全年的 60% ~ 80%，北方甚至占到 90% 以上，同时，我国气候变化的不确定性带来了暴雨洪水频发、洪峰洪量加大等风险，导致每年夏季成为内涝多发时期。同时，由于汛期洪水峰高量大，绝大部分未得到利用和下渗，导致河流断流与洪水泛滥交替出现，且风险愈来愈高。资料表明，最大洪峰流量与年最大洪峰流量平均值之比，在北方达到 5 ~ 10 倍，南方达到 2 ~ 5 倍，年内和年际以及地区间高度不均衡，导致出现洪涝灾害风险过大。除了区域性的洪涝灾害以外，城市内涝问题也日趋严重。2010 年，对全国 32 个省（自治区、直辖市）的 351 个城市（多为大中型城市）的调研发现，我国城市内涝呈加剧趋势。2008 ~ 2010 年期间，被调研城市中有 213 个发生过不同程度的积水内涝，

其中 137 个城市发生了超过 3 次以上的内涝。积水深度超过 0.5m 的城市占到了 74.6%、积水深度超过 0.15m 的占 90% 以上，积水时间超过 30min 的占 79%。2012 年北京市 7.12 特大暴雨，79 人遇难，经济损失近百亿元，是我国城市内涝问题的典型表现。

（二）快速城镇化过程伴随着水资源的过度开发和水质严重污染

我国对水资源的开发空前过度，特别是北方地区，黄河、塔里木河、黑河等河流下游出现断流局面，湿地和湖泊大面积消失。地下水严重超采的问题也日益加剧，全国地下水超采区面积已达到 19 万 km^2，北方许多地下水降落漏斗区已面临地下水资源枯竭的严重危机。同时，我国的地表水水质状况不容乐观。2012 年，根据水利系统全国水资源质量监测站网的监测资料，采用《中国地表水环境质量标准》GB 3838—2002，对全国 20.1 万 km 的河流水质状况进行了评价。全年 Ⅰ 类水河长占评价河长的 5.5%，Ⅱ 类水河长占 39.7%，Ⅲ 类水河长占 21.8%，Ⅳ 类水河长占 11.8%，Ⅴ 类水河长占 5.5%，劣 Ⅴ 类水河长占 15.7%。全国 103 个主要湖泊的 2.7 万 km^2 水面中，全年总体水质为 Ⅰ～Ⅲ 类的湖泊有 32 个，占评价湖泊总数的 28.6%、评价水面面积的 44.2%；Ⅳ、Ⅴ 类湖泊 55 个，占评价湖泊总数的 49.1%、评价水面面积的 31.5%；劣 Ⅴ 类水质的湖泊 25 个，占评价湖泊总数的 22.3%、评价水面面积的 24.3%。沿海海域也呈现出严重的富营养化现象，如 2003 年全海域共发现赤潮 119 次，累计面积约 14550 km^2。此外，全国约有 50% 城市市区的地下水污染比较严重。2011 年，北京、辽宁、吉林、黑龙江、上海、江苏、海南、宁夏、广东 9 个省（自治区、直辖市）采用《地下水质量标准》GB/T 14848—93 进行抽样分析，结果显示：水质适用于各种用途的 Ⅰ～Ⅱ 类监测井占评价监测井总数的 2.0%；适合集中式生活饮用水水源及工农业用水的 Ⅲ 类监测井占 21.2%；适合除饮用外其他用途的 Ⅳ、Ⅴ 类监测井占 76.8%。在这里必须注意的是，对水体污染的治理除了需要控制和治理点源工业和城市生活污染源外，更艰巨的任务将是对广大范围内的面源污染的治理，而后者正是海绵城市可以发挥巨大作用的地方。

（三）不科学的工程性措施导致水系统功能整体退化

城市化和各项灰色基础设施建设导致植被破坏、水土流失、不透水面增加，河湖水体破碎化，地表水与地下水连通中断，极大改变了径流汇流等水文条件，总体趋势呈现汇流加速、洪峰值高。近 50 年许多河流的径流量变化剧烈，而堤坝建设则导致大部分河径流量大幅下降，我国河流下降比率则超过了 30%。自 20 世纪 90 年代以来，长江、松花江、辽河、珠江、淮河、太湖流域等多地出现特大洪水和不利洪水组合，设计洪水量被迫大幅增加；缩河造地，盲目围垦湖泊、湿地和河漫滩等行为，导致全国湖泊面积减少了 15%，陆域湿地面积减少了 28%，其中围垦面积占据 80% 以上，使河道行洪、蓄洪能力下降。长江的下荆江河段裁弯取直案例表明：裁弯后原河道长度缩短了 1/3，比降加大，导致河道冲刷加大等不良影响。提高局部地区堤防标准却加大了相邻地区的洪水风险，水库会带来下游地区的垮坝风险，这些工程几乎彻底改变了河流的生态环境。截至 2011 年，全国已建堤防 29 万 km，是新中国成立之初的 7 倍；水库从新中国成立前的 1200 多座增加到 8.72 万座，总库容从约 200 亿 m^3 增加到 7064 亿 m^3。三峡水库竣工运行后，生物多样性锐减，污染加剧，出现水库回水区水体富营养化、鱼类减少，以及鱼类生存环境下降等问题。

直至今日，我们依然热衷于通过单一目标的工程措施，构建"灰色"的基础设施来解决复杂、系统的水问题，结果却使问题日益严重，进入一个恶性循环。狭隘的、简单的工程思维，也体现在（或起源于）政府的小决策的和部门分割、地区分割、功能分割的水资源管理方式。水本是地球上最不应该被分割的系统，可是我们目前的工程与管理体制中，却把水系统分解得支离破碎：水和土分离；水和生物分离；水和城市分离；排水和给水分离；防洪和抗旱分离。这些都是简单的工程思维和管理上的"小决策，"直接带来了上述综合性水问题的爆发，诚如奥德姆（Odum）所说："小决策是一切问题的根源"。所以，解决诸多水问题的出路在于回归水生态系统来综合地解决问题。

二、"海绵城市"理论内涵

水环境与水生态问题是跨尺度、跨地域的系统性问题，也是互为关联的综合性问题。诸多水问题产生的本质是水生态系统整体功能的失调，因此解决水问题的出路不在于河道与水体本身，而在于水体之外的环境。如：大量的雨并不是落在河道里，所以防洪没有必要仅仅死守河道；主要污染源非水体本身，所以，水净化的解决之道也不在于水体本身。解决城乡水问题，必须把研究对象从水体本身扩展到水生态系统，通过生态途径，对水生态系统结构和功能进行调理，增强生态系统的整体服务功能：供给服务、调节服务、生命承载服务和文化精神服务，这四类生态系统服务构成水系统的一个完整的功能体系。因此，从生态系统服务出发，通过跨尺度构建水生态基础设施（hydro-ecological infrastructure），并结合多类具体技术建设水生态基础设施，是"海绵城市"的核心。

（一）价值观："水适应人"转向"人适应水"

"海绵城市"是以"自然积存、自然渗透、自然净化"为特征，字里行间反映出与传统的工程思维下"水适应人"的治水思路截然不同。城市应该是一种"人适应水"的景观，即"水适应性景观"。"适应性"借用了生物学的术语，包含两方面含义，一是生物的结构都适合于一定的功能，二是生物的结构和功能适合于该生物在一定环境条件下的生存和延续。因此，所谓"适应性景观"强调了其是在外界的环境及其影响以及人类自身的改变共同作用下最终形成的产物。许多传统城市在长期的缓慢发展演变中，形成综合的发达的水适应性景观系统。托宾和蒙尔茨（Tobin and Montz）总结出一种洪泛平原地区居民的生活模型，他们认为洪水灾害是一种长久以来的自然现象，因而他们的生活处于一种"灾害－破坏－修复－灾害的循环（disaster-damage-repair-disaster cycle）"中，并逐渐形成适应洪水的生活方式。俞孔坚等在对明清时期黄泛区城市防洪经验研究的基础上，提出了洪涝适应性景观的概念（flood adaptive landscape），并进行扩展和深化。之后进一步阐述水适应景观作为气候变化的适应性对策。指出，在长期的水资源管理及与水旱灾害斗争的过程中，许多古代文明不断适应和改造城市与区域的水系统，在很大程度上减缓了水灾害的影响，积累了大量经验和智慧，增强了人类适应水环境的能力，形成城乡的水适应性景观。在"人定胜天"的年代，传统而有效的人水关系被逐步忽略，各项水利工程措施企图迫使水系统适应人类的活动，结果，事与愿违。更加严重的水危机使得人们重新审视人与水的关系，在"人与自然和谐"的生态价值观下，应该重新树立人类活动与城市建设适应水系统的新的价值观。

（二）"海绵"即是以景观为载体的水生态基础设施

完整的土地生命系统自身具备复杂而丰富的生态系统服务功能，这是"生态系统服务"理论的核心思想，聚焦到"水问题"上，这一理论表明，城市的每一寸土地都具备一定的雨洪调蓄、水源涵养、雨污净化等功能，这也是"海绵城市"构建的基础。但是，各种关键性生态过程在土地的分布是不均衡的，"景观安全格局"理论认为景观中存在某些潜在的空间格局，它们由某些关键性的局部、位置和空间所构成，它们在物种保持和扩散的保护过程有异常重要的意义，以求解如何在有限的国土面积上，以尽可能少的用地、最佳的格局、最有效地维护景观中各种生态过程的健康和安全。对于关键性水过程而言，也存在着相应的景观安全格局，这一安全格局通过土地和城市的规划与设计，最终落实成为水生态基础设施。有别于传统的工程性的、缺乏弹性的灰色基础设施，它是一个生命的系统，它不是因为单一功能目标而设计，而是用来综合、系统、可持续地解决水问题。它提供给人类最基本的生态系统服务，是城市发展的刚性骨架。从水安全格局到水生态基础设施，它不仅仅维护了城市雨涝调蓄、水源保护和涵养、地下水回补、雨污净化、栖息地修复、土壤净化等重要的水生态过程，而且它是可以在空间上被科学辨识并落地操作的。所以，"海绵"不是一个虚的概念，它对应着实实在在的景观格局；构建"海绵城市"即是建立相应的水生态基础设施，这也是最为高效和集约的途径。

（三）"海绵城市"建设需以跨尺度的生态规划理论和方法体系为基础

很多学者对"海绵城市"的理解倾向于聚焦在雨水利用和管理问题上，同时提倡 LID 技术的应用，关注雨水处理和场地措施。诚然，上述确实是"海绵城市"建设的重点之一，但并不全面。城市水问题的解决前提是保护区域水循环过程，这就注定了真正的解决方案必定是跨尺度的，即"海绵城市"的构建需要不同尺度的承接、配合。

1. 宏观层面

"海绵城市"的构建在这一尺度上重点是研究水系统在区域或流域中的空间格局，即进行水生态安全格局分析，并将水生态安全格局落实在土地利用总体规划和城市总体规划中，成为区域的生态基础设施。在方法上，可借助景观安全格局等方法，判别对于水源保护、洪涝调蓄、生物多样性保护、水质管理等功能至关重要的景观要素及其空间位置，围绕生态系统服务构建综合水安全格局。其意义在于：第一，明确现有的水系统中的最重要元素、空间位置和相互关系，通过设立禁建区，保护水系统的关键空间格局来维护水过程的完整性；第二，将水生态安全格局作为区域的生态用地和城市建设中的限建区，限制建设开发并逐步进行生态恢复，可避免未来的城市建设和土地开发进一步破坏水系统的结构和功能；第三，水系统可以发挥雨洪调蓄、水质净化、栖息地保护和文化休憩功能，即作为区域的生态基础设施，为下一步实体"海绵系统"的建设奠定空间基础。

2. 中观层面

主要指城区、乡镇、村域尺度，或者城市新区和功能区块。重点研究如何有效利用规划区域内的河道、坑塘，并结合集水区、汇水节点分布，合理规划并形成实体的"城镇海绵系统"，并最终落实到土地利用控制性规划甚至是城市设计，综合性解决规划区域内滨水栖息地恢复、水量平衡、雨污净化、文化游憩空间的规划设计和建设。

3. 微观层面

"海绵城市"最后必须要落实到具体的"海绵体"，包括公园、小区等区域和局域集水单元的建设，在这一尺度对应的则是一系列的水生态基础设施建设技术的集成，包括：保护自然的最小干预技术、与洪水为友的生态防洪技术、加强型人工湿地净化技术、城市雨洪管理绿色海绵技术、生态系统服务仿生修复技术等，这些技术重点研究如何通过具体的设计方法，让水系统的生态功能发挥出来。

（四）"海绵城市"旨在综合解决城市生态问题

水生态系统区别于其他生态系统的主要特点之一在于水这一特殊的环境因子。由于水是流动和循环的特点，因此水生态系统的影响因素并不在于水体本身，它与流域内其他土地利用和各类景观要素相联系，自然过程和人类活动对水生态系统的影响是广泛的。就水而论水容易形成认知障碍，应从更高一个层次研究水体，将视野从水体扩大到汇水区域（对静水水体而言）或流域（对流水水体而言）以及景观尺度。即充分认识到水域、水体本身不仅仅是为水生态系统服务，而是为整个生态系统提供了多种重要且无可替代的服务。例如，水域本身不仅为水生生物提供了生境系统，也为其他需水生物提供了不可替代的栖息环境，佛蒙特州的森林资源调查表明，90%的鸟类的栖息地在距河岸150～170m的范围内；人类也喜好栖水而居，因此形成了庞大的以水为核心的文化遗产。所以，从水问题出发，以构建跨尺度水生态基础设施为核心的"海绵城市"，最终能综合解决城市生态问题，包括区域性的城市防洪体系构建、生物多样性保护和栖息地恢复、文化遗产网络和游憩网络构建等，也包括局域性的雨洪管理、水质净化、地下水补充、棕地修复、生物栖息地的保育、公园绿地营造，以及城市微气候调节等。

（五）"海绵城市"是古今中外多种技术的集成

"海绵城市"的提出有其深厚的理论基础，又是一系列具体雨洪管理技术的集成和提炼，是大量实践经验的总结和归纳。笔者认为，可以纳入到"海绵城市"体系下的技术应该包括以下三类：

第一，让自然做工的生态设计技术。自然生态系统生生不息，为维持人类生存和满足人类需要提供各种条件和过程，生态设计就是要让自然做工，强调人与自然过程的共生和合作关系，从更深层的意义上说，生态设计是一种最大限度地借助于自然力的最少设计。任何技术的使用要尊重自然，而不是依赖工程措施不惜代价地以"改变场地原本稳定生态环境"为代价来实施"生态建设"。

第二，古代水适应技术遗产。先民在长期的水资源管理及与旱涝灾害适应的过程中，积累了大量具有朴素生态价值的经验和智慧，增强了人类适应水环境的能力。在城市和区域尺度，古代城乡聚落适应水环境方面的已有研究散见于聚落地理方面的研究。在城市规划界，吴庆洲等人作了大量卓有成效的研究。水利方面的相关遗产也非常丰富。俞孔坚等研究了黄泛平原古代城市的主要防洪治涝的适应性景观遗产，并总结出了"城包水""水包城"和"阴阳城"等水适应性城市形态，饱含着古人应对洪涝灾害的生存经验，对今天的城市水系治理、防洪治涝规划以及土地利用规划等仍大有裨益。同时，古代人民还创造了丰富的水利技术，例如我国有着 2500 年的陂塘系统，它同时提供水文调节、生态净化、水土保持、生物多样性保护、生产等多种生态系统服务。目前学术界对这些传统技术的整理归纳和应用还非常不够。

第三，当代西方雨洪管理的先进技术，包括 LID 技术、水敏感城市设计等，相关研究成为近年来城市水问题研究的热点，在此不再赘述。

三、海绵城市多尺度构建方法及实践

（一）宏观——综合水安全格局与水生态基础设施，北京案例

在过去 40 年中，伴随人口的增长，北京城区面积已经拓展了 700%。蔓延式、摊大饼式的城市扩展使得城市没有为生物和水预留科学合理的空间，弹性的生态网络缺失。也因此导致一系列的生态与环境问题，如雨涝频繁与河流湖泊干涸并存；公园绿地与区域水系统割裂，导致雨涝时，公园的雨水排往城市雨水管道，浪费了雨水资源，也增加了市政排水系统的压力，而干旱时，绿地又需要浇灌，与城市用水竞争；非生态化的河道建设方式不但没有使其成为日常通勤和游憩通道，反而成为市民活动的障碍。因此，如何留住雨水并回补地下水，如何将这些留在地表的水与生物保护相结合，如何与文化遗产相结合，如何与游憩系统、慢行系统相结合，均是急需通过水生态基础设施的构建系统地解决的城市生态问题。

本案例从北京市水系的空间格局与水生态系统服务的关系入手，通过水文过程分析和模拟，判别和保护具有较高生态系统服务功能的用地，提出水源保护区、地下水补给区等地区的生态管控导则，并恢复城市水系自然形态、建立河流生物廊道系统，从而构建起北京市综合水安全格局，包括：（1）雨洪安全格局，通过径流过程模拟、雨洪淹没分析（20 年、50 年、200 年一遇下的雨洪可能淹没范围）和历史洪涝情况分析，确定区域的雨洪安全格局。这个安全格局可以有效维护降雨径流的自然过程，通过恢复水系的调洪蓄涝能力，使城市免受雨洪灾害的威胁。（2）水源保护安全格局，对于北京市这样一个缺水城市而言，地表及地下水源保护是区域水安全格局的另一个重要功能。根据相关地表水源保护规划以及地下水资源补给能力分析，确定水源保护安全格局。最终两者叠加形成综合水安全格局（图1），它将生态系统的各种服务功能，包括旱涝调节、水源保护、生物多样性保护、休憩与审美启智，以及遗产保护等整合

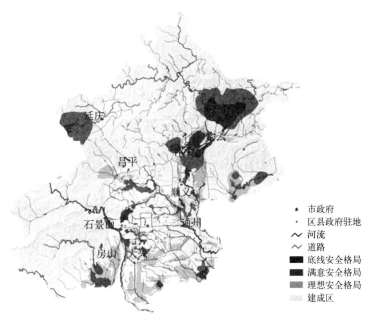

图1 北京市综合水生态安全格局

在一个完整的景观格局中，并最终通过与相应尺度的城市总体规划（或土地利用总体规划）相结合落实在土地上，构成禁止建设区和限制建设区的核心网络，成为引导城市空间有序扩展的刚性骨架。

（二）中观——城镇海绵系统，六盘水案例

六盘水是一个在20世纪60年代中期建立起来的工业城市，城市被石灰岩的山丘环抱，水城河穿城而过。城市人口密集，在60km²的土地上，居住了约60万的人口。六盘水市的水生态综合治理旨在减缓来自山坡的水流，建造一个以水过程为核心的生态基础设施，来存蓄和净化雨水，使水成为重建健康生态系统的活化剂，提供自然和文化服务，使这个工业城市变为宜居城市。

为了构建完整的城镇海绵系统，工程关注水城河流域和城市两个层面（如表1所示）。首先，河流串联起现存的溪流、湿地和低洼地，形成一系列蓄水池和具有不同净化能力的湿地，构建了雨洪管理和生态净化系统。这一方法不仅最大限度地减少了城市雨涝灾害，而且在旱季也能有持续不断的水源。第二，拆除渠化河流的混凝土河堤，重建自然河岸的湿地系统，发挥河流的自净能力。第三，建立连续开放空间，建立人行道和自行车道系统，增加通往滨水区域的通道。最后，项目将滨水区开发和河道整治结合在一起。以水为核心的生态基础设施促进了六盘水的城市改造，提高了城市土地的价值，增进了城市活力（图2）。

水生态基础设施构建步骤表 表 1

步骤	图示	说明
分析现状遥感图		结合现状地形图对场地进行总体认知与分析
构建河流廊道		基于与洪水为友的水弹性技术模块进行水量估测与保证，并恢复自然弯曲的河道形式，构建河流廊道
构建支流系统		支流系统构建，把水就地留下来，层层过滤净化。如果把暴雨就地截留在山坡上，那么城市的防洪压力就大大减小
构建汇水节点		汇水节点就是重要的城市雨洪管理绿色海绵技术的实施场地
构建湿地链		湿地乃是水生态基础设施建设技术的核心要素，在城市尺度将其串联，有效恢复生态系统服务功能

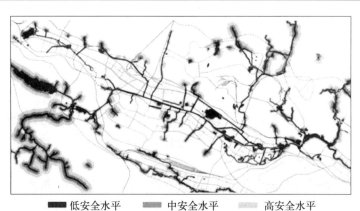

■■■ 低安全水平　　■■■ 中安全水平　　□□□ 高安全水平

图 2　六盘水城市海绵系统

（三）微观——城市雨洪管理绿色海绵技术，哈尔滨群力雨洪公园案例

　　如上所述，"海绵城市"真正在微观尺度的建设依靠的是一系列的水生态基础设施建设技术，限于篇幅在此选择较为有代表性的"城市雨洪管理绿色海绵技术"来进行说明。

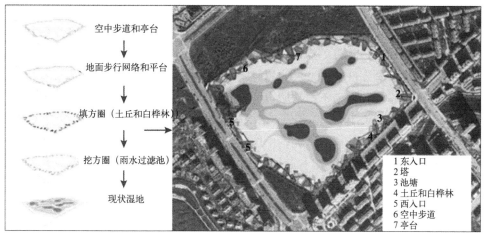

空中步道和亭台

地面步行网络和平台

填方圈（土丘和白桦林）

挖方圈（雨水过滤池）

现状湿地

1 东入口
2 塔
3 池塘
4 土丘和白桦林
5 西入口
6 空中步道
7 亭台

图3　哈尔滨群力雨洪公园城市海绵体总平面

哈尔滨群力雨洪公园（群力国家湿地公园，34hm²）是我国首个以解决城市内涝为目标的国家级城市湿地公园。该公园通过整体景观设计途径进行生态化的雨洪管理，解决常规市政工程所没能解决的问题，使我们的城市成为与水问题相适应的城市（图3），从2011年建成以来，有效发挥了其解决城市雨涝的功能。设计中关键性技术要点包括：（1）以雨洪安全格局为基础，划定由"集水城区—汇水湿地"组成的、具有镶嵌式结构的"绿色海绵综合体"。（2）填—挖技术形成"海绵地形"，一方面是创造多级湿地系统的地形基础，同时为下一步营造多样化的生物栖息地与游憩空间提供环境基础；而且，造价低廉。（3）构建"水质净化—蓄滞水—地下水回补"多级多功能湿地系统。该多级湿地系统主要是整合潜流和表流湿地技术，进行土壤和生物净化，将净化后的雨水汇入中央低洼湿地，补充地下水。按照"水质净化人工湿地—蓄滞人工湿地—地下水回补与生物多样性恢复湿地"这一顺序，依次构造三类湿地系统，产生多种生态系统服务。（4）充分利用地形及水量分布特征实施特色生境修复，并与乡土生物保护、游憩与科普教育功能相融合。

四、结语

本文主要探讨了关于如何科学、系统地对待水的问题，提出建立水生态基础设施是生态治水的核心，也是实现"海绵城市"的关键。国家高层对"海绵城市"的重视是改变城市规划建设理念的重大契机。围绕这一概念，社会各界通过广泛的讨论来关注城市洪涝问题和一系列相关的生态和环境问题，重新审视工业时代治水思路的利弊，深刻认识生态雨洪管理和城市生态建设的重要性及方法和技术，对实现生态文明和美丽中国具有重要意义，学术界应该给予充分的重视。笔者结合多年的经验，提出"海绵城市"建设浪潮应该推动以下几方面学术研究：（1）中国古代水适应性城乡发展的思想、工程与技术遗产的整理和研究，目前这方面的研究还非常有限，不论从城市规划、水利建设角度还是从遗产保护角度出发，都应该加快对该类水适应性景观和技术遗产的整理和研究。（2）绿色基础设施与灰色基础设施相衔接的研究，中国城市建设已经形成了对灰色基础设施的依赖，如何逐步摆脱这种依赖，有效地促进绿色基础设施优先的城市雨洪调蓄系统、如何在实际管理和操作层面实现这种衔接依旧是难题。（3）水生态基础设施规划落实的法治化途径，推进各尺度水生态基础设施的实施纳入法定规划体系，就规划成果向各部门和利益相关者广泛征求意见，通过多方博弈最终确定其空间边界，比如"水生态红线"。（4）一系列相关技术指南的制定，不同尺度水生态基础设施构建指南，以及各类技术集成的使用指南等，《海绵城市建设技术指南》是一个良好的开端，但还远远不够。

（撰稿人：俞孔坚，博士，北京大学建筑与景观设计学院院长，教授、博士生导师；李迪华，硕士，北京大学建筑与景观设计学院副教授；袁弘，博士，北京大学景观设计学研究院；傅微，北京大学建筑与景观设计学院博士生；乔青，博士，北京大学景观设计学研究院；王思思，博士，北京建筑大学环境与能源工程学院）

注：摘自《城市规划》，2015（6）：26-36，参考文献见原文。

宜居城市建设的核心框架

导语：围绕最近召开的中央城市工作会议提出的"建设和谐宜居城市"等内容，解析宜居城市的内涵，评述国际上公认上的宜居城市建设的主要经验，重点就宜居城市建设的基本理念、导则和建设重点等进行系统的论述，旨在构建中国宜居城市建设的核心框架，对中国建设宜居城市提供理论指导。

一、引言

在 2015 年 12 月 20 日召开的中央城市工作会议，把"宜居城市"和"城市的宜居性"提到了前所未有的战略高度加以论述，明确指出要"提高城市发展宜居性"，并把"建设和谐宜居城市"作为城市发展的主要目标。中央城市工作会议精神是党中央在新时期中城市建设的新要求和新目标，同时，也为宜居城市研究提出了新课题、新方向和新内容。

中国城市发展已经进入了新时期，发展目标和重点出现了四大转变：一是由人口数量和空间规模扩张向重视城市发展内涵和质量转变；二是由重视物质和实体空间的规划和建设向城市文化和精神塑造转变；三是由经济发展转向为重视社会民生和居民生活质量的提升转变；四是由粗放和集权式城市管理向精细化和科学化决策转变。中央城市工作会议正是在中国城市发展进入这一关键时期召开的，会议明确指出："城市建设要以自然为美，把好山好水好风光融入城市""留住城市特有的地域环境""努力把城市建设成为人与人、人与自然和谐共处的美丽家园"。从这些观点鲜明的指示中，可以解读出决策层对营造宜人的生态空间、建设方便的生活空间和和谐的社会空间的巨大决心。同时，也可看到中国的城市发展正在回归以人为本的这一主线。"让人民群众在城市生活得更方便、更舒心、更美好"，这就应该是宜居城市建设的基本原则。笔者认为：宜居城市规划、建设和管理的基本方向就是不断地改善居民的居住环境，提供舒适的生活和休闲空间，促进社区的和谐发展，建立充满活力、开放和包容的社会环境，尊重和保护城市的历史和文化遗产，维护人与自然的和谐，共建美好和幸福的生活家园。

二、宜居城市内涵解析

城市宜居性通常指一个城市或地区的居民所体验到的生活质量。Casellati 从以人为本的视角对宜居性内涵进行阐述，宜居性表征我们自己在城市里是一个真正意义上的人，宜居的城市不会对人产生压制。Salzano 重视宜居城市的可持续性，它链接了过去和未来，不仅尊重历史的足迹，也尊重我们的后代。Hahlweg 鼓励宜居城市建设要关怀弱势群体，宜居城市是所有人的城市，对我们的孩子和老人来说很安全，能够接近绿地，不只是对那些在这里挣钱但在郊区和周围居住的人。Palej 则从建筑和规划学科视角，强调要保存和更新城市的社会组织元素。Evans 认为宜居应该职住尽可能邻近，工资收入与房租相匹配，可以接近健康生活环境的设施，不以降低城市环境质量为代价实现对工作和住房追求，不能用绿地空间和新鲜的空气去赢取薪水。总之，宜居的城市应该是生活质量（quality of life，QOL）和居住的适宜性比较高的城市，在这样的城市中，居民满意度高，居民幸福感强。

笔者认为，宜居城市是城市发展的共同目标和追求。宜居城市的概念是相对的，或者动态的，即评价一个城市宜居与否，要从动态的发展历程来审视，或者是与其他城市相比较，是否符合"宜居城市"，要审视参照城市及其城市自身的发展历程。宜居城市也是居民对城市的一种心理感知，这种感知评价与居民的性别、年龄、学历、职业和收入等个人属性密切相关，宜居城市的建设应该充分尊重居民的需求和愿望。

宜居城市建设的目标包括不同层次。较低的层次目标应该满足居民的安全性、健康性、生活方便性等最基本要求；较高的层次目标要满足居民的人文和自然环境的舒适性、个人的发展机会等更高要求。宜居城市建设要优先关注环境健康、城市安全、舒适、方便等关系居民生活质量的问题，并重视传承城市的历史和传统文化，彰显具有城市特色的文化品质和内涵。宜居城市建设还要尊重和顺应城市发展规律，保留城市自然山水脉络，保持城市和街区的风格，创造更多、更适宜人们居住、生活和工作的空间，达到人与自然和谐共生。

笔者认为，宜居城市的内涵包括六个层面，即宜居城市应该是一个环境健康的城市、安全的城市、自然宜人的城市、社会和谐的城市、生活方便的城市和出行便捷的城市（图1）：（1）健康的城市要远离各种环境污染或有害物质的潜在危害，具有新鲜的空气、良好的水质、干净的街区、安逸的生活环境；（2）安全的城市应具备健全的防灾与预警系统、完善的法治社会秩序、安全的日常生活环境；（3）自然宜人的城市应拥有舒适的气候、良好的绿化环境、可接近的水域、适宜的开敞空间；（4）社会和谐的城市应具有包容和公正精神、尊重城市的历史和文化；（5）生活方便的城市应具备便利的、公平的和健全的公共服务设施，人人都能享受到医疗、教育、购物等生活设施带来的便利；（6）出行便捷的城市要以公交系统优先发展为核心，倡导绿色出行。换言之，宜居城市应该是一个安全的、环境宜人的、公共服务设施方便的、社会和谐的、地域特色鲜明的城市。

总的来看，宜居城市是指适宜人类居住和生活的城市，是宜人的自然生态环境与和谐的社会、人文环境的完整统一体，应是所有城市发展的共同目标。

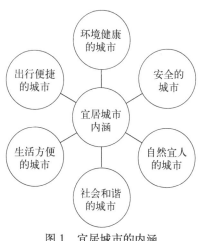

图1　宜居城市的内涵

三、宜居城市建设的国外经验

从国外建设宜居城市的经验来看，笔者发现无论首都城市（如东京、纽约、维也纳、新加坡），还是区域性中心城市（如墨尔本、温哥华等）在建设国际宜居城市过程中均具有一定共性特征。例如强调城市居民的安全保障程度、各种设施和服务利用的便利性、环境的舒适性、城市历史文化传承和尊重等。

（一）人与自然和谐

人与自然和谐是建设和谐宜居城市的基础，为宜居城市建设提供良好的自然环境本底条件。世界宜居城市建设都格外重视人与自然和谐发展，不仅强调要具有舒适的气候、优美的自然环境，还注重城市生态环境保护与环境污染治理。例如，温哥华强调城市的绿色理念，城市发展格外重视绿化环境，通过绿化带为城市划定了增长边界，实现了人与自然和谐相处。纽约重视自然环境的舒适宜人性，水域面积占到全市面积的1/3以上，公园和体育等游憩娱乐用地比例超过25%，优美的绿化和广阔的水域为纽约城市营造了舒适宜人的自然环境。

（二）突出以人为本

以人为本就是强调宜居城市建设要回归以人为中心，城市的发展和建设以居民的社会需求和根本利益为出发点和落脚点。在宜居城市建设中可以归纳为三点，即"尊重历史、关注现实、面向未来"。例如，墨尔本注重保护特色的历史建筑，保留了 19 世纪和 20 世纪的很多古建筑，如弗林德斯街火车站、圣保罗大教堂。维也纳彰显的则是艺术文化资源。新加坡则重视居民住房的保障，大力建设公共组屋，大约 82% 居民居住其中，90% 以上居民可以负担起三户型组屋，且区位合理，在城市中心区和外围均有分布。

（三）重视公共服务设施

公共服务设施是居民日常生活内容的重要组成部分，构建配套齐全、功能完善、布局合理、使用便利的公共服务设施体系，能够满足显著改善居民生活品质，同时促进社会公平正义。东京作为国际性大都市，在教育、医疗、文化娱乐等公共服务设施方面做得非常出色，能够有效地满足居民日常生活需求。在医疗方面，2013 年东京每十万人医院数为 4.9 个，是北京人均医院数的 1.6 倍；在教育方面，2013 年东京每十万适龄人口的小学、中学和高中学校数量分别有 230.5、278.1 和 144.3 个。温哥华则重视丰富的城市生活，每年的节日活动众多，还拥有歌剧、音乐会和其他各类表演活动，完善的医疗系统和优质的教育资源也受到当地居民的青睐。

（四）强调公共出行

完善便捷、服务优质的公共交通能够吸引更多的市民采用公共交通出行，减少小汽车出行、缓解城市交通拥堵和降低城市环境污染。高度发达的公共交通系统是新加坡建设宜居城市的重要基础，全国大约 15% 的国土空间用来发展城市交通，建立了完善的综合交通网络体系；另一方面通过公交优先、降低交通成本和改善公交服务质量等手段促进公共交通发展，公共交通出行比例达 59%。东京每天轨道交通承担了全市 86% 的客运量，早高峰时段中心区轨道交通出行达到 90% 以上，而小汽车比例仅为 6%。

总之，国际上公认的宜居城市，例如墨尔本、维也纳、温哥华、新加坡、东京、纽约和伦敦等城市在人与自然和谐共生、以人为本、公共服务设施、公共交通、开放和包容等方面各有所长，对中国宜居城市建设的启示是：健全宜居城市规划与相关政策、完善住房保障、重视城市生态环境建设、提升城市文化内涵和鼓励低碳交通出行。

四、宜居城市建设的导则和重点

笔者认为，宜居城市建设应该最大限度地为居民创造和提供一个居住安全、生活便利、工作愉悦、社会和谐、环境宜人、成果共享的工作和生活空间。

（一）宜居城市建设的理论基础

自 19 世纪末霍华德提出"田园城市"理论起，城市建设的思想不断发展，对宜居的关注经历了从物质环境到人文关怀，再到关注可持续性的演变过程。尽管宜居城市建设缺乏直接的理论，但可持续发展理论、人居环境理论、人地关系理论和生态城市理论从不同视角，为宜居城市建设提供了理论基础（图2）。

1. 可持续发展理论为宜居城市建设理念和目标指明了方向

对宜居城市而言，可持续发展理论从社会、经济和环境可持续发展视角，为宜居城市建设提供了发展理念和目标：即满足居民的基本生活需求，为人们提供稳定的就业机会；确保居民的生活、生命和财产安全，为居民提供好的住房、安全的街道和健康的生活环境；给居民创造相对平等的教育和社会参与机会。可持续发展的这些理念和目标就是宜居城市所追求的目标和方向。

2. 人居环境理论基本涵盖宜居城市建设的重点内容

人居环境也称人类住区，清华大学吴良镛院士在国内最早提出人居环境科学基本研究框架。地理学从人地关系视角来研究人居环境，重视人与自然的和谐，通过分析自然和人文要素的相互关系与作用去解析人类聚居的空间。联合国《温哥华宣言》（UN,1976）认为人居环境是人类社会的集合体，包括所有社会、物质、组织、精神和文化要素，涵盖城市、乡镇或农村。人居环境被认为是社会经济活动的空间维度和物质体现（UN，2011）。该理论内容基本涵盖了宜居城市研究内容，且创造宜人的聚居环境也是两者共同目标。

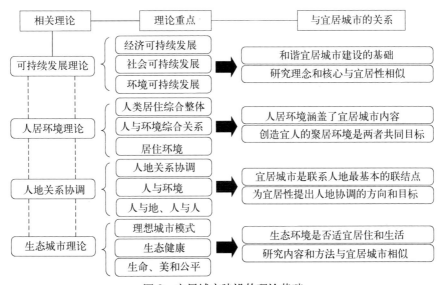

图 2　宜居城市建设的理论基础

3. 人地关系理论是研究宜居城市的理论基础

人地关系中人类活动和地理环境相互作用错综复杂，可通过最能体现人地关系本质的关键要素来剖析人地关系的主要问题。在人地关系矛盾中，人居于主导地位。住房与住区也是城市生产、经济、社会等活动的后勤保障基地，居住是人类生存的最基本的条件之一。人居环境的好坏直接影响到人类生活的质量。人居现象应该说是联系人地的最基本的联结点，地理学人地关系理论为宜居城市提出了人地协调的方向。

4. 生态城市理念对宜居城市建设在原则和内容提供了基础

生态城市不仅要确保城市自然生态系统的平衡，也要追求城市的自然与人工生态系统的协调。例如美国学者 Richard 提出，生态城市即为生态健康城市，是空间紧凑、充满活力、节约资源能源、与自然和谐共存的人类聚居地，生态城市的基本准则为生命、美丽和公平。这些生态城市的思想，更多地强调城市集约化发展、公众参与、公共利益与均衡发展、公共服务设施的优先权、循环经济的推广、生态环境的修复、历史文化景观的保护等理念，对建设宜居城市来说，共同之处则是生态环境是否适宜于居民日常生活，生态城市的研究内容和方法对和谐宜居城市具有重要的参考价值。

（二）宜居城市建设的基本理念

宜居城市建设要实现居住环境质量不断提升的目标，应遵循"城市可持续发展、以人为本、人与自然和谐、尊重城市历史和文化、重视创新与包容"等基本理念（图 3）。

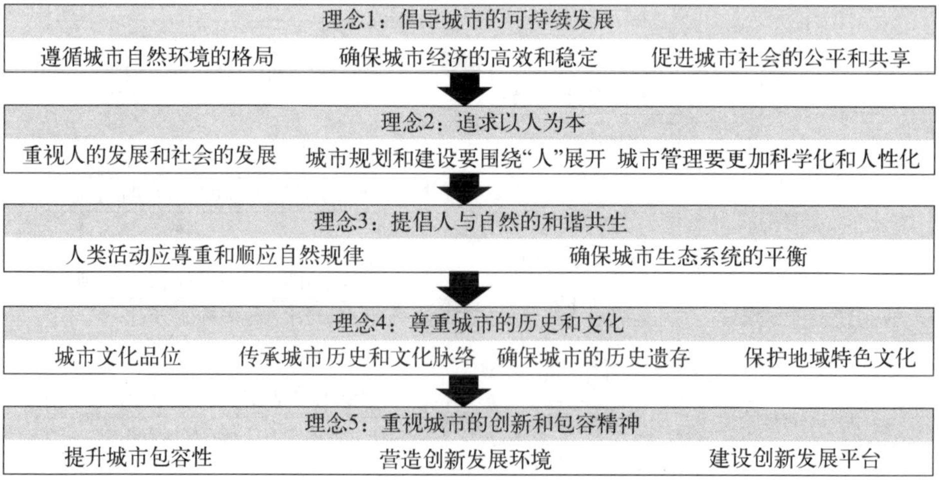

理念1：倡导城市的可持续发展		
遵循城市自然环境的格局	确保城市经济的高效和稳定	促进城市社会的公平和共享

理念2：追求以人为本		
重视人的发展和社会的发展	城市规划和建设要围绕"人"展开	城市管理要更加科学化和人性化

理念3：提倡人与自然的和谐共生	
人类活动应尊重和顺应自然规律	确保城市生态系统的平衡

理念4：尊重城市的历史和文化			
城市文化品位	传承城市历史和文化脉络	确保城市的历史遗存	保护地域特色文化

理念5：重视城市的创新和包容精神		
提升城市包容性	营造创新发展环境	建设创新发展平台

图 3　宜居城市建设的基本理念

1. 倡导城市的可持续发展

宜居城市建设首先应尊重和顺应城市发展的基本规律，城市开发和建设要遵循城市自然环境的格局，不破坏自然本底的基本特征，将城市经济和社会活动有序融入城市的山、水和绿地等自然系统中，最大限度地尊重城市自然机理。其次要确保城市经济的高效和稳定，城市的发展应在资源最小利用的前提下，使城市经济朝着更富效率、稳定和创新方向演进。第三要促进城市社会的公平和共享，城市社会发展要让人人都感到自己生活的环境是安全的、愉悦的，每个人被赋予相应的权利和自由，城市中每个居民都能共享发展带来的机遇和成果。

2. 追求以人为本

宜居城市建设要凸显人在城市的主体地位，城市的规划、建设和管理全过程都要体现以人为本的理想。换言之，以人为本的城市建设理念首先是把城市发展和建设从重视经济增长转向为人的发展和社会的发展，从重视物质和实体空间的建造转向为城市精神和城市人文思想的塑造。其次，城市规划和建设要围绕"人"展开，人既是城市经济活动、社会活动的实施者，也是直接的服务对象，城市的基础设施建设、公共服务配置、交通道路设计等要充分考虑居民的需求和行为活动规律和特征。第三城市管理要更加科学化和人性化。城市管理的目标是确保城市的各种设施和机构有序运转，能够给不同群体居民提供和谐相处、平等发展的机会，满足居民物质和文化需求。

3. 提倡人与自然和谐共生

人与自然和谐共生，城市才能永续发展，城市发展的根基才会牢固。首先，人类的一切活动都应该尊重和顺应自然规律，城市经济活动、人口集聚规模要与城市的资源环境承载能力相匹配，城市居民生活方式和个人行为活动也应最大限度地减少对环境和生态的压力，要实现经济社会发展与城市自然环境和谐共生。其次，要确保城市生态系统的平衡。城市作为人类的栖居地，是生态系统的一部分，也需要保持城市内部各系统的平衡与和谐，人与自然和谐是城市生态系统有序、良性循环的基础。

4. 尊重城市的历史和文化

积极向上的文化氛围和丰富多彩的文化活动能够提升城市品位，也可以提升居民的文化品位，促进人的身心愉悦、健康发展。城市的历史遗存和城市特有的文化是生活在城市中每个居民永恒的记忆和精神家园。保留城市历史风貌、建筑特色、街区肌理、人文风格等，对强化城市的地方性和本土性，以及提升城市内涵品质具有重要的意义。城市拥有的独特的历史和文化不仅能够提升城市的品位，也能够增强城市的凝聚力，为城市发展与建设提供强大的精神动力。

5. 重视城市的创新与包容精神

创新是城市发展的活力源泉，包容可进一步吸纳创新人才和提升创新环境，进而增强城市的活力和动力。要营造适宜于新产业的发展、科技成果产出、创新人才培育的发展环境，为新业态形成、新服务模式孕育、新生活方式涌现、新创新主体的出现提供发展平台，使城市不仅宜居，也更加充满活力。

（三）宜居城市建设的基本导则

宜居城市建设应该遵循一定的原则（图4），确保城市建设目标和内容的正确导向，让居民在城市生活更加和谐宜居、更加幸福美好。

1. 城市更安全

安全是人最基本的需求，宜居城市建设应该首先保障居民的生命、财产和日常行为活动安全。城市的安全性可以大致分为四类：（1）日常生活的安全性，包括犯罪等社会治安问题和交通安全；（2）抵御灾害的安全性，包括地震等自然灾害诱发的灾害，以及火灾等人类活动引发的灾害；（3）城市生命线的运行安全，包括能源、供水、供热、供气、垃圾处理等城市基础设施运行的安全；（4）居民的食品和药品安全性，这是关系城市生产活动和居民日常生活最直接的问题，也是居民最关心的问题。

2. 生活更方便

居民日常生活的便利程度是城市生活质量的重要体现。宜居城市应当为本地居民提供多样化和方便的住房、公共服务和生活方式。让城市更加方便，需要从基础设施、公共服务设施、土地利用、人口分布等方面综合考虑，具体包括以下四个方面：（1）建设紧凑、混合的社区，以增加近距离的就业机会，减少通勤；（2）提供丰富多样的公共服务设施，包括健全的生活服务设施、高质量的教育设施、完善的医疗设施、现代化的文化娱乐设施等；（3）提高交通运行效率，建设现代化的综合交通系统，倡导公共交通出行；（4）合理控制城市人口规模，使人口的规模和集疏水平与城市的承载能力相匹配。

导则1：城市更安全	导则2：生活更方便	导则3：环境更宜人	导则4：社会更和谐
日常生活安全性抵御灾害的安全性城市生命线运行安全食品和药品的安全性	建设紧凑、混合的社区提供丰富多样的公共服务设施提高交通运行效率合理控制人口规模	维护城市的自然环境营建城市人文环境控制各种污染对居民的影响	创造包容和公正的社会环境创建共享的城市发展机制关注弱势群体的生存和发展

图 4　宜居城市建设的基本导则

3. 环境更宜人

清新的空气、令人愉悦的自然之美、健康的环境是宜居城市建设最重要的基础。宜人的环境建设包括三个方面：（1）维护城市的自然环境，把好山好水好风光融入城市，让居民享受到自然之美；（2）营建城市人文环境，保留城市特有的地域环境、文化特色、建筑风格等，提高居民归属感和文明素质；（3）控制各种污染对居民的影响，防治各类污染源、辐射源以有害身心健康的设施对居民伤害。

4. 社会更和谐

和谐宜居是城市发展的最高要求，也关系到居民的幸福感。建设包容和公正的社会体系应当从三个层面入手：（1）创造包容和公正的社会环境，为不同群体的居民提供适合自身特点的发展机会和条件；（2）创建共享的城市发展的机制，为居民提供平等的就业和享受义务教育机会，共享城市发展的成果，如最基本的社会保障；（3）关注弱势群体的生存和发展，在制度设计上，以及全社会层面形成关注低收入群体、老年人以及残疾人等弱势群体的环境。

（四）宜居城市建设的重点内容

基于和谐宜居城市建设的五大基本理念和四大建设原则，笔者认为，和谐宜居城市建设重点为宜人的生态和环境、高标准的城市安全环境、方便的公共服务环境、和谐的城市社会环境和可持续的城市经济环境等五大体系（见表1）。

宜居城市建设的重点　　　　　　　　　　　　　　　表1

五大体系	内容
宜人的生态环境体系	宜人的生态空间
	减少污染物的排放和环境治理
	控制城市空间无序扩张
高标准的城市安全环境体系	提高城市的应急减灾能力
	保障城市生命供给线安全运行
	完善社会治安防控体系
	提高食品药品监督水平
方便的公共服务环境体系	完善服务设施类型
	提高服务设施可达性和效率
	提高出行的便捷性
	鼓励绿色出行方式
和谐的城市社会环境体系	提高城市的多样性
	增强城市的包容性
	维持和保护传统文化特色
	提高居民的文化认同
可持续的城市经济环境体系	鼓励发展绿色经济
	养成节约健康的生活、消费方式
	营造创新发展环境

1. 营造宜人的城市生态环境体系

宜人的环境包括自然环境的舒适性和环境质量的健康性，宜人的环境能够让居民感受到身心的愉悦，享受到自然环境和人文景观之美。

（1）建设宜人的生态空间。要加大对都市区范围内的森林、湿地、生物多样性和生态脆弱区等生态系统的保护，修复和改善城市内山水、河流等自然生态环境；增加城市绿色空间和开敞空间，合理布局城市公园和绿地，营造良好的河流、湖泊景观；改善居住环境，为居民提供休憩和交流的绿色空间。

（2）严格控制污染物排放。控制高污染、高耗能产业发展，减少生产中产生的"三废"排放；优化能源结构，减少城市煤烟污染；制定建筑施工场地防止扬尘的措施；加大机动车尾气治理，减少对大气环境的污染；采取有效降噪措施，治理城市噪声污染；全面整治城市水体环境，加大城市污水处理治城市水体环境，加大城市污水处理设施建设力度，提高城市水质标准，推动污水处理企业化和产业化进程。

（3）控制城市空间无序扩张。在城市周围或城市功能分区的交界处设立绿化隔离带，严格保护永久基本农田，严防城市发展突破生态保护红线，坚持集约发展，科学划定城市增长边界，促进城市发展由外延扩张型向内涵提升型转变。引导人口适度集聚，城市规划要与城市环境容量和资源环境承载能力相匹配。

2. 建立严格的城市安全环境体系

安全是宜居城市建设的最基本条件，城市的安全环境需要重点解决四个问题：

（1）提高城市的应急减灾能力。城市各项建设严格执行国家的强制性规范，防洪、排涝、消防等各类防灾设施要符合国家标准；要建设紧急避难场所和灾害预警系统；做好城市防灾减灾的宣传工作，提高城市居民防灾减灾意识。

（2）确保城市生命供给线的安全运行。完善城市气、热、水、电、能源等支系统供给安全，制定应急预案和处理方案，确保城市生命供给线的安全和有序运行。

（3）完善社会治安防控体系，严密防范、依法打击各种违法犯罪活动。

（4）制定并严格实施食品和药品监督制度，推进食品和药品安全信用体系建设，提高食品药品监督水平。

3. 建设方便的城市公共服务环境体系

城市的公共设施服务水平直接决定了居民日常生活的方便程度，公共服务环境的优劣直接决定了城市的宜居性。

（1）完善服务设施类型。提供不同档次、丰富多样的生活服务设施、教育设施、医疗设施和文化娱乐设施等，形成区—街道—社区不同层级、功能和特色的公共服务设施体系，满足多样化的生活需求。

（2）提高服务设施可达性和效率。建立居民日常生活圈，提供服务的水平和质量，让居民在生活圈内满足最基本的生活需求；按照人口规模和发展需求等，重点支持公益性服务设施的规划和建设。

（3）提高出行的便捷性。科学合理制定城市路网规划，完善城市路网结构及道路交通设施。积极推进公共交通优先政策的实施，在城市主干道上，设置公交专用道和优先通行信号设施，形成覆盖整个城市的公共交通快速网络；建立先进、高效的城市公共交通指挥系统。

（4）鼓励绿色出行方式。加大步道和自行车道建设力度，改善绿色出行环境，建设公共自行车系统，加大宣传力度，提高居民主动参与绿色出行的意识。

4. 形成和谐的城市社会环境体系

和谐的城市社会应该是社会稳定、充满正义与公正、不同群体能够和谐相处、具有文化内涵和品质等，提高城市的宜居性需要重视城市的文化内涵、不同群体的公平和包容和居民的城市认同感等。

（1）提高城市多样性。在街区、社区、建筑风格、景观、商业环境、文化和娱乐、企业等方面要体现城市的多元性、差异性、互补性和融合性，提供多元化的城市公共服务，培育包容性的社会观念和行为模式，形成多样化和丰富多彩的城市发展环境，促进不同人群的融合和尊重，构建精彩的社会文化环境。

（2）提高城市的公正性。解决中低收入家庭的住房问题，改善残疾人、老年人等弱势群体的居住与出行条件；解决外来人口在就业、医疗、子女入学、社会保障等方面的问题，为不同类型阶层的居民提供平等的发展机会。

（3）维持和保护传统文化特色。加大历史文化遗产保护范围和力度，最大程度的保护传统物质空间；弘扬和保护地方传统特色文化传统，传承和提升具有地方根植性的社会网络和生活方式，控制旅游业和商业对历史文化保护区的过度开发。

（4）提高居民的文化认同。倡导社区开展健康有益、丰富多彩的群众文体活动，提高居民对社区的认同感；积极开展各种公益活动，为居民提供社区服务与援助，创造居民团结互助、文明和谐的社区氛围；提倡公众参与城市和社区建设的重大决策活动，使城市规划、建设和管理更加民主化和更加透明化。

5. 构建可持续的城市经济环境体系

城市经济活动要避免对环境和生态系统的破坏，构建有利于城市环境可持续发展的生产和消费方式。

（1）在生产方面，要采用先进技术和管理方式，推动产业向低碳化、绿色化、循环化、可再生化方向发展，城市和产业布局要与环境和生态格局相协调，控制对环境有不利影响的经济活动行为。

（2）在消费方面，鼓励居民养成节约健康的生活方式，提出绿色消费和低碳出行，形成人人关爱环境的社会风尚和文化氛围。

（3）在创新方面，营造有利于创新人才和企业发展的创新平台，构建有利于人才交流的社会文化环境，完善创新创业发展生态链，使创新成为推动城市经济发展的主动力。

五、结论

宜居城市就是适宜人类居住的城市，是所有城市共同的发展趋势和方向，也是城市居民追求生活质量和品质的要求。国际一流宜居城市发展的经验告诉我们，城市发展要保留和维护好自然生态空间、改善居民公共服务和住房水平、保护和提升城市历史和文化特色、倡导低碳绿色交通出行等。中国宜居城市建设的基本导则要强调安全、和谐、方便和宜人等关键词，宜居城市建设的重点是塑造自然环境舒适宜人、生活安逸和方便、社会包容和谐、尊重自然和历史文化、具有开放和创新精神的高品质城市。

（撰稿人：张文忠，研究员，博士生导师，主要从事宜居城市、人居环境和资源城市方面的研究）

注：摘自《地理研究》，2016（2）：205-213，参考文献见原文。

问题导向型总体城市设计方法研究

导语：当前随着中国城市发展的转型，总体城市设计面临着新的发展机遇，但也存在技术路线偏差、成果内容泛化、难以管理与落实等问题。本文提出了一种问题导向型的总体城市设计思路与技术方法：基于城市空间总体层面的主要问题，以可操作性为目标，筛选关键要素，强化空间特色等针对性的专项研究；整合多维度系统，建立整体框架目标；落实控导空间载体，搭建可衔接管理的分级控导体系；制定适应动静管理需求的成果与行动计划。依据此思路与方法，在常州的案例中进行了具体的实践与探索。

从 20 世纪 90 年代开始，随着中国城市化的全面推进，关于总体城市设计的实践与理论探讨逐渐兴起。这主要是为了应对快速城市化所产生的空间破碎化、风貌不协调、特色不突出等问题，力图通过城市设计的相关技术手段从城市整体层面对空间形态和总体布局进行协调与优化，并弥补城市总规在风貌特色、公共空间体系、街区形态、空间尺度、历史文化等方面的局限性。经过 10 多年的发展，中国总体城市设计的研究与实践取得相当大的进展，但在技术方法、设计内容、规划成果等方面面临着诸多的问题与挑战。

一、总体城市设计的共识

由于近 30 年中国城市的快速扩张以及中国城市的管制特点，为宏观超大尺度的城市设计实践提供了可能，逐步形成了总体城市设计这一独特的领域。经过多年研究与实践，中国总体城市设计已有了相当的积累，但是在定义与内涵、内容与方法、深度与成果等方面都不尽相同。梳理相关成果，可以总结出以下几方面出现频率较高的关键内容来反映目前总体城市设计的一些共识以及热点与趋势。

（一）形态与控导

从城市设计的内涵来看，城市设计是一门关注城市三维空间布局、风貌特色以及公共空间环境的学科。因此，总体城市设计核心工作内容是对总体空间格局和城市形态所作的整体构思和安排，主要落实两方面的内容：一是空间规划设计体系，包括定位与策略的确定、特色提炼、系统构建、要素组织、形态优化等；二是相关控导要求，主要是通过图则或导则的形式，将规划设计的意图转化成控制与引导的语言。

（二）宏观与整体

从研究对象与范围来看，总体城市设计的设计范围尺度巨大，一般达到上百平方公里，涉及因素众多，普遍认为应重点关注城市整体层面的问题，主要包括城市景观形象与空间特色的目标与定位、城市空间格局与形态的总体框架、特色空间体系、功能分区与活动组织、景观风貌分区与结构、开敞空间体系、空间形态控导等内容，具有宏观性、整体性、系统性的特征。因此，总体城市设计的重点应放在解决城市宏观、中观层面的问题，而重点地段与节点等微观层面的具体设计不是总体城市设计的内容。

（三）特色与人本

从研究的内容来看，城市空间的特色塑造、文化内涵提升以及空间环境优化往往是总体城市设计的核心关注点，城市特色资源的梳理、城市意象的挖掘、城市特色风貌的营造、特色区域的划定、特色的视觉及体验分析是其重要组成部分。这方面的实践可以充分发挥城市设计在三维空间形态的设计与控导方面的优势，弥补总规与控规在城市特色、文化及空间品质等方面考量的缺失。

此外，空间特色的塑造离不开人对城市空间的感知体验，目前的设计趋势也特别强调"以人为本，公共利益优先"的理念，以满足多样化的市民生活和公众活动需要为前提，重视特色资源、公共场所、开敞空间的研究，这些空间的"可视、可达、可读、可游"是空间特色感知与体验的重要组成部分。

（四）非法定的实施途径

根据我国现行的规划体系，城市设计并非法定规划，而是依附于城市规划，也没有相对完善与明确的编研规范和标准，虽然这样使城市设计具有比法定规划更宽广的视野和灵活性，更便于发挥规划设计者的创作灵感，但也不可避免地削弱了城市设计成果的实效性，出现了不遵循设计与控导意图、随意更改等问题。目前，我国一些省市已开始在规划编研体系和规划管理平台等方面进行创新，以强化城市设计的法令性与规范性。例如《江苏省城市设计导则》《深圳市城市设计标准与准则》《贵阳市城市设计管理办法》的制定实施等。

普遍的情况是，以往的总体城市设计编研与法定规划互动不足、无法指导相关规划建设、无法对接管理，从而影响了设计成果与控导要求的具体落实。从当前发展趋势来看，大家越来越关注总体城市设计的可实施性，积极探索城市设计从理论走向操作以及融入城市建设管理体制的途径，主要包括"通过城市设计导则与法定规划结合、与技术管理规定结合和与建设审批程序结合等方式"。

二、总体城市设计的困境

（一）技术路线偏差

从目前对总体城市设计的认知和成果来看，大多数在技术路线方面出现了不同程度的偏差。首先，这些成果多依附于特定的城市设计框架或模板——将城市形态分解成面面俱到的各种要素与系统，并在空间上进行简单叠加。这种设计方法虽然有助于规划思路的展示，强调设计要素的系统性与完整性，却忽视了城市发展的时间特征与演变规律。城市并不是场所、景观、建筑等要素瞬间叠合的产物，它有着如生命般缜密的成长周期，各种活动相互碰撞、各种元素相互冲击，是一个多维的动态复合系统，决不能主次不分、静止地对待。

其次，对于城市特定问题的思考与应对尤显不足。中国的大中城市数量超过600个，历史文化和自然资源的禀赋各异，以大而全的要素化与系统化为特征的传统总体城市设计方法不仅难以彰显城市特色，更不能解决城市遇到的实际问题。在以美学特征为首要考量的传统城市设计评价体系下，少数专家精英和城市管理者拥有了绝对的话语权，市民作为城市主体却鲜有发声机会，在这种不对等的沟通模式下，脱离公众意愿和社会经济发展现状的城市发展病症更难治愈。

（二）内容与成果泛化

由于城市设计并非法定规划，各地总体城市设计的编研实践类型多样，并没有统一的模式，但往往容易出现一种过于追求综合与全面的倾向，可将其总结为是一种总规层面的城市设计"泛化"现象。具体表现在规划的尺度、内容、成果三方面的"泛化"，即过分强调宏观、中观、微观体系的完整性以及规划内容与成果的综合全面。一些规划设计从区域背景到城市总体格局、从产业经济到综合交通、从重点片区到节点、从标志物到街道家俱、从色彩到夜景、从导则到效果图与动画，无所不包，纳入了许多非城市设计的内容。这样往往会造成目标的分散以及规划内容过于庞杂而无法深入，在整体与宏观层面不能准确地把握城市发展的主要方向或面临的核心问题，从而导致规划成果的模糊和语意不清；此外，总体城市设计的控导要求要么过于细致而缺乏灵活性，要么过于原则而缺乏可操作性，最终造成规划成果被束之高阁。

（三）难以管理与落实

在设计内容上，"由于总体城市设计属宏观尺度的城市设计，且与下层次详细规划及局部城市设计之间缺乏有效的转译路径，导致总体城市设计成果难以有效转化为规划设计要求，对具体规划建设的指导意义不大"。具体表现为以下两方面：其一，一些控导要求表述含糊，往往不能分解落实到具体的空间载体上，造成设计成果在下一步的规划与建设管理中由于缺乏明确的对象而无法操作；其二，一些设计理念与要求脱离实际，常无法准确地转译成法定规划及建设管理的语言。

在对接管理上，编研过程中常关注空间本身，而忽略了不同市辖行政区城市建设与管理主体的差异。由于最终成果的运用和落实离不开这些城市建设与管理的主体部门及人员，因此，内容繁多、重点不突出、管辖权限不匹配，以及相对静态的终极蓝图式的成果既不方便相关人员阅读与管理，也无法适应城市动态管理的需求。

在制度保障上，许多城市现有的技术规范、编审与管理等体制无法保证总体城市设计获得管控的法定性和行政的实效性。

三、问题导向型总体城市设计的方法

结合总体城市设计的发展趋势，针对其技术路线、内容成果、管理落实三方面的困境，笔者采取了"以具体问题为靶向，以成果落实为目标"的工作思路，提出了一种问题导向型的总体城市设计思路与技术方法，并通过"常州市中心城区总体城市设计"的编研进行了相关的实践探索。

（一）问题导向设计，目标导向控制

反思以往一些总体城市设计，设计内容"泛化"、不以问题为导向，全面地去设计城市，甚至替代总体规划，这必然导致成果缺乏可操作性。其实，总体城市设计不等同于"城市全面整体的设计"，即不能在对各种要素分项研究的基础上进行加权综合就得出城市形态的终极蓝图。在实践中按此思路进行设计与控制，往往难以实施。问题导向型城市设计可以有效地避免这种问题的出现，该方法是结合每个城市的具体情况，解析现状，预判发展趋势，梳理城市总规及相关规划的遗漏与不足，寻找总体系统层面存在的主要问题，并相应地进行针对性的研究，这样可以做到有的放矢，在前提上就保证了规划设计的现实性；在主要问题明确后，应开展专题研究，并通过与其他相关规划的互动衔接、管理部门访谈、专家

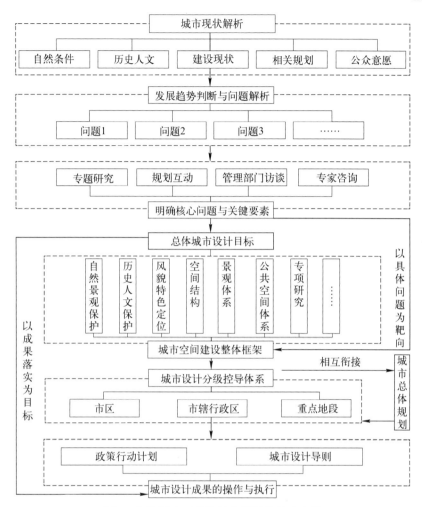

图1　问题导向型总体城市设计的技术方法

咨询等方法从城市总体层面众多的影响因素中筛选出涉及解决问题的关键要素；然后以主要问题为靶向，进行针对性的规划和设计，形成可行且能解决问题的目标后再进行控制。概括地说，其方法的核心在于问题为导向的规划设计与目标为导向的规划控制相结合（见图1）。

（二）构建空间特色与多维度系统相整合的整体框架

"特色危机"是当前中国城市发展面临的普遍性问题，因此总体城市设计应深入开展城市特色的相关研究，尤其是空间特色的研究。首先，对空间特色资源进行调查与评估。仔细梳理城市发展的文脉及现有的各种特色资源，从特色的地方性、保存的完好性、内涵的文化性、功能的公共性等方面对这些资源进行分类及分级评价，为空间特色的意象挖掘及体系搭建打下基础。其次，逐步形成城市空间特色的共识。空间特色也是一种广大市民的"集体无意识"和公众"约定俗成"，因此，总体城市设计应重视对民意的调查，通过公众参与科学调查来相对客观地探寻大众心中的城市空间特色意象。第三，划定特色区、特色廊道与路径、特色节点与地标，从而构筑面、线、点相结合的空间特色体系。最后，总体城市设计最重要的价值体现就是在宏观整体层面构建多维度系统的整体框架，这是其他规划设计专项或者分区、分块的城市设计所无法替代的。因此，总体城市设计中其他维度的系统应充分与空间特色系统相衔接与整合，从保护与利用、网络化、观赏性、可达性、可游性等层面来强化空间特色的落实，从而确保空间特色意图贯穿总体城市设计的整体框架。

（三）建立衔接法定管制的分级控导体系

由于总体城市设计的核心还是空间的设计与控导，因此总体框架即各项网络系统的搭建无论多么富含设计创意、多么合理，关键还是要将这些系统性的控导要求分解落实到具体的空间载体上，这样才能真正有效地实现规划设计的目标，这也是城市设计由理论走向操作的关键之一。通过对各项总体网络系统的叠加与分解，可以梳理出重点地段（包括特色区）、廊道、节点等具体的空间元素，这些面、线、点的空间元素无疑是总体城市设计中各种设计与控导意图落实的空间载体。

从以往的实践来看，大部分城市都采用了"市—重点地段"的两级控导体系，并相应地"形成整体控制与重点示范相结合的成果体系，既从宏观层面对城市景观风貌和空间环境进行系统性的思考，又选择若干重点区域进行示范性的深入城市设计，并在这些重点区域里落实所提出的设计理念和目标"。这往往忽视了许多大城市的市辖行政区这一重要的城市建设与管理的主体，既没有将市级层面的系统性要求及空间载体分解落实到市辖区这一层面，也没有结合各市辖区的发展诉求形成相对完善的能够指引各区整体建设发展的控导系统。反思该问题，总体城市设计应结合空间行政管理层级完善"市区—市辖行政区—重点地段（包括特色区）"的控导体系，明确各级空间重点控导的原则与内容（见表1），并将其分解落实到具体的空间载体之上，例如地段、廊道、节点。其中，"市区—市辖行政区"两级的整体控导体系及相关内容应该是总体城市设计的主要内容。

此外，合理的控导体系的落实离不开与法定规划的互动与对接。在总规层面，主要是通过导控条文和图纸，将城市设计的多维网络系统图、集成的总体框架及规划控导要求与总规的规划内容相互对接，并通过总规的土地利用规划、空间控

总体城市设计的分级控导体系 表1

总体城市设计的分级控导体系	具体的控导要求	对接的主要管理主体	可以衔接的法定规划
市级控导体系	顺应区域联动，强调山、水、城的融合；城乡统筹，协调各区；强化总体结构，构筑城市特色；明确市级控导要素、系统与要求	市级规划与建设管理部门	城市总体规划
市辖行政区控导体系	分解落实城市整体控制的要求；强化各区自身特色，满足自身发展诉求；明确区级控导要素、系统与要求	区级规划与建设管理部门	分区总体规划、控制性详细规划
重点地段的控导体系（以示范为主）	以空间特色的感知与体验为目标，塑造城市标志性地段；落实并细化市级和区级的控导空间载体与要求；明确下一步开展编研的行动计划	区级规划与建设管理部门	控制性详细规划、修建性详细规划

制、公共资源与设施配置等环节加以法定化，具体控导载体的空间落实将保证对接的可操作性。下一步在控规层面的城市设计中，公共空间、强度、高度、色彩和风貌等是规划设计的重要内容。因此，总体城市设计应结合多维网络系统的要求以及重点地段、廊道、节点等空间载体，将城市整体空间形态与风貌控制的目标与要求分解成公共空间布局体系及强度、高度、色彩和风貌等方面的分区控导，这样才能有效指导相关控规以及重点地段城市设计的编研。

（四）制定适应动静管理需求的成果与行动计划

针对城市设计成果难以操作与执行的问题，可以采取政策行动计划与城市设计导则这一动静相结合的策略。首先，相对静态的总体城市设计成果一般都是采用城市设计导则的形式，但难点在于其内容与表达形式如何满足其他设计人员和规划管理及建设人员的工作需求。这就要求规划内容上做到控导思路清晰、要点突出并准确地转化成管理语言，同时能够满足动态修改的要求；在成果表达形式上应简明直观，便于阅读和理解。其次，相对动态的项目管控方法与政策行动计划落实将从规划建设与体制两方面保障城市设计成果的实施：在规划建设方面，通过近期规划项目与建设工程的安排，从具体实施行动上逐步实现总体城市设计的规划意图；在政策建议与体制建设方面，反思现有体制，提出编研、审批、管理等方面的优化建议，并逐步改进城市设计实施的体制环境。

四、结语

当前随着中国城市发展的转型，城市空间风貌的塑造、特色的展示、环境品质与内涵的提升将逐渐成为城市发展的重要任务之一，总体城市设计将更有用武之地，如何在新的发展形势下抓住机遇，强化总体城市设计的科学性与实效性无疑是亟待解决的问题。本文对以往总体城市设计中全面设计城市甚至替代总体规划的错误观点，以及相应的技术路线偏差、成果内容泛化、难以管理与落实等问题提出了一套问题导向型总体城市设计的技术路线与方法：首先，以可操作为目标，梳理挖掘城市总体层面的主要问题；其次，针对主要问题筛选关键性的空间要素，并加强针对性的专项研究；第三，结合关键要素设计并搭建多维度系统，将它们叠加整合之后形成整体框架与目标；第四，分解多维度系统的控导要求以落实到具体的控导空间载体，并搭建对接管理的分级控导体系；最后，结合成果形式与政策建议制定适应动静管理需求的成果与行动计划。通过问题导向型总体城市设计方法的运用，强化"以具体问题为靶向，以成果落实为目标"的工作思路，不仅从思维上对以往总体城市设计遇到的问题进行了方法上的反思，更在实践中为当今中国城市面貌的改善提供了技术上的可能。

（撰稿人：段进，东南大学建筑学院教授，东南大学城市规划设计研究院总规划师，城市空间研究所所长；季松，东南大学城市规划设计研究院高级城市规划师，注册城市规划师）

注：摘自《城市规划》，2015（7）：56-62、86，参考文献见原文。

生态城绿色街区城市设计策略研究

导语：分析了我国出现的生态城现象及存在问题，探讨了未来生态城规划的实效性趋势，从气候条件、土地条件、绿地植被、水体条件等方面提出了适应不同生态环境要素的生态城绿色街区城市设计策略，力图弥补当前生态城规划在中观层面研究的不足，建构科学有效的绿色街区规划方法体系，探讨绿色生态理念在街区层面的实现途径。

自 20 世纪 70 年代联合国教科文组织在"人与生物圈计划"研究过程中首次正式提出生态城市的概念以来，日益严重的全球性生态危机见证了生态城市的研究必将是一个永恒的主题。随着城市化的加速，各类城市问题日益严重，学术界逐步形成了以生态学原理为基础的生态城市规划研究体系，力图解决城市发展建设中层出不穷的矛盾和问题。生态城市设计成为衔接规划和建筑领域的核心设计方法，生态城市设计融合了生态学、城乡规划学和建筑学的核心理论，是一种涵盖了自然、社会、经济、文化等诸多方面的可持续规划设计方法。这一方法已经成为世界各国生态城市理论研究和实践的核心思想，从宏观的城市生态系统到中微观的生态社区实践，为生态城市理论和实践的可持续研究奠定了基础。我国的"生态城"建设作为世界生态城市研究和发展的重要组成部分，已经成为世界各国学界关注的焦点。然而，在生态城的实际建设过程中，也存在生态环境破坏、资源利用不足、居住舒适度较差等需要重点关注的问题。本文旨在探讨建立宏观、中观、微观层次有机结合的生态城市设计系统，尤其是具有实效性意义的绿色街区城市设计策略，力图在生态城建设的全过程中贯彻可持续的生态城市设计思维。

一、我国生态城的特性和实效性发展需求

在我国，"生态城"往往被赋予特定的概念、性质和内容，"生态城"的建设需要国家、地方政府的政策支持，对城市自身的规模、经济发展水平也有严格的要求，在实际操作中主要表现为大规模的新区建设以及局部地段的生态改造。生态城往往作为独立的空间个体而存在，其选址一般选择限制条件较少的城市局部地区，具有一定的规模效应，能够享受国家和地方政府的政策支持（表1）。这些特征使其能够建立从宏观到微观的城市生态结构，从而形成具有生态特征的城

我国典型生态城特点分析 表1

典型生态城 ＼ 特点	区位条件	城市属性与用地规模	现状自然条件	政策法规例举
中新天津生态城	西邻天津滨海国际机场，距离滨海新区核心区15km、天津中心城区40km、北京中心城区150km	新城，约32.1km²	土地贫瘠，盐碱地、荒地、水域各占1/3	《中新天津生态城管理规定》
唐山曹妃甸国际生态城	西距曹妃甸工业区5km，东距海港开发区25km，毗邻京津冀城市群，距离北京220km、天津120km、唐山80km、秦皇岛170km	新城，约150km²	土地贫瘠，基地主要为荒地、滩涂、鱼塘	《曹妃甸生态城总体规划》
重庆悦来生态城	位于两江新区渝北区，距江北国际机场15km，距重庆中心城区10km	新城，约3.46km²	依山面江，自然植被良好，地形东高西低，高差较大	《重庆悦来生态城总体规划》
无锡中瑞低碳生态城	位于太湖新城中区，距苏南硕放国际机场11km，距无锡中心城区10km	新城，约2.4km²	南邻环太湖湿地保护区，西邻湿地公园，地形平坦	《无锡市太湖新城生态城条例》

市有机体。然而，从我国部分城市的生态城建设现状来看，其实际效果并不理想。政府自身的管理问题、规划方案的执行情况、项目融资情况等复杂因素都会影响生态城的实际建成效果，甚至决定其建设的成败❶。从生态城建设的现实情况来看，普遍存在高强度、高密度的特点，建成后的城市空间往往缺乏活力和社区感，生态理念的体现往往只注重表象，对内在的生态机理研究不足。随着我国城市发展进入转型期，生态城的建设应更加关注实效性，在生态城建设的整体过程中贯彻绿色生态的规划理念和原则。应适度放缓开发建设的脚步，从技术、管理和运营层面研究建设的实效性和可行性。避免粗放式的建设模式，确定合理的开发周期和开发规模，制定适宜的分期实施策略，实现生态城建设的稳步发展，从而达到较好的实际效果。最终，落实规划的生态目标，实现生态城的可持续发展。

二、绿色街区城市设计的理论渊源与研究意义

针对生态城市的研究，国外学术界起步较早，并取得了系统的研究成果，为生态城市设计的持续研究积累了宝贵财富。20世纪初期，霍华德的田园城市思

---

❶ 针对我国生态城的建设热潮，2010年11月，中国城市科学研究会对全国的地级及以上城市开展了网络搜索和问卷调查，结果是提出"生态市"、"生态城市"和"低碳城市"为发展目标的城市有276个，占调查城市的96.2%。然而，这些城市的生态建设并不顺利，甚至有很多城市以"生态"为名，却进行并不"生态"的城市建设，学界应该谨慎对待这些问题。

想可以看作是生态城市设计的雏形，此后，20 世纪 30 ~ 60 年代，以有机疏散理论、城市人文生态学为代表的城市规划理论中都蕴含着生态城市设计的思想火花。美国学者奥戈雅（V.Olgyay）首次系统总结了建筑设计与地域性、气候、人体舒适度的关联性，提出"生物气候地方主义"的设计概念。美国学者吉沃尼（B.Givoni）延续并深化了基于气候的设计方法，并把研究范畴扩大到城市设计层面。这期间，英国学者麦克哈格（I.L.McHarg）在其著作《设计结合自然》一书中详细研究了城市土地利用和自然条件的有机结合，以减少城市建设中人为因素对自然水文地质的破坏，这本书成为当代的生态主义宣言，标志着生态城市设计思维的确立；美国学者威廉·M.马什（W.M.Marsh）在其著作《景观规划的环境学途径》中，系统阐述了景观规划与土地利用、河流、水质、暴雨水排放和管理的关系，有效地实现了设计如何结合自然。此后，随着生态城市设计研究的深入，逐渐扩展到中观层面的街区尺度，英国学者莫廷（J.C.Moughtin）在其著作《街道与广场》和《绿色尺度》中，把街区形态与绿色生态思维进行联系，探讨了可持续的城市设计方法；英国城市设计师伊丽莎白伯顿、琳内米切尔（E.Burton,L.Mitchell）在《包容性的城市设计——生活街道》一书中，提出"生活街道"模型的六种设计原则，力图形成真正具有持久性的包容性社区；英国学者卡莫纳（M.Carmona）等在《城市设计的维度：公共场所——城市空间》中，提出城市设计的形态、视觉、社会、认知、功能和时间六个维度的要求，以此实现生态环境与城市建设的和谐发展。

我国学术界在吸收和借鉴西方生态城市思想和理论的基础上，结合我国传统的"天人合一"生态思想，也逐步形成了生态城市的研究体系，在生态城市理论、绿色城市设计、被动式节能设计、气候适应性设计等方面进行了大量研究。如黄光宇较早进行了生态城市概念和规划方法的研究，并形成了系统的生态城市规划设计对策；王建国提出绿色城市设计概念和研究内容，并探索其与低碳城市规划的有效结合；冷红等以寒冷地区城市为例，从宏观、中观和微观三个层面探讨了基于气候条件的城市设计策略；曾坚等基于可持续与和谐理念提出了系统的绿色城市设计研究理论，拓展了绿色城市设计的范畴；黄媛以夏热冬冷地区为研究对象，从节能角度探讨了基于气候适应性的街区城市设计方法；金建伟对街区室外热环境进行了三维数值模拟，提出街区热环境规划设计对策；肖彦探索了绿色尺度下的街区规划原则和策略。

从国内外学者的既有研究成果可以看出，当前生态城市设计的研究往往偏重于城市尺度，对物理环境影响下的中观街区尺度的研究虽然取得了一定进展，但研究成果较为单一，未能从城市设计的角度建立生态视角下的研究系统。基于生态城的现实和发展需要，笔者力图以绿色街区为研究对象，以生态学为基础，综合规划、建筑、生物、物理等学科，以信息、节能、环保等技术条件为支撑，从规划技术层面提出具有实效性的绿色街区城市设计策略，其研究具有如下三个方面的意义：

（1）有助于搭建宏观城市尺度和微观建筑尺度之间的桥梁，完善生态城市设计的理论和实践研究。

（2）以生态城绿色街区为研究对象，依托生态城自身的特点和政策支持，有助于实现生态城从规划到实施的各项发展目标，为建构生态城规划研究的综合体系提供基础。

（3）绿色街区具有一定的实效性和可控性，对于生态城的建设具有重要的现实意义，有助于为绿色街区的深入研究奠定基础，为规划设计部门、城市建设者和管理者提供解决问题的技术方法。

三、适应不同生态环境要素的绿色街区城市设计策略

（一）生态城绿色街区城市设计研究体系

目前，我国生态城的系统化研究已经初见成效，未来的生态城建设将逐步向实效性转变。因此，应制定符合现实需求的绿色街区城市设计体系。首先，遵循系统原则、生态优先原则和可持续发展原则，以生态城的系统化生态研究为基础，以法律规范、技术条件、财政投入、道德教育为保障，结合生态城的实践经验，深入解析生态城的特性与规律，形成绿色街区城市设计体系的研究基础。

其次，以中观尺度的绿色街区为研究对象，兼顾与城市尺度和建筑尺度的协调，形成综合宏观、中观、微观三个层级的城市设计方法体系。在城市规划系统中贯彻生态优先策略，建立良好的城市生态安全格局。

最后，建立绿色街区规划系统与气候、土地、绿地植被、水体条件等生态环境要素的有机关联。依据各规划系统与生态环境要素之间关联度的强弱（表2），结合街区的现状条件，进行实效因子的选择。有效地选取与街区生态目标和城市发展目标相适应的内容，明确街区规划的重点内容，并提出具体的设计措施。通过绿色街区可持续发展指针系统形成良性的反馈机制，完善生态城绿色街区城市设计的研究体系（图1）。

（二）结合气候条件的绿色街区城市设计策略

气候条件是城市生态环境要素中的核心要素，对城市的土地利用、形态结构、街道布局等方面具有决定性影响（表3）。随着生态城市规划理论和实践的发展，基于气候条件的城市生态规划策略也在不断研究和进步之中。从区域、城市尺度

绿色街区规划系统与生态环境要素的关联性　　　　表2

生态环境要素 \ 绿色街区规划系统	土地利用		空间结构			交通系统				景观系统			公共空间系统			防灾减灾系统		
	用地选择	开发强度	布局结构	组团规模	建筑高度	路网结构	道路宽度	步行系统	可达性	视线廊道	景观多样性	生态格局	空间活力	空间规模	空间连接性	灾害预警	灾害防治	灾后处理
气候　风环境	●	▲	●	□	▲	●	●	●	□	●	□	▲	●	□	▲	□	▲	●
气候　热环境	▲	●	▲	●	●	▲	●	▲		●	▲	●	▲	●	●	□	□	□
气候　声环境	▲	▲	□	●	●	●	▲			●	●	●		□	▲			
土地　地形	●	●	●	▲	●	●	●	●	▲	●	▲	●	▲	●	●	●	▲	●
土地　土地承载力	●	●	●	●	●	●	●	▲		▲		●	▲	●		●	▲	▲
土地　土地兼容性	●	▲	●	●	▲	▲	●	▲	●	▲		●	▲	●	▲	▲		
绿地植被　自然遗留绿地	●	●	●	●	▲	●	▲	●	▲	●	●	●				●		▲
绿地植被　绿地规模	●	●	□	▲	●	▲	●	●		●	●	●		□		●		▲
绿地植被　绿地植被层次	●	□	□	●	□		▲		▲				□	□				
水体　水体规模	●	●	●	▲	●		▲	●	▲	●	▲	●		▲		●		●
水体　水体形态	●	▲	●	●			▲	●	▲	●	▲	●		□		▲		
水体　水体性质与质量	●	●	●	●	●	□	▲		▲		▲	●		□			□	●

注：●强度关联，▲中度关联，□弱度关联。

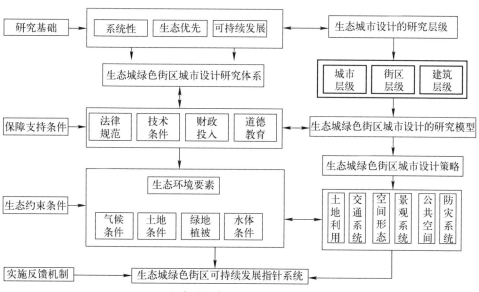

图1　生态城绿色街区城市设计研究体系

气候要素对城市环境的影响 表3

要素	环境影响内容	城市相关系统
热环境	太阳辐射不同导致的热浪和潮湿，城市热岛效应，城市不同地区的环境舒适度差异	土地利用、形态结构、街道布局、建筑高度、建筑密度、建筑容量、建筑形式、绿地水系、开放空间、环境保护
风环境	城市建筑高层化易产生风道和湍流，空气不易流通	
声环境	城市机动车、工厂、人流集中地的噪声污染，城市安静环境稀缺	
降水	雾霾、冰雹、暴雨等灾害	
空气	机动车尾气，工业污染物，酸雨，粉尘，生活污水，其他气体和固体污染物	

按照气候分区可以建立城市空间设计与风、日照、降水等气候要素的紧密关联，提出普遍性的生态规划策略。然而，在生态城市的实际建设过程中，由于气候与城市建设的关联研究具有跨学科的复杂性，目前仍处于定性研究较多、量化研究相对较少的阶段。而城市局部地区、地段的气候条件也表现出较大的差异，致使常规意义的规划策略并不能够起到直接的指导作用，因此，小气候和微气候影响下的绿色街区规划将成为未来生态城市的研究重点。

基于小气候和微气候的绿色街区城市设计策略主要包括如下三方面内容：

（1）以实现街区的综合环境舒适度为最终目的，针对城市不同地区的气候条件，按照规划和建筑设计的基本原则，通过物质空间形态的设计形成差异化的方案，并提出具有实效性的基本策略。

（2）以街区的风环境、热环境、声环境研究为主要内容，通过不同的环境模拟软件对街区规划方案进行测评。根据综合环境舒适度的好坏对街区布局和空间形态进行调整，从而有效地控制建筑的高度、体量和形态等特征，进而总结出一定地域范围内的街区模式语言。

（3）制定绿色街区设计导则，实现由规划设计到开发建设再到运营管理的调控，通过对实际建成街区进行环境实时监控，对不同形态的街区环境进行数据收集整理，形成具有一定周期的数据库，从而对绿色街区规划设计形成良性反馈机制。

（三）结合土地条件的绿色街区城市设计策略

土地是城市建设最重要的物质载体，土地利用方式是生态城市建设过程中的核心问题。快速城市化进程中的人地矛盾日趋明显，土地开发强度逐步增加，使城市表现出较为脆弱的生态安全格局。生态安全（ecological security）是生态城市建设过程中需要遵守的基本原则，是维护人类生存环境和自然环境的基本要

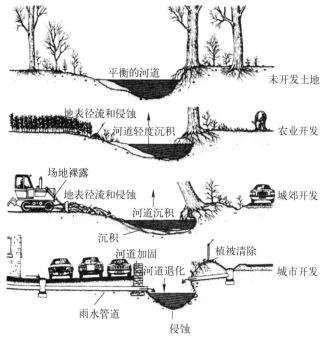

图2　与土地利用方式相关联的河流、绿地变化

求。基于生态安全理念进行城市规划的理论和实践研究，能够更好地实现城市发展的生态目标，作为自然要素和空间要素的直接载体，结合土地条件的规划研究对生态资源保护和合理利用具有深远意义。

快速城市化造成了土地利用方式的不生态，使河流、土壤及绿地遭受巨大破坏，进而逐渐对人类的生存安全产生威胁（图2）。人们需要认识到生态环境的保护不仅要在宏观尺度上制定战略决策，更需要在中微观尺度执行具有实效性的土地利用策略。针对当前城市建设的高密度、高强度趋势，街区尺度的土地利用研究是土地集约利用的重要组成部分，是城市土地可持续利用的基础单元。因此，在街区规划设计中应充分认识土地要素的类型、内容及功能，有机整合各类用地功能，避免过于机械地划分土地利用性质；结合地形地貌、土壤条件，合理开发地面、地下空间；充分利用地热能源，实现土地效能的优化利用（表4）。

综上，结合土地条件的绿色街区城市设计策略应主要包括如下内容：

（1）根据街区现状用地情况，进行土地适宜性和兼容性评价，以此为依据划分建设用地和非建设用地，对兼容性较强的用地进行优化利用。尽可能地保留现状绿地、水体等生态空间，注重对街区非建设用地的规划和研究，充分利用非建设用地形成生态源，以街区公园、绿地的形式进行细节规划。避免街区灰色地带的形成，在改善街区环境的同时为街区带来活力。

土地要素的类型及生态功能   表 4

要素	具体内容	具体功能及应用
地形	平原、丘陵、山地、高原、盆地	重构地景、地形建筑、覆土建筑
土壤	土壤质地、组成、承载力、内部排水能力、可侵蚀性、坡体稳定性	景观种植、生态分区、建筑材料
地面	霜冻、沉降、地面硬化率、植被分布、地表径流	生态涵养、栖息地、净化过滤
地下	承载力、地下水、可侵蚀性、坡体稳定性	建筑组成部分、车库、贮藏
地热	蒸汽型、热水型、地压型、干热岩型、熔岩型	地源热泵、采暖、发电、制冷、医疗洗浴、工农业用热、水产养殖

（2）对于用地条件较好的地段，宜采取相对紧凑集中的布局、适宜的建筑密度和高度。根据环境舒适度确定街区开发容量，并充分利用地下空间，满足人们的居住、生活需求。

（3）确定街区绿地的适宜比率和最小比率，尽可能地提升街区绿地率，在街区绿地设计中减少地面硬化率。在高强度开发地区与绿地水体之间规划缓冲区，加强街区内的雨洪管理，形成稳定的街区生态安全格局，为街区的防灾减灾提供绿色载体，并与城市层级的生态安全系统形成有机联系。

（四）结合绿地植被的绿色街区城市设计策略

绿地系统是绿色街区的核心生态源，随着景观生态学研究的深入，城市环境保护也越来越注重城市自身自然生态系统的连接，并通过绿廊、绿道建立城市绿地系统与城市外围生态系统的有机联系。比较有代表性的是源于美国的绿道理论，绿道具有广泛的内涵和多样化的表现形式，其概念也并不统一。学界较为通用的是美国学者杰克·埃亨（Jack Ahern，1996）提出的"绿道是为了实现生态、娱乐、文化、美学和其他与可持续土地利用相适应的多重目标，经过规划和设计而建立起来的土地网络"。从这一概念不难确定城市街区绿道系统的规划目标要点，即街区尺度的绿道应以土地可持续利用为核心目标，体现生态、文化、娱乐、美学要求。

虽然不同层级和类型的绿道具有的生态功能并不完全相同（表5），但在普遍意义上，绿道具有栖所、通道、阻隔、过滤、资源、导入等基本的生态功能，对于维护物种多样性和生态安全具有重要作用（图3）。绿道不仅是大量动植物的栖息场所，也是居民生活、娱乐、体验自然的独特载体，还具有重要的防灾职能。在城市综合防灾规划中，以常见的火灾和暴雨灾害为例，经过规划设计的绿道能有效地缓解火灾的蔓延速度，减少火灾的破坏范围；绿道所具有的蓄留、过

绿道的层级与类型 表5

层级	类型	主要功能
区域级	生态型、自然资源型	构建区域范围的生态网络，保持区域生态系统的平衡
市级	生态型、游憩型、历史文化型	生态与历史文化交融，形成多功能的绿道网络，积极融入区域绿道网
街区级	生态型、教育娱乐型	形成具有较强场所感的直观体验性生态绿道，并与市级绿道连接

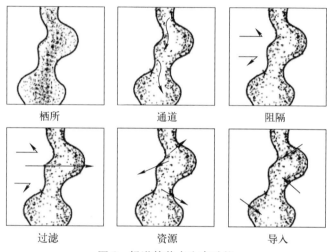

栖所　　　　　通道　　　　　阻隔

过滤　　　　　资源　　　　　导入

图3　绿道的基本生态功能

滤、净化、雨洪控制等作用，使其成为城市暴雨常态防灾的重要载体。因此，绿道能够成为构建城市生态网络的重要载体。综上所述，基于绿地植被的绿色街区城市设计策略主要包括如下内容：

（1）以景观生态学原理为指导，首先明确街区现状绿地植被的保护范围，从而划定具有一定弹性的街区路网，保留具有生态价值的绿地植被，形成不同规模的街区单元。尽可能地使新规划的街区绿地系统与原有的街区绿地系统形成闭合生态网络，并通过绿道与城市外部生态系统连接，形成层级分明的城市尺度的生态绿地网络。

（2）研究确定街区绿地系统的结构类型和规模，确定最小的街区绿地单元和绿地率。对街区公园、绿地的位置和形状进行规划整合，形成与绿道系统的直接联系，并根据现状保留绿地的规模确定绿道的宽度和生成路径，明确其生态功能。

（3）注重街区自然植被的完整性，划定相对独立的人类活动范围，降低人类活动对自然区域的干扰度，以保护物种的多样性。在植被选择方面，尽量选用符合当地土壤条件的植被类型，体现地域物种和生态文化的结合。

（4）通过自然植被和建筑布局的结合，减少地面硬化率，尽可能地增加绿地率和绿化种植范围，形成良好的街区微气候，为街区生态安全提供基本的自然基底。

（五）结合水体条件的绿色街区城市设计策略

针对街区水体的开发可以分两种情况考虑，即街区既有水体的改造利用和新规划水体的生态性研究。在绿色街区城市设计中，需要综合考虑水体的性质、尺度、形态等内容来制定具体的设计策略。对于新规划水体，除上述内容外，还要考虑对原有水体的生态影响，不能影响街区的生态安全格局。因此，以水体为核心的绿色街区城市设计主要包含了物质空间规划和水生态保护利用两部分内容。

对于既有水体的改造利用，应首先明确街区的水体性质、质量标准、水源和汇水流向。对于生态敏感性强的保护性水体，应避免人为设计对水体的干扰，并在一定范围内设置防护性及缓冲性绿地来阻隔人类活动的影响。保证在街区建设过程中和居民入住后，水体质量不受影响。对于非保护性水体，可以建设一定量的亲水设施和活动场地，适度体现亲水性，但仍要注意人为因素对环境的影响。对于新规划水体，应明确其规划的必要性，并研究新规划水体对街区乃至更大腹地范围的生态影响，包括土壤、地质水文条件、地下水、河流等是否会受到污染和破坏，并制定适宜的管控措施。当城市街区毗邻不同的水体类型时，街区水体设计的原则也并不一致，如海洋、河流、湖泊、溪流、湿地都有其独特的空间和文化特质，对于街区建设的要求也各有不同。因此，结合水体的街区设计应根据具体情况进行分析，一般情况下，新规划水体应该有固定的水源和流向，并以形成活水为宜。以依托河流的街区为例，按照街区与规划水体的关系可以分成串联式、环通式、内湖式，在具体规划设计中，无论采取哪种形式都要保证规划水体与自然河流的连接，形成活水（图4）。在物质空间层面，水体往往与绿地紧密依存，随着尺度的差异，水体和绿地也应表现出相适应的比例关系。此外，街区尺度的水体规划，还要注意水体与滨水建筑的结合，在形态、尺度、比例等关系上形成协调统一。

水循环和集约利用是水体生态保护策略的重要组成部分，也是绿色街区城市设计的重要内容。当前，世界各国都在积极倡导建设低冲击理念下的水循环利用系统，在污水处理、中水回用、雨水收集、海水淡化等方面提出了很多有益的策略和方法，为水体集约利用策略的普及奠定了基础。其中，雨水收集利用方面的理论和应用逐渐凸显，与城市设计的关联度也最为紧密。比较典型的是低冲击开发理论（low-impact development，LID），这是一种基于自然生态理念，采用分散、小规模的源头控制机制和设计技术实现雨洪控制与利用的雨水管理方法。基于低冲击开发的规划设计有助于使开发建设后的街区尽量接近于开发前的自然水文循环状态，实现街区生态安全的稳定。作为当前较为科学的城市雨洪管理方法，低冲击理念为城市设计提供了一种设计结合自然的生态思维，为水系统保护和利用提供了一种创新方法。

尤其是在街区层面，基于低冲击的水体保护方法更加易于实现。以街区内部或者相邻的河流、湖泊为最终汇水区，结合街区各级绿地公园设置不同级别的蓄水单元和集水区，以集水区为核心，建立排水防洪分区，每个排水防洪分区由若干街区开发单元组成。街区开发单元由建筑、场地组成，处理后的中水和雨水汇集到蓄水单元，经过地面径流通道和地下管道进入集水区。集水区一般设置在街区中心绿地公园内部，可以有效地控制水量，为街区绿地植被保留足够的景观用水。剩余水体可以汇入到河流或者湖泊，形成完整的水体循环过程（图5）。这一过程不仅有助于改善街区本身的地质水文条件，维护水体的生态涵养能力，对于城市整体水系统的水量提升、水体净化、水生态平衡也具有重要意义。

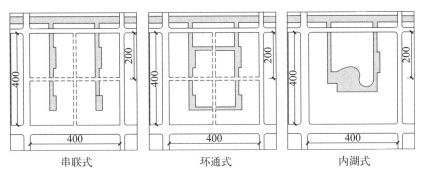

图4　水系的基本模式

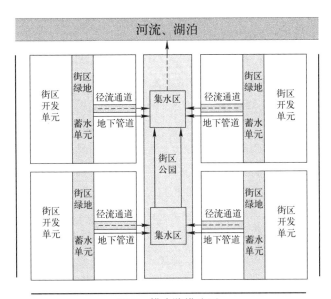

图5　排水防洪分区

277

四、结语

随着城市转型期的到来，我国生态城市建设迫切需要创新和完善生态城市规划的理论体系和实践方法，尤其是具有实效性的中观层级的绿色街区规划设计方法。城乡规划学科的发展也更加强调与生态学、文化学、形态学等相关学科的融合和协同创新，形成新型城镇化背景下的生态城市规划新机制和新举措。

因此，生态城绿色街区城市设计的研究不仅限于上述内容，基于资源节约、环境友好的生态目标，后续的研究工作将逐步展开，研究内容也将逐步深入到具体的实施措施、指标体系、绿色文化等方面，并体现城市设计的跨学科特点。鉴于篇幅限制，本文主要对生态城绿色街区的生态环境因素进行分析，建立城市设计与生态环境要素的有机关联，进而提出基本的城市设计策略，以便在后续研究进行深化，形成系统的研究成果，为我国生态城市建设提供理论基础和技术支持。

（撰稿人：陈天，博士，天津大学建筑学院教授，博士生导师，城市空间与城市设计研究所所长，一级注册建筑师；臧鑫宇，博士，天津大学建筑学院助理研究员，城市空间与城市设计研究所所长助理，注册城市规划师；王峤，博士，天津大学建筑学院讲师，注册城市规划师）

注：摘自《城市规划》，2015（7）：63-76，参考文献见原文。

基于产权重构的土地再开发

——新型城镇化背景下的地方实践与启示

导语：随着我国城市增长方式的转型，在经济发达地区的大城市，土地再开发已逐步替代新开发成为城市空间拓展的途径。本文首先简要介绍了新型城镇化背景下及"十三五"期间我国城市土地开发模式的转型趋势。从土地产权重构的角度，对土地再开发中的土地发展权和政府角色进行了剖析。然后选择上海、深圳和广州为例，介绍了它们再开发的背景、总体思路和规划编制管理体系，分析了三地再开发实践中存在的问题。最后，对土地再开发的趋势和城乡规划的应对策略进行了探讨。

一、引言：新型城镇化背景下及"十三五"期间的土地开发模式转型

改革开放 30 多年来，在全球化、市场化及中国社会运行体制急剧转型背景下，以城市外部空间快速扩张和内部空间结构调整为重要表征的城市空间重构正受到广泛关注（黄晓燕等，2011）。伴随着城乡建设空间的快速扩张，全国城市建成区面积由 1981 年的 7438km² 增加到 2012 年的 45566km²，年平均拓展速度为 9.01%，远高于同期城镇人口的年增长速度 6.24% 和城镇化的年增长率 4.68%（中国城市建设统计年鉴，2000—2013）。传统城镇化以政府经营为主导、依托产业投资驱动、粗放型、外延式扩张的土地城镇化道路，对环境资源的保护带来巨大的压力。随着 2016 年我国即将进入"十三五"的"全面升级期"，国民经济和社会发展将全面纳入科学发展轨道。如何平稳跨越"中等收入陷阱"和各种社会矛盾，实现经济、社会和自然三大系统的全面和谐，是"十三五"期间我国社会经济发展面临的核心问题。

随着我国可开发建设土地资源的日益紧缺，土地开发的模式正面临"两个转型"：从数量型增长向质量型提升转变，从粗放型的新开发向集约型的再开发转变。在这种情况下，土地再开发成为一些城市主动或被动的选择，城市发展呈现从"增量扩张"向"存量挖潜"转型的趋势。本文以上海、广州和深圳土地再开发的实践为例，基于产权重构尤其是土地发展权重构的角度，探讨我国城市土地再开发

的不同模式及政府在其中扮演的不同角色，以期为"十三五"期间我国的土地再开发提供经验借鉴与政策启示。

二、土地再开发、土地产权与政府角色

（一）土地再开发与土地发展权

土地再开发的核心是土地发展权的重构。张友安等（2005）指出土地发展权是一种物权，是将土地从较低利用效益的用途向较高利用效益的用途转变或提升土地利用强度，以获取土地收益的财产权。林坚等（2014）进一步拓展了土地发展权的概念，认为土地发展权是以建设许可权为基础，包括用途许可权、强度提高权。土地发展权源于空间管制，各级规划所确定的土地分区管制要求与条件是土地发展权的法定依据。

（二）土地发展权价值的分配

对于发展权价值的配置，学术界一直存在争议。一种观点认为土地升值来源于城市扩张、人口增加、政府公共投资等，因此发展权收益应该归公，由国家和人民共同分享土地发展权收益，让被征地农民享有城镇居民的平均生活水平。如1947年的英国《城乡规划法》，规定一切私有土地将来的发展权应归国家所有，并为此设计了100%的开发税（田莉，2008）。另一种观点则认为，集体土地发展权应归农民集体所有，即涨价归私。农民通过产权交易和分配机制分享利益，国家则通过增值税等手段实现收益部分归公（何子张等，2009）。事实上，政府和土地使用者对土地增值收益的分配无论在政治还是经济方面都是十分敏感的话题，简单地涨价归公或者涨价归私都会引发一系列社会经济问题。英国在1947年开发权国有化后房地产市场的停滞和我国城中村不劳而获坐享土地升值的"食利阶层"就是涨价归公和涨价归私的负面案例。通常情况下，土地发展权的价值应由政府和土地使用者共享。政府在界定土地发展权的价值收益分配时难免会倾向于自身利益，但政府必须考虑土地使用者的利益，不能挫伤土地使用者的积极性，从而影响经济增长（田莉，2004）。

（三）土地再开发的模式及各方角色

就土地产权的变更而言，土地再开发可以分为三种模式：一是土地使用权主体发生变更，常见的是开发商购买原土地使用者的土地进行再开发，如拆除重建；二是发生部分变更，常见的是土地业主与开发商联合开发，开发权为原业主和开发商共同所有，如合作开发；三是不发生变更，常见的模式有综合整治、改建扩

建等。分析土地再开发中的各方角色：政府、土地原业主、市场开发主体和公众，他们在土地再开发中的收益与成本／风险如表1所示。

土地再开发中的收益与成本/风险   表1

	政府	土地原业主	市场开发主体	公众
收益	为产业结构提升提供机遇；促进经济发展；增加税收和土地出让收益	改善居住品质；经济补偿获益	房地产开发盈利；获得土地的门槛降低（主要指广东"三旧"改造下的特殊政策：协议出让）	改善城市形象和环境品质
成本/风险	对土地收储市场的冲击；税收减免带来的收益减少；更新改造引起的社会冲突风险	丧失原有土地/建筑的使用权；原有社会网络的丧失	开发的不确定性增加；拆迁成本高；开发周期长	开发容量过大对基础设施容量的挑战；空间贵族化带来的包容性下降

三、土地再开发的地方实践：以上海、广州和深圳为例

（一）上海：政府主导的"土地整治＋减量规划"模式

2012年末上海城乡建设用地面积达到2990km²，接近全市土地总面积的44%，距土地利用总体规划锁定的终极建设用地规模3226km²仅剩下200多km²。此外，上海集中建设区❶外还分散了面积约780km²的低效工矿仓储用地和农村宅基地。在"创新驱动、转型发展"的背景下，上海试图通过土地综合整治，基于城乡建设用地增减挂钩的政策，推进集建区外低效建设用地"减量"和"增效"，破解土地资源紧约束的压力。

1. 总体思路

上海土地整治的核心是通过集建区外低效建设用地的"减量化"，将减量后节约出的指标用于集建区内的国有土地开发。而集建区外"减量化"的各镇可获得类集建区❷的建设用地规划空间奖励。类集建区的空间指标控制在减量化建设用地面积的1/3左右，即"拆三还一"。被拆除的现状建设用地经验收后兑换为建设用地指标，一部分供安置使用，一部分则由市区两级政府购买，以平衡减量化的成本，实现集建区外土地空间的腾挪、存量低效建设用地的"减量化"目标。如松江区新浜镇的土地整治项目中，原居住在分散村落的村民集中到类集建区居

❶ 上海的"两规合一"方案划定了"集中建设区"（简称"集建区"）作为上海未来城镇发展的空间边界，类似美国的城市增长边界（UGB）。

❷ 类集建区是指集建区外划定的特定建设用地空间，为减量化的农村宅基地业主提供安置的空间。类集建区内不准布置房地产开发，为提升产业结构预留足够的空间。

住，腾挪出的土地由区政府以每亩 100 多万元的价格收购，用于集建区内国有土地的开发。在类集建的土地供应方式上，可以不改变集体建设用地性质，经征收后转为国有土地，区县政府以定向方式出让给集体经济组织或其区县属全国资公司开发，为集体经济组织提供开发用地（管韬萍，2013）。上海在土地整治和减量规划方面的思路是市区政府主导，建立土地整理基金，市场主体并未参与。这主要是由于上海不享受广东"三旧改造"特殊政策下的自行改造和协议出让政策。对市区两级政府而言，获益主要是减量化后腾挪出的建设用地指标用于土地一级市场的出让金收入。

2. 减量规划管理体系

为了推进土地整治规划进程，上海市规土局构建了由"市级土地整治规划→区县土地整治规划→郊野单元规划（镇乡土地整治规划）→土地整治项目可研"组成的四级土地整治规划体系（图 1）。以郊野单元规划为载体，上海对郊野地区开展全覆盖单元网格化管理，集建区外共划分了 104 个郊野单元。郊野单元规划基于镇乡级土地整治规划，是落实减量化任务的实施规划，是土地整治规划、增减挂钩规划与城乡规划结合后的成果。因建设用地减量化引起的安置和开发用地，可以对控规进行适度调整，以推进实施。

3. 土地整治存在的问题

（1）政府绝对主导下实施的不确定性。土地整治涉及的资金量十分庞大，仅靠市区两级政府的资金难以支撑。低效工业用地减量将减少大量就业机会，

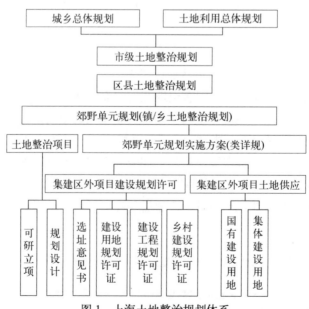

图 1　上海土地整治规划体系

导致镇村税收收入减少。实施"减量化"的区县城镇需负担大量的农民拆迁安置和类集建区的基础设施建设费用。按目前每亩100万元的收购价，实施集建区外780km²减量化目标需巨额资金。如果仅依靠政府投资，没有社会资本参与，减量化任务难以完成，启动资金难以筹措，"减量化"能否全面推进充满不确定性。

(2) 区位差异性需要政策差别化。政府主导下的土地整治忽略了各镇的土地级差差异。如邻近中心城区和郊区新城的城镇由于建设用地指标和"拆三还一"后获得的空间指标具有较高的市场价格，较易平衡减量化的成本，因此进行整治的动力较强。远郊区县由于得到的建设用地指标和类集建区空间指标没有"市场"，对减量缺乏热情，减量的成本主要依赖区县政府的指标收购费来平衡，对区县财政造成极大压力。

（二）深圳：市场主导、政府调控的"城市更新"模式

进入21世纪以来，深圳的发展日益受到土地与空间"难以为继"的制约。深圳规划到2020年建设用地控制在976km²（市域面积的50%），而2013年，深圳市建设用地规模已达917km²，平均每年可用地不足9km²，面临无地可用的困境。在土地资源紧缺"倒逼"的背景下，土地再开发取代新开发成为深圳重要的土地供给途径。此外，2003年以来，由于深圳商品房用地供应日趋紧缩，商品房价格快速增长，房地产企业获得中心地段的土地开发权只能通过城市更新（刘昕，2011）。

1. 城市更新思路

2004年10月，深圳市出台《深圳市城中村（旧村）改造暂行规定》，开始将城市更新正式纳入政府管理范畴，之后开始推进旧工业区改造，但实施效果甚微。究其原因，改造主体在拆迁完成后因"招拍挂"程序障碍取得土地使用权的不确定性，极大地阻碍了城市更新进程（何情明，2014）。2009年10月，深圳市审议通过了《深圳市城市更新办法》，首次采用了"城市更新单元"概念，建立城市更新单元规划和年度计划管理制度。2012年1月，深圳市人民政府公布实施《深圳市城市更新办法实施细则》，就城市更新项目的申报条件、程序和手续等做出更为细致的规定。至此，深圳市初步形成了关于城市更新相对完整的立法政策体系。

综观深圳城市更新历程，不难发现隐藏于现象背后的逻辑，即政府从相关领域选择性地"退出"以及市场化改革。在应对市场和规划实施的要求时，深圳市政府选择"积极不干预"的原则，仅充当规划引导、规划审批和政策支持等角色，以鼓励和吸引私人投资（刘昕，2011），如城市更新中的赔偿标准由开发商和原

业主自行协商确定，政府并不直接干预。所有城市更新单元规划的编制，均由申报主体自行委托，由城市规划委员会予以审批。在"积极不干预"的原则指导下，地方政府从原先的空间资源占有者、经营者转变为多元利益博弈的一方并扮演着利益协调人的角色。政府在城市更新中不直接进行财政投入，主要通过地价减免和容积率奖励等政策促进土地再开发，同时，通过城市更新中关于公益性用地比例（$\geqslant 15\%$ 且用地不小于 3000m^2）的规定，使城市更新的主体承担部分公益性项目的投入。

此外，深圳城市更新的另一特点是充分考虑土地产权人意愿。如"城市更新单元"的划定，就须占建筑物总面积 2/3 以上的业主同意且权利主体占总数量 2/3 以上的许可才可划定。与以往政府主导的土地再开发不同，深圳在拆除重建类城市更新项目中，鼓励权利主体自行改造或委托市场主体实施改造；在城中村改造项目中，原农村集体经济组织继受单位可单独亦可与市场主体合作改造。无论何种模式，权利主体在更新过程中举足轻重，其更新态度、意愿、诉求直接关系到更新项目能否启动、效益高低、成败与否。通过基于权利主体的城市更新单元的设定，整合了原先分散混杂的土地与物业产权关系，推进了实施，降低了交易成本。

2. 城市更新的规划编制与管理体系

在规划编制管理体系方面，深圳围绕土地再开发以及更新项目市场化导向进行了制度设计。《深圳市城市更新办法》确定了以"城市更新单元"为核心的规划管理体系，内容包括近期规划工作纲领、更新年度计划以及更新单元规划三个部分。城市更新年度计划纳入近期建设规划年度实施计划及土地利用年度计划。"城市更新单元规划"主要包括申报、编制和管理等内容，在具体的制度安排上，体现了深圳城市更新的"小政府"理念与市场化取向。在更新单元规划与原有法定图则发生冲突时，需由城市规划委员会审定。

其次，政府通过城市更新年度计划调控城市更新进程。各区政府通过对申报的城市更新单元项目进行筛选，提出城市更新单元规划的制定计划，向市规划国土部门申报纳入城市更新年度计划，纳入后方可编制城市更新单元规划。通过这种"预申报"制度设计，政府得以控制更新节奏和监控更新过程（范丽君，2013）。

3. 城市更新的问题

（1）"积极不干预"的行动导向与市场利润最大化的冲突。深圳政府奉行"积极不干预、充分市场化"的原则，向市场与社会分权，使更多社会资本投入城市更新，但问题是以市场为导向的城市更新以利润最大化为行为目的，政府在项目开展过程中的"缺位""让位"间接引发了各种问题（刘昕，2011）。如在房地产导向的城市更新中，以容积率为主要奖励政策手段造成开发规模的急剧上升，对城市的基础设施容量造成巨大挑战。

（2）更新单元分散无序与城市整体发展有序之间的矛盾。深圳以实施为导向的城市更新单元，因兼顾项目个体的可实施性及市场主体的利益诉求，在空间上明显表现出散乱无序的"马赛克"状态，与城市发展的整体利益产生冲突。如在城市发展框架、公共利益为导向的服务配套设施建设等方面，碎片化的更新与整体秩序往往产生矛盾，最终个体理性导致集体非理性。

（3）缺少对更新过程的全程监管。深圳城市更新规划管理主要围绕"更新单元规划"展开，项目立项、规划方案审查是更新管理的核心工作，而规划"前"和规划"后"管理则相对薄弱（赵若焱，2013）。违法抢建等现象频发，进而"倒逼"规划。由于对后期实施缺乏监督，开发主体在完成利润较高的项目后，罔顾成本较高没有利润的公共配套设施建设，影响了更新的社会效果。

（三）广州："政府 + 市场"合作的"三旧改造"模式

2009 年广州城乡建设用地已占合理开发规模的 75% 左右，土地供需矛盾十分突出。此外，全市"三旧"用地总面积约 399.52km²，约占城乡建设总用地的 1/3，这些用地效率低下，具备再开发的潜力（广州市城市规划勘测设计研究院，2012）。总体而言，广州市土地再开发的驱动力呈现两方面的特征：一是重大事件驱动下的再开发，以 2010 年亚运会为契机，2006 年广州市政府即开始加大旧城和城中村改造的力度；二是试点政策驱动下的再开发。2009 年广东省与国土资源部协作，共建节约集约用地试点示范省，积极推进旧城镇、旧厂房、旧村庄改造（简称"三旧"改造），在自主改造土地协议出让、补办征收手续、集体建设用地转国有等方面实现了政策性突破。

1."三旧"改造思路

1999 ~ 2006 年，旧城和旧村改造项目禁止开发商参与，统一由政府投资和建设。随着改造逐步深入，资金缺口越来越大，改造进程缓慢。2006 年广州提出"中调"概念，放宽社会资金进入城市改造的限制，即由政府主导、允许引入社会资金参与城市改造。以猎德村改造为标志，开创了政府组织居民拆迁安置工作，由房地产公司提出建设方案、经政府审批后交由开发商建设的"三旧"改造模式。2010 年 2 月广州市成立"三旧"改造工作办公室并开始开展全市"三旧"改造规划编制工作，各区政府成为改造工作第一责任主体（赖寿华等，2013）。

在"三旧"改造过程中，广州市政府的角色经过了多次变迁。从一开始的"政府完全主导"到 2007—2011 年期间由市场主导，土地再开发增值收益在政府和权利主体之间进行分成的"利益共享"模式，以破除土地原权利主体对再开发缺乏动力的困境。例如，原土地使用权人可按土地出让成交价的60%计算补偿款（亦即政府和原土地权利人的四六分成模式），极大地激发了土地权利人和市场主体参与土地再开发的热情，期间审批的"三旧"改造用地面积达到19.48km² （赖寿华等，2013）。2012年，基于市场主导的零星再开发出现的种种问题，政府提出了"政府主导、规划先行、成片改造、配套优先、分类处理、节约集约"的原则，借鉴深圳的更新单元管理方法，对于重点地区的土地，要求政府优先储备。此外，收紧了自主改造的适用范围，如城中村改造采取自主改造、协议出让的，需经改造领导小组审批，对补偿标准、开发商利润等进行审查。之后，广州"三旧"改造步伐显著放慢。

2. 规划控制引导

为加强计划管理和城乡规划的引导作用，广州确定了"1+3+N"的"三旧"改造规划编制体系（图2）。"1"指广州市"三旧"改造规划，确定改造总体原则，落实城市总体规划和土地利用总体规划的相关要求。"3"指旧城、旧村和旧厂专项规划，偏重中观层面的规划控制，对接控规大纲或控规单元法定图则。"N"指"三旧"改造地块的改造方案或控制导则，对接控规地块管理图则。城乡更新改造单元规划的深度和控制性详细规划一致，成果可替换现有控规（赖寿华等，2013）。与深圳"自下而上"的更新单元规划编制不同，广州市规划编制体系更多地呈现"自上而下"的特征，试图通过加强规划引导来调控"三旧"改造进程和出现的种种问题。

3. "三旧"改造的问题

（1）"蓝图式"规划的实施性弱。"自上而下"的规划编制体系，更多地考虑和上位规划的衔接，但由于"三旧"改造涉及的产权主体较多，如果规划未充

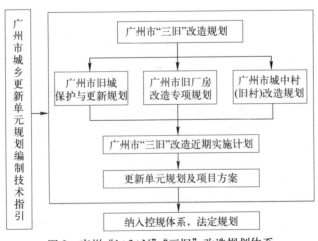

图2　广州"1+3+N""三旧"改造规划体系

分考虑土地产权人的意愿和利益，最终会使蓝图式的规划流于"图上画画，墙上挂挂"。为享受"三旧"改造的政策红利，各区政府上报的"三旧"改造地块图斑面积普遍较大，导致划定的"三旧"地块面积达到市区城市建设用地面积的一半以上，而深圳 2009 年划定的城市更新单元数量 407 个，面积仅 35km²。蓝图式的规划和目标设定导致改造实施进度与实施计划严重脱节。广州市计划每年推进"三旧"全面改造用地规模约为 12km²，2020 年完成 220km² 的"三旧"改造。但截至 2011 年底，全市受理的城中村"三旧"改造项目仅占"三旧"用地总面积的 8.84%，经市"三旧"改造办批复的改造项目仅占"三旧"用地总面积的 3.08%（广州市城市规划勘测设计研究院，2012）。

（2）政府主导模式难以推进"三旧"改造。"三旧"改造由于涉及产权人过多，土地整合、利益协调、拆迁安置的难度极大，如果由政府主导，需要充足的人力、财力和物力。广州市政府在"三旧"改造过程中，政府角色一直处于变化之中，从一开始的禁止开发商参与，到由市场主导，而后复归到政府主导，一直未找到一条既有效推进实施，又较好协调各方利益的途径。市土地储备机构作为主体负责土地收储资金筹措和旧厂收购，资金压力巨大。区政府作为"三旧"改造责任主体承担拆迁补偿、居民安置、建设管理等工作，而土地增值收益区里只能拿两成，难以实现改造资金的统筹平衡。以政府为主体的"三旧"改造，在补偿没有达到原土地权利人要求的情况下，原土地权利人对旧改没有积极性。政府与村集体、企业主的利益博弈也会大大拉长改造的时间。

四、沪深广土地再开发实践的探讨与启示

（一）土地再开发中的产权重构和利益分配

就土地再开发中的产权重构而言，三地采用的模式各异。上海无法享受广东"三旧改造"下的自行改造和协议出让政策，其主要做法是在城乡建设用地增减挂钩的政策背景下，利用集体建设用地置换为国有建设用地的土地增值收益，支付土地整治的成本，达到解决国有建设用地指标不足、集体建设用地低效利用、用地分散带来污染等问题，达到促进城乡空间结构重组和产业结构升级之目标。由于其政府投资主导的特点，土地增值的收益主要为政府所享有。深圳的做法主要利用了土地发展权变更（用途改变和强度提高）所带来的收益，再开发的直接收益主要由土地原业主和市场开发主体所享有，政府则通过公益性用地的获取和补交的部分地价来获益。广州的做法介于两地之间，由政府和原业主共同分享土地增值的收益，但收益分成的比例直接影响原业主和政府进行土地再开发的动力。再开发中的土地增值利益分配机制，对于土地再开发计划的实施和城市未来的社

会、经济和环境效益具有重要意义。

（二）土地再开发中的政府动机和制度激励

政府在城市更新中并非中立，而是有自身的利益。目前土地财政已成为地方政府收入的重要来源，导致以新增用地拓展为主的发展模式短期内难以改变（邹兵，2013）。表 2 显示了 2005 年以来三地的土地出让金占地方财政收入的比例，可以看出，上海和广州对土地财政的依赖程度远远大于深圳，这也可以部分解释深圳在推进城市更新的力度上要明显超过沪广，且更愿意放手让市场来主导。

土地出让金在地方财政收入中的比例（%）　　　　　　表 2

年份	上海	广州	深圳
2005	27.18	18.23	12.79
2006	23.67	33.20	25.45
2007	18.09	28.94	17.81
2008	23.94	14.29	11.49
2009	38.41	49.79	3.57
2010	30.63	26.04	3.78
2011	27.64	21.65	2.72

（三）房地产导向的土地再开发与城市的长远和整体利益

房地产市场状况对市场主体的参与热情和再开发的成败具有重要意义。然而，房地产开发导向的土地再开发模式往往以追求短期的经济利益和利润最大化为目标。如果政府不能进行有效调控，会导致再开发漠视城市整体和长远的经济和社会利益，引发空间失序、社区解体和社会不公等现象（黄晓燕等，2011），这在深圳和广州"三旧"改造的部分项目中已初现端倪。这些问题在西方一些国家20 世纪 70 ~ 80 年代的旧城更新中曾大量出现，值得我们警惕和重视。

五、展望与建议：土地再开发的未来及城乡规划的应对

（一）由政府或市场主导走向政府、市场与社区三方合作的伙伴关系

纵观以英国为代表的西方城市更新政策，经历了从 1970 年代政府主导、具有福利主义色彩的内城更新，到 1980 年代市场主导、公私伙伴关系为特色的城市更新，之后 1990 年代向以公、私、社区三向伙伴关系为导向的多目标综合性城市更新转变（张更立，2004）。从国内外的土地再开发经验来看，单靠政府或

市场导向的政策难以解决再开发中出现的种种社会经济问题，建立多元化的土地再开发模式有助于避免这些问题的出现（黄晓燕等，2011）。以多方合作的伙伴关系为取向，注重社区参与和社会公平，建立多元化和综合化的治理机制是国内外城市土地再开发的主要趋势（叶磊等，2010），这也是"十三五"期间我国的城市治理从"人治"走向"法治"的重要途径。就实施政策而言，可以从以下两方面尝试。

1. 由房地产开发导向向社会共识构建（consensus building）导向转型

广东"三旧"改造的优惠政策主要是政府让利给市场和土地原业主，然而，这也是造成更新以房地产开发为导向、社会群体尤其是弱势群体无法分享增值收益的主要原因。政府在旧城更新中除了公益性用地的提供外，可以增设附加条件，如社区群体的参与、弱势群体关怀等作为享受土地再开发优惠政策的先决条件。通过若干示范性项目的建设，引导土地再开发的导向转变，而非通过容积率的简单拔高来实现经济上的可行性。城市更新中社会共识的构建，对于我国实现全面转型具有战略意义。

2. 设置土地再开发基金，鼓励衰败地区的再开发

在中央政府层面，为引导土地再开发的社会导向，可以设立相关基金，鼓励进行更新的城市申请，起到引领和示范作用。这方面欧盟结构基金（Structural Funds）的经验可供借鉴。它采取竞争性的基金分配方式，把政府、市场和社区合作的伙伴关系作为强制性的技术要求（张更立，2004）。通过三方伙伴关系使弱势群体融入城市政策的主流，使他们有机会在更新过程中行使自己的权利、表达自己的观点、参与方案的制定和实施（Noon，etal，2000）。此外，针对市场导向下的更新项目大多处在区位较好的地区，而对真正需要更新的衰败地区无人问津的情况，可以将土地再开发基金向这些地区倾斜。

（二）应对土地再开发的城乡规划转型

就我国城乡发展的现状来看，仍处于新开发而非再开发主导的时期，我国尚未进入由"增量规划"向"存量规划"全面转型的年代。但从"十三五"期间我国城乡发展的趋势而言，规划师必须对此有所准备和应对。

1. 由蓝图导向规划向实施导向规划转型

虽然"终极蓝图"式的规划转型呼声由来已久，但在增量规划中，蓝图式、技术合理、空间和形象美观的规划导向仍占据主流。土地再开发规划就其规划对象和本质而言，都有与增量规划明显不同的特点：在再开发中，土地使用权分散在不同的土地使用者手中，而非如新开发中那样集中在政府手中。其涉及的权利关系复杂得多，无论是开发功能还是强度的确定均需要获得原土地使用者的支持，

否则实施难以推进。各方利益分配而非功能合理与空间美观成为土地再开发规划编制的取向所在，在这种情况下，规划编制由成果导向向实施导向的转型就显得非常必要。通过制定一系列的配套政策建立权利分配的机制，尤其是政府、土地原业主和市场主体的利益分配机制，是规划能够适应和指导再开发的关键（田莉，2007）。

2. 由精英规划向社会规划转型

"十三五"期间，中央政府明确提出用政府权力的"减法"换取市场活力的"加法"（人民日报，2013）。除了改变传统城市增长由政府主导的模式，市场积极参与土地再开发之外，社区在土地再开发中的作用不容忽视。如果社区被排除在外，会激化社会矛盾，影响社会稳定。实现从"自上而下"的"精英式规划"向"自上而下"和"自下而上"相结合的"参与式规划"转型，在规划编制和审批过程中，通过各种途径了解社区诉求，并在再开发过程中予以落实，是走向协调发展、共享发展、共赢发展的必经之路。这也迫切要求我国的城乡规划编制和管理体系进行相应变革。

3. 由经济增长导向向社会公正导向转型

伴随着我国政治体制改革和社会经济转型的深化，贫富差距不断拉大，社会阶层分化带来空间重构。规划师的社会角色决定了他们需要直面城市中公共利益和各种私人利益的权衡，并更多关注公共利益（田莉，2013）。从目前我国土地再开发的实践来看，虽然政府主导的色彩淡化，市场和土地原业主被赋予更多的权利，但对其他受影响的弱势群体的关注还远远不够。如广州、深圳大量租住在城中村的中低收入群体，在城中村的改造中不仅一无所获，反而失去了廉价的租住居所。在城乡规划与建设开发中，如何保障这些需要真正被关注的弱势群体的基本需求，实现哈维所倡导的"城市权利"（right to the city），即人通过改变城市来改变自身的权利，是"十三五"期间我国城乡发展转型必须考虑的问题。

（撰稿人：田莉，同济大学城市规划系教授、博士生导师；姚之浩，同济大学建筑城规学院博士研究生；郭旭，同济大学建筑城规学院博士研究生；殷玮，上海市城市规划设计研究院国土分院总工，同济大学建筑城规学院硕士研究生）

注：摘自《城市规划》，2015（1）：22-29，参考文献见原文。

基于大数据应用的城市规划创新实践

一、大数据时代的到来与城市规划转型

随着信息技术的快速发展，互联网和智能手机、RFID（无线射频识别）标签、无线传感器、视频设备等接入网络的智能终端设备每分每秒都在产生并传播海量的信息数据。国际数据公司（IDC）发布的《数字全球研究》指出，全球信息总量每过 2 年，就会增长一倍，2013 年全球创建和被复制的数据总量为 4.4ZB，到 2020 年这一数值将增长到 44ZB。同时，根据 2016 年中国互联网络信息中心（CNNIC）发布的《第 37 次中国互联网络发展状况统计报告》统计，截至 2015 年 12 月，中国网民规模达 6.88 亿，互联网普及率持续攀升为 50.3%。其中，手机网民已经取代固定网络成为增长的主力军，规模已达到 6.2 亿。可以看出，网络开始成为中国城市经济和社会发展不可或缺的平台，并全面影响着居民活动、企业经营以及政府管理，城市的"大数据时代"已经到来。

第二次世界大战以后，城市规划受建筑学思想的影响，更多关注城市物质空间的功能分区和布局设计。与早期西方国家相似，中国的城市空间规划也受到上述方法论不同程度的指导，且更为强调政府在规划中的主导作用，通过对空间宏观分析来把握发展的总体目标和方向，但忽视了居民和企业等微观主体的空间发展需求，忽视了规划过程的优化和调控。以制定目标为出发点的现行规划体制严重脱离城市建设与发展的现实需要。面对错综复杂的经济与社会发展变化形势，规划缺乏对城市建设与发展的控制作用，更缺乏对居民追求高品质生活环境目标和多样化个性需求的满足。尽管注意到了问题导向在城市规划研究和编制中的重要性，但并没有引起足够的重视，对城市问题的分析认识停留在定性描述和简单统计，缺乏对问题的形成过程、动态变化和空间关联进行系统性研究。

互联网（百度、淘宝等）时刻记录着用户的兴趣特点、交友关系、购买情况及体验评价，移动手机定位用户的实时位置和联系对象及其地理空间，传感器、摄像头、公交 IC 卡等一系列信息终端设备也在时刻获取居民活动的位置、图像及声音信息。在中国城镇化向新型城镇化转型发展过程中，包括城市公共服务（布局和供给）、城市运行效率、城市社会空间割裂等城市问题也是集中的爆发期。通过对这些数据的深入挖掘，结合 GIS 分析技术，规划师可以更清楚地了解和观察人文要素发展、作用和变化过程，使得这一原本"黑箱"过程变得透明、可控、

可视。由于带有活动信息的地理位置是大数据关联的核心纽带，这将促使传统的基于"空间和场所"的城市研究转向基于"人、活动与空间及其关系"的研究。同时，之前难以量化的问题，例如人对地理环境的感知、情感、经验、体验、信仰、价值、思想和创造性，以及环境变化与人类幸福感的关联，利用大数据，都可以进行有效地表达与数理分析。

另一方面，信息技术快速发展本身也加速了知识、技术、人才、资金等的时空交换与流动，使得城市生产与居民活动范围持续扩大、类型更加复杂，并促进了产业重构和空间重组，进而改变着城市或区域的空间格局。这一过程中，时间、空间及其相互关系都会发生新的变化，流空间已经成为区域、城市以及居民活动的主要载体，并通过大量而复杂的网络或信息设备数据的形式表现出来。由于时空间概念被重新定义，以空间研究和布局为核心内容的城市规划面临着研究范式的转型。加之传统规划自身也存在诸多缺陷，更需要从方法层面进行扩展以引导不断变化的城市经济与社会发展。按照城市规划编制涉及的不同尺度和深度，本文认为目前大数据可以在区域规划、城市空间规划及城市专项规划中发挥重要的作用。

二、大数据在区域规划中的应用

区域研究与规划一直是城市规划学、城市地理学、经济地理学、区域经济学等领域内的重点话题。进入 20 世纪 90 年代以后，随着全球化与信息化的加速，任何城市与区域的发展都不再是在一个封闭的系统内进行，而是借助各种高速网络与其他城市紧密联系在一起，形成了多样化的世界与区域性城市网络。特别是，在全球化背景下，城市群成为参与全球社会经济竞争的核心单元，其形成与发展对提升国家与地区在全球城市网络中的地位，发挥着重要作用！作为一个在地域上集中分布的若干小城市和大城市集聚而成的多核心、多层次的城市区域，城市间的联系是判断其形成与发展的重要因素。在传统的区域规划中，区域的外部空间范围以及区域的内部结构（等级结构、功能结构、职能机构）是其中的重点内容，且行政边界、对地方社会经济发展历史的经验判断、基于社会经济属性数据的分析成为规划的依据。

但是，在当前全球化、区域化的发展背景下，传统的区域规划方法还存在着三点主要问题。首先，基于社会经济属性数据的分析能够精确的反映城市群内部各城市社会经济发展的情况，知晓各城市在社会经济发展水平上的差异。但是，这种方法并不能刻画区域内部城市间的相互关系，从而难以反映出城市在区域中的重要性。城市区域不仅仅是空间地域上城市的聚集，更为重要的是在这一空间地域上城市间在社会经济上的相互联系以及基于这一联系所创造的竞争力！其次，城市间的联系不仅仅应该局限于经济上的联系，更为重要的是区域内部的人以及人的活动。人，作为知识、技术、信息的携带者，人在城市以及区域的活动反映的正是城市间的重要联系，也应该成为优化区域内部结构与布局的主要依据。最后，基于社会经济发展历史的经验判断，而忽视了城市间的联系，难以科学得划定区域的外部空间边界，进而更为合理的指导区域空间管治。

基于此，城市动态"流"数据的分析成为区域城市网络研究的新方向。目前，部分规划学者们利用航班和货运量、港口吞吐量、公路车流量、铁路流量等交通流，邮件、互联网流量、网络带宽等信息流，以及基于高级生产性服务业数据的模拟方面做了许多有意义的尝试。但这其中，对人文要素，特别是"人"这个城市与区域主体的关注，仍然非常缺乏。当然，不能忽视的是，当前的城市网络研究面临着"流"数据难以获取的困境。这也是相关研究与规划实践难以开展的原因。

近几年，Twitter、Flickr、新浪微博等社交网络成为居民社会交往和活动的重要途径。当使用者在社交网络中发送一条信息时，还能够选择同时共享自身的地理位置（微博签到），使得用户的文本信息和某一时间段内与空间内的移动轨迹数据被社交网站所记录。由此来看，社交网络数据可以被用来研究区域中居民活动——移动特征，描述城市间的相互联系，进而弥补传统区域规划的数据获取限制。以长江三角洲城镇群研究与规划为例，获取为期2周的1640017个新浪微博签到数据（图1），以流动空间和活动空间理论为基础，首先建立三个指标来分析城市内部及城市间的居民活动。具体包括，活动强度指标，利用人口活动公式（签到活动总数与单元人口总数比值）来反映区域城市等级结构（图2）；活动集聚度指标，借助GIS核密度分析来计算居民签到活动的在单个城市内部及大都圈范围内的空间集聚状态，用来反映区域城市的空间结构（图3）；活动联系指标，根据注册用户在不同城市签到信息，借助社会网络分析方法来模拟不同城市间的联系及强度，进而判断区域城市的网络结构（图4）。其次，采用信息增益和信息熵等模型为以上三个活动分析指标进行权重赋值，并通过计算每个研究单元的紧密活动区的范围来划定城镇群的实际边界（可以发现，通过活动空间分析的城镇群范围要小于传统基于社会经济指标和行政区划所确定的边界范围，图5）。最终，在以上研究分析基础上，结合传统规划编制手段提出区域空间调整及优化的方案，以及基于新划定的城镇群边界的区域合作与管治政策建议。

此外，手机通话数据也可以用于区域空间分析，通过对用户地理位置、通话联系方向、通话时长、通话量等信息的计算来找出区域城市活动强度、活动集聚及活动联系，进而指导区域空间规划方案编制。但是，由于隐私保护和商业原因，一般来讲手机通话数据较难获取，且成本较大，因此具有低成本、开放共享的社交网络数据可以成为学者或规划师在区域规划实践中主要数据来源。

293

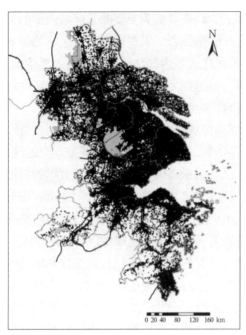

图1 长江三角洲城镇群新浪微博签到数据
分布（2013.12.16～2013.12.29）

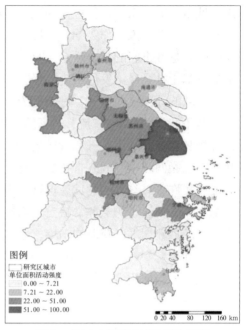

图2 长江三角洲城镇群新浪微博
活动强度分布

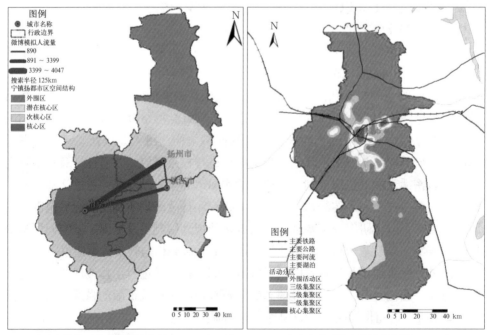

南京都市圈（核密度搜索半径=125km）　　　南京市域（核密度搜索半径=45km）

图3 长江三角洲城镇群新浪微博活动集聚度分布

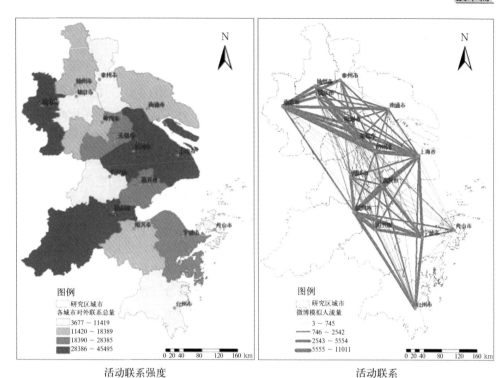

活动联系强度   活动联系

图4　长江三角洲城镇群新浪微博活动联系

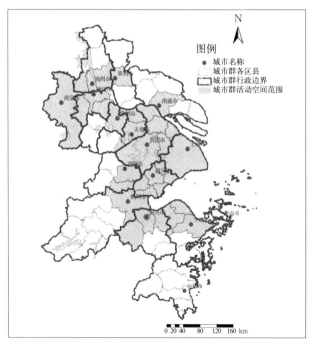

图5　长江三角洲城镇群空间范围及边界（基于活动空间划定）

三、大数据在城市空间规划中的应用

传统城市规划（城市内部空间）是规划师在城市用地现状、未来发展方向及政府目标导向等条件的约束下所作出的空间安排，更多从宏观层面考虑政府的需求，且强调严格的空间功能分区和土地单一利用。ICT 的快速发展已经对居民的行为带来了较大的影响，居民活动与时间、空间的关系发生了变化。特别是随着移动信息通信技术的发展，新的流动范式已经出现，给城市活动空间带来了更大的变化，并影响到城市空间的组织。随着城市空间流动性的逐渐增强，加之中国新型城镇化的持续推进，城市政府、企业及居民应该平等享有和高效利用城市空间，这就需要对这些群体的日常出行与活动进行全面分析，进而调整和优化城市空间布局。但受制于数据的获取，当前的规划编制方法还停留在理论研究层面的讨论，以及对居民实体活动与网络活动相互关系的部分实证分析，而基于居民活动分析的信息时代城市空间结构、空间功能及土地利用、重要空间或设施利用等方面的研究则很少。

实际上，在城市空间结构规划方面，可以引入新浪微博签到或智能手机等大数据，借助 GIS 分析工具与地理空间关联，进行相应的城市活动空间分析。同时，还需将时间要素纳入到分析中，分别从时间与活动内容、活动内容与空间、时间与空间三个方面推演城市活动时空间规律及优化方向。具体来讲，一方面，借助大数据，通过描述统计、核密度分析、社会网络分析等方法对居民的活动行为进行可视化，找出城市大规模居民活动的时空间特征、动态变化及形成机制（图6），对微博签到或手机群体行为与实体空间关系加深理解，并构建和识别城市活动空间要素（活动路径、活动区域、活动边界、活动节点及中央活动区）来分析城市活动空间结构（图7、图8）。然后，通过对城市活动空间结构与现状城市空间结构的对比分析，从空间等级（弱化、依赖、强化？）、城市用地与活动的关系（弱化？）及用地组织、城市空间流动性（增强？），以及城市功能区化（功能区的混合？功能区边界的模糊？）分析 ICT（特别是移动信息通信技术）对居民行为活动影响，继而对城市空间结构产生的影响。这一方面不仅可以丰富与验证已有的理论研究与探讨，同时从实证的角度分析当前信息时代下对城市发展与空间组织可能带来的影响，这也呼应了当前信息时代以及未来信息社会的时代发展背景，从而更好地指导当前快速转型的城市社会经济发展与城市空间结构的优化。

同时，在城市功能区和土地利用方面，传统的城市功能区划更多是以物质空间和社会经济发展目标为导向的严格、单一的、大尺度的功能分区，忽视了对城

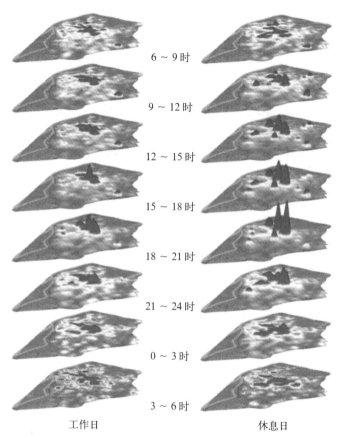

6 ~ 9 时

9 ~ 12 时

12 ~ 15 时

15 ~ 18 时

18 ~ 21 时

21 ~ 24 时

0 ~ 3 时

3 ~ 6 时

工作日　　　　　　　　　　　　　　休息日

图 6　南京居民微博签到活动空间的动态变化图

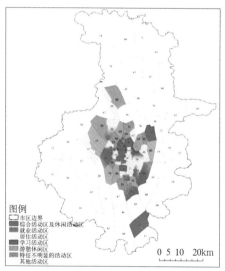

图 7　南京居民活动空间分区

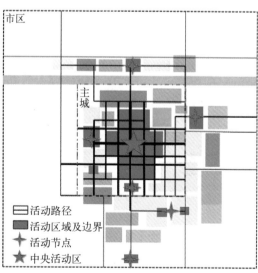

图 8　基于活动空间的南京城市空间结构

297

市居民的生活状态及其城市环境需求分析,造成了诸如钟摆式的通勤、空间与管理错位、土地资源严重浪费等诸多城市问题。换句话说,传统以空间结构为大框架、以土地使用类型规定具体空间功能利用的方法已不能满足城市空间可持续发展的需求,更难以体现以人为本的价值取向,还需要在城市尺度的空间结构分析基础上进一步细化至街区尺度,来探讨居民活动对空间功能－用地类型匹配性的影响。具体来讲,可以利用新浪微博等社交网络平台兼具用户活动位置和活动内容(发帖文本数据)信息的优势,结合 GIS 空间分析(核密度、泰森多边形等)和关键词分析方法,深入研究街区尺度内的居民活动频次与土地利用的关系、居民活动内容与土地利用的关系(图9),重新划定街区内的不同类型活动功能区(例如,居家生活区、工作去、教育区、餐饮娱乐区及购物区等,见图10),并参考确定

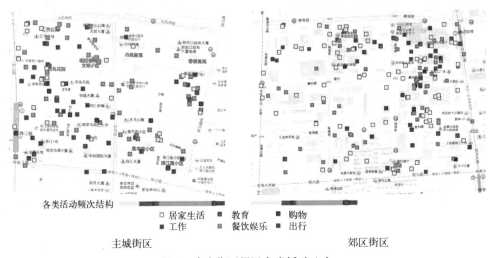

图 9　南京街区居民各类活动分布

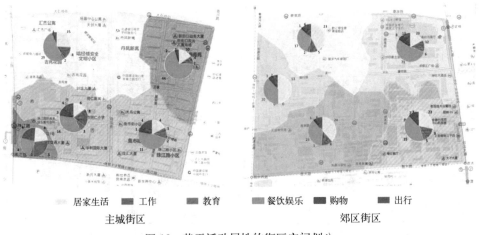

图 10　基于活动属性的街区空间划分

不同用地类型的控制标准，进而为具体街区的土地利用调整与优化方案提供依据。此外，智能手机的用户信令数据和出租车轨迹数据等也被部分学者用来识别城市的土地利用及其效率，但是因其缺乏居民活动内容信息（只能通过居民的利用时间特征进行判别），所以精确性大打折扣。

四、大数据在城市专项规划中的应用

关于传统城市专项规划方法，一方面利用不同城市设施或功能空间（商业设施、住宅、工作场所、学校、交通设施等）的容量、服务范围、使用统计、基础地理信息等数据来计算其使用效率，并通过 GIS 空间分析来模拟其空间分布特征及格局，同时结合设施周边土地利用组合、人口密度及居民活动需求等因素对其空间的优化配置提出政策性建议；另一方面，利用调查问卷对功能空间的基本条件、周边环境、居民利用及评价信息进行收集，构建功能空间使用与居民行为活动的定量模型分析框架，找出影响功能空间发展的显著因素；此外，利用访谈方法掌握功能空间现状、使用及存在问题等信息，并通过质性分析手段找出背后的形成机制。总体来讲，传统方法集中在对服务设施或功能空间的分布与利用效率进行的静态、滞后的空间差异分析和小样本计量模型分析，但是由于数据限制，大样本量、更为精确的设施服务或功能空间发展质量（或者说居民真实或精确的利用效率与评价）的研究较难实现。

随着信息技术的广泛使用，学者不仅可以从众多主题网站（大众点评网、淘宝网、搜房网等）中获取城市各类功能空间或设施大样本、动态的位置与描述数据（文本或图片），还可以掌握城市居民对这些空间的态度评价数据（点评数、评价星级、特色投票数、环境评分等数字统计数据；文本评价、图片），结合因子分析、舆情分析及图片分析等方法可以对各类功能空间每个样本（例如，每个商户）的综合人气（发展质量）进行全面科学评价，从而借助 GIS 空间分析工具掌握这些带有综合人气与利用情况的功能空间分布特征及发展格局（图11），找出其发展的"高人气区"和"低人气区""高频区"和"低频区"及存在的空间问题等，制定更为科学合理的空间优化方案和政策措施。

利用基于智能手机的居民活动调查 APP，能够实时捕获样本居民在某一段时间内的活动位置及路径（基于手机 GPS 模块定位数据）、活动内容（当居民静止时 APP 会作出活动内容填写提示）、活动情感（居民进入某一功能空间或利用某一类设施的情感数据）等大数据，这对于微观尺度功能空间的优化布局和设计具有重要的意义。例如，在大学校园空间研究与规划设计中，引入手机移动调查工具，将时间地理学和环境心理学方法结合起来，对校园学生活动空间总体特征进行分析（诸如等级集聚、沿道路交通的带状分布及工作日与休息日差异大等，见图12），并将学生活动类型、活动情感及校园空间功能布局进行聚类对比分析（图13、图14），从而提出空间匹配、优化提升及新空间设计等校园空间规划措施。这种分析和规划思路也可以应用于对低收入群体行为与需求研究，有助于城中村或棚户区的改造；老年群体行为与需求研究，有助于老年社区建设等。

在城市建筑物内部，不同于问卷或"跟踪"调研方法，无线 Wi-fi 室内定位技术的发展为弥补了传统数据采集技术不足（难以开展小尺度的居民空间利用研究），拓宽了研究数据的来源。通过在建筑物内部布设 Wi-fi 设备的方式，获取居民活动——移动的时空间信息，模拟居民活动轨迹，总结活动时空特征与模式（图15、图16），从而为建筑物内部空间布局与设计提供科学的参考依据。例如，可以利用此技术，识别城市商业综合体内部不同类型空间消费者时空活动，总结消费者时间利用和功能业态空间选择特征，找出消费时空组合模式和消费空间"冷热"区域，进而提出城市综合体空间设计和业态优化布局的方案。

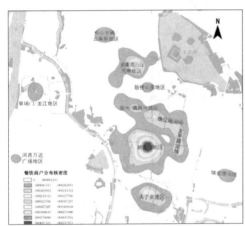

商户分布核密度　　　　　　　　　商户口碑核密度

图 11　南京城区餐饮服务空间格局

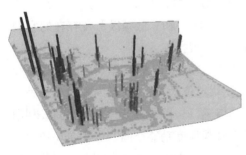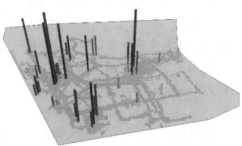

工作日　　　　　　　　　　　　休息日

图 12　南京大学校园空间使用强度

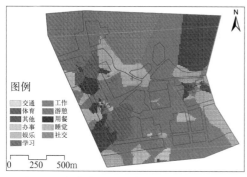

图 13　南京大学学生主要活动聚类分布

图 14　南京大学情绪空间地图

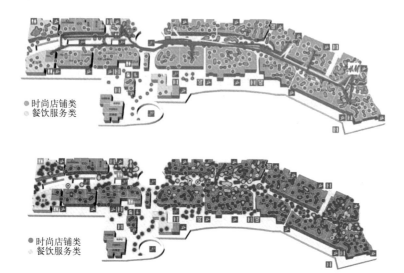

图 15　南京虹悦城消费者 Wi-fi 定位点分布及部分消费行为轨迹

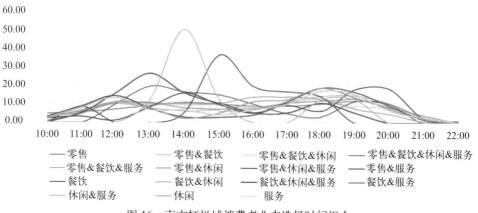

图 16　南京虹悦城消费者业态选择时间组合

五、大数据在城市规划中的应用展望

如上所述，虽然大数据已经开始应用于区域规划、城市空间规划以及城市专项规划编制方法的革新过程，但是目前更多处于以理论探究和方法框架构建的层面，具体编制技术还尚未成熟，也没有形成标准化、体系化的基于大数据的城市规划编制技术导则。同时，诸如城市控制性详细规划和城市设计等微观领域的大数据应用研究更为缺乏，还需要不断去挖掘和探索。

然而，除了具有冗余处理技术、涉及个人隐私等技术和伦理方面挑战，大数据在规划中的应用还存在诸多问题。首先，大数据往往很难代表全样本，特别是网络数据的应用，样本用户只占城市所有居民的一部分，且更倾向于年轻、较高学历群体。其次，大数据并非全部共享数据，虽然网络数据是公认的较为容易获得的数据，但是手机数据、智能卡数据、视频传感设备等涉及个人隐私、商业机密、城市安全的大数据确很难被研究者所获得和共享，而正是这些数据才是研究居民行为、企业运行及城市问题的关键所在。最后，大数据之所以引起研究热潮，因其可以发现传统统计手段无法精确预测的城市现象间的相关关系，但是却难以说明这些现象间的因果关系，即现象背后的形成机制问题。因此，随着大数据逐渐被应用到城市规划之后，以上总结的这些数据缺陷越来越凸显出来，其科学性也开始受到学者的质疑。特别是，重相关关系、轻因果关系的研究范式，使得传统城市研究与规划中的计量统计和质性分析方法（因果关系发现方法）受到了较大忽视。

2015 年 12 月召开的中央城市工作会议明确指出，未来中国城市发展还需深入推进"以人为本"的新型城镇化，并将"居住条件改善""宜居环境打造""城市病化解""城市特色保留""城市规模控制""城市共治共享""城市管理变革"等方面作为各级政府的工作重点。这就需要城市的规划与管理者充分了解城市实时运行状态、存在问题、居民意见及个性需求，注重大数据与小数据的结合应用，深入研究城市现象和内在形成机制，进而编制符合政府、企业及居民意愿的空间方案和管理政策。同时，由于信息时代城市要素的时空弹性被大大增强，新的城市空间现象或类型（例如，联合办公空间、众创空间等）也将会不断出现，如何发挥大数据与小数据的优势来应对这些变化？还需要从城市规划学（甚至地理学）更为广阔的视野去架构方法应用体系，并注重与计算机科学、地理信息科学、经济学、社会学、心理学、管理学等多学科方法的深入交叉融合。

此外，城市规划与信息技术有着密切的联系，某种意义上来讲，城市规划发展史也是规划信息化不断提升的历史。除了目前服务于城市规划研究和编制的软件（SPSS、ArcGIS、AutoCAD、Photoshop、Sketchup、3dmax 等），大数据时代的城市规划信息化应更加注重规划相关软件的综合应用和功能集成，融合Web技术、机器学习以及三维可视化等新技术，构建能够满足现场调研、大数据和小数据挖掘分析、各类城市模型的综合集成、空间方案的动态编制和展示等功能需求的综合规划编制系统，例如基于移动端的规划调研系统的接入、城市规划模拟和仿真系统的应用、城市规划决策支持终端的开发（城市仪表盘）等，最终实现大数据时代城市规划编制全过程人本化、科学化、信息化的目标，促进城市的健康、可持续发展。

（撰稿人：甄峰，博士，南京大学建筑与城市规划学院教授、博士生导师；秦萧，南京大学建筑与城市规划学院博士生）

注：特约稿件。

管理篇

我国城乡规划法规标准体系
建设及优化策略

导语：本文从城乡规划的行政行为、技术行为和社会行为 3 种属性出发，梳理城乡规划法制化的核心环节，即法规标准体系建设从新中国成立至今所经历的阶段，剖析现行城乡规划法规标准体系存在的疏于优化管理、实用性不足和公共政策属性弱等问题，借鉴国内外学者的理论研究成果和发达地区的成功经验，从强化行政依据、完善技术标准和提升社会效应三方面着手，探索城乡规划法规标准体系优化的策略，并以南京市的实践阐释如何具体实施这些优化策略。

作为城市发展与建设的直接依据，城乡规划的合法合理与否决定了城市能否健康发展、居民合理的利益诉求能否得到保障。城乡规划是一种技术性、行政性与社会性合一的特殊行为，也正是由于这一特殊性，城乡规划与建设领域尤其容易出现技术伪装下的行政腐败和公众监督被排斥，出现行政强权下的技术无能和公共利益受损。自十八届三中全会对全面深化改革做出总部署，提出推进国家治理体系和治理能力现代化，使各方面制度更加科学、完善，实现党、国家、社会各项事务治理制度化、规范化和程序化的总体部署以来，法制化建设成为国家治理各个领域须贯彻的共同议题。从国家战略的角度看，城乡规划法制化建设是落实深化改革与政府转型总体部署的具体途径，是呼应依法治国的切实举措；城乡和谐发展、社会依法治理目标的实现，也需要指导城市建设与社会发展的城乡规划能够更好地契合新型城镇化背景下的城乡特点与公众需求。从城乡规划行业自身的角度看，进行城乡规划法制化建设是满足行业进步与精细化管理内在需求的前提和基础。实现法制化的重要前提是有法可依——"规划管理必须依法行政，只有依法行政，才能提高办事效率。建立完善的规划图则体系和法规体系，目的就是使规划管理中就事论事的、被动的、神秘的，亦即人治的处理办法，变为规范化的、主动的、公开的，即法治道德处理办法"❶。因此，建立一个能规范行政行为、指导技术行为和引导社会行为的法规标准体系，是城乡规划法制化的核心环节。

---

❶　苏则民 . 关于我国城市规划体系问题的思考 [J]. 城市规划 .1995（6）：31-36

一、我国城乡规划法规标准体系的建设历程

综观我国的城乡规划法规标准体系建设进程，自 1949 年以来，以十一届三中全会、1990 年《中华人民共和国城市规划法》及 2008 年《中华人民共和国城乡规划法》的颁布实施为标志，大致经历了 4 个阶段（表1）。

（1）新中国成立后至改革开放前，地方针对建设领域存在的重点问题制定了一些单项标准规范，但并未形成体系化的标准规范系列。

（2）改革开放后，城市规划工作开始恢复，相关法规标准不仅从程序上开始贯通从用地、编制到审批等全流程，在内容上也在逐步拓展。

（3）1990 年，随着我国城乡规划行业的基本法——《中华人民共和国城市规划法》制定并颁布实施，一系列重要的国家标准也陆续出台，而在地方，以城市规划条例为核心的地方性城乡规划法规标准体系也在逐步建立。

（4）2008 年，《中华人民共和国城乡规划法》代替《中华人民共和国城市规划法》成为我国城乡规划行业的基本法，"城乡统筹"理念不断加深，从国家到地方基本形成了相对完整的城乡规划法规标准体系。

然而，随着规划管理的目标不断升级、内容日渐扩充，规划面对的主体更加多元，因此城乡规划法规标准的作用已不再仅是供规划管理、编制人员等少数群

我国城乡规划法规标准体系建设历程　　　　　　　　　　　　　　表 1

时间	阶段	主要特征	法规标准典例
1949 ~ 1978	零星探索期	城市规划工作多由城市综合部门兼顾，国家层面尚无城乡规划领域的专门法，多以地方针对各自建设中遇到的重大问题制定的地方性法规为主，如南京市主要集中在房屋建筑、棚户区、土地整理等问题、矛盾较为突出的特定领域	《南京市公有土地管理及经租暂行办法》《南京市使用土地暂行办法》
1978 ~ 1990	体系雏形期	国家城市规划管理工作得到全面恢复和发展，城乡规划从编制到审批的全流程管理雏形基本建立。城市规划陆续成立，各城市针对城市建设、规划管理过程中出现的问题出台了一系列"规定""意见"等行政规章对国家法规加以补充，作用领域开始明显扩充，如开始关注郊县的发展建设，管理环节也进一步向上游推进	《城市规划条例》《城市规划编制审批暂行办法》《城市规划定额指标暂行规定》
1990 ~ 2008	体系完善期	行业基本法《城市规划法》颁布实施，一系列国家级的规划条文、标准随之出现，各城市在这些标准的指导下逐步构建了以"城市规划条例"为核心的地方性法规标准体系	《城市规划编制办法》《城市规划用地分类标准》
2008 年之后	优化转型期	各省相继出台针对规划管理的省级城乡规划条例、规划管理技术规定等区域性规划法规，城乡规划管理目标不断升级、涉及内容日渐扩充，面对的主体更加多元，城乡规划法规体系建设开始进入以补充、整合、调整为主的阶段，转型升级压力渐增	《中华人民共和国城乡规划法》《江苏省城市规划管理技术规定（2011）》

体参照的技术准则，而应当形成一个面向全社会的，对管理、编制、建设及公众等多方面都能形成有力约束和有效引导的全方位、可动态更新的社会行为准则。

二、地方城乡规划法规标准体系存在的问题剖析

改革开放三十余年，我国的城乡规划法规标准体系建设不仅实现了从无到有的飞跃，在完整性、科学性等方面也在不断提升。随着国家法治建设的推进和新型城镇化等"新常态"的出现，中央、地方各级政府以制定标准、规范为代表的城乡规划法制化建设工作也在逐步深入，各类标准的制定不断精细化、科学化，并日渐突显出"以人为本"的特征。然而，从城乡规划的行政行为、技术行为和社会行为3种属性来考量，现行法规标准体系的一些问题还比较突出。

（一）作为管理依据：重编制轻管理，现代化水平低

一方面，由于早前城乡规划的重点在于管理城市的新增用地，作为城乡规划行政管理直接依据的法规标准体系在规划编制与规划管理领域之间的巨大落差由城市增量发展时期延续至今。既有规范中针对规划编制的文件不仅有《城乡规划编制办法》等法律效力等级高、作用时效长的法规、标准，还有从国家到省、市各层级规划标准。城乡规划管理的文件由于大多仅供规划管理职能部门使用，多采取规范性文件（如通知、意见等）予以规定，法律效力等级低或不具有法律效力、公开程度低，造成规划管理部门在与其他部门衔接及面对规划管理纠纷时出现话语权弱和无法可依的状况。

另一方面，大多数城市普遍存在规划管理现代化水平较低、与规范体系配套的数字化管理平台建设落后的问题，进一步加大了规划执法和法规标准公开的难度，也为法规标准体系的动态维护工作带来了障碍。规划管理标准体系本就庞杂，再加上新问题不断出现，各地的新规范日益增多，造成相关规范文件数量只增不减，体系日益臃肿，整个法规标准体系呈现出"法规多而不严，标准少而不精"的特征。此外，由于不同层级、不同部门的文件内容多有重叠，甚至存在矛盾，且很多规范性文件超出一般作用时限（5年）又未能及时修编或纳入正式规范体系，仍在"超期服役"，对规划管理部门的话语权、执法权的界定造成阻碍。

（二）作为技术指导：共性多特性少，创新能力滞后

作为城乡规划技术指导的主要原则，现行法规标准体系未能很好地契合地方特性，主要表现在地方性的技术标准总体上数量较少，大部分城市直接采用国家、省级标准指导地方规划的编制。然而，国家、省级标准主要作用于国土、区域层面，

面对的情况更加复杂，因此多采取通用、折中的方式制定规范条文，技术指标预留的自由裁量余地较大，在没有地方性标准作为约束的情况下，不仅失去了精确指导的意义，也为"技术性腐败"的滋生提供了空间。此外，由于不同城市发展阶段与本底特征不尽相同，且同一市辖区范围内不同下级行政辖区、自然地域内有着自然条件、管理体系方面的差异，国家、省级标准未必能通用。因此，制定符合地方特性的标准规范，为下一层级或其他专业的标准规范预留接口，保持技术指标适度的弹性和灵活性是制定城乡规划法规标准体系的基本要求。

随着城镇化新阶段的到来和规划学科与行业本身的日渐成熟，规划业务范围逐步拓展，在原有的法定规划体系之外，新的规划类型层出不穷，并日渐在城市的发展建设过程中扮演着举足轻重的角色。一方面是行业细分带来的业务拓展，体现在城乡规划的关注重点开始由原来的总体规划、战略规划等"高大上"的领域逐步向公共设施、公共空间和弱势群体等"精细微"的民生领域拓展；另一方面是成果整合带来的业务拓展，包括行业内各类规划成果整合及跨部门的"多规合一"，再加上时事政策与热点问题催生的规划业务，如"美丽乡村规划"等创新型规划及一些对城乡规划有重要影响的"建设边界划定""生态红线划定"等"跨界"或非常规规划业务的出现，使规划编制、管理工作日渐复杂。目前法规标准的创新远不能满足经济社会快速发展的需求，规划法规标准大多集中在传统城乡规划业务领域内，造成规划管理部门面对新问题、新规划时因缺乏科学指导而束手无策。

（三）作为社会准则：重生产轻生活，公共政策属性弱

作为城乡社会治理的重要准则之一，现行法规标准体系在生产与生活领域的失衡尤其体现在对设施管理特别是弱势群体服务设施的关注不足。由于此前城市发展以增量式为主，用地管理一直是规划管理的重中之重，不仅有国家标准《城市用地分类与规划建设用地标准》，还有各类地方用地标准作为补充。反观设施管理领域，城乡统筹力度的加大和快速交通方式的发展带来了区域内甚至跨区域间庞大的人口流动，同时"以人为本"的理念不断得到强化，对基础设施、公共设施的规划标准提出了新的挑战。然而，现行法规标准体系中针对设施管理的内容较为缺乏，针对弱势群体服务设施管理的标准规范更是少之又少。一些发达国家在经历快速城市化阶段之后已越来越多地关注到与人们日常生活密切相关的各项小微设施的管理以及专门面向儿童、老年人和残疾人等弱势群体的服务设施的建设指引，如英国的《卡迪夫规划指导补充条款》（Supplementary Planning Guidance）中对儿童设施作了专门的规定等。我国虽然也正逐渐填补这一领域的空白，如国家标准《标准中特定内容的起草》GB/T 20002.1—2008 中的第一部

分关于儿童安全及第二部分关于老年人与残疾人的需求等，但总体而言在内容上还未实现全覆盖，国—省—市逐级细化的体系也尚未建立。

作为一种社会治理准则，城乡规划法规标准体系一直未能实现"社会化"。活跃的市场力量和日渐兴起的公民力量不仅要求规划本身能经得起检验和监督，也使规划编制、实施和监督的方式发生了根本转变，自上而下的"精英规划"将逐渐被多方参与、公众监督的规划方式所取代，规划的公共政策属性逐步凸显。例如，随着以"上海2040""众规武汉"等为代表的各类公众平台的兴起，规划编制、管理工作日渐透明化，"人人参与规划"将成为城乡规划行业的常态。在这样的背景下，规划管理部门要及时适应自身的角色转变，松弛有度，制定人人都能看得懂的规划指标、标准，不仅有利于规划的透明公开和合理监督，也保证了自下而上规划力量的生命力。随着公众维权意识、参与意识的增强，与具体建设项目关联的规划利益冲突、纠纷诉讼等也在增加，规划管理部门在强化依法行政依据的同时，维护自身的话语权也显得愈发重要，这就要求法规标准不仅要从制度上形成规范的、可达的公众参与路径，更要从体制、机制上平衡各方话语权。

然而，既有的城乡规划法规标准至今未能从根本上解决规划公众参与度低这一问题，尽管从国家到地方都有规划公示等相关规范来保证法定规划至少在程序上显得"公众参与"，但"犹抱琵琶半遮面"的公示成果看不清、看不懂的现象比比皆是，公示的成效甚微。

三、城乡规划法规标准体系优化的成功经验

面对城乡规划法规标准体系存在的种种问题和社会、行业发展的新变化，国内外的规划从业者都对如何制定好的规划行业标准规范进行过有益的探索，也不乏一些发达国家及地区的成功实践。例如，针对法规标准体系的建设目标，石楠等人认为"建立基于要素与程序控制的规划技术标准体系建设目标确定，取决于如何看待城乡规划的属性，如何界定城乡规划工作的内涵，以及如何认识城乡规划技术标准调节与规范的范畴"。城乡规划法规标准体系与城乡规划的编制体系存在一定的对应关系，王兴平提出，从一般行政学与决策科学的共性角度出发，一个运转有效的城市规划编制体系应该符合"民主参与、法制运作、分权制衡、自然公正和效能"这五大原则，与之相应，城乡规划的法规标准也应当在促进公众参与、规范规划程序、划定权力边界、维护公众利益及提升规划效率等方面做出规定。而在法规标准的制定方式方面，美国学者JACSMIT于20世纪80年代在南亚、中东等地区对现代城乡规划法规标准进行长达10年的研究中发现，与发达国家最初出于公共健康、安全、邻里空间和便捷性等目的制定标准的方式不

同,发展中国家的规划标准制定由于有先例可参照,会经历所谓的"标准制定循环"(Standards Cyclesin LDCs),即发展中国家在制定规划标准的过程中往往会针对自身发展建设过程中遇到的问题而经历了"借鉴—摒弃—创新—借鉴"的循环过程。而在此过程中,规划师清楚其在每个阶段的主要职责显得十分关键:在借鉴经验阶段,要提供适宜的参考案例;在标准剔除阶段,要论证标准的不适应之处;在标准创新阶段,则要找到制定有效新标准的方法。

总体而言,相关的探索和实践从规划行为的 3 种属性出发,可以大致归纳为3 种路径:一是强化行政依据,主要表现为明确规划法及规划本身的法律地位,如德国、美国;二是完善技术标准,主要是与时俱进地制定完善的行业技术标准作为规划编制和审查的参照,如英国;三是提升社会效应,主要方式是利用新技术、新方法来加大公众参与力度,提升法规标准的普及力度,如上海近年来在这方面就取得了令人瞩目的成就。当然,以上 3 种路径并非割裂的,而是相辅相成的。

(一)强化行政依据:法规标准体系有序运转的基本前提

强化行政依据最直接的方式是立法,以严肃的法律责任制约规划建设行为,德国即是该方面的一个典例,其以严格的专门法——《联邦建设法典》保障规划管理的权威性和严肃性,特别针对公共利益方面制定了很多强制执行措施。当然,为了保障在此过程中牺牲的个人利益得到合理的补偿,德国还制订了大量权益补偿及上诉程序等相关条款。不仅如此,为了保证《联邦建设法典》的约束作用在时间上能够连续,德国明确了在规划编制、审批或因纠纷而发生诉讼的过程中,土地出让、建设及旧城改造等工作应当如何展开,并特别作了新旧法规标准的过渡与衔接说明,真正实现了动态管理和全流程监管。美国则从设立专门法和强化规划本身的法律效力两方面来强化规划管理的依据,其规划法规是联邦制政体下的产物,规划标准体系自上而下(从联邦到州)与自下而上(从地方到州、从公众和利益相关人到地方政府)相结合,规划成果本身经议会审定通过后也具备法律效力。这种体系实现了以议会立法方式确定规划、以经济机制调控规划、以规划委员会反映民意和协调规划、以听证程序调整规划、以法庭系统监督规划,使得美国的规划标准能够较好地平衡各方的利益,具有针对性、可操作性和创造性,并且能不断自我纠正和完善。

除了全国层面的立法外,由于地方立法具有地方性鲜明、可操作性强和创新周期短等特点,地方性法规、地方政府规章与规范性文件等形式的法规在地方规划管理工作中发挥了重要的作用,是地方政府及规划主管部门实施规划管理的有力依据。然而,随着新问题、新需求不断出现,行政主管部门"频频出招"必然会导致规划法规标准体系日益臃肿,名目繁杂的法规标准常常存在效力层级不明确的情况，因此整合衔接上下级法规、新旧法规及分层级界定法规标准的效力层级是保证各项法规标准在合适的范围内发挥作用的前提，如从规划外部的顶层设计和规划内部的编制、实施及管理等整体规划体系改革着手，形成规划管控的最佳政策组合——"法律法规和标准规范＋规划指引＋法定规划＋其他"，亦是一种有效的方式。

（二）完善技术标准：法规标准体系科学运作的核心环节

如果说强化行政依据是从程序上保证规划法制化的实现，那么完善技术标准则从实体性内容的层面框定了规划法制化的范围与形式。例如，作为现代城市规划的发源地，英国拥有一套精细的城乡规划技术标准，其内容基本涵盖了英国现阶段规划领域面临的主要问题和面向未来发展的具体策略，体现了规划作为发展规划、公共政策的具体内涵和作为城市与区域发展指引性文件的重要意义。此外，其技术标准在不同时期关注的重点内容也随着城市发展阶段和需求的变化而不断修改或补充完善，技术标准与指引图则的关注重点逐渐从城市中心的发展建设、基础设施等领域转向住宅、公共空间与公共设施等领域。

空间规划是利益分配结果的直观体现，是公平与效率博弈结果的物质反映，而城市规划主管部门区别于国土、发改等其他部门的话语权也正体现在对空间规划的管理权上。规划技术标准是落实空间规划的直接依据，探索能及时应对新问题、刚弹性适宜的规划技术标准是规划法规标准体系持续、科学运作的核心环节。

（三）提升社会效应：法规标准体系有效落实的终极保障

我国的城乡规划工作之所以长期无法摆脱"精英规划"的标签，并不仅仅因为行政强权惯性导致的公众排斥，更重要的原因在于规划的法规标准和规划成果本身并未得到广泛的普及，公众对规划处于"似懂非懂"或更多是"完全不懂"的状态，参与热情并未被激发出来。规划管理方式的现代化、灵活化发展趋势对规划知识的普及起着至关重要的作用，如上海市近年来在规划知识的普及宣传方面做了许多有益的尝试：在新一轮城市总体规划编制的过程中，为了广泛采纳公众意见，上海建立了以"上海2040"等为代表的规划参与平台，并通过微博、微信等大众化的方式直接收集公众意见。与此同时，为了扩大规划的影响力，政府、规划编制单位及众多第三方平台不仅及时公示规划编制成果、规划研究课题及规划法规标准等相关内容，还积极创新规划宣传方式，以微信、漫画等形式对标准规范加以普及，提高专业内容的可读性，很好地扩大了规划及相关法规标准的影响力与约束力。再加上三维数字报建审批平台的建立与完善，使建设审批更加规范化、标准化和可视化，报建审批更加透明、公开，增加了规划决策的公信力。

正如守法的基本前提是"知法",要实现真正的公众参与、发挥规划作为公共政策的作用,使规划的社会效应自下而上主动发挥,首先要增加公众对规划的了解。不论是规划法规标准还是规划成果本身,其可读性、可及性直接决定了公众参与的质量,只有规划法规标准体系真正成为面向全社会的行为准则,才能实现权力与责任的平衡,保证管理方有依据、有畏惧,监督方有热情、明事理。因此,提升社会效应才是规划法规标准体系得以有效落实的终极保障。

四、地方城乡规划法规标准体系优化策略

如上所述,国家层面的法规标准是基于国土尺度的通用准则,制定周期长、影响范围广,不可能也不必要面面俱到地适应每个城市、地区的特色。因此,基于区域、城市尺度的地方城乡规划法规标准体系优化,由于程序相对简约、特征相对明确,灵活性与实用性大大增强。本文以南京市为例,阐述如何在地方层面针对城市自身特性及发展阶段,从行政管理、技术编制及社会实施3个维度进行城乡规划法规标准体系的优化。

为适应南京市城乡规划管理体制改革的新要求及新常态下城市发展的新需求,南京市自2014年开始进行地方城乡规划法规标准体系优化工作,以形成一套面向社会的、指导城乡规划管理、编制、实施的指引规范。基于现行法规标准体系存在的问题和发达国家与地区的实践经验,本次法规标准体系优化工作在提升规划管理权威性、优化规划编制科学性及重塑规划实施的公共政策属性方面给予了特别关注。

(一)从制度与技术两个层面提升规划管理的权威性

要提升规划管理的权威性,就要在制度上实现法制化,有效方法之一即变人治为法治,通过明确、严格的法规标准来规范自由裁量边界,减小甚至消除权力寻租的空间。地方层面制定的专业技术规范一般有两种效力层级:一是经地方政府审批的地方政府规章或规范性文件,二是经技术监督部门审批的地方标准。从表面上看,精确严苛的技术标准似乎更能有效地限定自由裁量边界,然而由于技术监督部门的审批要求,地方标准不得与国家标准有出入,极大地限制了地方标准的创新。进一步来说,所谓科学的技术指标,无非是规划从业者基于长期实践划定的经验值,随着技术进步和社会需求变迁,这些技术指标势必面临调整,而地方标准审批程序严格、周期冗长,其动态更新、修编调整都受到制约。实际上,由于城乡规划涉及环境、主体等的复杂性,很难以统一的标准覆盖全域,更无法做到从一而终,更多时候,过程合法性恰恰成就了结果的合理性,因此"刚性程

序，弹性实体"比"弹性程序，刚性实体"更契合城乡规划管理的实际过程，也能更好地避免城乡规划管理过程中的"技术腐败"。

基于以上分析，南京市在法规标准体系优化过程中，一是通过严格的政府规章来规范程序性内容，明确城乡规划决策审批的流程与制度；二是整合现有技术标准并以相对灵活的政府规范性文件的形式对外发布，最终在国家规范及江苏省规范的指导下，总体上形成"地方性法规＋地方政府规章／政府规范性文件／地方标准＋部门规章／其他规范性文件"的城乡规划标准规范体系，促进"刚性程序"与"弹性实体"的有效配合（图1）。

决策的权威性本质上源于其科学性，随着大数据等信息技术的应用、"规划数据库"的出现，必将推动规划决策越来越多地由"拍脑袋""凭经验"转为科学分析、理性论证。一些发达国家已经在规划数据库建设方面取得了显著成果，如伦敦市的战略数据平台（London Datastore，简称"LD"），通过整合伦敦市政府及其他公共机构的各类数据信息，在规划决策领域发挥了重要的作用；上海市城市发展战略数据平台（Shanghai Strategy Development Data-base，简称"SDD"）及三维数字化审批平台也已在规划管理实践中发挥了重要的作用。而规划数据库的建立有赖于共通的数据接口和统一的技术标准，因此法规标准体系优化的重要工作之一即整合数据标准，一是与交通、国土等相关行业部门做好技术平台的衔接，便于成果的统一或相互转置；二是在规划行业内部制定统一的成果标准和搭建共同的数据平台，逐步建立地方城乡规划数据库。

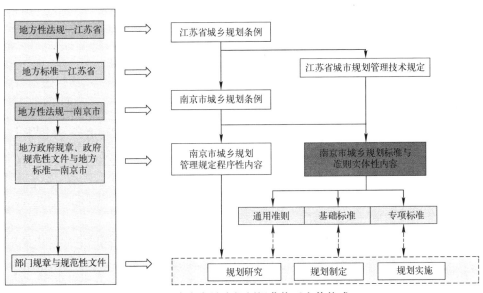

图1 南京市城乡规划规范体系主体构成

（二）以整合与创新两种途径优化规划编制的科学性

法规标准体系的优化并非置既有成果不顾而另起炉灶，而是一个整合与创新并举的过程。针对现行法规标准体系的庞杂内容，南京市从规划管理面向的具体要素出发，依据各要素相关标准、规范的完备程度采取不同的整合方式：针对上位规范已做出明确规范，且体系健全、层级完善、分工明确，规范内容与城市实际状况和未来发展需求能较好契合的部分，采取直接索引的方式，以"参照执行"或"见……"等形式呈现，不再具体列出，以缩减篇幅；针对国、省、市不同层级标准对同一内容做出反复论述或标准有出入的情况，以及不同部门规范中适用于同一要素的通用规则和矛盾之处，采取技术整合的方式予以筛选、精简或协调；针对上位规范中对相关内容已有政策性、指引性或粗略性规范，但在地方实际使用时弹性过大而难以落实的情况，采取量化、细化的方式予以进一步明确；针对已不符合城市未来发展诉求或过于严苛而难以落实的情况，则采取修改变通的方式，通过调整内容、调整上下限或重划自由裁量边界等方式予以优化（表2）。

此外，随着社会和行业的发展变化，一方面，城乡规划发挥作用的空间范围在拓展，以往的规划标准主要作用领域实际上集中在城市规划区范围内，规划区外更广阔的非建设用地、乡村地域一直被视为城乡规划管理"图—底"关系中的"底"而未能得以重视。随着不同规划部门事权的交叉整合越来越频繁及城乡统筹的重要性进一步提升，再加上农村土地流转的巨大需求，规划的全域整合以及一些建设用地范围外的边界划定（如增长边界划定、生态红线划定）等开始对城乡规划发挥越来越明显的影响甚至制约作用，对非建设用地及乡村地区的管理将越发成为城乡规划管理部门的重要作用领域。另一方面，城乡规划发挥作用的方

既有规范内容整合方式　　　　　　　　　　　　　　　　表2

要素相关标准规范完备程度	优化方式	示例
各层级规范内容体系健全、层级完善、分工明确，且能较好契合未来发展诉求	直接采用	如《广州市城乡规划技术规定》关于市政工程"城市道路应当按照《城市道路和建筑物无障碍设计规范》的规定设置无障碍设施"
不同层级规范有重叠或有矛盾／不同专业部门规范之间存在通用规则	技术整合	如《上海市控制性详细规划技术准则》公共服务设施设置的"规划导向""基本要求"等
有政策性、指引性或粗略规范，但在具体使用过程中弹性过大，难以落实	量化细化	如《上海市控制性详细规划技术准则》关于混合用地比例规定
既有内容已不契合城市实际或未来发展诉求／文件本身超过时效／指标过于严苛难以执行	修改变通	如《上海市控制性详细规划技术准则》中城乡建设用地分类在国标基础上做了很大调整

式在转变，蓝图式的空间形态规划已不能适应城市多元、快速的发展变化和生产、生活方式的快速转变，灵活、动态的规划建设行为引导成为更加有效的方式。规划目标由原来的空间形态控制转向业态、状态的动态实时控制与引导，规划管理部门要在更复杂多元的环境下划定事权范围和自由裁量边界，规划编制单位则要由用地规划、空间设计转向行为模式研究、公共政策制定。面对这些转变进行前瞻性的创新，针对非建设用地、存量空间再利用等方面制定适宜的技术指引则是法规标准体系优化的另一项重要工作。

（三）从社会和个人两种视角重塑规划实施的公共政策属性

在新型城镇化阶段，随着规划原则由效益转向公平、规划内容由生产转向生活、规划目标由速度转向质量、规划单元由宏观整体转向微观个体、规划服务对象由强势群体主导转向弱势群体优先，城乡规划的公共政策属性将进一步得到彰显，推动社会性城市规划行为的发展、提供社会性城市规划行为的通道成为城乡规划法制化的重要目标之一。

因此，从社会发展和个人诉求两个角度出发，在法规标准体系优化整合过程中，南京市一方面积极推动社会性城市规划行为，首先是从内容体系上保障弱势群体、利益牺牲者的权益，如强化针对弱势群体的公共服务设施专项标准研究、建立规划项目利益相关人群的发声渠道和利益补偿机制，在保障弱势群体生存权的基础上通过专项设施规划标准促进其发展权的提升。其次是充分认识到城乡居民从物质追求转向精神追求的趋势，要求城乡规划在关注空间效益的同时要越来越多地关注空间品质，因此在法规标准体系优化过程中，南京市探索了一系列针对空间品质提升的尝试，如制定针对城市开敞空间、雕塑等内容的城市公共艺术准则，鼓励城乡居民参与城市空间品质的塑造，合理容纳涂鸦、城市小品创造等自下而上的"非正规空间创造"等，以保持城市空间的活力。

另一方面，从程序上保证有效的公众参与，即提供社会性城市规划行为通道。所谓有效的公众参与，并非要求决策者和规划师针对城乡规划的每个环节、每个项目都事无巨细地征求每位利益相关人的意见，也很少会有规划项目可以满足每个相关人的利益诉求，因此公众参与并不仅仅是要求个别的规划项目听取利益相关者的诉求，更重要的是在法规标准的制定阶段形成公众认可的社会准则，在此社会准则的约束下进一步以合法程序制定满足社会需求的城乡规划。因此，南京市在标准编制阶段广泛纳入社会力量，建立了管理、编制、研究与实施等多方协作的标准编制团队，并同步构建了开放检索的城乡规划法规标准数据库和标准编制的公众参与平台，为制定法规、了解法规建立了途径。此外，为了增加法规标准的可读性和易懂性，在供专业人员使用的法规技术标准外，尝试制定专供对外宣传的法规标准版本，以图文并茂、浅显易懂的方式向公众普及城乡规划知识及规划成果。

五、结语

作为城乡规划法制化的核心环节，城乡规划法规标准体系的建设与优化是当前许多城市面临的艰巨任务。我国的城乡规划法规标准体系经历了对症下药的探索初期、零零散散的摸索创建期和改革开放前的扩充完善期，基本成型；而经过改革开放三十余年的迅速发展，已建立了相对完善的体系。在新型城镇化发展阶段，面对管理目标升级、业务内容拓展和公民力量崛起等挑战，规划法规标准体系进入优化整合和精细化转型的新阶段。城乡规划的编制与管理是多层次、多线条的工作，与之相对应，城乡规划法规标准体系也必然是多层次、多线条的复杂系统，以何种思路来组织、构建该体系，关键在于对城乡规划管理工作的科学认知及明确规范本身给谁用、如何用。在这一前提下，规范内容的逻辑架构要从使用主体的需求出发，要求层次分明、效力合理与便于操作；在规范内容的编写中，要统筹上下层级标准规范、行业内外标准规范的关系，协调规范的科学性与可操作性、先进性与适用性的关系。本文采取的从行政行为、技术行为与社会行为3种属性出发，对应城乡规划管理、编制与实施3个重要的环节，优化现行城乡规划法规标准体系的思路，由于研究阶段所限，本文提出的各项优化策略还较为局限，这将在后续的研究中进一步展开。

（撰稿人：徐嘉勃，东南大学建筑学院博士研究生；王兴平，个人简介见前文；张劭，南京市规划局总工程师办公室主任）

注：摘自《规划师》，2015（12）：5-11，参考文献见原文。

完善规划程序，建立健全存量空间政策法规体系

我国的城镇化自新中国成立以来，经历了起步发展和快速发展两个历史阶段。特别是改革开放以来，城镇化速率显著提升的同时，城乡建设用地粗放利用所引发的城市建设问题也与日俱增。与此同时，受外向型经济的推动以及"土地有偿使用""中央和地方分税"等一系列制度设计的影响，依靠新征土地作为主要空间资源，以垄断一级土地市场获得土地溢价作为主要资金来源，同时通过廉价生产要素和非均等化基础公共服务设施压低成本，从而实现城镇化的高速发展。然而，随着我国城镇化率跨过50%拐点，城镇化进入转型发展阶段，伴随着国内外社会经济形势和资源条件的变化，前30年高速城镇化所依赖的传统路径已经无法适应新的需求。

"中央城镇化工作会议"的召开和《国家新型城镇化规划（2014—2020)》的颁布对我国未来一段时期内的城市建设提出了新方向与要求。以土地粗放消耗为基础的城市发展模式难以为继，亟需寻求适应未来我国城市发展需求的全新模式。而作为下一阶段我国城市建设的核心资源——存量土地及存量空间，无疑具有至关重要的作用。

一、我国存量空间资源规划利用现状

面对新型城镇化对于未来一段时期内我国城市建设的新要求，存量空间资源的合理规划利用对于缓解城市现状问题及推动城市进入良性可持续发展显得尤为重要。对于存量空间资源而言，不同职能定位的城市对其价值的理解和应用方式不尽相同。经历过经济高速发展及土地粗放消耗的城市，对存量空间资源的需求更加迫切。而区域的经济发展水平也是影响人口流动及人口城市化的重要因素。因此，对于存量空间资源的规划利用，必须建立在明确我国现阶段城市发展根本矛盾的前提下，以此为基础，进一步梳理出未来我国存量空间规划利用的核心目标，从而实现存量空间资源的合理利用，减少规划建设误区，避免对城市造成难以修复的后果。因此首先从宏观、中观和微观三个层次，具体分析我国存量空间资源利用的现状情况和面临问题。

（一）宏观国家层面问题

伴随着我国城镇化进程的不断推进，我国城市逐步进入转型发展时期。与不断增长的城镇人口总量相悖，近年来我国城市建成区常住人口密度呈现缓慢下降的趋势，这一现象源于改革开放以来我国建设用地的粗放扩张的发展模式。

2000～2011年期间，中国城镇的建成区面积增长了76.4%，而城市常住人口仅增长了50.5%；与此同时，1995～2011年期间，农村常住人口以年平均1100万的速度在减少，而农村居民点建设用地却增加了约27万hm^2（400余万亩）。由此可见，我国城镇建设用地扩张的速率远高于人口城镇化的速率。同时，集体建设用地并没有随着农村常住人口减少而有所收缩。因此，就我国宏观层面而言，存量空间资源利用的问题在于建设用地的粗放扩张与人口流动不相匹配。

（二）中观区域层面问题

我国幅员辽阔，新中国成立以来，经过长期发展，全国范围内已经形成了差异较为明显的城市发展格局。其中，东部沿海地区经过长期稳定发展，社会经济与相关产业不断增长，城市扩张最为迅猛。由于各地区城市处于不同的发展阶段，存量空间资源利用的现状与目标也不尽相同。而不同规模、不同发展阶段的城市，由于产业带动能力不同，人口吸纳能力和城镇化水平也有所差别。

对于同一城镇群来说，重点城市的建设用地扩张快于人口城镇化的现象往往更为突出；核心城市虽然"地快于人"的现象相比之下稍好一些，但是建成区面积占城市规划面积的比例一般偏大，存量空间资源的利用较其他城市更加迫切；相比较而言，中小城市建成区面积与城市规划面积比值一般较低，因此存量空间资源利用的动力稍显不足，但是从城市空间资源发展趋势来看，同样应坚持并加强土地集约利用程度，普及并推广存量空间资源利用观念。

从中观区域层面来看，我国城市存量空间资源利用面临的主要问题是城市集群内部缺乏协调发展，大中小、东中西各类城市的产业、人口和城市化水平分布不均衡。

（三）个体城市层面问题

就我国个体城市而言，存量空间资源规划利用的基本矛盾是与城市自身的发展结构紧密关联的。在城市由中心逐渐向外扩张的过程中，人口密度会随之降低。因为一方面城市郊区的人口聚集度与中心城相比较低，郊区土地低效扩张现象更为严重。此外，由于公共服务设施配套与人口聚集度相关，现状公共服务设施往往集中于城市中心地区。加之我国长久以来实行的户籍管理制度，在公共服务设施总量测算时往往以户籍人口为依据，同时，我国公共服务设施配置标准较发达国家普遍偏低。因此，我国大部分城市的现状公共服务设施供给远远无法满足常住人口的需求。

与此同时，基于地租理论可知，低收入的外来人口多聚集于城市边缘低地价区域，致使以户籍人口为依据的公共服务设施配套由于外来人口的增多而愈加紧缺。总体来讲，随着城市由内向外扩展，公共服务设施供给量、人口密度以及土地资源紧缺程度会相应降低。即距离城市中心区域越远，建设用地扩张的速度越高于人口城镇化的速度，人口城镇化的速度也越高于公共服务设施配套的完备程度。

因此，对于我国个体城市而言，存量空间资源规划与利用的问题在于人、地及公共服务供给之间不匹配。

二、出现上述问题的原因

城市存量空间资源的合理利用对实现新型城镇化至关重要，其根本上要求将以增量为主通过不断扩张实现城镇化的建设模式转向以提质增效为主的内涵式建设。但由于这两种城镇化模式在机制上的差异，现阶段尚存在一定制度障碍。同时，城市存量空间资源利用与增量空间资源的利用相比，具有方式多样、任务多线、主体多元、机制复杂等一系列特征，因此，在具体实践过程中，常常产生诸多问题和误区，主要体现在以下三个方面：

（一）发展背景——发展方式的转变与思维惯性的冲突

一些经济发达城市虽然不必再完全依靠增量经济，面对城市存量空间资源利用的复杂问题时却仍然片面强调经济增长而未能给社会公平、传统文化、生态环境等其他方面留以足够的空间。

（二）认识层面——对存量空间资源利用的目标和任务缺乏统筹研究

由于对城市化动力、空间资源约束、城市精明增长的误读，导致对城市存量空间资源利用的目标任务简单理解为提高单位用地的容积率、单纯围绕物质空间建设，忽视其他人居环境和社会文化问题。

（三）实施层面——政策制度体系不完善、规划技术方法不适用、实施过程协作协商不够

在快速城市化背景下，中国城市建设管理大量采用的是农地征用→一级土地

整理→二级上市、国有划拨→开发建设的开发管理流程。当面对长期以来不被重视的建设管理和存量更新工作时，因相关经验、制度、流程的欠缺和缺失而带来的制约和问题就显得尤为突出。

上述情况反映出当前在城市存量空间资源利用的各个层面都存在一定的误区和问题。但是，应该看到，从长远来看，随着政治体制改革、经济转型发展和新型城镇化的推进，城市存量空间资源利用需要逐步纳入更加规范、有序、常态化的管理和运行轨道。未来的转型发展，对城市规划提出了创新和变革的要求。

三、新型城镇化背景下城市存量空间资源规划利用的对策建议

（一）建立健全城市存量空间资源规划利用的政策法规体系

从各城市对存量资源利用的情况来看，除少数几个走在前列的城市（如深圳）外，大部分城市存在政策和管理权限的多头和分散问题，一方面，不利用于从城市发展的宏观层面对城市存量空间资源的利用进行自上而下的统筹。另一方面，公众和市场面对分散的政策和复杂的程序，因无法获得准确指引而影响参与存量空间资源利用的积极性。对此，可通过地方立法的方式建立健全城市存量空间资源规划利用的政策法规体系。

目前，很多城市都根据《城乡规划法》制定了具有本地特色的地方性法规。但是，应当注意到，地方城乡规划条例只是地方城乡规划的主干法，依然需要相关配套的法规、规章、规范性文件来与其配合。所以，"地方立法机关也应当适时更新、完善其他法规、规章以及其他规范性文件、技术标准和规范等，建立以地方城乡规划条例为主体的完整的地方城乡规划"。

完善的制度设计是推动存量空间资源利用的有力保障。在计划经济体制下，面对城市建设中相对简单的社会关系。我国城市规划立法的普遍特征之一是重实体性内容的规范，轻行为程序的约束，即主要通过实体性内容进行社会关系的调控。

今天，面对城市存量空间资源利用过程中复杂、多元化的规划建设利益主体及其相互关系，必须建立规范规划编制和管理的程序，从法定时序、时限和空间方式等程序内容的角度，强化规划管理的公开、公正和公平。

（二）逐步推进城市规划转型及规划师角色转变

城市规划工作的本质是协调：协调城市发展的多元目标，协调城市建设投入的资源效率，协调城市建设中得失的公平分配。同时，规划工作又与空间联系紧密，

其工作重点在于协调城市建设中的不同利益，特别是空间利益。同时，伴随着规划转型的过程，规划师的角色身份同样需要转变。城市存量空间资源利用规划最显著的特点是与物权的广泛联系，相关利益者会积极主动地参与到规划过程当中，规划面临的利益博弈要现实复杂得多。这也将对传统的政府"指令式"的规划方法和消极的公众参与方式带来变革。规划师面对多元目标、多方利益诉求，应采用以关注公平和社会权利分布为目标的协作式规划方法，尊重相关权利人，并强调沟通的过程，规划师有义务在这个过程中促进各方平等对话，推动参与者讨论问题，从而确定发展目标，形成多方共识。

推动规划转型和规划师的角色转变是一个长期的过程。除了规划体制的变革外，规划教育和人才培养是重要的影响因素。加强相关人才的培养、完善规划教育是推动规划、规划师转型的前提条件。

（三）尽快完善存量空间资源利用的规划编制方法

我国现行的城市规划编制体系仍停留在"大建设大发展"的时代，主要针对一般性的新增建设行为，对城市存量空间资源利用的规划尚未纳入从城市总体规划到控制性详细规划等各层次规划中。因此，难以满足现实中存量空间资源利用的规划管理需求。

因此，为了更有序、有效地推进城市存量空间资源的利用，从根本上应规范城市存量空间资源利用的规划编制内容、方法、流程，并使之与现行的法定规划体系相衔接。随着城市化的推进，越来越多的城市将面临存量建设用地逐步成为建设用地供应的主要来源的现实问题。对这些城市来说，这一工作则显得更有必要。

（四）不断加强存量空间资源利用的规划技术创新

规划体系要应对城市存量空间资源利用的规划管理要求，除了需要调整各层次城市规划的编制内容，还必须对城市规划技术标准和规范进行调整和完善。

针对城市存量空间资源的利用，城市规划技术标准和规范的创新主要表现在以下几方面

1. 建设条件复杂化

城市建成区往往存在土地资源紧张、基础设施欠缺等问题，建设活动的条件较一般新区类型更多、苛刻程度更高，客观上要求现有的规划技术、规范进一步细化，以应对复杂多样的建设条件；并充分考虑土地集约利用的要求，增加对公益性设施配置的标准、用地性质和建筑功能混合、地下空间集约利用的研究深度，提高规划技术标准的可实施性。

2. 改造方式多元化

目前的城市规划技术标准和规范更多的是针对和适用于新建项目。而城市存量空间资源由于资源类型既包括存量土地资源也包括存量建筑资源，因此其利用的方式较为多元，具体可分为整建维修、功能改变、拆除重建等多种方式。而从现有的城市规划技术标准和规范来看，目前尚缺少面向前两种方式的较为成熟的规范标准和技术集成。

3. 改造主体多元化

由于公众参与意识的增强，目前越来越多的存量空间资源的利用行为已从完全由政府、开发商主导，逐步体现出改造主体多元化的特点，并突出表现在城中村、老居住区、旧工业区的改造中。这些改造行为亟需受到相关技术及管理规定的指导和制约，特别是涉及城市公共安全、建筑节能等事关公共利益、人居环境品质的相关规范标准，不仅需要细化明确，更需要通过简明易懂的方式使非专业人士易于理解接受。

（撰稿人：尹稚，博士，中国城市规划协会副理事长，清华大学建筑学院教授）

注：摘自《城市规划》，2015（12）：93-95，参考文献见原文。

城市规划许可制度的转型及其影响

导语：从行政法角度对《城市规划法》和《城乡规划法》中规划许可的特征进行比较分析，提出规划许可制度已经从《城市规划法》的详细规划为导向的"自由裁量"许可体系，转向《城乡规划法》中的控制性详细规划作为"严格规则"的许可体系，从循序渐进的多次决策转向了以规划条件为核心的一次决策体系。并就受规划许可制度转型影响的控制性详细规划、规划许可程序及规划许可作用这三个问题进行了探讨。

制度是共同遵守的办事规程和行动准则。在城市规划领域，有两种特征明显的规划许可制度：英国的规划制度下的"判例式"和美国的区划制度下的"通则式"。英国采用程序控制，规划许可是一个相对体现自由裁量的制度，"地方规划只是开发控制的主要依据之一"。而美国采用的是实体控制，规划许可受到区划的严格限制，"所有的建设必须按照其（区划）所规定的内容而实施"。对比中国的《城市规划法》与《城乡规划法》，规划许可从"符合城市规划"转向了"依据控制性详细规划"。虽然《城乡规划法》仍然采用"一书两证"的许可制度，但是《城乡规划法》提出了规划许可，无论是用地规划许可证还是建设工程规划许可证都必须依据控制性详细规划。这预示着规划许可制度的转型，也就是规划许可的规则和运行模式发生了变迁。作为政府权力的规划许可，如何按照《城乡规划法》，公平且有效率地履行好规划许可的职能，是规划行政管理部门面临的共同难题。

一、《城市规划法》中的规划许可制度

（一）规划导向的自由裁量体系

《城市规划法》第 21 条规定，"编制分区规划的城市的详细规划，除重要的详细规划由城市人民政府审批外，由城市人民政府城市规划行政主管部门审批"。地方的城市规划条例则更进一步，例如《浙江省实施城市规划法办法》和《杭州市城市规划条例》，除重要地区外的一般地区的详细规划授权城市规划行政主管部门审批。从法理的角度，拥有规划许可权力的城市规划管理部门具有详细规划审批的权力。虽然《城市规划法》对详细规划的局部修改的权力没有明确，

对比《城市规划法》第 23 条中关于城市总体规划修改的程序，一般性的城市总体规划的局部修改的权力在地方人民政府，只需向同级人大和原审批机关备案。为此，从法理的角度，城市规划行政主管部门拥有详细规划的局部修改的权力。

详细规划局部修改的权力直接影响到规划许可。"一书两证"是 1990 年实施的《城市规划法》所确定的规划许可制度。《城市规划法》没有设定选址意见书和用地规划许可证之间的逻辑关系。《城市规划法》第 30 条提出，选址和布局必须符合城市规划。《城市规划法》第 31 条提出了在用地规划许可证阶段提供规划设计条件，第 32 条规定根据规划设计要求核发建设工程规划许可证。法律没有要求规划设计条件与选址意见书的一致性问题，也没有明确第 32 条中的规划设计要求就是第 31 条中的规划设计条件。建设工程规划许可的核发在制度设计上也没有受到上位许可的严格的制约。

《城市规划法》第 29 条规定了土地使用和建设项目符合城市规划，也就是"一书两证"的核发必须符合城市规划。这里的"符合城市规划"是一个宽泛的概念：（1）符合哪一种类型的城市规划没有明确；（2）是否要求详细规划中的指标与许可条件具有一致性，也没有明确。从法理的角度，地方规划行政部门具有局部修改详细规划的权力，地方城市规划行政管理部门可以按程序对详细规划进行调整。逻辑上，城市规划与"一书两证"，以及"一书两证"之间可以没有实体上的完全一致的要求。在现实的规划管理中，由于没有明确详细规划在规划许可中的法律地位，详细规划没有全覆盖的客观需求，再加上行政效率的需要，城市规划在实体上仅是导向，而不是发挥严格的控制作用。为此，可以认为，在《城市规划法》背景下，规划许可是一种规划导向的自由裁量体系。

（二）循序渐进的决策体系

正是由于地方规划行政部门具有局部修改详细规划的权力，"一书两证"的规划许可制度还是一种循序渐进的工作方式。主要包括两个方面：（1）"一书两证"本身的渐进方式；（2）相关部门审查的渐进方式。在"一书两证"方面，许可与审查，由粗到细，从选址布局、建筑设计、初步设计、再到施工图逐步递进，使之最终符合规划的法规和规划的要求。选址意见书关注的是布局，用地规划许可证的重点是用地的范围、用地的性质及相关规划指标，建设工程规划许可则侧重于建设项目的使用功能、建设项目退让以及建设工程的风格等内容的限制。由于规划许可的审查标准不是完全确定，许可标准的确定往往是通过专家与部门的论证逐步清晰化。

对于建设项目而言，规划许可不是独立的许可，而是发改、建设、国土、环保、消防、交通等部门相配合的多重行政许可中的一个环节。各个部门的许可或审批相互制约，互为条件。发改部门的计划立项、环保部门的环境影响分析，以及规划部门的交通影响评价、日照分析都会在后续的论证中对规划设计条件作进一步的修正，或者是成为后续工作的许可条件。详细规划的不完善之处，可以在规划许可过程中，随着各种分析评价的深入逐步得以完善。

从上述分析可知，"一书两证"的工作模式是一种"由粗到细"的渐进式决策方法。这种模式的特点更多强调许可的程序。这种决策模式符合建设项目的发展规律，在规则尚未健全的时期具有极好的适应性。

（三）与土地制度配合的许可体系

城市规划所规制的对象是土地，因此，规划许可不是独立于土地使用制度制约之外的行政许可，而是建立在土地使用制度之上的行政许可。在《城市规划法》时期，中国的土地使用制度有两个基本特征：（1）土地的审批方式是划拨或者是协议出让；（2）土地的权属转移方式是拆迁。对于审批方式，在 20 世纪 90 年代基本上是这种情形，划拨方式是计划经济的产物，规划设计条件受到计划立项的制约，不能由规划主管部门一家提出，因而选址意见书是必需的。2000 年以后，土地使用制度发生变化，商业性开发逐步转变为"招、拍、挂"的方式。但对于公共投资的建设项目或者是公益性投资，仍然采用划拨方式，"一书两证"的核发方式没有变化。

1991 年施行的拆迁条例中的拆迁主体是指"取得房屋拆迁许可证的建设单位或者个人"，2001 年施行的拆迁条例是指"取得拆迁许可证的单位"。拆迁条例中所指的房屋拆迁主体在法律意义上是民事主体，而不是行政主体。对于民事主体而言，土地的使用应该是通过许可的方式获得。因此，用地规划许可证正是配合了土地的拆迁制度。1991 年施行的拆迁条例第 4 条提出拆迁必须符合城市规划。2001 年的《城市房屋拆迁管理条例》则将建设用地规划许可证作为拆迁许可必需的要件。对于被拆迁的土地，用地规划许可证是认定建设项目符合城市规划的法律凭证。

二、影响规划许可转型的主要因素

（一）控权模式

2008 年实施的《城乡规划法》规定，市（县）人民政府具有控制性详细规划编制与修改的审批权力。规划行政主管部门应依据控制性详细规划提出规划条件和作出行政许可。《城乡规划法》已经彻底改变了《城市规划法》的许可模式，

"对于规划管理中原来明显较为宽松的自由裁量权限形成了明显约束"。许可模式的转型实质上是控权模式的变迁。从行政法的角度，有两种控权模式：严格规则和正当程序。严格规则是，"从行政行为的结果着眼，注重行政法实体规则的制定，通过详细的实体规则来实现法律对行政权力的控制功能"。而正当程序是，"从行政行为的过程着眼，侧重于行政程序的合理设计，通过合理的行政程序设计来实现控制行政权力的目的"。详细规划在《城市规划法》中是规划许可的依据之一，而在《城乡规划法》中控制性详细规划则成了规划许可的"实体法"。《城乡规划法》的控权模式发生了较大的变化。

从控权的模式上看，这是"正当程序"的模式转向"严格规则"的模式，也就是从自由裁量转向实体控制。对于城市规划管理而言，严格规则有如下两项优点：（1）提供了可预测性，土地开发者可以准确地预测未来的发展，而不受到规划经常性变更的影响；（2）提供了明确的信息，土地开发者可以通过规划获得相对清晰的信息。因而，许可的决策相对简单，只要符合规划便可作出许可决定，如美国的区划制度下的发展控制采用了"通则式"的许可制度。但是，依据严格规则的通则式却缺乏灵活性和回应性。程序控制的许可制度的优点则是弥补有限理性的不足，提供了灵活性；其缺点正好与通则式相反，主要是不透明，结果不可预测，并且在许可决策时，要经过复杂的程序，如英国的地方发展框架下"判例式"的许可制度。

（二）土地使用制度

1990 年实施的《城市规划法》中的"一书两证"的规划许可制度，随着社会主义市场经济体制的建立而发生变化。中国的土地使用制度在 1980 年代是以计划经济为特征的土地使用模式。这时的土地使用制度具备两个特征：（1）土地使用的划拨方式；（2）土地与房屋的拆迁方式。

随着社会主义市场经济制度的建立，土地使用制度发生了变化，主要表现在三个方面：（1）商业性开发等土地采用有偿出让的方式，并通过招牌挂制度；（2）土地的获得的标志是签订土地使用合同；（3）土地的所有权的变更，经历了从拆迁到征收的改变。土地使用制度的变化首先影响的是规划许可职能的变化。

对经营性用地、工业用地采用出让方式，并引入招拍挂的制度。根据《行政许可法》第 53 条规定，对公共资源配置的行政许可应通过招标、拍卖等竞争方式作出行政许可。招拍挂制度实质上也是一种许可制度。也就是政府对土地使用的许可是通过招拍挂的程序，并采用行政合同的方式予以确认。行政许可是一种外部行为，是对行政相对方资格和权利的认可。根据城市房屋拆迁条例，拆迁的主体是法人，而不是政府。因此，土地的拆迁必须依据用地规划许可。但是，拆迁制度改变为征收制度以后，政府成了征收的主体。在征收的过程中，规划部门为国土部门提供的规划条件是属于政府的内部事务，不属于行政许可的范畴。对于划拨用地，在政府实施土地征收时，建设用地规划许可证的核发是一个有待解决的问题。

（三）行政合同

现代社会日益走向民主文明，行政与公民的关系由强制转向合作，以提高行政的效率。相对强制的审批行为让位于相对非强制的合同行为。行政合同通过协商方式，减少了命令式的审批行为，顺应了服务政府的理念。行政合同以更加平等和柔性的方式实现行政的目标，从而在一定程度加强了与行政相对方合作的能力。姜明安认为行政合同具有如下三个特点：（1）行政合同是具有公法上法律效果的行政法律行为；（2）行政合同是双方当事人协商一致的结果；（3）行政合同中有弱行政权力的存在。在规划许可中虽然没有采用行政合同，但是土地出让制度则深深影响规划许可。

《城乡规划法》第38条规定，规划条件应当作为国有土地使用权出让合同的组成部分。城市规划的赋权以及预防性条件，也即行政相对方的权利与责任均在规划条件中明确。经过"招标、拍卖、挂牌"的方式，签订了包含规划条件的土地使用合同，实质上同时已经完成了规划许可。法理上行政许可是不允许直接"领取"的，而是依据法律法规对申请者资格的核实、审查、公示，并作出行政决定的过程。既然是土地使用合同签订后已经完成了规划许可的职能，在此阶段以后，已经不需要再履行核发用地规划许可证的程序。而行政许可是一种颁发许可证的要式行为。为此，《城乡规划法》第38条提出了在出让土地使用合同签订后"领取用地规划许可证"。

（四）信赖保护

信赖保护原则是行政法中的基本原则之一。"信赖保护原则的法理基础在于，对个人就公权力行使结果所产生的合理信赖以及由此而衍生出的信赖利益，法律制度应为之提供保障，而不应使个人遭受不可预期的损失"。行政许可作为一项政府的行政行为，一经作出就具有公定力，不得随意修改。2003年8月全国人大批准的《行政许可法》第8条，"为了公共利益的需要，行政机关可以依法变更或者撤回已经生效的行政许可。由此给公民、法人或者其他组织造成损失的，行政机关应当依法给予补偿"。

《城乡规划法》第50条提出了相应的行政补偿条款，体现了《行政许可法》

中的信赖保护的原则。该条款的提出是建立诚信政府的需要，也是保护公民正当权益的需要。《城乡规划法》采用了信赖保护原则，不仅影响到规划许可所形成的法律关系，也影响到控制性详细规划的编制。

三、《城乡规划法》中的规划许可制度

（一）规划作为严格规则的许可体系

对比《城市规划法》，《城乡规划法》中的控制性详细规划的作用发生了重大变化。

（1）规划条件提出的依据。《城乡规划法》第38条规定控制性详细规划是出让用地规划条件提出的依据。地方立法，如《浙江省城乡规划条例》，对划拨用地规划条件提出是设定在选址意见书阶段。对于选址意见书，虽然《城乡规划法》没有明确应依据控制性详细规划，但是，其第50条补偿条款的提出，反证了选址意见书也应符合控制性详细规划。

（2）规划许可作出的依据。《城乡规划法》第37规定，依据控制性详细规划核发划拨用地的建设用地规划许可证，第38条的规定实质上是所领取的出让用地建设用地规划许可证已经依据了控制性详细规划。第40条则规定了建设工程规划许可证的核发应符合控制性详细规划。

（3）规划核实的依据。《城乡规划法》第45条规定，城乡规划管理部门对建设工程是否符合规划条件予以核实。由于规划条件的提出是依据控制性详细规划，因此，规划核实实质上是依据了控制性详细规划。

在《城市规划法》中，地方城乡规划管理部门具有局部调整详细规划的权力，但是，《城乡规划法》规定控制性详细规划的制定与修改的审批主体都是城市人民政府，地方城乡规划管理部门没有控制性详细规划局部修改的权力。《城市规划法》所设定的规划许可中的自由裁量权被大大压缩，并且贯穿到整个规划许可的过程中。从控权模式上看，控制性详细规划成了规划许可须遵循的严格规则，规划条件的提出和规划许可证的核发的实体性依据是控制性详细规划。对比《城市规划法》中的规划许可，《城乡规划法》中的规划许可的特征可以概括为，以控制性详细规划作为"严格规则"的许可制度。

（二）以规划条件为核心的决策体系

规划许可是前期介入防止损害公共利益的行政管理制度，其中赋权行为与预防性行为是规划许可的主要内容。这两项内容基本上在规划条件中明确。《城乡规划法》仍然采用《城市规划法》中关于"一书两证"的许可制度。但是，《城

市规划法》中循序渐进的工作模式发生了变化。在《城市规划法》中，建设工程规划许可证的核发是"根据城市规划提出的设计要求"。而城市规划是一个泛化的概念，可以指总体规划，或者是指详细规划。竣工验收的依据是建设工程规划许可证。但是，在《城乡规划法》中，规划条件不仅是建设工程规划许可的依据，也是设计方案的审查、施工图审查、规划核实的依据，并且在方案审批，施工图审查中不得增加任何新的强制性条件。这使得过去的自由裁量的许可模式发生了重大变化。过去可以逐步渐进式地走向"合法"的决策模式，为规划条件的一次性决策所取代。

对于出让用地，《城乡规划法》第 38 条已经十分明确规定在出让前，或者是许可前提出规划条件。对于划拨用地，由于涉及投资、政府性办公楼的标准等问题，在选址意见书阶段不能完全确定规划条件。《城乡规划法》没有明确划拨用地规划条件的提出阶段，只是在第 37 条提出核发建设用地规划许可证时核定用地范围、面积等内容。但是，一些城市的规划条件在选址意见书阶段提出，例如《浙江省城乡规划条例》第 32 条对此有明确的规定。为此，规划条件必须是合理的、可实施的，并且强制性指标是刚性的。不能因为后续审批过程中的环境影响评价、交通影响评价、日照分析、景观分析等而有所改变。从这一角度，在方案阶段的交通影响评价变得无关紧要，因为交通影响评价所涉及的用地性质和容积率已经确定而不能更改。渐进式的多次决策变成了一次决策，规划条件是规划许可决策的核心。

（三）以信赖保护为基础的许可体系

在《城市规划法》中没有信赖保护的相关内容，并且在第 34 条中要求"任何单位和个人必须服从城市人民政府根据城市规划作出调整用地的决定"。而在《城乡规划法》中，信赖保护得到充分的体现。《城乡规划法》第 50 条规定：（1）规划许可决定作出后，因依法修改城乡规划给被许可人的合法权益造成损失的，应当依法给予补偿；（2）修建性详细规划和设计方案的总平面图的随意修改，造成利害关系人权益损失的应当依法给予补偿。在第 48 条和第 50 条，对修改控制性详细规划以及设计方案总平面图的程序作了明确规定，并要求征求利害关系人的意见。

《城乡规划法》采用了信赖保护原则，第一制约了控制性详细规划的随意修改。控制性详细规划范围内的已许可项目所依据的规划图则不能再调整，除非政府准备进行行政补偿。第二制约了规划条件的随意修改，规划条件必须科学合理，既要体现节约用地的原则，又要在规划实施时是可行的。第三制约了已经批复的修建性详细规划和设计方案总平面图的随意变更，对已经预售的建设项目的修建性详细规划和设计方案总平面图也适用信赖保护原则。因此，规划条件和规划许可一经核发，便具有公定力、确定力、约束力和执行力。

四、规划许可制度转型的影响

（一）对控制性详细规划的影响

现代政府不是消极保障人民的权利，而是积极介入社会经济发展的各个方面，为社会各阶层的人民提供给付或照顾。要完成政府的积极干预的任务，传统的行政法理念也发生了变化，主要表现在如下三个方面。（1）发挥政府的积极作用，赋予行政更多的权力。传统的"立法至上"的结果是"导致了行政权力无法及时回应社会的需要"，为此，程序控制成为行政权力控制的另一种重要方式。（2）行政手段更加多样。除了传统的硬法规则控制，还有更加柔性的软法和行政指导，以及具有契约精神的行政合同。（3）善治需要更多的公众参与。参与可以更好地促进行政权力的运用，参与可以提高行政行为的可接受性，参与是解决社会冲突的重要方式。

规划许可的效率直接或者间接地影响了社会经济的发展。研究表明，规划"申请推迟一个月会令发展成本增加至少1%"。为此，规划许可制度的运行效率成为城市规划的重要课题。《城乡规划法》赋予控制性详细规划的法律地位，在规划许可中承担了实体控制的职能。但是，严格规则模式的实现依赖于外部环境条件，当外部环境变化使得法律的实体目的变化时，严格规则模式的正当性则随之丧失。由于有限理性的存在，控制性详细规划所采用的严格规则模式难以适应社会发展迅速、政府在社会经济发展中的积极职能。"城市规划许可中自由裁量权有其存在的必然性和必要性"。

从控制性详细规划在规划许可时的频繁修改可以证明严格规则与规划许可之间的紧张关系，众多专家则认为80%的控规在使用中需要修改。在规划许可中，无论是程序控制还是实体控制，在行政效率和行政适应性方面各有利弊。"在编制技术和成果等方面都不可能出现突然的质的飞跃的情况下，仅从避免在实施过程中遭遇激烈冲突和频繁修改的角度，现阶段最为可能的推进办法也许就是慎重研究确定需要纳入法定范畴的控规成果内容"。要解决控制性详细规划与规划许可之间的紧张关系，科学编制控制性详细规划是基础，除了依法对控制性详细规划进行修改外，笔者在此建议增加两种方式：（1）部分地区，如工业区、商业区等采用硬法规则和软法规则分类控制；（2）界定控制性详细规划修改的范围，为规划许可留有一定的权力空间，在规划许可时对"自由裁量"采用程序控制的方式。

（二）对规划许可程序的影响

城市规划的实施通过对建设项目的规划许可得以完成。规划许可的结果是产权主体变更，相邻关系的改变过程。一个项目获得许可，就是允许一个新的项目替换并嵌入原有的社区。这意味着原有产权关系的改变。这既是一个开发资格的认可，也是原有利益格局的调整。建设项目一般投资较大、影响范围广，一旦建成，就难以更改，而且有可能影响到整个城市规划的实施。控权模式由自由裁量转向严格规则实际上是简化了许可程序，无论是选址意见、用地管理，还是建筑管理都必须依据控制性详细规划。过去采用的循序渐进，逐步深入的决策模式为规划条件的一次决策所取代。由此可见，规范建设本体与相邻关系的规划条件所起的重要作用。

"规划行政许可要从过去的政府主导进行控制和管理，向政府协调行政相对人与利害关系人的民主化决策转变，更加注重公众参与城乡规划行政许可与社会监督作用"。由于《城乡规划法》中，规划条件在规划许可制度中起到核心作用，建立规划条件提出前的论证与公示制度，对保护行政相对方和利害相关人的利益具有积极的意义。类似于杭州在试行的选址论证报告的制度，在许可前对规划条件作进一步的评价、论证、公示等。这在增强规划条件的科学性与可实施性方面，已经发挥了积极的作用。笔者建议在控制性详细规划与规划许可之间增加一个制度，如，土地细分规划、选址论证报告等制度。在控制性详细规划中为行政权力留下一定的自由裁量空间，并不是无固定内容标准的自由裁量，而是设置目的性或者是政策性导向的自由裁量，并且这种自由裁量应受到程序的控制。

（三）对规划许可作用的影响

虽然依照《城乡规划法》，城市规划许可仍然采用了"一书两证"的制度，但是对比《城市规划法》，规划许可的作用发生了重大改变。在出让用地中，已经取消了选址意见书，改为了提供规划条件，并在土地合同签订后"领取"建设用地规划许可证。对于划拨用地，由于建设项目的可研批复前，必须提交环评，而建设项目的环评只能在方案阶段编制环评。实际上，在可研批复前，设计方案已经批复，也就是用地规划许可证是在方案批准后核发的。实质上，无论是对于出让用地还是划拨用地，用地规划许可的作用已经弱化。建设用地规划许可作用的弱化，引出两个基本问题：（1）规划条件必须科学、合理，且尽可能做到一次性告知；（2）建设用地规划许可如何公开的问题。建设用地规划许可作用的弱化，反证了应该强化土地出让前或者是选址意见书阶段规划条件的提出。张舰等学者也指出："要强化土地出让合同管理，淡化用地规划许可，细化土地出让合同的组成部分"。

虽然，建设工程规划许可作用没有发生大的变化，但是，建设工程规划许可证不得违反控制性详细规划和规划条件。在方案阶段、施工图阶段，采用任何评价来证明规划条件的合理性都显得多余，如设计方案阶段的交通影响评价。对于建设工程规划许可证的核发，没有明确规定，可以在方案批复后，也可以在施工图批复后。对比《城市规划法》第 38 条中的"城市规划行政主管部门可以参加重要建设工程的竣工验收"，《城乡规划法》第 45 条，要求规划行政主管部门"对建设工程是否符合规划条件予以核实"的表述，规划条件在批后监管和规划核实中的法律地位得到加强。为此，规划许可的内容理解为过程性的，而不是结果性的更能符合《城乡规划法》的立法原意。例如，在容积率的管理中，选址阶段、用地规划许可、设计方案、初步设计、施工图、建设工程规划许可以及批后的多次修改，均涉及了规划行政部门所认可的建筑面积，这些面积往往都是不一致的。建设工程规划许可证也不是规划核实的唯一依据，在规划核实中还要与规划条件共同发挥作用。

五、结语

城市规划是应对市场失灵、分配稀缺的土地资源，维护社会公共健康、公共安全、社会福祉的管理方式。而"规划许可是调节空间利用秩序的公共政策工具"，承担了城市规划的重要职能。从《城市规划法》到《城乡规划法》，控权模式的变更、土地使用模式变化、行政合同的采用，以及信赖保护原则的引入，促使规划许可发生了转型。规划许可制度从《城市规划法》的详细规划为导向的"自由裁量"许可体系转向控制性详细规划作为"严格规则"的许可体系，从循序渐进的多次决策转向了以规划条件为核心的一次决策体系。明确行政相对方权利和义务的规划条件成了建设工程规划许可证和规划核实的依据。

这是法律制度的变迁引发的规划许可制度转型，也是规划许可的办事规程和行动准则的变迁。由此产生了三个方面的重要影响。（1）控制性详细规划如何编制的问题。严格规则的控权模式如何应对未来难预测以及有限理性的存在。对比美国区划法的变迁，是否要对控制性详细规划留有自由裁量的空间。（2）规划许可的运作方式与程序。由于规划条件的核心作用，如何保证规划条件的科学性、合理性、权威性。在控制性详细规划与许可之间增加一个制度，有利于提升规划条件的科学性、合理性、权威性。（3）规划许可证的作用问题。规划条件在规划许可中的主导作用，实际上是弱化了用地管理的职能，并且建设工程规划许可证作用是着眼于过程性的，而不是结果性。这些变化值得进一步的讨论。在构建"治理体系、治理能力"的背景下，如何发挥城市规划作用正是我们所关注的。

（撰稿人：何明俊，博士，中国城市规划学会会员，英国皇家规划学会会员，英国注册规划师，杭州市上城区政协副主席）

注：摘自《城市规划》，2015（9）：53-58，参考文献见原文。

城市地下管线规划管理机制优化探讨
—— 一种基于规划实施管理的视角

导语：城市地下管线规划管理工作是城市规划管理体系中的有机组成部分，相对于地上项目实施管理机制的日臻完善，地下管线规划管理机制还存在若干不足。本文从规划实施管理的角度入手，分析了现行地下管线规划管理机制的两个特征和四个"轻重不均"的问题。结合未来的发展趋势，设定地下管线规划管理机制的优化目标和原则，在此基础上从组织、运行和配套三个方向提出地下管线规划管理机制优化的四个重点内容。

一、引言

近年来，我国城市地下管线事故频发引起了社会各界的高度关注，这与我国城镇化建设的阶段性是相对应的。当城镇化率达到 30% 以后，城镇的人口和建设规模迅速攀升，地下管线的建设会呈现出量化扩张和单线建设为主的特征，缺乏协调的地下管线系统势必在快速的城市发展中出现一定问题。2011 年，中国的城镇化率超过 50%，中国的城镇化模式亟需发生转变，即是所谓"拐点"的到来。对于地下管线而言，也将会迎来建设规划的规范阶段，而完善其管理机制正是实现这一转变不可或缺的途径。住房城乡建设部持续关注地下管线的管理研究工作，并于 2010 年以来牵头组织了"城市地下管线综合管理体系研究"系列研究性课题来为这一转变提供支撑。

从地下管线项目管理的链条来看，规划管理处在链条的前端，是施工管理、运营管理和安全管理等环节操作的前提，也是整条管理链条完善的基础（图 1）。2004 年前后，我国各地规划部门就组织了城市地下管线信息普查，部分城市建立了城市地下管线信息系统，作为涉及管线项目的规划许可依据。从现有的文献来看，无论是城市市政管线还是地下管线的管理研究，特别是其规划管理方面，较为侧重的是规划的编制和监督管理方面的改善，而针对规划实施管理机制的研究则相对较少。然而，随着城镇化拐点的到来，传统以地上项目建设为主的规划实施管理机制，在面对地下管线建设时肯定会表现出种种不适。

藉此，本文对城市地下管线规划管理机制进行研究，针对性地提出当下城市

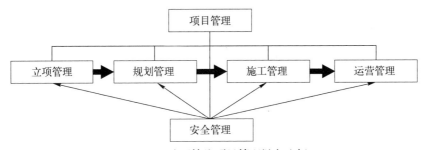

图1　地下管线项目管理链条分析

注：根据《市政公用工程管理与实务》等相关资料整理 ❶

地下管线规划实施管理机制优化的方向和重点内容。该研究的意义，首先能为当前的地下管线综合规划管理工作提供些许参考，其次为今后继续完善城市规划管理机制研究体系提供支撑，并期望能对市场经济条件下地下空间建设的行政许可制度进行适度探索。

二、研究的对象、思路及方法

本研究所指城市地下管线是敷设于行政建制的直辖市、市规划区内地下的供水、排水、燃气、热力、电力、电信、工业等管线，石油天然气长输管道，其他用途的管线及其附属设施。同时，城市规划管理有广义和狭义之分，广义的城市规划管理包括编制、实施和监督三个环节，而狭义的城市规划管理则主要针对实施环节，即围绕《城乡规划法》规定的选址意见书、建设用地规划许可证、建设工程规划许可证三个规划行政许可过程进行。

本文以地下管线规划实施机制为研究对象，是对以"一书两证"的行政许可过程为重点的规划实施管理机制的研究，包括组织机制、运作机制、配套机制等方面的内容。

在研究思路上，本文以地下管线规划管理的现实分析为出发点，结合未来的发展趋势，设定地下管线规划管理机制的优化目标和原则，进而提出地下管线规划管理机制优化的方向和重点内容。

在研究方法上，本文侧重于比较分析法，通过地下管线项目与一般地上建设项目之间的比较、不同类型城市进行地下管线规划许可程序的比较，得出地下管线规划在实施管理中的现状特征及存在问题。

---

❶　全国一级建造师执业资格考试用书编写委员会．市政公用工程管理与实务．北京：中国建筑工业出版社，2011。

三、地下管线规划管理现状特征及问题

虽然《城乡规划法》等多项法规均提到了地下管线建设项目应该履行相应的规划许可程序 ❶，但是并没有明确地下管线建设项目的规划许可审批手续。不过，北京、上海、南京等城市颁布的地下管线管理办法及类似法规中，对地下管线建设项目申请行政许可的程序进行了规定（表1）。

部分城市地下管线"一书两证"的相关内容   表 1

分类	城市	来源	规定	说明
直辖市	北京	北京城市地下管线管理办法（2005）	必须按照有关规定经规划行政管理部门批准	具体内容无说明
	上海	上海市管线工程规划管理办法（2001）	对申请"一书两证"的条件进行了说明	分为有无用地需求两类，必须办理建设工程规划许可证
	重庆	重庆市管线工程规划管理办法（2004）	应当依法向规划行政主管部门提出规划许可申请，并获得建设工程规划许可证	具体内容无说明
省会城市	哈尔滨	哈尔滨地下管线管理暂行办法（2010）	应当依法办理规划许可	具体内容无说明
	长春	长春市道路和管线工程规划管理办法（2004）	对"两证"的办理条件进行了说明	对选址意见书的办理没有说明
	杭州	杭州市城市地下管线建设管理条例（2009）	应当按照规定向城市规划行政主管部门办理建设工程规划许可手续	强调了与道路建设申请的同步办理
	南京	南京市地下管线规划管理办法（2004）	对申请"一书两证"的条件进行了说明	分为有无用地需求两类，必须办理建设工程规划许可证
副省级城市	大连	大连市城市地下管线管理办法	应当按照规定向城市规划行政主管部门办理建设工程规划许可手续	要求规划管理部门提出设计条件，核发建设工程规划许可证
	苏州	苏州市城市地下管线管理办法	由规划部门核发建设工程规划许可证	明确了报建的三步程序
其他城市	秦皇岛	秦皇岛管线规划管理办法	对申请"一书两证"的条件进行了说明	分为有无用地需求两类，必须办理建设工程规划许可证
	珠海	珠海市地下管线管理条例（2009）	应当按照规定向市规划行政主管部门办理建设工程规划许可	强调了与道路建设申请的同步办理

❶ 《城乡规划法》规定"城市地下空间的开发和利用，都应该履行规划审批手续"（第23条），"在城市、镇规划区内进行管线工程建设的，建设单位或个人应向城市、县人民政府城乡规划主管部门或者省、自治区、直辖市人民政府确定的镇人民政府申请办理建设工程规划许可证"（第40条）。据此，多个城市的《城市规划条例》对城市建设项目的规划许可程序进行了规范和深化。

（一）地下管线规划审批的两个特征

通过对多类型城市出台相关法规的分析，发现地下管线建设项目现有的"一书两证"运行机制主要存在以下两个特征（图2）。

第一，建设工程规划许可证是必不可少的。现有的地下建设项目申请规划许可的结果大致可以分为三种情况：第一种情况是获得"一书两证"，第二种情况是获得"两证"而没有"一书"，第三种情况是只获得建设工程规划许可证。这三种情况的结果都会有"建设工程规划许可证"。有些城市在相关的法规中直接指出，地下管线项目需要申请"建设工程规划许可证"，而对其他的许可不做强制。现有多个城市规划部门在操作地下管线项目建设审批行政许可中采取"规划设计要点"+"建设工程规划许可证"的方式，即图2中最右侧的程序。如苏州就在《苏州市城市地下管线管理办法》中明确了报建的三步程序：提出项目申请报告，领取规划设计要点；报审规划设计方案，同时向管线管理机构备案；报审管线施工设计图，规划部门确认符合城市规划要求后，核发建设工程规划许可证。

第二，有无"单独用地需求"是一个重要条件。在行政许可数量上，地下管线的审批视"用地需求"可以被分为两大类。第一类是有用地需求（如《上海市管线工程规划管理办法》提出：需使用土地的和需改变原土地规划使用性质的），如电力高压走廊、长距离的输水输气管线等，其办理程序又可以根据获取土地的方式不同分为划拨和出让两种情况。其中划拨的情况，需要办理的是"一书两证"，

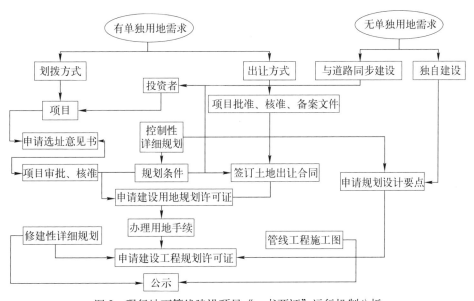

图2　现行地下管线建设项目"一书两证"运行机制分析

而出让的情况则只需办理"两证"。此时，规划条件作为国土出让合同的刚性指标用来约束规划设计方案。第二类是地下管线无单独的用地需求，而是附着于道路、公路等公共用地。在这种情况下，地下管线工程申请规划许可与道路工程一并办理规划许可手续。此外，还有一些地下管线独自建设或者维护，一般情况下，无单独建设用地需求，其只能获得建设工程规划许可证。

（二）与一般地上建设项目行政许可差异性分析

地上与地下建设项目的行政许可获取在申报流程方面并无较大差异。按照《中华人民共和国行政许可法》的规定，各地规划主管部门的审批流程基本可以分为申请与受理、审查与决定、制证与送达三个环节，另外还涉及期限、听证和变更等问题的处理。

一般地上项目与地下项目规划行政许可审批的区别主要体现在许可数量、审批资料和具体负责部门等方面。

1. 许可数量的差异：许可数量相对缩减

前文已经分析过，地下管线建设项目申请行政许可的结果分为三种，只有在有用地需求的情况下，其许可数量才会与一般地上建设项目相同。如没有用地需求，其许可数量会相应地减少，大多数地下管线的建设项目只需要申请建设工程规划许可证即可，有些城市会在此前加一个环节"申请规划设计要点"，来增加对管线空间协调的控制。

2. 许可材料的差异：申报材料突出工程性

因为管线建设的特殊性，其办理"一书两证"时提交的材料虽与一般项目提供的材料深度基本一致，但在内容上存在差异，其更加突出各种管线的工程性质。以南京为例，在选址和用地阶段申报的材料是针对控制性详细规划的深度，并且要求具备 1 ： 500 或 1 ： 1000 现势性管线图；在建设工程规划许可申请阶段申报的材料是针对修建性详细规划的深度，并要求有相关的施工设计图。

3. 负责部门的差异：负责部门突出专业性

各个城市在"一书两证"的发放程序上不会存在过多的差异，其规划许可的审批机构也均是城市的城乡规划行政主管机构，具体工作则由规划主管机构内部设置的市政规划处或基础设施处等专业部门来负责❶，这与地上项目的具体负责部门有所不同。当然，各个城市在具体的负责部门设置和权限上存在差异。在实行规划统一管理、设置分局办理事务的城市，差异的焦点集中在市局和分局分担

---

❶ 各市规划主管机构内部设置的具体审批部门名称不一。北京市规划委员会下设置基础设施二处，南京市规划局下设置市政规划处，广州市规划局下设置市政规划管理处。

的权责上面，市政管线的规划许可审批与一般建设项目的规划许可审批的差异在这方面更为突出。

（三）问题归纳：四个轻重不均

现有以"一书两证"为主体的规划实施管理机制，在规范地上项目建设的过程中发挥了巨大的作用。但对于地下管线而言，却呈现出以下四个轻重不均的问题。

1. 重建设管理、轻统筹协调

地下管线建设项目在规划行政许可中存在"重建设轻协调"的问题，表现为审批流程中"建设工程规划许可证"成为必不可缺的环节，而其他两个环节普遍缺失。从《城乡规划法》及相关材料对项目选址意见书和建设用地规划许可证办理的解读来看，这两个许可增设的主要目的是要形成建设项目与周边用地之间的良好协调，达到落实城市规划的意图。如果规划统筹协调层面的工作没有到位，而只关注于项目的建设施工就会导致地下管线工程与其他工程及地下管线工程之间出现布局不清、杂乱叠加的局面，处理不好还会带来巨大的安全隐患，影响城市的健康运行。

2. 重地上管理、轻地下管理

地下管线建设项目的规划管理存在"重地上、轻地下"的问题。对于地上项目来说，通过办理用地规划许可证，可以从国土部门获取相应的"土地使用证"。如此为项目建设单位获得该土地的产权奠定了基础。而对于地下管线建设单位而言，它们更需要的是向行业主管单位申请"管道经营权"，而无法获得地下空间的产权，城市管理部门目前也缺乏相应的地下空间及设施登记制度对此进行支撑。

另外，在规划主管机构内部也存在地下管线规划管理工作边缘化的问题。对于地上建设项目，多数城市规划主管机构会设置专门的用地处、规划处和建设处分别对应"一书两证"三个许可的审核和决定。而地下管线建设项目的许可一般只由市政处或基础设施处来归口处理，在人员和机构设置上，力量相对较为薄弱。

3. 重行业自有、轻城市共有

众所周知，行业专项规划要服从总体规划的安排，所以编制的顺序应该是先综合规划后专项规划，先规划部门组织编制，后行业主管部门再按照总体规划要求进行落实编制。由于市场经济的发展，地下管线规划的编制及实施存在多头性。在多个城市的管线规划管理办法中，虽然明确了城乡规划行政部门是规划管理的主管部门，然其规划编制的程序却并不完全是规划部门主导，而是要根据行业发展规划来制定地下管线综合规划。各行业的管线在进行地下建设时具有一定的排他性，往往过多考虑自己布线的方便性而对其他管线考虑不足，强调行业自有空间的建设而忽视城市共有空间的有效利用。

由此带来的后果是，各行业受自身利益驱动，抢占管线空间资源，造成地下空间资源的浪费。并且，由于目前城市地下空间的使用是无偿的，部分大企业占取地下空间管线位置，利用空间牟取企业利益，影响了管线空间资源的合理配置。

4. 重自由裁量、轻公众参与

现行地下管线建设项目的规划行政许可过程存在的另一个问题是重自由裁量轻公众参与。在规划行政许可过程中，管理机构凭借自己的专业知识去判断申请者的申请是否合理、是否符合规划的要求，继而做出相关的许可决定，在这一过程中明显缺乏申请者的申诉环节和利益相关者的参与环节。以北京为例，其规划主管机构对地下管线"一书两证"的许可过程分为五个步骤，包括申请、受理、审查与决定、制证和送达、许可内容变更，对需要提交的材料、审查的依据和许可期限等细节进行了规范，但是对许可的听证环节的程序和内容却没有明确的规定。

四、地下管线规划管理机制优化方向及重点内容

在城镇化拐点出现之后，地下管线的规划管理将更加规范，地下管线规划管理机制优化的目标是健全、完善当前的地下管线综合规划管理机制，原则是民主互动、统筹协调、上下兼顾、合理分配、探索创新和分类审批。在此目标和原则的指导下，本文从组织、运行和配套三个机制的四个方面出发，对地下管线规划管理机制的优化进行了研究。

（一）理顺地下管线规划管理组织机制

地下管线规划管理包括城市多部门间的规划组织协调，以及单一项目实施过程的协调。自从 2008 年南京的"7·28"管线事故以来，各城市纷纷开始重视城市地下管线的管理工作，普遍意识到要加强城市地下管线信息的获取和利用，从源头抓好管线管理。这其中，城乡规划部门作为城市地上、地下空间资源分配和利用组织的统筹部门，大多承担了城市地下管线管理的牵头工作，与建设、市政、电力、电信等部门共同协商地下管线项目的组织和实施；在项目实施的各个环节都加强了规划信息复核和施工信息获取，并藉此建立城市地下管线信息系统。从各城市几年来的实践经验来看，以规划管理作为地下管线项目建设和实施管理的切入点，在过程中加强行业主管部门监管和实施部门配合，多方共同参与实现管线信息动态维护和更新，是确保地下管线安全运行、合理建设的有效机制。

从地下管线规划行政许可审批的角度来看，这一过程的参与者可以分为四种

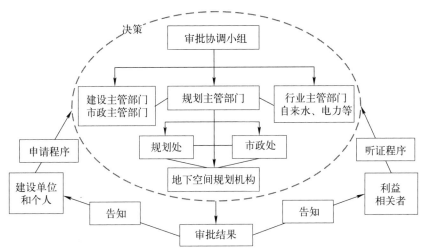

图3　城市地下管线规划行政许可相关组织机构示意

角色，分别是决策者、申请者、其他管理者和其他利益相关者（图3）。这其中，决策者和申请者是行政许可审批的核心角色，决策者是城乡规划主管部门，申请者是地下管线项目的建设单位和个人；其他管理者是指在建设项目规划许可审批过程中需要参与其中的其他管理部门，如建设主管部门、市政主管部门等；而其他利益相关者是指其他与地下管线项目开发建设利益相关的单位和个人，比如其他管线拥有者、周边的居民等。

从降低管线事故概率、提高地下管线规划管理效率和质量、完善地下管线规划行政许可程序的目标出发，提出以下完善措施。

第一，建议在规划主管机构内部成立地下空间及地下管线设施等规划管理部门。其职能主要是负责地下综合管廊、地下管线等地下建设项目的用地规划协调，完成建设用地规划许可的审核工作，从而与现有的市政规划处形成建设用地规划许可和建设工程规划许可审批的有效分工体系；负责地下管线信息管理平台的建设及应用，利用地下管线现状普查成果、行业地理信息系统、规划许可管理系统等形成能够动态更新的地下管线信息系统。

第二，建议形成长效地下管线规划审批协调机制。当前的协调方向主要有两个：一个是成立相应的协调小组，对于重大建设项目，由主管建设的副市长担任组长，由市规划主管机构负责召集，与建设主管机构、市政主管机构、国土主管机构、行业主管机构等定期召开地下管线规划审批协调会；另一个是建立跨地区、跨城市等不同层次的信息共享平台，由规划和市政主管机构牵头，联合各相关机构，共同建立实时动态的地下管线建设信息共享机制，并与国土部门的地籍、地勘、测绘等系统以及公安、人口等部门的信息系统建立衔接机制，从而为规划的审批提供前提基础。

第三，对于申请者和其他利益相关者而言，应该是完善相关的交流通道，给申请者提供申请和申诉的机会及程序，同时通过设置相关的听证会制度，给利益相关者提供实现知情权和表达利益诉求的路径。

（二）健全地下管线规划管理运行机制

规划管理部门的工作重点正从地上向地下延伸，城市地下、地上空间统一开发利用成为提高土地利用效率的有效途径。因此，要更加充分认识城市地下管线保障城市运行的重要性，在城市地下空间利用规划制定过程中优先保证城市地下管线的空间权益，在现有城市总体规划和控制性详细规划、修建性详细规划等不同层次规划中加强地下管线内容的研究和制定，编制地下管线综合专项规划，为不同层次规划项目审批提供依据。

如前所述，地下管线项目的行政许可环节是有所删减的，只有"建设工程规划许可证"是必不可少的环节。随着配套机制的完善，地下管线规划管理势必要完全履行"一书两证"的管理流程，但是在这里"一书两证"的内涵要相应扩大，其不仅是针对地表的空间，更包含地下的空间。只不过地表空间的协调是一种平面的协调，而地下空间的协调是平面和竖向协调相结合。规划管理部门在审批涉及地下空间利用项目时，应优先保障地下管线利用的范围；在核发管线建设工程规划许可证时，应当依据"三维化"的地下管线信息管理平台，明确地下管线水平投影最大占地范围、起止深度、中心线关键点的三维坐标。对于地下管线项目的建设单位，在申请规划许可之前，必须强制性要求其出具建设地区现有地下管线的建设情况，并明确在规划中与现有管线协调与对接的具体办法。

同时，"一书两证"的审批还要遵循分类进行的原则：

第一类，地下综合管廊建设项目的规划行政许可。地下综合管廊的建设审批，可以结合道路工程的建设一同申请"一书两证"，并按照先地下、后地上的施工原则，与城市道路同步建设。在道路和地下综合管廊完工后，其使用权和管理权同时移交市政或者建设管理机构。地下管线的经营单位可以向地下综合管廊的管理单位（市政或者建设管理机构）申请使用权，而不需要再进行建设及相应的"一书两证"申请。

第二类，涉及用地单独建设的地下管线项目的审批。新建地下管线建设项目，城市规划主管部门要严格按照"一书两证"的流程进行审批。其中，对于划拨用地的项目，包括地上、地表和地下空间在内，其从办理"项目选址意见书"开始，根据地下管线综合规划和用地地块的控制性详细规划内容申请建设用地规划许可证，再根据修建性详细规划层次的设计施工图申请建设工程规划许可证。对于出让用地的项目审批，只需申请建设工程规划许可证，在土地出让过程中涉及地下空间利用的，规划主管部门需要根据地下管线综合规划的控制内容给出相应的设计条件（表2）。

第三类，不涉及用地单独建设的地下管线项目的审批。新建以及地下管线维护建设的项目，如果不涉及用地（地上和地下）性质的改变，且工程完成后不涉及地面地上空间使用性质的变化，则只需申请建设工程规划许可证即可，其申请材料参照表2的申请建设工程规划许可证执行，但在此之前要向规划主管机构申请规划设计要点，以规范后期的建设需求。

管线建设项目许可申报材料　　　　　　　　　　　表2

办理阶段	管线建设项目（需单独用地）	依据
申请项目选址意见书	（1）建设项目选址意见书申请表；（2）建设项目的批准文件；（3）1：500或1：1000现势性地形图2份；（4）1：500或1：1000现势性管线图1份；（5）管线路径初步方案图	地下管线综合规划和用地控制性详细规划
申请建设用地规划许可证	（1）建设项目用地规划许可证申请表；（2）建设项目的批准文件；（3）1：500或1：1000现势性地形图6份；（4）1：500或1：1000现势性管线图1份；（5）地下管线工程规划设计方案图；（6）选址意见书及附件	地下管线综合规划和用地控制性详细规划
申请建设工程规划许可证	（1）建设工程规划许可证申请表；（2）建设项目的批准文件；（3）管线综合规划设计图1份；（4）施工设计图3套；（5）需取得土地使用权的，还应当提供用地批准文件	地下管线综合规划和用地修建性详细规划

注：根据《南京市地下管线规划管理办法》等资料整理❶。

（三）完善地下管线规划管理的法规配套机制

城市地下管线规划管理法规应该由两个部分组成，一是以《城乡规划法》为主线的城乡规划法规；二是包括建设、道路、管道、国土等方面的辅助法规。在今后的法规建设中要注意以下两个方面的发展和完善：

第一，应研究制定《城市地下管线条例》，与《城乡规划法》等共同构成地下管线规划管理的法规体系，作为开展地下管线管理工作的依据。同时，在城市层面，尽快按照自身实际情况出台《城市地下管线规划管理办法》以及城市地下管线规划建设技术规程等，规范城市地下管线建设行为。

第二，地下管线规划管理法规还需要进一步完善与国土、建筑、管道和道路等配套法规的对接。特别是在国家层面，应尽快形成《道路法》和《管道法》等

---

❶ 《江苏省南京市人民政府关于印发〈南京市地下管线规划管理办法〉的通知》（宁政发〔2004〕268号）。

相关法律，实现对地下管线在地下空间资源分类和利用方面的统一管理。

（四）推动地下管线规划许可的政策配套机制的建设

首先，要推动地下产权政策的配套机制建设。"一书两证"的办理存在环环相扣的必要性，与最终土地的使用权也有着必然的联系。以往的土地使用权政策缺乏对地下空间的重视，建议今后要形成配套的地下产权政策，在管道使用权登记、地下综合管廊建设费用分摊等方面可先行先试，从而引导"一书两证"的规范办理。也可以通过地下空间与地上空间的捆绑开发来规范现有的土地出让，在《国有土地出让合同》的规划条件中增加对地下空间建设条件的限制和引导。这一政策的推行需要国土部门的大力配合，建议加快《城市地下空间建设用地使用权利用和登记办法》和《城市地下空间建设用地审批和房地产登记规定》❶等政策文件的出台，为地下管线空间管理的合法性提供支持。

第二，政府通过制定相应的税收政策或者财政补助政策，鼓励或者约束各行业开发单位服从管理的规定，从以往的多头建设自行分配向未来的统一建设自主申请转变。积极鼓励建设地下综合管廊，通过税收分成或相关政策引导各管线单位对地下管线进行有偿使用。

五、结语

地下管线规划管理是一个较为复杂的问题，本文只是从规划行政管理的角度进行了分析和研究，提出了初步的改善思路。虽然规划管理机制的完善无法完全避免地下管线灾害的发生，但是城市规划的管理工作从地上管理为主转到地上地下兼顾是城市经济社会发展的趋势，本文顺应了这种趋势所做的研究尚有许多不足，需要在今后的工作中不断补充和完善。

（撰稿人：张晓军，博士，北京大学政府管理学院博士后，住房和城乡建设部城乡规划管理中心处长，高级城市规划师；赵虎，博士，山东建筑大学建筑城规学院副教授；徐匆匆，硕士，住房和城乡建设部城乡规划管理中心地下管线处助理工程师）

注：摘自《城市规划》，2015（4）：98-104，参考文献见原文。

---

❶ 有些地市做了相关的探索。如苏州市 2011 年 6 月 7 日发布了《苏州市地下（地上）空间建设用地使用权利用和登记暂行办法》、温州市 2011 年 12 月 6 日发布了《温州市地下空间建设用地使用权管理办法(试行)》、上海市 2006 年 7 月 20 日发布了《上海市城市地下空间建设用地审批和房地产登记试行规定》。

加快地下空间利用立法，
提高城市可持续发展能力

导语：随着我国可持续发展的步伐不断加快，地下空间的开发利用初具规模。本文通过对我国地下空间立法现状的分析，强调了加快地下空间立法的必要性，同时借鉴国际经验，提出我国地下空间立法的建议。

一、引言

在我国的城市发展史上，地下空间的开发利用由来已久。《易系辞》载"上古穴居而野处"。《礼记礼运》谓"昔者先王未有宫室，冬则居营窟，夏则居曾巢"；黄土高原上居民创造了被称为绿色建筑的窑洞建筑；唐宋时期广泛利用地下空间建造粮窖进行粮食储存。随着经济社会快速发展，我国一些城市地下空间开发建设规模逐年增加，开发利用类型不断丰富。开发利用城市地下空间，拓展了城市新的发展空间，集约利用了土地资源，改善了城市交通体系，增强了城市防灾能力，可谓一举多得。但是，由于缺乏配套的法律法规，各地对城市地下空间开发利用管理尚处于探索阶段，对地下空间的开发建设行为缺乏有效的控制和引导，一定程度上制约了对地下空间的科学合理开发利用。加快地下空间利用立法，成为一个亟待解决的问题。

二、地下空间开发利用是我国城市可持续发展的必然趋势

（一）地下空间开发利用是世界各国（地区）城市发展到一定阶段的重要选择

英国是世界上最早大规模综合开发利用地下空间的国家，1863年建设了世界上第一条地铁。由于气候寒冷，伦敦市中心绝大部分住宅都配有地下室。随着地铁开发和地价上涨，地下空间的开发利用愈发普遍，出现了地下商业场、商业街、公寓、停车场等，由此引发如开挖地下空间对邻近建筑安全影响等问题，英国对地下空间开发的管理越来越严格。二战以后，日本等国家和地区掀起地下空间开发热潮。日本从20世纪50年代开始，先后有约60个城市相继建设地下铁，地铁的发展带动了地下商业、停车场、市政设施等建设，并形成了地下行人通行网

络，20 世纪 60 ～ 70 年代，日本进一步大力推动地下街和共同沟建设，到 20 世纪 80 ～ 90 年代则开始研究 50 ～ 100m 以上深层地下空间的开发利用，进入更为综合的开发阶段。与此同时，在新加坡、中国香港、中国台湾等人地关系较为尖锐的亚洲国家和地区，地下空间开发利用作为合乎成本效益的另一种选择，越来越得到重视和鼓励。此外，一些发展中国家，如印度、埃及、墨西哥等也开始了城市地下空间的开发利用。可见，对于人口密集、空间资源紧张的国家和地区，当城市发展到一定阶段，空间资源成为极其稀缺的物品，且在经济技术条件允许的情况下，城市地下空间开发成为一种必然选择。

（二）我国城镇化发展进程使不少城市具备了开发地下空间的外部压力和内在条件

我国城镇化发展进程使不少城市具备了开发地下空间的外部压力和内在条件 53.7%，城镇化发展正处于"S"形曲线高速成长期。我国人口城镇化率以每年超过 1% 的速度增长，未来 20 年内，还将有 3 亿人口从乡村进入城市。如果按照城市人口平均占地 100m^2 计算，还需提供 300 万 hm^2 的城市用地。但是，城市土地资源日渐稀缺，在粮食安全、资源环境等的硬约束下，我国不可能效仿地广人稀的美国等国放任蔓延的发展模式，必须借鉴日本、新加坡、中国香港等国家和地区的经验，走一条集约利用土地之路。与此同时，改革开放 30 多年来经济社会快速发展，我国不少城市在财力积累和技术进步上都取得长足进展，城市综合管理水平也有所提高，这类城市具有系统性开发利用地下空间的内在需求和能力保障。有关研究表明，发达国家大规模开发利用地下空间的初始阶段通常为人均 GDP1000 美元到人均 GDP3000 美元，而我国目前人口 100 万以上且人均 GDP 超过 5000 美元的城市达 140 个。因此，我国未来将有更多城市迈入地下空间开发利用的高峰期。

（三）地下空间开发利用为解决当前城市面临的诸多问题提供了一条可供选择的路径

地下空间的大规模开发利用，往往始于地铁，旨在提高交通供给能力、解决交通问题。我国亦是如此，目前已有 30 多个城市已经建成或正在修建地铁。不过，随着地下空间的用途扩展，其对提高城市基础设施和公共服务设施供给水平、提升城市防灾应急能力、降低能耗、节约水资源等也有着重要的价值。如挪威奥斯陆的威斯（Veas）岩洞污水处理厂，从 1982 年开始运作，约可处理 56.5 万人的住宅、商业和工业废水；挪威奥赛特（Oset）饮用水处理厂是全球最大的设施之一，建于 1971 年，每天生产的饮用水服务了奥斯陆 90% 的人口；美国堪萨斯州利用一个废弃的地下石灰岩采石场，创造出 230 万 m² 地下可开发空间，广泛用作储存仓库、工厂、办公室、零售等服务设施；香港目前宽度最大的岩洞，港岛西废物转运站，宽度达 27m，长 60m，高 12m，成功采用建造、营运及移交模式，吸引私人企业参与，等等。

（四）地下空间开发利用已成为国家推进城市可持续发展的重要战略选项

中央城镇化会议提出要提高城镇建设用地利用效率和城镇建设用地集约化程度。我国虽然地域辽阔，但人口多、人均资源量少，建设、吃饭与生态安全的矛盾长期存在。守住耕地红线和粮食安全底线是事关国家和民族长远发展的大计。为实现城市土地空间的存量优化发展，《国务院关于促进节约集约用地的通知》(2008) 明确提出开发利用地上地下空间，《国家新型城镇化规划 (2014—2020 年)》也提出要创新规划理念，城市规划要由扩张性规划逐步转向限定城市边界、优化空间结构的规划，要统筹规划地上地下空间、建立健全城市地下空间开发利用协调机制。

三、我国城市地下空间开发利用中存在的问题

（一）地下空间开发利用程度较低

尽管地下空间开发利用规模不是越大越好，应视城市具体情况和经济需求而定，但通过与国际上一些城市对比，我国城市地下空间开发利用的力度还有待提高。瑞典曾有人估计，在 30m 深度范围内，开发相当于城市总面积 1/3 的地下空间，就等于全部城市地面建筑的容积。2013 年底北京已开发建设的地下空间面积接近 6000 万 m²，其规模仅相当于本市建成区 1231km² 面积的 4.06%，发展潜力非常巨大。深度上，我国城市地下空间开发利用大多为一层，少部分为二层、三层，地下空间资源利用不充分。尤其是中小城市，相对起步晚、规模小、形态单一，主要以浅层地下空间的基础生活设施为主。

（二）"地上地下""地下之间"开发利用不协调

实践中，地下空间的建设大多处于零星、分散、孤立的状态，城市地下空间开发与地面开发协调不足，相互间缺乏联通，致使部分开发利用的地下空间难以融入城市，缺乏生气和活力，出现闲置率高、废弃、低效利用等浪费现象。如北京市中关村西区，地下空间规模达 50 万 m²，其整体开发模式虽为全国其他城市树立了典型，但地上和地下之间以及地下空间之间仍然缺乏连通。中关村购物中心、家乐福超市等大型地下商业设施，地下停车环廊、地铁等交通设施之间，未

能建立有效的水平连通；地下空间与地面的广场、绿地、商业、餐饮设施之间，也缺乏直接的交通、功能、景观联系，数十栋办公楼也未建立与地铁、商业设施的直接联系，限制了整体商业氛围营造，影响了空间品质。

（三）地下空间规划与现有相关规划体系未有效衔接

尽管国内已有近百个城市编制完成了地下空间总体规划或概念规划，但由于上位法缺乏明确规定，地下空间规划与现有法定城乡规划的关系不明确，实施措施不清晰。例如，有些城市单独编制了城市地下空间总体规划，但由于属非法定规划，在规划实施过程中仍然按照城市总体规划、控制性详细规划和修建性详细规划进行管理，涉及具体项目的地下空间开发利用，只能在控详规阶段根据情况具体确定，并未按照地下空间总体规划要求落实，目前极少有城市明确了规划许可的申请和核发相关制度。此外，现有地下空间规划与其他相关规划之间也欠缺有效协调和统筹，如土地利用、市政基础设施建设、市轨道交通、市政管线、人防工程、城市近期建设规划等，这些规划的出发点、关注点都不尽相同，在编制主体、实施期限、规划内容、实施措施等多方面都亟待衔接。

（四）地下空间规划建设管理存在部门分散、协调难的问题

由于地下空间开发利用涉及的管理部门众多、技术专业环节复杂，需要多部门协调合作。目前，城市地下空间开发利用存在多头管理问题，地下空间包含的众多要素的管控职能分散在国土、发改、人防、交通、市政、能源、电力、水利等部门，存在管理职能重叠甚至冲突。缺乏统一组织管理和协调，也容易造成地下空间资源无序开发，破坏地下空间开发利用的系统性和整体性，影响地下空间开发利用的效率，不利于地下空间资源的可持续利用。

（五）地下空间资源家底不清，缺乏科学的综合评估机制

地下空间与地表及地上空间有着很大差异：没有光线，全年恒温、恒湿，具有隐蔽性、密闭性、稳固性，且开发成本高，可逆性差。由于上述特性，地下空间开发利用的前期调研和评估至关重要。发达国家和地区对地下空间的评估非常重视，例如英国在进行地下空间规划管理时，相当重视前期各项调查和评估工作，主要体现在对申请要件的要求上；即使是对于一般性地下工程，申请材料也要求包括对已有建筑、结构稳定性、地质条件、周边影响、交通影响、环境影响、水文地质影响、安全和突发危险等各类研究和评估报告。我国目前对地下空间的资源调查和评估工作开展较少，尚无权威部门对地下空间资源的容量以及质量进行调查、可行性论证和相关科学研究，这对制定地下空间开发利用的有关规划和项

目阶段确定具体设计施工方案都产生不利影响。

（六）地下空间产权界定不清晰，影响投资者的积极性

我国现行法律尚未对地下建筑物或构筑物的产权关系进行明确规定。尽管《物权法》规定了可以在地表、地上或者地下分别设立建设用地使用权，但缺乏进一步的具体细则规定。《房地产管理法》和《土地管理法》尚未对有关内容进行修订，仍然停留在"平面立法"阶段，对于地下空间的产权、使用权的取得、转让、产权登记和管理等方面尚缺乏明确的规定。2014年12月颁布的《不动产登记暂行条例》，并未提及地下空间的产权登记。随着市场经济的不断发展，地下工程建设的多元投资融资模式不断涌现，如PPP模式、BOT模式及其他政企结合模式。在投资主体多元化的背景下，由于城市地下管线、建筑物、构筑物的产权不清，使开发中涉及融资、税收、管理等诸多问题，引发了很多纠纷。地下空间作为一种资产，确权登记、转让、抵押等法律规定不明晰，极大影响了民间资本介入地下空间开发利用的积极性。

四、我国地下空间开发利用立法现状及国际经验借鉴

（一）我国地下空间开发利用立法现状

1. 尚无地下空间单独立法，国家层面政策法规仅提出了宏观性、原则性要求

在国家层面，我国城市地下空间开发利用的法律法规体系尚不完善：尚未制定地下空间开发利用的专门法或行政法规，有关规定散见于《城乡规划法》《物权法》《人民防空法》等，且多为原则性要求，难以直接指导实践。在政策文件方面，国务院有关行政规范性文件，也仅提出原则性要求和发展方向。例如，《国务院关于促进节约集约用地的通知》首次在国家层面的政策中提出了"鼓励开发利用地上地下空间"，并提出地下空间土地权利设定和登记这一潜在问题。

在部门规章层面，建设部颁布的《城市地下空间开发利用管理规定》（1997）是现有国家层面对地下空间开发利用提出最为详尽要求的规定，也是地方制定实施相应规章办法的主要依据。然而，该规章无论从内容深度或者法律地位，都处于较低层次，缺乏足够的权威性。加之该规章制定时间较早，一些内容已不合时宜，亟待补充完善，如规划编制审批、规划许可管理、地下空间权属出让等。另一部较为重要的现行法规为国土资源部颁布的《招标拍卖挂牌出让国有建设用地使用权规定》（2007修订），为地下建设用地使用权的招标、拍卖、挂牌出让提供了依据。此外，建设部2006年颁布实施的《城市规划编制办法》，提出地下空间是规划内容之一，但未作细化要求。

2. 地方层面的法规虽成果丰富，但相对分散且缺乏上位法支撑

为应对实践中的旺盛需求，地方政府成为地下空间开发利用制度建设探索的主体。在省级层面，《天津市地下空间规划管理条例》（2008）和《上海市地下空间规划建设条例》（2013）是目前针对地下空间开发利用的两个地方性法规，侧重于地下空间规划和建设管理。此外，上海对于地下空间建设的土地使用权取得、规划条件核定、规划许可审批、连通要求、安全和质量、地下管线跟踪测量、竣工验收、产权登记也作出了较为详细的规定。另外，部分省份也出台了规范地下空间开发建设行为的规章和规范性文件。据不完全统计，截至目前，省级以下各级政府已经制定和实施中的地下空间开发利用管理方面的规章和规范性文件有30多件。省级层面的法规、规章对促进省内城市建立地下空间管理制度起到了积极作用；而各城市的规章制度则直接用于指导和约束地下空间开发利用活动。但是，各地制定的法规、规章、规范性文件层次不一、范围和深度不一、对于实际地下空间开发活动的指导和约束性不同，部分规定缺乏上位依据或存在与上位法律法规不一致的内容，法律效力受限。

（二）地下空间开发利用立法的国际经验借鉴

1. 因地制宜地针对地下空间利用立法

从国际经验来看，地下空间开发利用立法因各自国情不同而异，与其对地下空间开发利用的战略定位和开发需求有关。日本土地资源紧缺，为缓和人地矛盾、创造更多城市空间，建立了世界上最完善的地下空间开发利用和规划建设管理法律体系，涵盖了基本民事法、综合立法、专项立法和配套辅助立法；欧洲城市人口密度较低，开发地下空间主要目的在于保护具有悠久历史的城市建筑与格局，传承历史文脉，如英国是大规模开发利用地下空间最早的国家，具体的地下空间规划建设管理主要依靠灵活性较高的各类法规、标准和细则；北美高纬地区冬季漫长、气温较低，开发地下空间的目的主要在于应对严寒的气候条件，如加拿大的一些城市，地下商业街开发经验丰富，有关规划建设管理要求融合在法定分区规划（Zoning）管理过程中，政府只是通过制定有关激励政策来鼓励地下空间开发建设。

2. 空间权概念的明晰为地下空间的开发利用奠定了基础

各国家和地区都对地面产权的地下和空中的延伸作出了法律规定，对其开发权进行了限定，这也是完善地下空间法律体系的起点。法国最初在《民法典》中认定土地所有权范围"上达天宇、下及地心"，随着工业发展，这种理念与公共利益间矛盾激化，遂采取《航空法》《矿业法》对土地所有权进行限制；英国《城乡规划条例》中提出土地私有制，但之后在理论上设立了发展权制度，认为私有

土地所有权可按垂直立体空间分割处分，为之后大规模的城市立体开发奠定了法律基础。

此外，与空间权有关的立法优先考虑了城市合理运行的需要。由于开发已有地面建筑的地下空间或已有地下建筑的土地，对地面保护层和地下建筑、其他地下设施都可能产生影响，因此，香港通过《铁路保护法》为地铁的建设提供安全和稳定的保障，通过《污水隧道（法定役权）条例》保护新建建筑物对深层污水隧道的影响；台湾的《大众捷运法》和《共同管道法》为保障地铁和共同沟的正常运行，提出对因开发造成的损害可协议补偿；日本《大深度地下公共使用特别措施法》规定，私有土地地面下50m以外和公共土地的地下空间使用权归国家所有，政府在利用上述空间时无需向土地所有者进行补偿。

3. 完善的政策制度保障才能促进地下空间的有序开发

合理有效的管理体制是实现地下空间有序开发的关键。英国议会2011年提出的《地下开发利用议案》，虽尚未通过，但重点讨论了规划审批流程和基本要求，规范了地下开发利用的管理和施工，并整合不同法规中的关于地下开发利用的规定；香港《规划指引编号8》是指引城市规划委员会审批地下空间开发的重要依据。

政府的引导作用对推动地下空间开发利用至关重要。加拿大开发商通过签订开发合同的法律行为，可以与政府协商，确定开发内容，包括地下空间的规划利用，重点是通过容积率优惠政策，鼓励地下空间的开发；日本配套或辅助法律主要规定了地下空间开发利用的建设费用、融资制度；台湾《共同沟管理法》《大众捷运法》重点强调了他人可以无害地使用土地所有权人之上的空间，这也为吸引民间资本进入地下空间开发提供有力保障。

五、推进我国地下空间立法的建议

（一）在已有法律中进一步明确空间权的有关规定

对于空间权的概念界定，我国《物权法》已有相关规定，尽管使用的是"建设用地使用权"的概念，而非"地下空间"的概念。未来应在有关法律法规如《土地管理法》《房地产管理法》《城乡规划法》《不动产登记暂行条例》中进行衔接。通过及时修订补充地下空间权属管理的有关规定，从国家法律的层面上对地下空间的所有权和使用权予以明确，才能确保地下空间的合理有效开发利用和管理，也有助于推进私人资本进入公共用途的地下空间开发活动，促进地下资源的保护。

（二）制定地下空间专项立法

基于我国政治、经济和管理体制，建议制定地下空间专项立法。首先，发达国家在进行地下空间大规模开发利用的阶段，往往已有较为成熟法律体系，而我国当前存在立法滞后于现实需求的问题。其次，我国当前地下空间开发利用已经进入快速增长时期，大规模开发利用地下空间亟需有明确的法律加以规范和提供保障。最后，结合我国实际，相较于将有关内容分散在相关法律中，出台单行立法更有利于作出全面、系统性的规定。

（三）明确地下空间利用的关键制度

结合国际经验和国内地下空间开发利用中实际出现的问题，建议在地下空间专项立法中，明确以下基本制度：（1）地下空间资源调查和评估制度；（2）地下空间规划制定和管理制度，包括规划编制审批主体、规划的阶段和效力、与已有规划的关系和衔接、强制性内容、规划许可管理制度等；（3）地下空间土地使用权管理制度，包括地下空间土地使用权的取得、出让金的确定等；（4）地下空间建设制度，包括相邻关系的协调、连通要求、质量安全控制、施工许可管理、竣工验收管理等；（5）地下空间产权登记制度；（6）地下空间使用管理制度；（7）地下空间的信息档案系统建设维护制度等。此外，立法中还应注重构建地下空间开发利用的私权利体系，防止地下空间管理相关公权力滥用造成对公民权利的侵害，规定当公民合法权益受到侵害时的补偿和救济制度。

在地下空间专项立法已经确定的基本制度的基础上，建议完善相应的配套法规并予以细化。例如，明确地下空间建设用地使用权取得、地下空间灾害应急管理、地下空间权属登记、地下空间民间融资、税收补贴、激励措施等重要制度的程序性规定，对于特殊类型的地下空间，如共同沟、地下轨道等，制定行政法规或部门规章。

（撰稿人：林坚，北京大学城市与环境学院教授，博士生导师；黄菲，北京大学城市与环境学院硕士研究生；赵星烁，住房和城乡建设部城乡规划管理中心，副研究员）

注：摘自《城市规划》，2015（3）：24-28，参考文献见原文。

2015 年城乡规划管理工作综述

2015 年是深入贯彻落实党的十八大、十八届三中、四中、五中全会精神，全面推进深化改革和依法治国的重要一年，更是城乡规划工作取得突破性进展的一年。2015 年 12 月 20 日，在时隔 37 年之后，中央城市工作会议在北京胜利召开，习近平总书记、李克强总理作了重要讲话；随即，党中央、国务院印发《关于加强城市规划建设管理工作的若干意见》，这是今后一个时期指导城市规划建设管理的纲领性文件，为提高规划的科学性、严肃性和权威性指明了方向。2015 年，在圆满完成中央城市工作会议筹备工作的同时，规划管理改革、总体规划审查、区域规划编制、历史文化保护和规划行业管理等工作持续开展，并通过召开现场会，大力推进省域和市县层面多规合一、违法建设治理和城市设计工作，以充分发挥城乡规划的引领作用，提高规划执行力，加强和改进城乡规划实施管理，促进城乡建设协调有序健康发展。

一、2015 年城乡规划管理工作进展

（一）积极推进新型城镇化，做好城镇体系规划工作

一是启动全国城镇体系规划编制工作，会同发改委、国土部、财政部等部门启动全国城镇体系规划编制工作。二是制定京津冀城乡规划并上报京津冀协同发展领导小组。三是做好城市群规划编制工作。与发改委共同开展长三角、成渝、哈长城市群规划编制工作，促进城市群协调发展。

（二）稳步推进规划体制改革试点

一是按照中央深化改革总体要求，与国家发改委等部门共同开展市县"多规合一"试点工作，加强我部对厦门市、富平县等 8 个试点市县的指导，形成初步成果，并于 2015 年 4 月在厦门召开市县试点工作现场会，就试点经验等进行了深入交流。二是我部于 2015 年 4 月与海南省政府签署协议，联合开展《海南省总体规划》编制工作；于 2015 年 7 月，在宁夏中卫市召开省域空间规划座谈会，推动海南、宁夏等地开展省域空间规划试点工作。三是做好北京、沈阳等 14 个城市开发边界试点城市的相关总结工作，为下一步开展推广工作奠定基础。

（三）加快省域城镇体系规划和城市总体规划审批

一是做好省域城镇体系规划。经国务院同意，批复了江苏、云南、贵州、江西、青海 6 省的城镇体系规划；组织专家对内蒙、甘肃、四川、宁夏、山东 5 省城镇体系规划进行技术审查。二是报请国务院批复了珠海、兰州、宁波等 10 个城市的总体规划；组织规划审查会战，向国务院上报 36 个城市总体规划；组织召开了 3 次城市总体规划部际联席会；同意长春等 7 个城市修改总体规划。

（四）大力推进城市设计工作

一是起草完成了《城市设计管理办法》（送审稿）和《城市设计技术导则》（征求意见稿），组织起草了中央城市工作会议的配套文件《关于全面开展城市设计的通知》。二是在深圳召开了全国城市设计现场会，推广深圳、天津等城市的先进工作经验，动员各地广泛开展城市设计工作。三是组织开展了各省、自治区、直辖市城市设计管理人员参加的城市设计培训班，为开展城市设计工作做好准备。四是推进高校城市设计专业设置工作，目前已有 3 所高校在本科阶段设立了城市设计专业。

（五）持续加强城乡规划实施监督

一是配合有关部门制订出台《党政领导干部生态环境损害责任追究办法（试行）》，强化城乡规划的地位和作用。二是加强对重点案件的督办。召开新闻发布会，对 9 起违反城乡规划典型案件进行挂牌督办；依法开展重点图斑的认定和依法查处工作；对陕西秦岭违规建别墅、腾格里沙漠地区工业园区污染等违法建设处理提出意见；参加了全国高尔夫球场清理整治工作。

（六）积极开展历史文化名城和名镇名村保护工作

一是按照中央和国务院领导的批示，会同有关部委对南京明故宫遗址保护情况进行了调查，并将调查结果报国务院；根据部领导的要求对河南登封风景名胜区、重庆古城墙保护等问题进行了调查。二是历史文化名城审查。组织对申报国家历史文化名城的城市进行了评估考察等相关工作，常州市、瑞金市、惠州市由国务院公布为历史文化名城。三是开展了中国历史文化街区等认定工作。完成了第一批中国历史文化街区的检查工作，会同国家文物局公布了 30 个街区为中国第一批历史文化街区。四是组织专家对部分国家历史文化名城保护规划进行审查。五是起草完成了《全国历史文化名城名镇名村"十三五"保护设施中央投资申报工作指南》，配合国家旅游局完成了红色旅游相关工作。

（七）推动违法建设治理工作

在分组先后赴金华、温州、台州、宁波、杭州调研的基础上，于 2015 年 10 月 17 日在浙江义乌组织召开全国违法建筑治理工作现场会，参观义乌市和浦江县违法建设治理现场，学习推广浙江经验，部署全国治理违法建筑工作。陈政高部长出席会议并讲话。会后，对各省、自治区、直辖市贯彻落实情况进行了调查和统计，以督促各地务实开展违法建设治理工作。

（八）加强城乡规划行业管理

一是落实行政审批事项改革。取消外商投资企业城市规划服务资格证书核发的行政许可事项；将注册规划师执业资格认定依法交由相关行业协会实施管理；将直辖市、省（自治区）人民政府所在地城市以及国务院确定城市的总体规划审批等 4 项非行政许可审批事项调整为政府内部审批事项。二是认真履行规划资质审核工作。2015 年共受理并办结 124 家城乡规划编制单位甲级规划资质的申请，缩短了行政审批周期。完成了城乡规划编制单位资质认定服务指南、甲级城乡规划编制单位资质审查工作细则等，为企业申请提供了方便。同时，加强动态监管，对违反《城乡规划编制单位资质管理规定》的公司进行通报批评、限期整改并计入信用档案。

（九）抓紧做好城市规划标准规范制订、修订和行业统计工作

一是 2015 年共推进了 23 项标准工作，报请批准公布了《城市消防规划规范》GB 51080—2015、《城镇燃气规划规范》GB/T 51098—2015 和《城市供热规划规范》GB 51074—2015 3 项国家标准；新上报了 6 项国家标准，组织开展了一系列标准审查、征求意见和开题会、标准编制复审等工作。二是完成 2014 年度《全国规划行业统计报表》。先后召开全国城乡规划行业统计报表汇总工作会，部分省（自治区、直辖市）参加的城乡规划行业统计报表审核会议。

（十）稳步推进地下空间相关工作

一是会同国家人防办完成《城市地下空间规划管理办法（征求意见稿）》，向各省、自治区、直辖市城乡规划主管部门和人防办征求意见。二是下发《关于开展城市地下空间开发利用基本情况调查的通知》，对全国地下空间开发利用情况进行摸底调查。三是开展《城市地下空间"十三五"规划》编制工作。

（十一）推进生态示范城建设

一是中新天津生态城建设取得新进展。筹备组织召开两国副总理主持的中新天津生态城联合协调理事会第八次会议，协调各部门确定给予新的支持政策。二是启动中法武汉生态示范城建设协调工作。经国务院同意，成立了由我部牵头，外交部、国家发改委等 12 个部委和湖北省政府、武汉市政府共同参加的中法武汉生态示范城中方协调组。

（十二）积极开展城乡规划领域课题研究

2015 年，组织完成"规划和建筑问题""城市人口问题""新区建设问题"和"城市生活问题"4 项专题研究，为中央城市工作会议主文件的撰写提供思路和素材。撰写主文件《中共中央　国务院关于加强城市规划建设管理的若干意见》条文解读材料 6 篇，涉及规划编制、历史保护、城市设计、管理体制改革等内容，以贯彻落实党中央、国务院关于城乡规划的指示精神。并开展"城市新区建设现状问题研究""生态损害责任追究办法研究"等多项课题研究，强化城乡规划针对性和基础性研究工作。

二、加强城乡规划管理的地方经验总结和实践

（一）厦门、海南深入开展"多规合一"，落实"一张蓝图干到底"

厦门通过党政一把手亲自抓，由规划管理部门牵头，各部门协同参与，搭建统一的空间规划管理信息平台，推进"多规合一"，并推动城市空间治理体制改革与创新。海南通过梳理空间矛盾、明确部门空间管理责任、划定管理界限，在搭建统一的规划管理信息平台基础上，以统一空间坐标为核心，实现空间规划一张蓝图。形成可复制、可推广的"多规合一"工作经验和模式。

（二）浙江省持续开展的违法建设治理行动取得了很好的社会效果和经济效果

浙江省从 2013 年就部署开展了治违三年行动，在省委省政府主要领导的高度重视下，全省上下统一思想，下大决心，秉承依法依规，疏堵结合、拆控并举等原则，在两年多时间里，全省共拆除违法建筑 4.3 亿平方米。拆出了和谐，拆出了公平，拆出了公信力，拆出了法律尊严，拆出了良好环境，也拆出了发展空间。社会效果、经济效果俱佳。

（三）深圳、四川等地通过规划委员会制度和规划实施离任审计，提高了规划科学性和严肃性

深圳通过《深圳市城市规划条例》规定了深圳市规划委员会的相关制度和要求，明确对涉及城市规划的重大决策进行审议，有效减少了"拍脑袋""一言堂"决策。"四川省城乡规划督查办法"今年2月发布，该办法明确要求，市（州）规划主管部门主要负责人离任审计，应当征询城乡规划督察员的意见。

（四）全国各地陆续出台相关规定，推动城乡规划公开公示的深入实施

2013年，我部印发了"关于城乡规划公开公示的规定"。2015年，全国各地也陆续开始出台相应的法规制度，如"郑州市城乡规划公开公示办法"7月印发；"长沙市城乡规划局规划公示公开规定"11月印发；江门市"关于城乡规划实施的公开公示暂行办法"12月印发。城乡规划公开公示法制化进程逐步加快，公开公示实施措施逐步完善，实施力度也在逐步加强。

（五）深圳、天津等地开展了加强城市建筑风貌管理和城市设计工作的探索实践

深圳在城市设计中，十分注重城市生活场所公共空间的塑造，创造了舒适宜居的生活氛围。天津对海河两岸进行整治与生态修复，使沿岸建筑和桥梁高低错落、透绿见蓝；通过实施五大道街区规划，延续了城市文脉。

（六）安徽省、重庆市利用基础地理和规划信息构建大数据平台，提高了规划建设管理水平

安徽省构建了城市规划许可管理系统，用于"一书两证"的信息化管理，解决了空白证书台账管理不规范、手工填写证书效率低、规划许可信息无法统计、规划许可权分散等问题，并实现了数字管理到图形管理、数据统计到红线比对的转变。重庆市构建地理信息共享交互平台，大大提高城市管理效率和水平，并为全市应急保障、抢险救灾，以及公共信息查询等提供实时、便利服务。

三、2016年城乡规划管理工作要点

中央城市工作会议指出，我国目前城市发展面临诸多问题：规划建设指导思想上重外延轻内涵、发展方式粗放，盲目追求规模扩张，新城新区层出不穷，大拆大建常年不断；一些城市规划前瞻性、严肃性、强制性、公开性不够，一些领导干部习惯于用行政命令取代法制，动辄"我说了算""就这么定了"，违法违纪干预城市规划、建设和管理，一些城市甚至出现"一任书记一座城，一个市长一新区"现象；一些城市建筑贪大、媚洋、求怪等乱象丛生等。

为积极应对上述问题，深入贯彻落实十八届五中全会提出的创新、协调、绿色、开放、共享五个创新发展的新部署和中央城市工作会精神，2016年将继续加大规划改革力度，提升城乡规划的权威性。把规划编起来，基础强起来，试点抓起来，执法严起来，制度建起来。具体包括以下九个方面的工作：

一是完成全国城镇体系规划编制工作；二是继续做好跨省级行政区城市群规划编制工作，并指导各地做好京津冀、长三角、成渝、哈长城市群规划的实施工作；三是推动省级空间规划研究工作，推进市县"多规合一"；四是鼓励有条件的城市启动2030年城市总体规划编制，并规范地下空间规划管理工作；五是做好专项规划和详细规划编制的指导和研究工作；六是全面推进违法建筑治理工作，要求地方摸清底数，制定方案，绘出任务图，列出时间表；七是推动《刑法》《城乡规划法》两法衔接；八是规范和加强重点案件的查处工作，通过挂牌督办、公开约谈、专项检查等多种方式加强对严重违反城乡规划的行为进行查处；九是全力推进城市设计、城市修补和生态修复工作，并通过开展系列宣传和座谈、建筑设计方案评选和设计竞赛等活动抓好建筑设计工作。

（撰稿人：孙安军，住房和城乡建设部城乡规划司司长）

2015 年城乡规划督察工作进展

城乡规划督察制度是强化规划实施监督的重要手段，具有层级监督、实时监督和专业监督的特点，有利于遏制违法违规行为，避免规划决策失误造成损失。2013 年 12 月，《新型城镇化规划（2014—2020)》明确"健全国家城乡规划督察员制度"。2015 年 12 月，党中央、国务院印发了《中共中央 国务院关于进一步加强城市规划建设管理工作的若干意见》明确提出"健全国家城乡规划督察员制度，实现督察制度全覆盖"。根据新形势和新要求，2015 年城乡规划督察工作以贯彻落实党中央国务院关于加强规划严肃性，充分发挥督察员作用的指示精神为核心，继续完善国家城乡规划督察员制度，突出重点、加大力度、提高效能，坚决遏制违法违规问题苗头，持续加大对违法违规行为惩戒力度，进一步深化规划督察工作。

一、2015 年度督察工作进展

（一）城乡规划督察工作效能稳步提升

2015 年，驻 103 个城市的 107 名督察员共向派驻城市发出督察文书 164 份，同时制止违法违规行为 1233 起。督察员全年共制止各类侵占城市公园、生态绿地进行开发建设的行为 427 起，保护了 1594 万平方米绿地。督察员全年共制止违规侵占河湖水系和城市基础设施用地行为 76 起，依法保护各类禁建区、限建区 202 万平方米。督察员全年制止破坏历史街区和风景区的行为 64 起，涉及用地面积 882 万平方米。此外，督察员还提出加强和完善规划管理的建议 280 条，促进完善规划实施长效机制。针对一些城市规划编制审批滞后、规划实施法定依据缺乏等问题，督察员督促派驻城市加快规划编制审批进度；针对"控改总"导致总规强制性内容不能贯彻落实问题，督促派驻城市开展控规落实总规情况的梳理工作。

（二）名城保护规划实施监督得到强化

在 49 个名城派驻城乡规划督察员的基础上，新增 20 个名城以部名义开展巡查，摸清了名城保护工作的基本情况，了解了名城、历史文化街区和历史建筑保护的现状，并对存在的问题逐一反馈要求整改，对派驻城市的历史文化名城保护工作起到了推动和督促作用。巡查后对巡查中发现的问题进行了专题论证，进一步明确了名城监督检查的要点，突出了今后历史文化名城专项巡查的重点和导向。

（三）城乡规划督察员队伍建设明显加强

通过开展有针对性的培训，不断提高督察员素质，推动工作开展。一是组织新老督察员进行集中培训。通过城乡规划法规政策等专题讲座和典型案例交流，引导督察员把握重点，认真履职。二是加强队伍动态管理，向社会广纳人才，遴选符合督察员条件的作为候选人，为吐故纳新、优化督察员队伍结构做好人员储备。三是继续开展考核。根据《城乡规划督察员考核办法》，组织开展督察员年度考核，通过考核，通报表扬优秀督察员，激励督察员勤政廉政，切实履行职责。四是完善督察工作配套管理制度，保障督察员有序开展工作。

（四）城乡规划督察员制度改革逐步展开

一是落实关于推进城乡规划督察员制度改革的要求，深入开展调研，在借鉴英法两国和国土等方面经验的基础上，针对当前督察制度的缺陷和工作中存在的问题，研究提出了督察制度改革方案，为下一步完善制度奠定基础。二是组织开展了国家城乡规划督察员制度立法课题研究，进一步探索城乡规划督察员制度的法理基础及行政监督定位。三是推动各地根据改革要求，完善省级城乡规划督察制度，组织部省规划督察工作交流，健全部省两级督察工作体系，强化规划督察部省联动，形成工作合力。

二、2016 年督察工作安排

2016 年，城乡规划督察工作将以贯彻落实中央城市工作会议关于加强规划严肃性，健全督察员制度的指示精神为主线，推进规划督察制度改革。重点工作包括以下几方面：

（一）研究督察制度顶层设计

推进城乡规划督察员制度改革，积极研究推进督察制度改革工作。对现有督察员的工作模式进行调整和完善，整合督察员力量，采取日常督察和专项督察相结合的方式开展工作，以强化组织行为，提高城乡规划督察员制度震慑力。

（二）组织开展专项督察

结合督察工作重点或者城乡规划实施管理中的共性问题，确定专题，在全国范围或重点地区开展专项督察。针对督察中发现的违法违规行为提出整改要求，并向省厅反馈整改措施，督促地方进行整改。对整改不到位的，还要采取约谈、挂牌督办等方式，促进问题得到有效解决。

（三）突出督察工作重点

适应新形势、新任务的要求，进一步突出工作重点，聚焦督察工作内容，找准方向，明确职责，加强重点区域和重点问题的督察，高度关注控规执行总规强制性内容情况，在制止影响规划实施的重大违法问题和倾向性问题方面发挥更大作用。按照《中共中央 国务院关于进一步加强城市规划建设管理工作的若干意见》，在督察工作中进一步强化规划的强制性，凡是违反规划的行为都要严肃追究责任；未编制控制性详细规划的区域，不得进行建设；严控各类开发区和城市新区设立，凡不符合城镇体系规划、城市总体规划和土地利用总体规划进行建设的，一律按违法处理。

（四）提高督察工作效能

利用卫星遥感等现代信息技术手段，实时掌握城市总体规划实施情况。利用图斑提供的督察线索，发现规划实施中的问题，提出督察建议。同时，督促派驻城市依法处理重点图斑涉及违法违规问题，直至整改到位。对未整改到位的，加大跟踪督办力度，直至推动整改落实。根据《重大违法案件处理办法》要求，配合做好重大违法案件挂牌督办、约谈城市政府、通报、案件移送等工作。

（撰稿人：王凌云，住房和城乡建设部稽查办规划督察员管理处处长）

2015 年城乡规划动态监测情况分析报告

　　城乡规划实施情况的监督检查是城乡规划制定、实施和管理工作的重要组成部分，也是保障城乡规划工作科学性、严肃性的重要手段。当前，党中央国务院对城乡规划工作空前重视。党中央国务院印发了《中共中央 国务院关于进一步加强城市规划建设管理工作的若干意见》（中发 [2016]6 号），要求严格依法执行规划，明确提出"建立利用卫星遥感监测等多种手段共同监督规划实施的工作机制"。

　　住房城乡建设部稽查办会同规划司向 27 个省（区）、103 个国务院审批城市总体规划的城市下达了 2015 年遥感监测图斑核查任务。要求省级住房城乡建设厅组织并督促有关部门核查图斑情况，处理图斑发现的违法问题。同时要求部派驻规划督察员参与疑似违反总规强制性内容的图斑（以下简称"疑似图斑"）核查，独立提出核查意见，并对督察事项涉及的违法问题开展督察。住房城乡建设部充分利用发函督办、约谈、挂牌督办、案件移送等手段，不断加大重点违法案件的查处力度。

一、城市数量与面积

（一）监测城市数量

　　2015 年度 103 个城市城乡规划动态监测（未包含北京、天津、上海、重庆和长沙五个城市）中监测时间为 2014 年 3 月至 2015 年 7 月。在历年监测的基础上，2015 年由城市建设用地范围内的监测扩大到规划区监测，督察重点是城市开发边界的控制情况，禁建区、限建区等总体规划强制性内容实施情况（表 1）。

（二）城市监测范围与面积

　　2015 年对 103 个城市动态监测范围分为两个层级：一是对其中 60 个城市规划区范围进行监测，监测面积共 193283.3 平方公里，二是对剩余 43 个城市规划建设用地范围进行监测（表 2、表 3）。

（三）卫星遥感数据类型及覆盖面积

　　卫星遥感影像主要使用国产高分一号、高分二号、资源三号、资源一号 02C、遥感六号等，分辨率为 0.8 ～ 2.36 米。103 个城市卫星遥感影像覆盖面积约 741600 平方公里。

2015 年度城乡规划动态监测 103 个城市名单列表

表 1

省（自治区）	城市数量	城市名称	省（自治区）	城市数量	城市名称
河北	6	石家庄	山东	11	济南
		唐山			青岛
		秦皇岛			淄博
		邯郸			枣庄
		保定			东营
		张家口			烟台
山西	2	太原			潍坊
		大同			泰安
内蒙古	2	呼和浩特			威海
		包头			临沂
辽宁	10	沈阳			德州
		大连	河南	8	郑州
		鞍山			开封
		抚顺			洛阳
		本溪			平顶山
		丹东			安阳
		锦州			新乡
		阜新			焦作
		辽阳			南阳
		盘锦	湖北	4	武汉
吉林	2	长春			黄石
		吉林			襄阳
黑龙江	8	哈尔滨			荆州
		齐齐哈尔	湖南	4	长沙
		鸡西			
		鹤岗			株洲
		大庆			
		伊春			湘潭
		佳木斯			
		牡丹江			衡阳
江苏	9	南京	浙江	6	杭州
		无锡			宁波
		徐州			温州
		常州			嘉兴
		苏州			绍兴
		南通			台州
		扬州	广西	3	南宁
		镇江			柳州
		泰州			桂林

续表

省（自治区）	城市数量	城市名称	省（自治区）	城市数量	城市名称
安徽	4	合肥	广东	10	广州
		淮南			深圳
		马鞍山			珠海
		淮北			汕头
福建	2	福州			佛山
		厦门			江门
江西	1	南昌			湛江
宁夏	1	银川			惠州
海南	2	海口			东莞
		三亚			中山
四川	1	成都	陕西	1	西安
贵州	1	贵阳	甘肃	1	兰州
云南	1	昆明	青海	1	西宁
西藏	1	拉萨	新疆	1	乌鲁木齐

2015 年度规划区监测的 60 个城市面积

表 2

省份	城市	城市规划区面积（平方公里）	省份	城市	城市规划区面积（平方公里）
河北	石家庄	4848	江西	南昌	1400
	邯郸	1515	山东	济南	2570
	保定	3127		青岛	1946.22
	唐山	6918		泰安	2087
	秦皇岛	2075		潍坊	2334
山西	太原	1460		烟台	470
内蒙古	呼和浩特	2176.7		威海	769
辽宁	沈阳	3471		临沂	2281.46
	大连	4105	河南	郑州	7446
	锦州	2536		洛阳	2405
吉林	长春	3891	湖北	武汉	8494
黑龙江	哈尔滨	7086		襄阳	3673
江苏	南京	6516	广东	广州	7434.4
	无锡	1622		深圳	1953
	苏州	2014.7		佛山	1159.65
	常州	1872		中山	1800.14
	南通	1770		东莞	2465
	徐州	420.30	陕西	西安	10108
	扬州	486.21	甘肃	兰州	1649
	镇江	326.05	湖南	长沙	2893
	泰州	360.06	广西	南宁	6559
浙江	杭州	3122		桂林	4227.46
	宁波	2560	海南	海口	2304.8
	台州	1536		三亚	1250
	绍兴	1539	四川	成都	3753
	温州	2703	贵州	贵阳	3121
安徽	合肥	1672	云南	昆明	1722
	淮北	420	宁夏	银川	1375
福建	福州	4792	青海	西宁	3930
	厦门	560	新疆	乌鲁木齐	10800

2015 年度规划建设用地监测的 43 个城市面积　　　　表 3

省份	城市	城市建设用地面积（平方公里）	省份	城市	城市建设用地面积（平方公里）
河北	张家口	230.94	山东	淄博	421.31
山西	大同	279.34		枣庄	413.42
内蒙古	包头	534.55		东营	331.99
辽宁	鞍山	314.87		德州	172.12
	抚顺	219.11	河南	平顶山	107.32
	本溪	183.40		新乡	177.81
	阜新	100.54		开封	149.99
	丹东	135.31		焦作	154.03
	辽阳	151.23		安阳	222.75
	盘锦	182.16		南阳	168.55
吉林	吉林	281.29	湖北	荆州	106.39
黑龙江	齐齐哈尔	428.53		黄石	121.59
	大庆	120.94	湖南	衡阳	215.85
	伊春	111.31		株洲	303.47
	鸡西	100.00		湘潭	212.18
	牡丹江	82.23	广东	汕头	362.69
	鹤岗	153.64		湛江	1983.07
	佳木斯	100.00		珠海	715.63
浙江	嘉兴	144.99		江门	300.30
安徽	淮南	268.60		惠州	111.31
	马鞍山	169.41	广西	柳州	243.69
西藏	拉萨	115.30	—	—	—

二、监测重点内容

2015 年度 103 个城市城乡规划动态监测主要依据《城乡规划法》确定的城市总体规划强制性内容为监测重点目标，包括：

（1）绿线——城市各类绿地的具体布局与保护；

（2）蓝线——城市水源保护区和水系等生态敏感区的布局与保护；

（3）黄线——城市基础设施和公共服务设施用地布局与保护；

（4）紫线——自然与历史文化遗产保护。

三、图斑总体情况

2015 年度共提取变化图斑 27473 个，面积 927.6 平方公里。较 2014 年度（数量 15639 个，面积 551.5 平方公里）数量增加了 11834 个，增加 75.7%；面积增加 376.1 平方公里，增加 68.2%。涉及城市总体规划强制性内容图斑 4302 个，面积 193.1 平方公里，占全部变化图斑总数量的 15.7%；占全部变化图斑总面积的 20.8%。较 2014 年度（数量 2245 个，面积 116.8 平方公里）数量增加 2057 个，增加 91.6%；面积增加 76.3 平方公里，增加 65.3%。不涉及城市总体规划强制性内容图斑 23171 个，面积 734.5 平方公里，占全部变化图斑总数量的 84.3%，占全部变化图斑总面积的 79.2%。较 2014 年度（数量 13394 个，面积 434.7 平方公里）数量增加 9777 个，增加 73.0%；面积增加 299.8 平方公里，增加 69.0%。

四、涉及强制性内容图斑情况

2015 年度发现涉及城市总体规划强制性内容图斑共 4302 个，面积 193.1 平方公里。

其中涉及"绿线"内容图斑 3063 个，面积 104.4 平方公里。较 2014 年度（数量 1728 个，面积 75.3 平方公里）数量增加 1335 个，增加 77.3%，面积增加 29.1 平方公里，增加 38.6%。

涉及"蓝线"内容图斑 303 个，面积 18.4 平方公里。较 2014 年度（数量 127 个，面积 11.6 平方公里）数量增加 176 个，增加 138.6%，面积增加 6.8 平方公里，增加 58.6%。

涉及"黄线"内容图斑 487 个，面积 19.5 平方公里。较 2014 年度（数量 236 个，面积 8.5 平方公里）数量增加 251 个，增加 106.4%，面积增加 11 平方公里，增加 129.4%。

涉及"紫线"内容图斑 27 个，面积 0.8 平方公里。较 2014 年度（数量 10 个，面积 0.3 平方公里）数量增加 17 个，增加 170%，面积增加 0.5 平方公里，增加 166.7%。

涉及"多线"（指图斑涉及两项及以上强制性内容）图斑 422 个，面积 50.0 平方公里。较 2014 年度（数量 144 个，面积 21.1 平方公里）数量增加 278 个，增加 193.1%，面积增加 28.9 平方公里，增加 137.0%（表 4）。

涉及总规强制性内容图斑占全部图斑数量、面积统计表　　表4

内容	数量（个）	数量所占比例	面积（平方公里）	面积所占比例
绿线	3063	11.15%	104.4	11.25%
蓝线	303	1.10%	18.4	1.98%
黄线	487	1.77%	19.5	2.10%
紫线	27	0.10%	0.8	0.09%
多线	422	1.54%	50.0	5.39%
合计	4302	15.66%	193.1	20.81%

五、重大案件查处情况

卫星遥感动态监测为重大案件发现提供了线索，2015年6月，住房城乡建设部对9起违法情节严重、社会影响较大、侵占绿地等公共资源的案件进行挂牌督办，包括石家庄市天颐佳苑项目突破机场净空限制违法建设案、无锡市违反城市总体规划强制性内容审批企业安置用房项目案、厦门市在鼓浪屿—万石山国家级风景名胜区内建设云顶豪华精选酒店案等。2016年1月至3月，住房城乡建设部陆续摘牌7起。2016年5月，住房城乡建设部对最后2起案件进行了摘牌。通过查办9起案件，共没收或拆除违法建筑13.1万平方米，罚款3163.5万元，保护绿地83.6万平方米，38名责任人受到党纪政纪处分，维护了城乡规划的权威性、严肃性。

以后将按照《中共中央 国务院关于进一步加强城市规划建设管理工作的若干意见》要求，进一步完善利用卫星遥感监测等多种手段共同监督规划实施的工作机制，继续采用挂牌督办、约谈、案件移送等手段，加大城乡规划违法案件查处力度，严肃责任追究，逐步形成不敢违反规划、不能违反规划和自觉遵守城乡规划的局面。

（撰稿人：许建元，住房和城乡建设部稽查办公室稽查一处处长；徐明星，住房和城乡建设部稽查办公室稽查一处副处长；林俞先，住房和城乡建设部城乡规划管理中心信息处处长；汪笑安，住房和城乡建设部城乡规划管理中心信息处）

2015 年风景名胜区及世界遗产
规划管理与保护工作综述

一、工作进展

（一）制度建设取得新成效

出台部门规章《国家级风景名胜区规划编制审批办法》，报经国务院审定同意并印发《国家级风景名胜区总体规划大纲》和《国家级风景名胜区总体规划编制要求》，改进和规范规划编制审批；制定并印发《国家级风景名胜区管理评估和监督检查办法》，构建长效监管机制；制定并印发《世界自然遗产、自然与文化双遗产申报和保护管理办法》，规范世界遗产申报，加强保护监督。

（二）保护监督力度进一步加大

继续开展国家级风景名胜区保护管理执法检查，通过连续 4 年努力，实现 225 处国家级风景名胜区执法检查全覆盖，发现和纠正了一批风景名胜区的违法违规行为，强化了资源保护和合理利用；结合执法检查需要，完成 65 处国家级风景名胜区遥感监测，并对重点图斑进行实地核查，增强了主动监管能力，对违规建设行为起到了有力地震慑作用；完成 2014 年国家级风景名胜区规划实施和资源保护状况汇编，并纳入执法检查重要内容，强化保护监督。

（三）审批事项进一步加快

完成了第九批国家级风景名胜区申报项目审查，并上报国务院审定，将一批珍贵的自然文化遗产纳入到法定保护体系，完善了国家级风景名胜区体系；落实了新的风景名胜区总体规划编制要求，组织地方加快总体规划编制或修改，提高审查效率；完成国务院 18 处总体规划的征求部门和专家意见工作；完成 9 处总体规划审查并报国务院审批；完成了 22 处国家级风景名胜区详细规划审查工作；指导地方做好国家级风景名胜区重大建设工程项目选址方案核准，避免地方违规核准和不合理选址对资源破坏。

（四）推动建立国家公园体制取得新进展

按照党的十八届三中全会要求和改革任务分工，参与制定《建立国家公园体制试点方案》并报请中央批准实施，决定在北京等9省市开展建立国家公园体制试点；参与指导9省市建立国家公园体制试点区试点实施方案编制审查工作；组织召开建立国家公园体制专题研讨会，邀请国内外专家、世界遗产地和风景名胜区管理机构共同就依托国家风景名胜区制度建立中国特色的国家公园体制进行深入研讨和交流。

（五）世界遗产申报和保护监督工作进一步加强

增补安徽天柱山等8个世界自然遗产、自然与文化双遗产项目列入联合国教科文组织《世界遗产预备清单》（表1）；组织完成神农架申遗IUCN专家考察评估工作；派员参加第39届世界遗产大会，并组织做好会议对三江并流、武陵源世界自然遗产保护状况报告的审议工作；按照世界遗产大会决议要求，组织完成《中国南方喀斯特世界自然遗产保护管理规划》编制工作。

2015年《世界遗产预备清单》新增项目列表　　　　　表1

预备清单项目名称	遗产地类型
梵净山	自然遗产地
新疆雅丹	自然遗产地
敦煌雅丹	自然遗产地
青海可可西里	自然遗产地
天柱山	自然与文化双遗产
井冈山—北武夷山（武夷山扩展）	自然与文化双遗产
蜀道	自然与文化双遗产
土林—古格风景名胜区	自然与文化双遗产

（六）完成行业发展规划编制

组织编制完成《风景名胜区事业发展"十三五"规划》和《中国世界自然遗产、自然与文化双遗产发展战略规划》，指导风景名胜区和世界遗产事业发展；会同国家发改委编制国家重大自然文化遗产保护设施"十三五"规划，重点做好涉及国家级风景名胜区相关内容的编制工作。

（七）公众宣传力度进一步增强

以 2015 年我国加入联合国教科文组织《世界遗产公约》30 周年为契机，以部名义发布《中国世界自然遗产事业发展公报（1985—2015)》，宣传和展示 30 年来我国世界自然遗产保护与发展成就，提高公众对遗产核心价值及保护重要性的认识，推进世界自然遗产事业发展，服务生态文明建设；组织召开纪念中国世界遗产 30 周年、联合国教科文组织 70 周年研讨会，邀请国内外专家总结回顾 30 年来中国世界遗产特别是在自然遗产、自然与文化遗产领域的发展成就，分析面临的形势和挑战，提出对策建议，为推进中国世界遗产事业发展提供智力支持。

二、工作展望

（一）完善配套制度和技术规范

积极配合财政部制定出台《国家级风景名胜区门票收入和资源有偿使用管理办法》；修订《国家级风景名胜区审查办法》，规范国家级风景名胜区设立审查；研究制定《风景名胜区规划规范》《风景名胜区详细规划规范》，为规划编制提供技术支撑；开展《风景名胜区管理技术规范》《风景名胜区术语标准》的制定工作，不断充实完善行业标准体系。

（二）加强规划管控

加强风景名胜区总体规划、详细规划编制和审批，实现 225 处国家级风景名胜区总体规划编制全覆盖，提高详细规划覆盖面；加强规划实施监管，严控开发利用强度，严格用途管制和设施建设，妥善协调保护与利用关系。

（三）启动遥感监测违规图斑专项督察

借助遥感等信息技术手段加强国家级风景名胜区保护监督，及时发现和坚决遏制重大违规建设行为。

（四）推进国家公园体制试点与建设

发挥国家风景名胜区的制度、体系和实践优势，支撑建立国家公园体制改革与试点，加强对涉及国家级风景名胜区试点单位的指导。

（五）做好国家级风景名胜区设立和世界遗产申报

组织做好国家级风景名胜区申报项目的审查；重点做好湖北神农架申报世界

自然遗产提交联合国教科文组织世界遗产大会审议准备工作，力争申报成功；组织协调好可可西里申报项目接受 IUCN 世界遗产专家考察评估工作。

（撰稿人：安超，住房和城乡建设部城乡规划管理中心风景监管处主任工程师、高级工程师；李振鹏，住房和城乡建设部城乡规划管理中心风景监管处副处长、高级工程师）

2015 年中国海绵城市规划建设工作综述

2015 年，海绵城市建设工作获得了国家与地方有关部门的重视与大力支持，明确了要加快推进海绵城市建设，有序推进海绵城市试点，并为下一步工作提出了目标要求，全面启动了海绵城市建设工作。

一、海绵城市建设提升为推进国家新型城镇化发展战略

（1）2015 年 10 月 16 日，国务院办公厅发布《国务院办公厅关于推进海绵城市建设的指导意见》（国办发 [2015]75 号），明确提出要通过海绵城市建设，最大限度地减少城市开发建设对生态环境的影响，将 70% 的降雨就地消纳和利用。到 2020 年，城市建成区 20% 以上的面积达到目标要求；到 2030 年，城市建成区 80% 以上的面积达到目标要求。意见从加强规划引领、统筹有序建设、完善支持政策、抓好组织落实四个方面，提出了十项具体措施。一是科学编制规划；二是严格实施规划；三是完善标准规范；四是统筹推进新老城区海绵城市建设；五是推进海绵型建筑和相关基础设施建设；六是推进公园绿地建设和自然生态修复；七是创新建设运营机制；八是加大政府投入；九是完善融资支持；十是抓好组织落实。

（2）2015 年 12 月 20 日至 21 日，中央城市工作会议召开，会议提出，要提升建设水平，加强城市地下和地上基础设施建设，建设海绵城市。城市供排水、污水处理等基础设施，要按照绿色循环低碳的理念进行规划建设。城市建设要以自然为美，把好山好水好风光融入城市。

（3）2016 年 2 月 2 日，国务院发布《国务院关于深入推进新型城镇化建设的若干意见》（国发 [2016]8 号），明确推进海绵城市建设。在城市新区、各类园区、成片开发区全面推进海绵城市建设。在老城区结合棚户区、危房改造和老旧小区有机更新，妥善解决城市防洪安全、雨水收集利用、黑臭水体治理等问题。加强海绵型建筑与小区、海绵型道路与广场、海绵型公园与绿地、绿色蓄排与净化利用设施等建设。加强自然水系保护与生态修复，切实保护良好水体和饮用水源。

（4）2016 年 2 月 6 日，中共中央、国务院发布《中共中央 国务院关于进一步加强城市规划建设管理工作的若干意见》（中发 [2016]6 号），提出要充分利用自然山体、河湖湿地、耕地、林地、草地等生态空间，建设海绵城市，提升水源

涵养能力，缓解雨洪内涝压力，促进水资源循环利用。鼓励单位、社区和居民家庭安装雨水收集装置。大幅度减少城市硬覆盖地面，推广透水建材铺装，大力建设雨水花园、储水池塘、湿地公园、下沉式绿地等雨水滞留设施，让雨水自然积存、自然渗透、自然净化，不断提高城市雨水就地蓄积、渗透比例。同时强调，推进海绵城市建设是全面提升城市功能的重要渠道，并提出要推动新型城市建设，对大型公共建筑和政府投资的各类建筑全面执行绿色建筑标准和认证。

二、海绵城市建设相关工作进展

（一）财政部、住房城乡建设部、水利部联合开展海绵城市建设试点工作

2014 年 12 月，财政部、住房城乡建设部、水利部联合印发了《关于开展中央财政支持海绵城市建设试点工作的通知》，明确了中央财政对海绵城市建设试点给予专项资金补助及相关考核要求。

2015 年 1 月 20 日，财政部、住房城乡建设部、水利部发布《关于组织申报2015 年海绵城市建设试点城市的通知》，明确 2015 年海绵城市建设试点城市申报指南。

2015 年 3 月，全国共有 130 多个城市参与竞争。通过资格审核和初审，最后确定了 22 个城市参与 4 月份由财政部、住房城乡建设部、水利部组织的国家海绵城市建设试点城市竞争性评审答辩，其中 16 个城市获得海绵城市试点的资格，分别是：迁安、白城、镇江、嘉兴、池州、厦门、萍乡、济南、鹤壁、武汉、常德、南宁、重庆、遂宁、贵安新区和西咸新区。

2016 年 2 月 25 日，财政部、住房城乡建设部、水利部联合印发了《关于开展 2016 年中央财政支持海绵城市建设试点工作的通知》（财办建 [2016]25 号）明确了第二批海绵城市试点的相关要求及申报要求及流程。各省份（含新疆生产建设兵团）可择优推荐 1 个城市参与全国范围内的竞争（计划单列市可以单独申报），第一批试点城市所在省份不在此次申报范围之列。财政部、住房城乡建设部、水利部将对推荐城市进行资格审核，并对通过资格审核的城市组织公开答辩，由专家进行现场评审，现场公布评审结果。

（二）开展海绵城市培训工作

2015 年 5 月 28 日，住房城乡建设部在广西南宁举办全国海绵城市建设培训班。住房城乡建设部部长陈政高出席培训班座谈会并讲话，财政部、国家开发银行、水利部相关负责人参加座谈会。陈政高对海绵城市建设工作提出 5 点要求：一是要确立目标。要争取把 70% 左右的雨水在当地积蓄、渗透，目标一旦确定，

就不能动摇。二是要千方百计把雨水留下。要借鉴国内外经验，敢于发明，敢于创造，因地制宜利用好自然恢复、人工工程等办法留住雨水。三是要推进区域整体治理。雨水的收集、渗透涉及方方面面，必须在一定地域范围内统筹考虑、系统治理。不仅要划定区域，更要明确区域内的径流控制要求。借鉴国外做法，研究实施雨水排放收费制度，建立责任制。四是要总体规划，分步实施。要按照海绵城市建设的目标要求，设置若干自然的、人工的工程项目，必须把目标要求工程化、具体化，一项一项抓好落实。五是各级住房城乡建设部门、各个城市要切实把海绵城市建设提上工作日程，全面规划、全面建设、全面启动。

（三）制定海绵城市绩效考核办法

2015 年 7 月 10 日，住房城乡建设部办公厅印发《海绵城市建设绩效评价与考核指标(试行)》，明确了海绵城市建设绩效评价与考核指标分为水生态、水环境、水资源、水安全、制度建设及执行情况、显示度等六个方面 18 项具体考核指标。海绵城市建设绩效评价与考核分三个阶段：城市自查，省级评价和部级抽查。

（四）强化技术指导服务，成立技术指导专家委员会

2015 年 9 月 11 日，住房城乡建设部公布《关于成立海绵城市建设技术指导专家委员会的通知》。通知提出，为加强海绵城市建设技术指导，充分发挥专家在海绵城市建设领域中的重要作用，不断提高我国海绵城市建设管理水平，根据专家委员会相关管理规定，成立了"住房城乡建设部海绵城市建设技术指导专家委员会"。2015 年 10 月 23 日，住房城乡建设部召开海绵城市建设技术指导专家委员会成立大会。

2015 年 11 月 17 日，住房城乡建设部城市建设司组织召开海绵城市规划设计工作座谈会，来自中国城市规划设计研究院、中国建筑设计院等 12 家单位的 20 余名专家参加了座谈，针对规划设计方法和标准规范、专项规划衔接、工程建设、运营管理及绩效考核等提出了建议和意见。

2016 年 2 月 26 ～ 27 日，住房城乡建设部在重庆召开海绵城市建设专家委员会 2016 年一次会议，部城建司副司长章林伟与出席专家对 2015 年我国海绵城市建设推进情况进行总结，并就新一年如何进行下一步工作提出了宝贵意见。

（五）完善投融资政策，加强金融支持力度

国办发 [2015]75 号文明确提出，要在加大对海绵城市建设财政支持力度的同时，完善融资支持方面的措施政策，包括中长期信贷支持、担保创新类贷款、专项建设基金支持和鼓励发行债券等。为此，住房城乡建设部与财政部联合印发《城

市管网专项资金管理办法》，对地下综合管廊和海绵城市建设试点予以资金支持。住房城乡建设部与国开行、农发行分别联合印发《关于推进开发性金融支持海绵城市建设的通知》（建城 [2015]208 号）、《关于推进政策性金融支持海绵城市建设的通知》（建城 [2015]240 号），明确扩大贷款规模、延长贷款期限、降低贷款利率等优惠信贷政策，重点支持"技术＋资本"整体运作的 PPP 项目。总体而言，海绵城市建设的融资渠道比较顺畅，目前正处在各项优惠政策扶植的黄金窗口期，重点是引导地方充分利用好各类政策，探索运作模式，有序推进。

（六）加强技术指导，促进海绵城市试点城市交流

2015 年 4 月 27 日，住房城乡建设部、财政部、水利部在湖南省常德市组织召开全国海绵城市试点城市建设启动部署会，列入 2015 年试点范围的 16 个城市的代表及其所在省主管部门负责人和海绵城市建设专家等近 400 人参加了会议。会上，16 个试点城市负责人分别汇报了海绵城市试点深化方案和三年实施计划编制情况，有关专家进行了技术指导，各部门提出了具体工作要求。

2015 年 10 月 10 日，住房城乡建设部城建司在武汉市组织召开全国海绵城市建设试点工作座谈会，部分省住建部门领导及全国 16 个海绵城市建设试点城市相关领导参加会议。会议听取了全国 16 个试点城市进展情况汇报，并对工作情况作了点评，部署下一步海绵城市建设。

（七）加强国际交流

2015 年 10 月 30 日，中美第十一届中美工程技术研讨会海绵城市组第一次筹备会在北京召开。会议讨论了将于 2016 年 5 月召开的中美第十一届中美工程技术研讨会海绵城市组研讨会的筹备方案。

2015 年 12 月 6 日至 19 日，住房城乡建设部城市建设司组织省（自治区、直辖市）及试点城市建设行政主管部门管理人员，部省级规划设计单位海绵城市建设技术骨干等 23 人的技术和管理团队赴美国开展"海绵城市建设技术及管理培训"。

三、海绵城市建设工作取得显著效果

（一）海绵城市建设整体推进

《关于推进海绵城市建设的指导意见》（国办发 [2015]75 号）发布之后，海绵城市建设得到了全国各地区的重视，北京、河北、山西等 22 个省市自治区已制定关于海绵城市建设的实施意见，其中河北、江苏、上海、安徽、江西、山东、

广东、重庆、四川、云南等九个地区发布了关于海绵城市建设的实施意见。2015年，全国共有 129 个城市（含试点城市）开展海绵城市建设，河北、安徽发文明确表示开展省内海绵城市建设试点。

（二）海绵城市建设试点工作顺利开展

2015 年 4 月，全国首批共 16 个海绵城市试点公布后，各试点城市极为重视，陆续开展相关工作，住建、财政、水利等相关部门通力协作，已有多项相关政策文件出台，多个海绵项目工程完工，按照国办发 75 号文确定的目标任务，积极开展海绵城市建设管理工作。

（三）海绵城市专项规划的编制工作启动

2015 年，多数地区按住房城乡建设部等相关部门要求，在编制完成海绵城市建设总体规划的基础上，开展海绵城市建设专项规划的编制工作。为落实中发[2016]6 号、国发 [2016]8 号与国办发 [2015]75 号文件的要求，住房城乡建设部印发了《海绵城市专项规划编制暂行规定》（建规 [2016]50 号），为规范海绵城市专项规划编制工作，提高规划的科学性和严肃性起到了指导作用。全国首批试点城市已有多数开展划定排水分区、区域雨水排放（管控）制度的研究工作，萍乡等部分城市已出台区域雨水排放管理技术规定。

（四）开展海绵城市建设相关标准规范的修订工作

针对部分城市建设相关标准规范部分条款与海绵城市建设理念冲突的问题，住房城乡建设部启动了设计建筑小区、排水、公园绿地、道路等 10 项规划、设计规范的修订工作，并于 2015 年 10 月召开了启动工作会议。截至 2016 年 3 月，10 项海绵城市建设相关标准规范局部修订基本完成报批稿。

（撰稿人：邢海峰，住房和城乡建设部城乡规划管理中心副主任，研究员，博士；程彩霞，住房和城乡建设部城乡规划管理中心给排水处副研究员，博士；徐慧纬，住房和城乡建设部城乡规划管理中心给排水处副处长，副研究员，博士；崔一帆，住房和城乡建设部城乡规划管理中心给排水处工程师，硕士；温婷，住房和城乡建设部城乡规划管理中心助理研究员，博士；陈玮，住房和城乡建设部城乡规划管理中心给排水处副研究员，博士；高伟，住房和城乡建设部城乡规划管理中心给排水处工程师，博士）

2015 年中国城市地下管线和
地下综合管廊工作综述

　　2015 年，城市地下管线和地下综合管廊规划建设工作得到了国家和地方的高度重视，国家进一步明确了城市地下管线和地下综合管廊规划建设管理工作目标任务和要求，城市地下管线规划建设管理工作有序推进，地下综合管廊规划建设工作全面启动。

一、城市地下管线和地下综合管廊工作得到了国家高度重视

　　（1）2015 年 7 月 28 日，李克强总理主持召开国务院常务会议，部署推进城市地下综合管廊建设。会议提出了四个方面的具体举措，一是各城市政府要综合考虑城市发展远景，按照先规划、后建设的原则，编制地下综合管廊专项规划，在年度建设中优先安排，并预留和控制地下空间。二是在全国开展一批地下综合管廊建设示范，在探索取得经验的基础上，城市新区、各类园区、成片开发区域新建道路同步建设地下综合管廊，老城区要结合旧城改造更新、道路改造、河道治理等统筹安排管廊建设。已建管廊区域，所有管线必须入廊；管廊以外区域不得新建管线。加快现有城市电网、通信网络等架空线入地工程。三是完善管廊建设和抗震防灾等标准，落实工程规划、建设、运营各方质量安全主体责任，建立终身责任和永久性标牌制度，确保工程质量和安全运行，接受社会监督。四是创新投融资机制，在加大财政投入的同时，通过特许经营、投资补贴、贷款贴息等方式，鼓励社会资本参与管廊建设和运营管理。入廊管线单位应缴纳适当的入廊费和日常维护费，确保项目合理稳定回报。发挥开发性金融作用，将管廊建设列入专项金融债支持范围，支持管廊建设运营企业通过发行债券、票据等融资。

　　（2）2015 年 8 月 5 日，国务院办公厅印发了《关于推进城市地下综合管廊建设的指导意见》（国办发 [2015]61 号），提出到 2020 年，建成一批具有国际先进水平的地下综合管廊并投入运营。从统筹规划、有序建设、严格管理、支持政策四个方面，提出了十项具体措施。一是编制专项规划；二是完善标准规范；

三是划定建设区域；四是明确实施主体；五是确保质量安全；六是明确入廊要求；七是实行有偿使用；八是提高管理水平；九是加大政府投入；十是完善融资支持。

（3）2015 年 12 月 20 日，中央城市工作会议召开，会议提出认真总结推广试点城市经验，逐步推开城市地下综合管廊建设，统筹各类管线敷设。

二、城市地下管线和地下综合管廊工作取得新进展

（一）组织开展了地下综合管廊试点工作

（1）试点城市工作。2015 年 1 月，财政部、住房城乡建设部联合印发了《关于组织申报 2015 年地下综合管廊试点城市的通知》（财办建 [2015]1 号），组织开展中央财政支持地下综合管廊试点工作，通过竞争性评审选出包头、沈阳、哈尔滨、苏州、厦门、十堰、长沙、海口、六盘水、白银 10 个试点城市；住房城乡建设部组织各地建立了试点工作月报制度，并于 2015 年 10 月，组织专家对 10 个试点城市工作推进情况进行检查和辅导，在督促试点任务落实的基础上，形成可复制、可推广的经验，指导各地开展城市地下综合管廊建设。

（2）试点省工作。2015 年 10 月，住房城乡建设部会同国开行与吉林省政府签订三方合作框架协议，在吉林设立综合管廊试点省。吉林省全省推进地下综合管廊建设。

（二）全面推进城市地下综合管廊规划建设

（1）组织编制专项规划。2015 年 5 月，住房城乡建设部印发了《城市地下综合管廊工程规划编制指引》（建城 [2015]70 号），指导各地组织编制城市地下综合管廊工程规划，划定城市地下综合管廊建设区域，明确地下综合管廊建设目标任务、系统布局、入廊管线、断面形式、投资估算、建设时序等。

（2）修订完善标准规范。2015 年 6 月，住房城乡建设部修订了《城市综合管廊工程技术规范》GB 50838—2015、制定了《城市综合管廊工程投资估算指标》ZYA1-12（10）—2015，为各地建设地下综合管廊、合理确定和控制城市地下综合管廊工程投资提供了技术标准和规范。

（3）建立项目储备制度。2015 年住房城乡建设部城市建设司组织开发了"全国城市地下综合管廊建设项目信息系统"，指导各地根据《城市地下综合管廊工程规划编制指引》（建城 [2015]70 号），制定地下综合管廊五年项目滚动规划和年度建设计划，建立城市地下综合管廊项目库，并做好项目信息上报工作。

（4）加强金融支持力度。2015 年，地下综合管廊项目纳入国家专项建设基

金支持范围；2015 年 10 月，住房城乡建设部与中国农业发展银行联合下发了《住房城乡建设部、中国农业发展银行关于推进政策性金融支持城市地下综合管廊建设的通知》（建城 [2015]157 号），与国家开发银行联合下发了《住房城乡建设部、国家开发银行关于推进开发性金融支持城市地下综合管廊建设的通知》（建城 [2015]165 号），分别提出了充分发挥政策性、开发性金融支持地下综合管廊建设的政策措施。

（5）建立有偿使用制度。2015 年 11 月，国家发改委会同住房城乡建设部印发了《关于城市地下综合管廊实行有偿使用制度的指导意见》（发改价格 [2015]2754 号），提出要建立主要由市场形成价格的机制，明确了城市地下综合管廊有偿使用的费用构成因素，并提出了相关保障措施。

（三）开展全国城市地下综合管廊规划建设座谈及专题培训

（1）组织召开全国座谈会。2015 年 4 月 9 ~ 10 日，住房城乡建设部在广东珠海市举办城市地下综合管廊规划建设培训班，陈政高部长出席座谈会并做了重要讲话，要求各地应统一认识、统一思想，提出了建设综合管廊的十个方面的有利条件，以及树立责任心、保持开放的心态和改革的决心、加强学习、将管廊建设纳入法制轨道 4 个方面的工作要求。2015 年 9 月 18 日，住房城乡建设部会同国开行在江苏苏州市召开了城市地下综合管廊建设工作座谈会，对地方利用国开行贷款的政策和操作程序进行解读和辅导，搭建了信息交流平台，帮助地方政府与社会资本、咨询机构开展了项目对接，为进一步开展地下综合管廊 PPP 合作奠定了基础。

（2）开展专题培训。2015 年 9 ~ 10 月，住房城乡建设部城市建设司在西安、上海、深圳举办了 3 期"城市地下综合管廊规划建设培训班"。各地地下综合管廊建设主管部门和规划、设计、施工、运营维护、投资等相关单位的有关人员参加了培训；2015 年 12 月 3 ~ 24 日，住房城乡建设部城市建设司在北京、厦门、西安、珠海举办了 4 期"城市地下综合管廊、海绵城市建设、黑臭水体整治工程设计单位专业技术人员培训班"，邀请部内外有关领导和专家进行授课，各地地下综合管廊规划建设相关单位人员参加了培训。

（四）进一步推进城市地下管线规划建设管理工作

（1）开展城市地下管线普查和隐患排查工作。按照建城 [2014]179 号文件要求，住房城乡建设部会同工业和信息化部、新闻出版广电总局、安监总局、能源局组织各地上报普查工作方案和工作进展情况，并对全国 10 个省（黑龙江、辽宁、内蒙古、湖北、湖南、海南、福建、贵州、江苏、甘肃）城市地下管线普查情况进行抽查，下发了全国城市地下管线普查工作进展情况的通报等文件。

（2）推进城市地下管线立法工作。住房城乡建设部研究起草并形成了《城市地下管线管理条例（征求意见稿）》；并于 2015 年初征求了国务院有关部门、各地方及有关单位的意见。

（3）加强地下管线安全和应急防灾宣传教育。2015 年 7 月，住房城乡建设部会同国家安监总局开展了城市地下管线挖掘安全主题宣传活动。

三、城市地下管线和地下综合管廊工作取得明显成效

（一）各地正在抓紧落实地下综合管廊建设工作

截至 2015 年 12 月，全国 31 省（区、市）中，河北、辽宁、吉林、上海、山东、四川、山西、云南、安徽、江西、甘肃等 11 省（市）下发了推进地下综合管廊建设的实施意见，其中，河北、辽宁、吉林、上海、山东、四川 6 省（市）明确了建设目标，提出到 2020 年共建设地下综合管廊 3940 公里。

（二）部分城市开展了地下综合管廊专项规划编制工作

《国务院办公厅关于推进城市地下综合管廊建设的指导意见》（国办发 [2015]61 号）、《城市地下综合管廊工程规划编制指引》（建城 [2015]70 号）等文件下发后，各省（区、市）纷纷组织各城市编制城市地下综合管廊专项规划，明确了规划编制完成的时间等工作要求。截至 2015 年底，已有部分城市编制完成了地下综合管廊专项规划，并通过了城市人民政府或有关部门的审批。

（三）部分地区出台了城市地下综合管廊法规和标准规范

2015 年 5 月 26 日，河北省出台了《河北省城市地下管网条例》，明确了城市地下管线规划、建设、管理具体要求和内容；2015 年底，珠海市出台了《珠海经济特区地下综合管廊管理条例》，明确了珠海市地下综合管廊规划、建设、管理具体要求和内容；内蒙古、福建、江苏、吉林等省印发了地下综合管廊建设技术导则。

（四）一些城市积极探索城市地下综合管廊投融资模式

六盘水等城市积极探索地下综合管廊 PPP 投融资模式，通过公开招投标选择社会资本，与政府代表共同建立 PPP 项目公司，承担地下综合管廊规划、建设、施工和运营管理工作；苏州等城市采取管线权属单位入股组建地下综合管廊项目

公司的模式，建设运营地下综合管廊。

（撰稿人：刘晓丽，住房和城乡建设部城乡规划管理中心地下管线处副处长，副研究员，博士；张晓军，住房和城乡建设部城乡规划管理中心地下管线处和园林绿化技术管理处处长，教授级高级城市规划师，博士；李程，住房和城乡建设部城乡规划管理中心地下管线处，硕士；李昂，住房和城乡建设部城乡规划管理中心地下管线处，硕士；张月，住房和城乡建设部城乡规划管理中心地下管线处，硕士）

附　录

2015—2016 年度中国城市规划大事记

2015 年 1 月 4 日，财政部办公厅和住房城乡建设部办公厅联合印发《财政部　住房城乡建设部关于开展中央财政支持地下综合管廊试点工作的通知》，公布2015 年地下综合管廊试点城市申报指南，启动 2015 年中央财政支持地下综合管廊试点城市申报工作。

2015 年 1 月 5 日，国土资源部、农业部在京联合召开视频会议，部署新常态下耕地保护工作重大行动——落实永久基本农田划定和规范设施农用地管理工作。会议重点是尽快将城镇周边、交通沿线现有易被占用的优质耕地优先划为永久基本农田，将已建成的高标准农田优先划为永久基本农田。永久基本农田一经划定，不得随意调整或占用。城市建设要跳出已划定的永久基本农田，实现组团式、串联式发展。

2015 年 1 月 10 日，中共中央办公厅和国务院办公厅联合印发《关于农村土地征收、集体经营性建设用地入市、宅基地制度改革试点工作的意见》。这标志着，我国农村土地制度改革即将进入试点阶段。《意见》在农村土地征收，农村集体经营性建设用地入市和农村宅基地制度改革方面提出意见。此外，试点将在新型城镇化综合试点和农村改革试验区中选择，封闭运行，确保风险可控。试点工作将在 2017 年底完成。

2015 年 1 月 20 日，住房城乡建设部在内蒙古自治区包头市召开全国棚户区改造经验交流会。会议指出，要加大力度推进棚改，造福群众，助力发展。会议强调，要加快棚改进度，提高安置工作效率；要加大督察力度，实施台账管理；要加强与国家开发银行的协作配合，共同分析、协调解决开发性金融支持棚改、完善棚改融资长效机制等方面的问题；要进一步完善政策措施，依法依规做好棚户区居民的安置补偿工作；要认真学习借鉴各地的创新做法和经验，不断完善棚改工作机制。

2015 年 2 月 1 日，推进"一带一路"建设工作会议在北京召开。会议强调，"一带一路"建设是一项宏大系统工程，要突出重点、远近结合，有力有序有效推进，确保"一带一路"建设工作开好局、起好步。要坚持共商、共建、共享原则，强化规划引领，抓好重点项目，畅通投资贸易，拓宽金融合作，促进人文交流，保护生态环境，加强沟通磋商，充分发挥多边双边、区域次区域合作机制和平台的作用，扩大利益契合点，谋求共同发展、共同繁荣，携手推进"一带一路"建设。

2015 年 2 月 4 日，住房城乡建设部下发《住房城乡建设部等部门关于加强村镇无障碍环境建设的指导意见》。《意见》提出，到 2020 年，村镇无障碍环境建设工作机制基本健全，社会各方力量共同参与的良好社会氛围基本形成，村镇无障碍环境明显改善。《意见》要求加强监管，确保无障碍设施发挥作用。

2015 年 2 月 4 日，国家发改委通知印发《国家新型城镇化综合试点总体实施方案》。根据该方案，发改委会同中央编办、公安部、民政部、财政部、人力资源社会保障部、国土资源部、住房城乡建设部、农业部、人民银行、银监会等 11 个部门，对申报地区的试点工作方案进行评审，将江苏、安徽两省和宁波等 62 个城市（镇）列为国家新型城镇化综合试点地区。

2015 年 2 月 5 日，国务院批复 14 家省级高新区升级为国家高新技术产业开发区。目前全国国家级高新区总数已达 129 家。14 家高新区分别为：长治高新技术产业开发区，锦州高新技术产业开发区，连云港高新技术产业开发区，盐城高新技术产业开发区，萧山临江高新技术产业开发区，三明高新技术产业开发区，龙岩高新技术产业开发区，抚州高新技术产业开发区，枣庄高新技术产业开发区，平顶山高新技术产业开发区，郴州高新技术产业开发区，源城高新技术产业开发区，北海高新技术产业开发区，泸州高新技术产业开发区。

2015 年 2 月 6 日，国务院下发《国务院关于珠海市城市总体规划的批复》，原则同意《珠海市城市总体规划（2001—2020 年）（2015 年修订）》。明确要在《总体规划》确定的 7827 平方公里的城市规划区范围内，实行城乡统一规划管理；要合理控制城市规模，到 2020 年中心城区常住人口控制在 105 万人以内，城市建设用地控制在 105 平方公里以内。

2015 年 2 月 10 日，中共中央总书记习近平主持召开了中央财经领导小组第九次会议。会议强调，城镇化是一个自然历史过程，涉及面很广，要积极稳妥推进，越是复杂的工作越要抓到点子上，突破一点，带动全局。推进城镇化的首要任务是促进有能力在城镇稳定就业和生活的常住人口有序实现市民化。推进城镇化不是搞成城乡一体化。习近平指出，疏解北京非首都功能、推进京津冀协同发展，是一个巨大的系统工程。目标要明确，通过疏解北京非首都功能，调整经济结构和空间结构，走出一条内涵集约发展的新路子，探索出一种人口经济密集地区优化开发的模式，促进区域协调发展，形成新增长极。

2015 年 2 月 16 日，国务院下发《国务院关于左右江革命老区振兴规划的批复》，原则同意《左右江革命老区振兴规划（2015—2025 年）》。

2015 年 3 月 3 日，住房城乡建设部、财政部两部门联合下发通知，决定在城市供水、污水处理、垃圾处理、供热、供气、道路桥梁、公共交通基础设施、公共停车场、地下综合管廊等市政公用领域开展政府和社会资本合作（Public-

Private Partnership，PPP）项目推介工作。

2015 年 3 月 5 日，十二届全国人大三次会议开幕，国务院总理李克强作政府工作报告，对 2015 年工作进行了总体部署。李克强提出，新农村建设要惠及广大农民，推进新型城镇化要取得新突破，拓展区域发展新空间，统筹实施"四大板块"和"三个支撑带"战略组合，完善差别化的区域发展政策。把"一带一路"建设与区域开发开放结合起来，加强新亚欧大陆桥、陆海口岸支点建设。推进京津冀协同发展，在交通一体化、生态环保、产业升级转移等方面率先取得实质性突破。

2015 年 3 月 25 日，国务院发布《国务院关于宁波市城市总体规划的批复》，原则同意《宁波市城市总体规划（2006—2020 年）（2015 年修订）》。明确要在《总体规划》确定的 2560 平方公里的城市规划区范围内，重点加强中心城及外围组团的规划统筹，实行城乡统一规划管理；要合理控制城市规模，到 2020 年中心城区常住人口控制在 395 万人以内，城市建设用地控制在 420 平方公里以内。

2015 年 3 月 25 日，国土资源部和住房城乡建设部联合发布《关于优化 2015 年住房及用地供应结构促进房地产市场平稳健康发展的通知》。《通知》指出，一是合理安排住房及其用地供应规模；二是优化住房及用地供应结构；三是统筹保障性安居工程建设；四是加大市场秩序和供应实施监督力度。

2015 年 3 月 28 日，国家发改委、外交部、商务部联合发布行动方案——《推动共建丝绸之路经济带和 21 世纪海上丝绸之路的愿景与行动》。《愿景与行动》提出，推进"一带一路"建设，中国将充分发挥国内各地区比较优势，实行更加积极主动的开放战略，加强东中西互动合作，全面提升开放型经济水平。《愿景与行动》确定了我国西北地区、东北地区、西南地区、沿海和港澳台地区，以及内陆地区各相关省市的战略定位。

2015 年 3 月 30 日，国土资源部办公厅、农业部办公厅联合下发《关于切实做好 106 个重点城市周边永久基本农田划定工作有关事项的通知》。《通知》要求，抓紧开展 106 个重点城市周边永久基本农田划定工作。《通知》强调，同步开展其他城市（镇）周边永久基本农田划定工作，统筹做好城市（镇）全域永久基本农田划定工作。

2015 年 4 月 2 日，财政部、住房城乡建设部、水利部根据 2014 年 12 月 31 日发布的《关于开展中央财政支持海绵城市建设试点工作的通知》，开展中央财政支持海绵城市建设试点工作。16 个城市入围，分别为迁安、白城、镇江、嘉兴、池州、厦门、萍乡、济南、鹤壁、武汉、常德、南宁、重庆、遂宁、贵安新区和西咸新区。根据《通知》，中央财政对海绵城市建设试点给予专项资金补助，一定三年，具体补助数额按城市规模分档确定，对采用 PPP 模式达到一定比例的，相应增加补助金额。试点城市由省级财政、住房城乡建设、水利部门联合申报，采取竞争性评审方式确定试点名单，并定期开展绩效评价。

2015 年 4 月 3 日，住房城乡建设部、国家文物局联合发文，公布了北京市皇城历史文化街区等 30 个街区为第一批中国历史文化街区，并提出要做好其保护工作，依法编制保护规划并严格实施，完善保护管理工作机制，建立动态维护机制；同时建议各地应积极组织开展省级历史文化街区认定工作，扩大保护范围，完善保护体系，加强历史文化街区保护利用工作。

2015 年 4 月 5 日，国务院批复同意《长江中游城市群发展规划》。这是贯彻落实长江经济带重大国家战略的重要举措，也是《国家新型城镇化规划（2014—2020 年）》出台后国家批复的第一个跨区域城市群规划。《规划》明确了推进长江中游城市群发展的指导思想和基本原则，提出了打造中国经济发展新增长极、中西部新型城镇化先行区、内陆开放合作示范区、"两型"社会建设引领区的战略定位，以及到 2020 年和 2030 年两个阶段的发展目标。《规划》明确了六个方面的重点任务：城乡统筹发展；基础设施互联互通；产业协调发展；共建生态文明；公共服务共享；深化对外开放。

2015 年 4 月 7 日，住房城乡建设部办公厅和科学技术部办公厅根据 2014 年 8 月 22 日发布的《住房城乡建设部办公厅科学技术部办公厅关于开展国家智慧城市 2014 年试点申报工作的通知》的要求，确定北京市门头沟区等 84 个城市（区、县、镇）为国家智慧城市 2014 年度新增试点，河北省石家庄市正定县等 13 个城市（区、县）为扩大范围试点，航天恒星科技有限公司等单位承建的 41 个项目为国家智慧城市 2014 年度专项试点。

2015 年 4 月 10 日，财政部、住房城乡建设部公布 2015 年地下综合管廊试点城市名单，10 个入围城市分别为：包头、沈阳、哈尔滨、苏州、厦门、十堰、长沙、海口、六盘水、白银。

2015 年 4 月 10 日，第一届城市与社会国际学术论坛成功举办。本次论坛由同济大学和中国城市规划学会共同主办。论坛就城市社区为对象进行学术研讨，促成城市研究方面的跨学科对话及交叉学科合作，以期为城市空间、基层治理、社会问题的改善提出综合视角的学术支持。本次论坛是国内首次在城乡规划学和社会学之间的学科跨界交流。

2015 年 4 月 10 日，住房城乡建设部在厦门召开市县"多规合一"试点工作现场会。会上，住房城乡建设部副部长陈大卫肯定了厦门"多规合一"工作的做法，同时强调要认真总结试点经验，及时研究解决问题，确保试点工作取得实效。各试点市县和有关部门要进一步主动作为、勇于创新，加大体制改革探索力度，加强空间规划顶层设计，突出法定城市规划的权威性和科学性；要坚持城乡一体，完善"一张蓝图"规划成果；要建立统一的空间规划管理信息平台，完善规划实施和建设行为管控机制；要加强组织领导和部门合作，为完善我国空间规划体系、推进规划体制改革作出积极贡献。

2015年4月11日，住房城乡建设部与海南省政府在海口签署合作协议，联合开展《海南省总体规划》编制工作，充分发挥海南优势，积极探索省域层面"多规合一"的技术路线和实施管理办法。

2015年4月16日，国务院印发《水污染防治行动计划》。提出到2020年，全国水环境质量得到阶段性改善，京津冀、长三角、珠三角等区域水生态环境状况有所好转。到2030年，力争全国水环境质量总体改善，水生态系统功能初步恢复。到21世纪中叶，生态环境质量全面改善，生态系统实现良性循环。

2015年4月21日，财政部、国土资源部、住房城乡建设部、中国人民银行、国家税务总局和银监会联合印发《关于运用政府和社会资本合作模式推进公共租赁住房投资建设和运营管理的通知》，鼓励地方运用PPP模式推进公共租赁住房投资建设和运营管理。《通知》明确了包括财政政策、税费政策、土地政策、收购政策、融资政策等在内的政府支持PPP模式公共租赁住房的政策体系，要求各地区从2015年开始组织开展公共租赁住房项目PPP模式试点和实施工作。

2015年4月22日，交通运输部公布《全国沿海邮轮港口布局规划方案》，提出2030年前，全国沿海形成以2～3个邮轮母港为引领、始发港为主体、访问港为补充的港口布局，构建能力充分、功能健全、服务优质、安全便捷的邮轮港口体系，打造一批适合我国居民旅游消费特点、国际知名的精品邮轮航线，成为全球三大邮轮运输市场之一，邮轮旅客吞吐量位居世界前列。

2015年4月23日，国家发改委、国土资源部、环境保护部、住房城乡建设部联合发布《关于促进国家级新区健康发展的指导意见》。《意见》要求，国家级新区要严格落实新区总体方案和发展规划的有关要求。在发展目标上，《意见》提出，国家级新区保持经济增长速度在比较长的时期内快于所在省（区、市）的总体水平。《意见》强调，国家级新区实行最严格的耕地保护制度和节约用地制度。

2015年4月24日，第十二届全国人民代表大会常务委员会第十四次会议决定通过《全国人民代表大会常务委员会关于修改〈中华人民共和国港口法〉等七部法律的决定》（主席令第二十三号）。

2015年4月25日，国务院印发《国务院关于同意设立湖南湘江新区的批复》，同意设立湖南湘江新区。这是国家在中部地区设立的第一个国家级新区，有利于带动湖南省乃至长江中游地区经济社会发展，为促进中部地区崛起和长江经济带建设发挥更大作用。新区位于湘江西岸，包括长沙市岳麓区、望城区和宁乡县部分区域，面积490平方公里。目标建设成为高端制造研发转化基地和创新创意产业集聚区、产城融合城乡一体的新型城镇化示范区、全国"两型"社会建设引领区、长江经济带内陆开放高地。

2015 年 4 月 25 日，中共中央、国务院发布《中共中央 国务院关于加快推进生态文明建设的意见》。《意见》指出，推进生态文明建设应遵循"五个坚持"、"四个目标"，加快形成人与自然和谐发展的现代化建设新格局。

2015 年 4 月 28 ~ 29 日，2015 中国城市规划学会城市生态规划学术委员会年会暨 ISOCARP50 周年系列学术活动在昆明市召开。会议由中国城市规划学会城市生态规划学术委员会主办，云南省城乡规划设计研究院承办。共谋低碳、生态、绿色发展之路。张泉主任委员、沈清基教授等 16 位专家围绕国内低碳生态城乡规划最新学术研究和实践成果进行了交流。

2015 年 4 月 30 日，中共中央政治局就健全城乡发展一体化体制机制进行第二十二次集体学习。中共中央总书记习近平在主持学习时强调，全面建成小康社会，最艰巨最繁重的任务在农村，特别是农村贫困地区。习近平指出，要把工业和农业、城市和乡村作为一个整体统筹谋划，促进城乡在规划布局、要素配置、产业发展、公共服务、生态保护等方面相互融合和共同发展。着力点是通过建立城乡融合的体制机制，形成以工促农、以城带乡、工农互惠、城乡一体的新型工农城乡关系，目标是逐步实现城乡居民基本权益平等化、城乡公共服务均等化、城乡居民收入均衡化、城乡要素配置合理化，以及城乡产业融合化。习近平强调，要继续推进新农村建设，使之与新型城镇化协调发展、互惠一体，形成双轮驱动。

2015 年 4 月 30 日，中共中央政治局审议通过《京津冀协同发展规划纲要》。会议指出，推动京津冀协同发展是一个重大国家战略。战略的核心是有序疏解北京非首都功能，调整经济结构和空间结构，走出一条内涵集约发展的新路子，探索出一种人口经济密集地区优化开发的模式，促进区域协调发展，形成新增长极。会议强调，要坚持协同发展、重点突破、深化改革、有序推进；要严控增量、疏解存量、疏堵结合调控北京市人口规模。要在京津冀交通一体化、生态环境保护、产业升级转移等重点领域率先取得突破；要大力促进创新驱动发展，增强资源能源保障能力，统筹社会事业发展，扩大对内对外开放；要加快破除体制机制障碍，推动要素市场一体化，构建京津冀协同发展的体制机制，加快公共服务一体化改革；要抓紧开展试点示范，打造若干先行先试平台。

2015 年 5 月 8 日，环境保护部、国家发改委、财政部、国土资源部、住房城乡建设部、水利部、农业部、国家林业局、中国科学院、国家海洋局联合发布《关于进一步加强涉及自然保护区开发建设活动监督管理的通知》，进一步加大对自然保护区的监管与保护。

2015 年 5 月 17 日，国土资源部印发《关于下达〈2015 年全国土地利用计划〉

的通知》，要求各地区别对待、有保有压，合理安排建设用地计划指标，促进区域、城乡、产业协调发展。《通知》明确，优先安排社会民生建设用地，重点保障基础设施建设用地，合理安排城乡、产业建设用地，落实扶贫开发建设用地。《通知》要求，严格控制特大城市用地，合理安排大中小城市和小城镇用地计划指标；对农村建设用地计划指标实行单列，单列指标不得低于国家下达计划总量的3%～5%。重点支持光伏等战略性新兴产业，以及养老、文化、医疗、旅游等现代服务业建设；对新型农业经营主体辅助设施建设用地，要单列安排用地计划指标。

2015年5月18日，住房城乡建设部办公厅发布《住房城乡建设部办公厅关于开展2015年国家级风景名胜区执法检查的通知》。此通知内容有利于进一步贯彻落实《风景名胜区条例》（以下简称《条例》），强化风景名胜区监管，提高风景名胜资源保护管理水平。

2015年5月25日，商务部等10部门联合印发《全国流通节点城市布局规划（2015—2020年）》。《规划》确定2015～2020年"三纵五横"全国骨干流通大通道体系，明确划分国家级、区域级和地区级流通节点城市，并提出完善流通大通道基础设施、建设公益性流通设施、提升流通节点城市信息化水平、建设商贸物流园区、完善城市共同配送网络、发展国家电子商务示范基地、提升沿边节点城市口岸功能、促进城市商业适度集聚发展、强化流通领域标准实施和推广等九项重点任务。

2015年5月26日，住房城乡建设部公布2014年全国村庄规划、镇规划和县域乡村建设规划示范名单，40个村庄规划、镇规划和县域乡村建设规划上榜。

2015年5月26日，住房城乡建设部印发《城市地下综合管廊工程规划编制指引》，要求各级住建部门认真贯彻落实加强城市地下管线建设管理相关工作。

2015年5月28日，住房城乡建设部在广西壮族自治区南宁市举办全国海绵城市建设培训班。住房城乡建设部部长陈政高出席培训班座谈会并讲话，财政部、国家开发银行、水利部相关负责人参加座谈会。陈政高对海绵城市建设工作提出5点要求：一是要确立目标；二是要千方百计地把雨水留下；三是要推进区域整体治理；四是要总体规划，分步实施；五是各级住房城乡建设部门、各个城市要切实把海绵城市建设提上工作日程，全面规划、全面建设、全面启动。

2015年6月5日，国务院下发《国务院关于大别山革命老区振兴发展规划的批复》，原则同意《大别山革命老区振兴发展规划》。《批复》指出，要完善三省协商机制，加强沟通衔接，努力把大别山革命老区建设成为欠发达地区科学发展示范区、全国重要的粮食和特色农产品生产加工基地、长江和淮河中下游地区重要的生态安全屏障、全国重要的旅游目的地，使老区人民早日过上富裕幸福的生活。

2015年6月5日，中央全面深化改革领导小组第13次会议确定选取海南省进行"多规合一"试点，这也是目前全国唯一"多规合一"省级试点。

2015年6月8日，住房城乡建设部发布《住房城乡建设部关于2015年美丽宜居小镇、美丽宜居村庄示范工作的通知》。要求各省级住房城乡建设部门要按照美丽宜居小镇示范、美丽宜居村庄示范指导性要求，组织开展好省、市、县各级美丽宜居村镇示范工作，并择优推荐2015年美丽宜居示范村镇。

2015年6月11日，国务院下发《国务院关于同意将江苏省常州市列为国家历史文化名城的批复》，同意将常州市列为国家历史文化名城。《批复》要求，江苏省及常州市人民政府要按照《历史文化名城名镇名村保护条例》的要求，正确处理城市建设与保护历史文化遗产的关系，深入研究发掘历史文化遗产的内涵与价值，明确保护的原则和重点。

2015年6月15日，住房城乡建设部标准定额司、城市建设司组织部标准定额所、上海市政工程设计研究总院等单位编制完成了《城市综合管廊工程投资估算指标》。《指标》由综合指标和分项指标两部分组成。

2015年6月15日，住房城乡建设部举行新闻发布会，通报了9起被挂牌督办的违反城乡规划案件。这是《城乡规划法》实施8年来，住建部首次挂牌督办此类案件。案件涉及石家庄市、邯郸市、无锡市、厦门市、南昌市、襄阳市、贵阳市、兰州市、乌鲁木齐市。

2015年6月17日，住房城乡建设部在四川省成都市召开座谈会，研究探索建立城乡规划督察部省联动机制，并要求各省健全完善省派规划督察员制度。

2015年6月17日，住房城乡建设部正式发函，原则同意将三亚列为城市修补生态修复、海绵城市和综合管廊建设综合试点城市。三亚成为全国首个"城市修补、生态修复"试点城市。

2015年6月23日，住房城乡建设部、文化部、国家文物局、财政部、国土资源部、农业部、国家旅游局等七部门联合下发通知，就做好2015年中国传统村落保护工作做出具体部署，强调要抓紧建立传统村落挂牌保护制度，严格执行乡村建设规划许可。

2015年6月29日，中欧城镇化伙伴关系论坛在比利时首都布鲁塞尔顺利召开。中华人民共和国国务院总理李克强和欧盟委员会主席容克出席论坛并致辞。李克强指出，中国要坚持走以人为本的新型城镇化之路，建设更加包容、更加和谐的城市。李克强对今后的中欧合作提出三点指导意见：一是深化智慧城市合作；二是加强节能环保合作；三是推进公共服务合作。

2015年6月30日，国务院印发《国务院关于进一步做好城镇棚户区和城乡危房改造及配套基础设施建设有关工作的意见》。《意见》提出，按照推进以人为核心的新型城镇化部署，实施三年计划，加大棚改配套基础设施建设力度，使城市基础设施更加完备，布局合理、运行安全、服务便捷。《意见》明确了四方面工作举措：一是加大城镇棚户区改造力度；二是完善配套基础设施；三是推进农村危房改造；四是创新融资体制机制。

2015 年 6 月 30 日，国家发改委发布《关于建设长江经济带国家级转型升级示范开发区的实施意见》。《意见》要求，落实党中央和国务院的决策部署，顺应国际国内产业发展新趋势，国家级转型升级示范开发区的主要任务为：承接国际产业转移，促进开放型经济发展；承接国际、沿海产业转移，带动区域协调发展；产城互动，引导产业和城市同步融合发展；低碳减排，建设绿色发展示范开发区；创新驱动，建设科技引领示范开发区；制度创新，建设投资环境示范开发区。

2015 年 7 月 2 日，国务院下发《国务院关于同意设立南京江北新区的批复》。《批复》强调，南京江北新区，要逐步建设成为自主创新先导区、新型城镇化示范区、长三角地区现代产业集聚区、长江经济带对外开放合作重要平台，努力走出一条创新驱动、开放合作、绿色发展的现代化建设道路。

2015 年 7 月 3 日，住房城乡建设部、国土资源部和公安部联合下发《关于坚决制止异地迁建传统建筑和依法打击盗卖构件行为的紧急通知》，明确坚决制止和打击传统古建筑被异地迁建、盗卖等行为，并将在全国启动专项督查。

2015 年 7 月 3 日，住房城乡建设部发布《2014 年城乡建设统计公报》。根据《统计公报》，2014 年年末，全国设市城市 653 个，其中直辖市 4 个、地级市 288 个、县级市 361 个。据对 651 个城市、1 个特殊区域、1 个新撤销市统计汇，总城市城区户籍人口 3.86 亿人，暂住人口 0.60 亿人，建成区面积 4.98 万平方公里。全国共有县 1596 个，据对 1579 个县、10 个新撤销县、14 个特殊区域以及 149 个新疆生产建设兵团师团部驻地统计汇总，县城户籍人口 1.40 亿人，暂住人口 0.16 亿人，建成区面积 2.01 万平方公里。全国共有建制镇 20401 个、乡 12282 个；据对 17653 个建制镇、11871 个乡、679 个镇乡级特殊区域和 270 万个自然村（其中村民委员会所在地 54.67 万个）统计汇总，村镇户籍总人口 9.52 亿人。全国建制镇建成区面积 379.5 万公顷，乡建成区 72.2 万公顷，镇乡级特殊区域建成区 10.5 万公顷，村庄现状用地面积 1394.1 万公顷。

2015 年 7 月 10 日，为科学、全面评价海绵城市建设成效，住房城乡建设部出台《海绵城市建设绩效评价与考核办法（试行）》。根据试行办法，住房城乡建设部负责指导和监督各地海绵城市建设工作，并对海绵城市建设绩效评价与考核情况进行抽查；省级住房城乡建设主管部门负责具体实施地区海绵城市建设绩效评价与考核。各地将依据试行办法中水生态、水环境、水资源、水安全、制度建设及执行情况、显示度 6 个方面指标，对海绵城市建设效果进行绩效评价与考核。

海绵城市建设绩效评价与考核分 3 个阶段：一是城市自查，二是省级评价，三是部级抽查。

2015 年 7 月 20 日，国务院办公厅下发《国务院关于兰州市城市总体规划的批复》，原则同意《兰州市城市总体规划（2011—2020 年）》。明确要在《总体规划》确定的 5810 平方公里城市规划区范围内，重视城乡区域统筹发展，实行城乡统一规划管理；要合理控制城市规模，到 2020 年中心城区常住人口控制在 275 万人以内，城市建设用地控制在 250 平方公里以内。

2015 年 7 月 22～23 日，第十届城市发展与规划大会在广州召开。大会以"生态智慧·一带一路·绿色发展"为主题，围绕国内外城市规划与可持续发展、新型城镇化与城市发展模式转型、智慧城市、数字化城市管理、生态城市、绿色交通、生态环境建设、绿色建筑社区、低碳生态城市的规划与设计、碳减排技术、清洁能源与生态城市建设实践、城市总体规划先进案例与控制性详规编制办法、历史文化名城保护与更新、海绵城市、生态城市的水系统规划与水生态修复、城市综合管廊、地下管线规划建设、城市创新理论与实践、"三规合一"实施与管理、国际航空枢纽周边地区规划建设、高铁经济带发展理论与实践、自贸试验区和城市新区的发展与建设、国际滨水城市发展与滨水区规划、"一带一路"背景下城市发展的机遇与挑战等相关议题进行专题学术研讨。会议期间正式发布由中国城市科学研究会编制的《中国城市规划发展报告 2014—2015》，文稿内容紧密联系现阶段我国城市规划工作的重点领域和焦点、热点问题，以综合篇、技术篇和管理篇三个部分，汇总了一年来国内有关新型城镇化、城市规划技术和城市规划管理等方面的优秀理论与实践研究成果。

2015 年 7 月 23 日，国务院下发《国务院关于批准设立云南勐腊（磨憨）重点开发开放试验区的批复》，同意设立云南勐腊（磨憨）重点开发开放试验区，建设实施方案由发展改革委会同有关部门负责印发。试验区建设抓住实施"一带一路"战略的重大机遇，在"多规合一"、空间布局优化、生态环境保护，集约节约利用资源等方面积极进行探索。

2015 年 8 月 1 日，国务院印发《全国海洋主体功能区规划》。该《规划》是《全国主体功能区规划》的重要组成部分，是推进形成海洋主体功能区布局的基本依据，是海洋空间开发的基础性和约束性规划。规划范围为我国内水和领海、专属经济区和大陆架及其他管辖海域（不包括港澳台地区）。

2015 年 8 月 3 日，国务院办公厅下发《国务院关于福州市城市总体规划的批复》，原则同意《福州市城市总体规划（2011—2020 年）》。明确要在《总体规划》确定的 4792 平方公里城市规划区范围内，重视城乡区域统筹发展，实行城乡统一规划管理；要合理控制城市规模，到 2020 年中心城区常住人口控制在 410 万人以内，城市建设用地控制在 378 平方公里以内。

2015 年 8 月 3 日，国家发改委、财政部、国土资源部、住房城乡建设部、交通运输部、公安部、银监会等七部委联合印发《关于加强城市停车设施建设的指导意见》。

2015 年 8 月 10 日，国务院办公厅印发《国务院办公厅关于推进城市地下综合管廊建设的指导意见》，部署推进城市地下综合管廊建设工作。《指导意见》明确，到 2020 年，建成一批具有国际先进水平的地下综合管廊并投入运营，反复开挖地面的"马路拉链"问题明显改善，管线安全水平和防灾抗灾能力明显提升，逐步消除主要街道蜘蛛网式架空线，城市地面景观明显好转。

2015 年 8 月 10 日，住房城乡建设部、文化部、国家文物局、财政部、国土资源部、农业部、国家旅游局等 7 部门决定将北京市门头沟区大台街道千军台村等 491 个中国传统村落列入 2015 年中央财政支持范围。

2015 年 8 月 13 日，由中国科协主办，中国城市规划学会、新疆生产建设兵团科协、新疆维吾尔自治区住建厅、伊宁市政府承办的第四届山地城镇可持续发展专家论坛在伊宁市举行。本次论坛主题为"一带一路战略与山地城镇交通规划建设"。

2015 年 8 月 19 日，国务院下发《国务院关于同意将江西省瑞金市为国家历史文化名城的批复》，同意将瑞金市列为国家历史文化名城。按照《历史文化名城名镇名村保护条例》的要求，正确处理城市建设与保护历史文化遗产的关系，深入研究发掘历史文化遗产的内涵与价值，明确保护的原则和重点。

2015 年 8 月 31 日，国务院印发《促进大数据发展行动纲要》。《纲要》认为，坚持创新驱动发展，加快大数据部署，深化大数据应用，已成为稳增长、促改革、调结构、惠民生和推动政府治理能力现代化的内在需要和必然选择。

2015 年 9 月 1 日，住房城乡建设部印发《城市停车设施规划导则》，指导各地加快落实、规范推进城市停车设施规划编制工作，立足从规划源头上合理配置停车设施资源，有效引导交通需求，逐步缓解城市停车矛盾。

2015 年 9 月 8 日，住房城乡建设部与工业和信息化部（注意前后都统一名称）联合印发《关于加强城市通信基础设施规划的通知》，大力推进城市通信基础设施规划建设工作。要求 2016 年底前，所有大城市、特大城市应完成通信基础设施专项规划编制工作，其他城市应于 2017 年底前完成专项规编制工作。

2015 年 9 月 9 日，国家发改委发布《国家级新区发展报告 2015》，系统总结梳理并向社会公开全国新区设立发展情况。《报告》收录了各新区 2014 年发展态势，对 2015 年发展方向和重点任务作出总体安排。

2015 年 9 月 9 日，国务院印发《国务院关于同意设立福州新区的批复》，同意设立福州新区。福州新区位于福州市滨海地区，初期规划范围包括马尾区、仓山区、长乐市、福清市部分区域，规划面积 800 平方公里。

2015 年 9 月 11 日，中共中央政治局召开会议，审议通过《生态文明体制改革总体方案》，中共中央总书记习近平主持会议。《方案》提出要树立"六大理念"、秉承"六个坚持"、构建"八项基础性制度或体系"。《方案》无论是在理论层面还是在制度建设层面，都是生态文明建设顶层设计的里程碑。

2015 年 9 月 11 日，住房城乡建设部发布通知，根据我部专家委员会相关管理规定，我部成立了"住房城乡建设部海绵城市建设技术指导专家委员会"。

2015 年 9 月 14 日，住房城乡建设部发布《国家级风景名胜区规划编制审批办法》，自 2015 年 12 月 1 日起施行。

2015 年 9 月 15 日，国务院下发《国务院关于同意设立云南滇中新区的批复》，同意设立云南滇中新区。初期规划范围包括安宁市、嵩明县和官渡区部分区域，面积约 482 平方公里。

2015 年 9 月 15 ~ 18 日，第六届中国（天津滨海）国际生态城市论坛在滨海新区召开。主题为"生态城市与创新驱动"。本届论坛着力探索如何在保持资源和环境永续利用的前提下实现经济和社会的发展。

2015 年 9 月 16 日，国务院办公厅下发《国务院关于批准烟台市城市总体规划的通知》，原则同意《烟台市城市总体规划（2011—2020 年)》。明确要在《总体规划》确定的 3002 平方公里城市规划区范围内，重视城乡区域统筹发展，实行城乡统一规划管理；要合理控制城市规模，到 2020 年中心城区常住人口控制在 230 万人以内，城市建设用地控制在 255 平方公里以内。

2015 年 9 月 18 日，国土资源部联合国家发改委、科技部、工信部、住建部、商务部下发《关于支持新产业新业态发展促进大众创业万众创新用地的意见》，保障以《中国制造 2025》、"互联网＋"等为代表的新产业的用地需求。六部委称，土地供应鼓励以租赁方式或先租后让、租让结合方式，并将建立共同监管机制。

2015 年 9 月 19 ~ 21 日，由中国城市规划学会与贵阳市人民政府共同主办，贵州省住房城乡建设厅协办，贵阳市城乡规划局承办的"2015 中国城市规划年会"在贵阳召开。此次年会的主题为"新常态：传承与变革"。本届年会除全体大会外，还设有 49 个平行会议，其中分设 6 个青年专场、22 个专题会议、18 个自由论坛、2 个特别论坛及 1 个工作会议。同期还举行了以从"增量城市"到"存量城市"、规划问题的大数据路径、"大国之城，大城之伤"、社区营造与社区自组织、适应新常态的中国土地政策与城市化、新时期城市规划的传承与变革为重点的 6 场学术报告。

2015 年 9 月 25 日，由住房城乡建设部和湖北省人民政府共同主办的第十届中国（武汉）国际园林博览会在武汉隆重开幕。本届园博会的主题是"生态园博，绿色生活"。

2015年9月29日，国务院总理李克强主持召开国务院常务会议，决定推出新一批简政放权放管结合改革举措，打造公平规范便利的营商环境；部署加快雨水蓄排顺畅合理利用的海绵城市建设，有效推进新型城镇化；确定支持新能源和小排量汽车发展措施，促进调结构扩内需。

2015年10月4日，国务院印发《关于全国水土保持规划（2015—2030年）的批复》，原则同意《全国水土保持规划（2015—2030年）》，这是我国首部国家级水土保持规划。通过《规划》实施，到2020年，基本建成水土流失综合防治体系，全国新增水土流失治理面积32万平方公里，年均减少土壤流失量8亿吨；到2030年，建成水土流失综合防治体系，全国新增水土流失治理面积94万平方公里，年均减少土壤流失量15亿吨。

2015年10月8日，国务院办公厅对《国务院办公厅关于批准安阳市城市总体规划的通知》，原则同意《安阳市城市总体规划（2011—2020年）》。明确要在《总体规划》确定的543.6平方公里城市规划区范围内，重视城乡区域统筹发展，实行城乡统一规划管理；要合理控制城市规模，到2020年中心城区常住人口控制在150万人以内，城市建设用地控制在130平方公里以内。

2015年10月16日，国务院办公厅发布《国务院办公厅关于推进海绵城市建设的指导意见》，要求加快推进海绵城市建设，修复城市水生态、涵养水资源，增强城市防涝能力，扩大公共产品有效投资，提高新型城镇化质量，促进人与自然和谐发展，并提出相关指导意见。

2015年10月16～25日，国际城市与区域规划师学会（ISOCARP）主席团会议在荷兰埃因霍芬召开。会议的主题是"城市拯救世界——我们让规划获得新生"。本次会议还将庆祝国际城市与区域规划师学会成立50周年。

2015年10月17日，全国违法建筑治理工作现场会在义乌和浦江召开。住房城乡建设部部长陈政高作重要讲话，住房城乡建设部副部长倪虹主持会议，浙江省副省长熊建平代表省委、省政府致辞并介绍浙江省违法建筑治理工作经验。浦江县和温州市、义乌市、诸暨市暨阳街道在会上作了交流发言。陈政高充分肯定了浙江省治理违法建筑的经验。

2015年10月18日，国务院下发《国务院关于同意将广东省惠州市列为国家历史文化名城的批复》，同意将惠州市列为国家历史文化名城。按照《历史文化名城名镇名村保护条例》的要求，在规划和建设中，要重视保护城市格局，注重城区环境整治和历史建筑修缮，不得进行任何与名城环境和风貌不相协调的建设活动。

2015 年 10 月 23 日，住房城乡建设部海绵城市建设技术指导专家委员会成立大会在北京召开。包括城市给排水、城市规划、园林景观、环境工程、水文气象、道路建设以及投融资等产业发展领域的 37 名行业专家，成为海绵城市建设技术指导专家委员会成员。中国工程院院士、哈尔滨工业大学教授任南琪出任专家委员会主任委员。

2015 年 10 月 23 日，经国务院批准，国家发改委正式发布《环渤海地区合作发展纲要》。《纲要》提出，到 2020 年，京津冀协同发展、互利共赢新局面初步形成；到 2025 年，环渤海地区合作发展体制机制更加完善；到 2030 年，京津冀区域一体化格局基本形成。

2015 年 10 月 26 ~ 29 日，中国共产党第十八届中央委员会第五次全体会议在北京举行。中央委员会总书记习近平作了重要讲话。会议指出，促进人与自然和谐共生，构建科学合理的城市化格局、农业发展格局、生态安全格局、自然岸线格局，推动建立绿色低碳循环发展产业体系；加快建设主体功能区，发挥主体功能区作为国土空间开发保护基础制度的作用；推动低碳循环发展，建设清洁低碳、安全高效的现代能源体系，实施近零碳排放区示范工程。

2015 年 10 月 28 日，国土资源部印发《关于下达 2015 年城乡建设用地增减挂钩指标的通知》。明确今年全国共安排城乡建设用地增减挂钩指标 90 万亩，要求各地落实好增减挂钩支持扶贫开发的政策措施。

2015 年 10 月 31 日，"2015 世界城市日论坛"在上海展览中心开幕，主题为"城市设计、共创宜居"。论坛由住房城乡建设部、上海市人民政府、联合国人居署共同主办，中国城市规划学会、上海市住房城乡建设管理委员会、上海市规划和国土资源管理局承办。

2015 年 11 月 3 日，住房城乡建设部、中央农村工作领导小组办公室、中央精神文明建设指导委员会办公室、国家发改委、财政部、环境保护部、农业部、商务部、全国爱国卫生运动委员会办公室、中华全国妇女联合会等十部门联合出台《全面推进农村垃圾治理的指导意见》。《意见》提出了六大主要任务：一是建立村庄保洁制度；二是推行垃圾源头减量；三是全面治理生活垃圾；四是推进农业生产废弃物资源化利用；五是规范处置农村工业固体废物；六是清理陈年垃圾。

2015 年 11 月 3 ~ 4 日，第十届中国智慧城市建设技术研讨会暨设备博览会在北京国际会议中心举办。会议由住房城乡建设部信息中心、中国测绘科学研究院、中国卫星导航定位应用管理中心、中国电子技术标准化研究院联合主办。

2015 年 11 月 4 日，住房城乡建设部与欧洲经济一体化发展委员会（AEI）在上海共同举办"2015 年中欧智慧城市峰会"。峰会设主论坛，以及智慧城市与新能源应用、智慧城市与智慧水务、智慧城市与地下管线及综合管廊建设 3 个分论坛。邀请中欧部分知名城市管理者、专家和企业，从建设管理实践、先进技术应用、投融资模式等方面进行交流研讨。

2015年11月6日，国务院办公厅下发《国务院办公厅关于批准扬州市城市总体规划的通知》，原则同意《扬州市城市总体规划（2011—2020年）》。明确要在《总体规划》确定的2358平方公里城市规划区范围内，重视城乡区域统筹发展，实行城乡统一规划管理；要合理控制城市规模，到2020年中心城区常住人口控制在210万人以内，城市建设用地控制在230平方公里以内。

2015年11月10日，中共中央总书记、国家主席、中央军委主席、中央财经领导小组组长习近平主持召开中央财经领导小组第十一次会议，研究经济结构性改革和城市工作。习近平指出，做好城市工作，首先要认识、尊重、顺应城市发展规律，端正城市发展指导思想；要推进农民工市民化，加快提高户籍人口城镇化率；要化解房地产库存，促进房地产业持续发展；要增强城市宜居性，引导调控城市规模，优化城市空间布局，加强市政基础设施建设，保护历史文化遗产；要改革完善城市规划，改革规划管理体制；要改革城市管理体制，理顺各部门职责分工，提高城市管理水平，落实责任主体；要加强城市安全监管，建立专业化、职业化的救灾救援队伍。

2015年11月10日，由联合国环境规划署、同济大学环境与可持续发展学院、北京市建筑高能效与城市生态工程技术研究中心共同主办的"城市生态与节能论坛"在北京召开。论坛以"城市生态修复和环境改善的创新——聚焦水生态"为主题，联合国副秘书长、联合国环境规划署执行主任阿齐姆·施泰纳，国际欧亚科学院中国科学中心副主席、原建设部部长汪光焘在论坛上做了主题发言。

2015年11月16日，环保部印发《关于加快推动生活方式绿色化的实施意见》，要求通过各级环保部门宣传教育，弘扬生态文明价值理念；完善政策，建立系统完整的制度体系；引导实践，倡导绿色生活方式，为生态文明建设奠定坚实的社会、群众基础。

2015年11月17日，中共中央政治局常委、国务院总理李克强主持召开《中华人民共和国国民经济和社会发展第十三个五年规划纲要》编制工作会议并作重要讲话。李克强强调，《规划纲要》必须突出新的发展理念，贯穿改革的精神，聚焦发展重点，注重调动中央和地方两级的积极性。

2015年11月17日，国务院下发《国务院关于呼和浩特市城市总体规划的批复》，原则同意《呼和浩特市城市总体规划（2011—2020年）》。明确要在《总体规划》确定的2176.7平方公里城市规划区范围内，重视城乡区域统筹发展，实行城乡统一规划管理；要合理控制城市规模，到2020年中心城区常住人口控制在258万人以内，城市建设用地控制在310平方公里以内。

2015 年 11 月 20 日，住房城乡建设部发布《关于 2015 年国家级风景名胜区执法检查结果的通报》。于 2015 年 7 月上旬至 9 月下旬，组织 8 个检查组对全国 78 处国家级风景名胜区进行了执法检查。于 2016 年 3 月底前将整改结果上报住房城乡建设部城市建设司。被责令整改的风景名胜区，在整改验收达标前应暂停风景名胜区内所有建设活动及审批。

2015 年 11 月 25 日，全国城市设计现场会暨全国城乡规划改革工作座谈会在深圳召开。住房城乡建设部副部长倪虹出席会议并讲话。关于规划改革，倪虹指出，全面推进规划改革的有利条件已经具备，要把握机遇，勇于担当，增强规划改革的使命感和责任感，不断通过改革释放规划对生产力的促进作用。关于城市设计，倪虹进一步要求各地要因地制宜突出重点，开展好城市设计工作；要跟上互联网时代步伐，用新的理念、技术和方法设计出符合时代要求的城市。

2015 年 11 月 25 日，国务院办公厅下发《国务院办公厅关于调整河北昌黎黄金海岸等 6 处国家级自然保护区的通知》，同意调整河北昌黎黄金海岸、内蒙古西鄂尔多斯、辽宁努鲁儿虎山、湖南乌云界、广西防城金花茶和重庆大巴山国家级自然保护区的范围和功能区划。

2015 年 12 月 4 日，国务院下发《国务院关于成都市城市总体规划的批复》，原则同意《成都市城市总体规划（2011—2020 年）》。在《总体规划》确定的 3753 平方公里城市规划区范围内，实行城乡统一规划管理。到 2020 年，中心城区常住人口控制在 620 万人以内，城市建设用地控制在 436 平方公里以内。

2015 年 12 月 10 日，住房城乡建设部、国家开发银行下发通知，要求各地建立健全海绵城市建设项目储备制度，加大海绵城市建设项目的信贷支持力度，建立高效顺畅的工作协调机制，推进开发性金融支持海绵城市建设。

2015 年 12 月 10 日，住房城乡建设部发布《关于印发城市轨道沿线地区规划设计导则的通知》。根据 9 月 16 日发布的《国务院关于加强城市基础设施建设的意见》，住房城乡建设部制定了《城市轨道沿线地区规划设计导则》。《导则》的推出，可进一步加强和改进城市轨道沿线地区规划设计工作，推进轨道交通与沿线地区地上与地下整体发展，促进轨道交通建设与城市发展相协调，提高轨道交通运营效益。

2015 年 12 月 18 日，国务院下发《国务院关于西宁市城市总体规划的批复》，原则同意修订后的《西宁市城市总体规划（2001—2020 年）》。在《总体规划》确定的 3930 平方公里城市规划区范围内，形成规模布局合理、功能组织协调、整体环境水平不断改善的市域城镇体系。到 2010 年，主城区人口要控制在 110 万人以内，建设用地控制在 100.3 平方公里以内；到 2020 年，主城区人口要控制在 130 万人以内，建设用地控制在 128.4 平方公里以内。

2015 年 12 月 18～21 日，中央经济工作会议在北京举行。中共中央总书记、国家主席、中央军委主席习近平，中共中央政治局常委、国务院总理李克强等出席会议。会议强调 2016 年是供给侧结构性改革攻坚年，并提出"去产能、去库存、去杠杆、降成本、补短板"五大任务。关于城市工作，会议要求"化解房地产库存"，并强调要按照加快提高户籍人口城镇化率和深化住房制度改革的要求，通过加快农民工市民化，扩大有效需求，打通供需通道，消化库存，稳定房地产市场。

2015 年 12 月 20～21 日，中央城市工作会议在北京举行。中共中央总书记、国家主席、中央军委主席习近平，中共中央政治局常委、国务院总理李克强，中共中央政治局常委、全国人大常委会委员长张德江，中共中央政治局常委、全国政协主席俞正声，中共中央政治局常委、中央书记处书记刘云山，中共中央政治局常委、中央纪委书记王岐山，中共中央政治局常委、国务院副总理张高丽出席会议。

习近平在会上发表重要讲话，分析城市发展面临的形势，明确做好城市工作的指导思想、总体思路、重点任务。李克强在讲话中论述了当前城市工作的重点，提出了做好城市工作的具体部署，并作总结讲话。

会议指出，我国城市发展已经进入新的发展时期。改革开放以来，我国经历了世界历史上规模最大、速度最快的城镇化进程，城市发展波澜壮阔，取得了举世瞩目的成就。城市发展带动了整个经济社会发展，城市建设成为现代化建设的重要引擎。城市是我国经济、政治、文化、社会等方面活动的中心，在党和国家工作全局中具有举足轻重的地位。我们要深刻认识城市在我国经济社会发展、民生改善中的重要作用。

会议强调，当前和今后一个时期，我国城市工作的指导思想是：全面贯彻党的十八大和十八届三中、四中、五中全会精神，以邓小平理论、"三个代表"重要思想、科学发展观为指导，贯彻创新、协调、绿色、开放、共享的发展理念，坚持以人为本、科学发展、改革创新、依法治市，转变城市发展方式，完善城市治理体系，提高城市治理能力，着力解决城市病等突出问题，不断提升城市环境质量、人民生活质量、城市竞争力，建设和谐宜居、富有活力、各具特色的现代化城市，提高新型城镇化水平，走出一条中国特色城市发展道路。

会议指出，城市工作是一个系统工程。做好城市工作，要顺应城市工作新形势、改革发展新要求、人民群众新期待，坚持以人民为中心的发展思想，坚持人民城市为人民。这是我们做好城市工作的出发点和落脚点。同时，要坚持集约发展，框定总量、限定容量、盘活存量、做优增量、提高质量，立足国情，尊重自然、顺应自然、保护自然，改善城市生态环境，在统筹上下功夫，在重点上求突破，着力提高城市发展持续性、宜居性。

尊重城市发展规律。城市发展是一个自然历史过程，有其自身规律。城市和经济发展两者相辅相成、相互促进。城市发展是农村人口向城市集聚、农业用地按相应规模转化为城市建设用地的过程，人口和用地要匹配，城市规模要同资源环境承载能力相适应。必须认识、尊重、顺应城市发展规律，端正城市发展指导思想，切实做好城市工作。

统筹空间、规模、产业三大结构，提高城市工作全局性。要在《全国主体功能区规划》《国家新型城镇化规划（2014—2020年）》的基础上，结合实施"一带一路"建设、京津冀协同发展、长江经济带建设等战略，明确我国城市发展空间布局、功能定位。要以城市群为主体形态，科学规划城市空间布局，实现紧凑集约、高效绿色发展。要优化提升东部城市群，在中西部地区培育发展一批城市群、区域性中心城市，促进边疆中心城市、口岸城市联动发展，让中西部地区广大群众在家门口也能分享城镇化成果。各城市要结合资源禀赋和区位优势，明确主导产业和特色产业，强化大中小城市和小城镇产业协作协同，逐步形成横向错位发展、纵向分工协作的发展格局。要加强创新合作机制建设，构建开放高效的创新资源共享网络，以协同创新牵引城市协同发展。我国城镇化必须同农业现代化同步发展，城市工作必须同"三农"工作一起推动，形成城乡发展一体化的新格局。

统筹规划、建设、管理三大环节，提高城市工作的系统性。城市工作要树立系统思维，从构成城市诸多要素、结构、功能等方面入手，对事关城市发展的重大问题进行深入研究和周密部署，系统推进各方面工作。要综合考虑城市功能定位、文化特色、建设管理等多种因素来制定规划。规划编制要接地气，可邀请被规划企事业单位、建设方、管理方参与其中，还应该邀请市民共同参与。要在规划理念和方法上不断创新，增强规划科学性、指导性。要加强城市设计，提倡城市修补，加强控制性详细规划的公开性和强制性。要加强对城市的空间立体性、平面协调性、风貌整体性、文脉延续性等方面的规划和管控，留住城市特有的地域环境、文化特色、建筑风格等"基因"。规划经过批准后要严格执行，一茬接一茬干下去，防止出现换一届领导、改一次规划的现象。抓城市工作，一定要抓住城市管理和服务这个重点，不断完善城市管理和服务，彻底改变粗放型管理方式，让人民群众在城市生活得更方便、更舒心、更美好。要把安全放在第一位，把住安全关、质量关，并把安全工作落实到城市工作和城市发展各个环节各个领域。

统筹改革、科技、文化三大动力，提高城市发展持续性。城市发展需要依靠改革、科技、文化三轮驱动，增强城市持续发展能力。要推进规划、建设、管理、户籍等方面的改革，以主体功能区规划为基础统筹各类空间性规划，推进"多规合一"。要深化城市管理体制改革，确定管理范围、权力清单、责任主体。推进城镇化要把促进有能力在城镇稳定就业和生活的常住人口有序实现市民化作为首要任务。要加强对农业转移人口市民化的战略研究,统筹推进土地、财政、教育、就业、医疗、养老、住房保障等领域配套改革。要推进城市科技、文化等诸多领域改革,优化创新创业生态链,让创新成为城市发展的主动力,释放城市发展新动能。要加强城市管理数字化平台建设和功能整合,建设综合性城市管理数据库,发展民生服务智慧应用。要保护弘扬中华优秀传统文化,延续城市历史文脉,保护好前人留下的文化遗产。要结合自己的历史传承、区域文化、时代要求,打造自己的城市精神,对外树立形象,对内凝聚人心。

统筹生产、生活、生态三大布局,提高城市发展的宜居性。城市发展要把握好生产空间、生活空间、生态空间的内在联系,实现生产空间集约高效、生活空间宜居适度、生态空间山清水秀。城市工作要把创造优良人居环境作为中心目标,努力把城市建设成为人与人、人与自然和谐共处的美丽家园。要增强城市内部布局的合理性,提升城市的通透性和微循环能力。要深化城镇住房制度改革,继续完善住房保障体系,加快城镇棚户区和危房改造,加快老旧小区改造。要强化尊重自然、传承历史、绿色低碳等理念,将环境容量和城市综合承载能力作为确定城市定位和规模的基本依据。城市建设要以自然为美,把好山好水好风光融入城市。要大力开展生态修复,让城市再现绿水青山。要控制城市开发强度,划定水体保护线、绿地系统线、基础设施建设控制线、历史文化保护线、永久基本农田和生态保护红线,防止"摊大饼"式扩张,推动形成绿色低碳的生产生活方式和城市建设运营模式。要坚持集约发展,树立"精明增长""紧凑城市"理念,科学划定城市开发边界,推动城市发展由外延扩张式向内涵提升式转变。城市交通、能源、供排水、供热、污水、垃圾处理等基础设施,要按照绿色循环低碳的理念进行规划建设。

统筹政府、社会、市民三大主体,提高各方推动城市发展的积极性。城市发展要善于调动各方面的积极性、主动性、创造性,集聚促进城市发展正能量。要坚持协调协同,尽最大可能推动政府、社会、市民同心同向行动,使政府有形之手、市场无形之手、市民勤劳之手同向发力。政府要创新城市治理方式,特别是要注意加强城市精细化管理。要提高市民文明素质,尊重市民对城市发展决策的知情权、参与权、监督权,鼓励企业和市民通过各种方式参与城市建设、管理,真正实现城市共治共管、共建共享。

会议强调,做好城市工作,必须加强和改善党的领导。各级党委要充分认识城市工作的重要地位和作用,主要领导要亲自抓,建立健全党委统一领导、党政齐抓共管的城市工作格局。要推进城市管理机构改革,创新城市工作体制机制。要加快培养一批懂城市、会管理的干部,用科学态度、先进理念、专业知识去规划、建设、管理城市。要全面贯彻依法治国方针，依法规划、建设、治理城市，促进城市治理体系和治理能力现代化。要健全依法决策的体制机制，把公众参与、专家论证、风险评估等确定为城市重大决策的法定程序。要深入推进城市管理和执法体制改革，确保严格规范公正文明执法。

会议指出，城市是我国各类要素资源和经济社会活动最集中的地方，全面建成小康社会、加快实现现代化，必须抓好城市这个"火车头"，把握发展规律，推动以人为核心的新型城镇化，发挥这一扩大内需的最大潜力，有效化解各种"城市病"。要提升规划水平，增强城市规划的科学性和权威性，促进"多规合一"，全面开展城市设计，完善新时期建筑方针，科学谋划城市"成长坐标"。要提升建设水平，加强城市地下和地上基础设施建设，建设海绵城市，加快棚户区和危房改造，有序推进老旧住宅小区综合整治，力争到 2020 年基本完成现有城镇棚户区、城中村和危房改造，推进城市绿色发展，提高建筑标准和工程质量，高度重视做好建筑节能。要提升管理水平，着力打造智慧城市，以实施居住证制度为抓手推动城镇常住人口基本公共服务均等化，加强城市公共管理，全面提升市民素质。推进改革创新，为城市发展提供有力的体制机制保障。

会议号召，城市工作任务艰巨、前景光明，我们要开拓创新、扎实工作，不断开创城市发展新局面，为实现全面建成小康社会奋斗目标、实现中华民族伟大复兴的中国梦作出新的更大贡献。

中共中央政治局委员、中央书记处书记，全国人大常委会有关领导同志，国务委员，最高人民法院院长，最高人民检察院检察长，全国政协有关领导同志以及中央军委委员等出席会议。

各省、自治区、直辖市和计划单列市、新疆生产建设兵团党政主要负责同志和城市工作负责同志，中央和国家机关有关部门主要负责同志，中央管理的部分企业和金融机构负责同志，军队及武警部队有关负责同志参加会议。（中央城市工作会议后，中共中央、国务院于 2015 年 12 月 24 日发布《中共中央 国务院关于深入推进城市执法体制改革改进城市管理工作的指导意见》，随后于 2016 年 2 月 21 日发布《中共中央 国务院关于进一步加强城市规划建设管理工作的若干意见》。）

2015 年 12 月 22 日，国务院下发《国务院关于同意设立哈尔滨新区的批复》，同意设立哈尔滨新区，规划面积 493 平方公里。把哈尔滨新区建设成为中俄全面合作重要承载区、东北地区新的经济增长极、老工业基地转型发展示范区和特色国际文化旅游聚集区。

2015 年 12 月 24 日，中共中央、国务院正式发布《中共中央 国务院关于深入推进城市执法体制改革改进城市管理工作的指导意见》，这是新中国成立以来中央层面首次对城市管理执法工作做出专项部署。

党的十八届三中、四中全会将城市管理执法体制工作作为全面深化改革、全面推进依法治国的重要举措，提出了新要求，作出了新部署。中央城市工作会议也强调，抓城市工作，一定要抓住城市管理和服务这个重点，不断完善城市管理和服务，彻底改变粗放型管理方式，让人民群众在城市生活得更方便、更舒心、更美好。

深入推进执法体制改革、改进城市管理工作是一项战略性、全局性、系统性工程，需要立足全面和长远统筹谋划。《意见》共8条、36款，首次框定了城市管理的主要职责，明确了深入推进执法体制改革和改进城市管理工作的指导思想、基本原则和总体目标，系统提出了改革的主要任务和具体措施，并部署了组织保障和落实机制。根据部署，到2017年年底，实现市、县政府城市管理领域的机构综合设置。到2020年，城市管理法律法规和标准体系基本完善，执法体制基本理顺，机构和队伍建设明显加强，保障机制初步完善，服务便民高效，现代城市治理体系初步形成，城市管理效能大幅提高，人民群众满意度显著提升。

2015年12月28日，全国住房城乡建设工作会议在北京召开。住房城乡建设部部长陈政高全面总结了2015年住房城乡建设工作，对2016年工作任务作出部署。陈政高指出，2015年在党中央、国务院坚强领导下，全国住房城乡建设系统迎难而上，奋力拼搏，全面完成了中央交给的各项任务，实现了"十二五"的圆满收官。2016年全系统务必全面落实党的十八大和十八届三中、四中、五中全会精神，落实中央经济工作会议精神，落实中央城市工作会议对住房城乡建设工作提出的新目标、新要求；牢固树立创新、协调、绿色、开放、共享五大发展理念，同时加快地下综合管廊建设步伐，全面启动海绵城市建设，争取在城市黑臭水体整治工作上取得实质性进展，以此推动住房城乡建设事业再上新台阶。

2015年12月29日，国土资源部中国土地勘测规划院在京发布《全国城镇土地利用数据汇总成果分析报告》。报告显示，截至2014年12月31日，全国城镇土地总面积为890万公顷（13350万亩），比2014年年底公布的2013年全国城镇土地总面积858.1万公顷增长近32万公顷。其中，城市面积占46.8%，建制镇面积占53.2%。

2015年12月30日，中共中央政治局召开会议，审议通过《关于全面振兴东北地区等老工业基地的若干意见》。中共中央总书记习近平主持会议。会议强调，当前和今后一个时期是推进东北老工业基地全面振兴的关键时期，要着力完善体制机制、推进结构调整、鼓励创新创业以及保障和改善民生，争取到2020年，东北地区要在重要领域和关键环节改革上取得重大成果，转变经济发展方式和结构性改革取得重大进展，经济保持中高速增长，同步实现全面建成小康社会目标。

2015年12月31日，中共中央政治局常委、国务院总理李克强主持召开会议，再次听取《中华人民共和国国民经济和社会发展第十三个五年规划纲要》编制工作情况汇报并作重要讲话。李克强指出，要科学编制《规划纲要》，以新的发展理念促进经济升级和社会进步。

2016年1月14日，国务院下发《国务院关于青岛市城市总体规划的批复》，原则同意《青岛市城市总体规划（2011—2020年）》。在《总体规划》确定的6143平方公里城市规划区范围内，实行城乡统一规划管理。到2020年，中心城区常住人口控制在610万人以内，城市建设用地控制在660平方公里以内。

2016年1月19日，国务院下发《国务院关于杭州市城市总体规划的批复》，原则同意《杭州市城市总体规划（2001—2020年）（2016年修订）》。在《总体规划》确定的3334平方公里城市规划区范围内，实行城乡统一规划管理，并逐步扩展到新设立的富阳区。到2020年，中心城区常住人口控制在400万人以内，城市建设用地控制在430平方公里以内。

2016年1月22日，住房城乡建设部印发《城市综合管廊国家建筑标准设计体系》。体系按照总体设计、结构工程、专项管线、附属设施等四部分进行构建，体系中的标准设计项目基本涵盖了城市综合管廊工程设计和施工中各专业的主要工作内容。

2016年1月22日，住房城乡建设部印发《海绵城市建设国家建筑标准设计体系》。体系主要包括新建、扩建和改建的海绵型建筑与小区、海绵型道路与广场、海绵型公园绿地、城市水系中与保护生态环境相关的技术及相关基础设施的建设、施工验收及运行管理。

2016年1月26日，国务院下发《国务院关于淄博市城市总体规划的批复》，原则同意《淄博市城市总体规划（2011—2020年）》。到2020年，中心城区常住人口控制在306万人以内，城市建设用地控制在320.78平方公里以内。在《总体规划》确定的2989平方公里城市规划区范围内，实行城乡统一规划管理。

2016年1月27日，国务院办公厅下发《国务院办公厅关于批准大庆市城市总体规划的通知》，原则同意《大庆市城市总体规划（2011—2020年）》。在《总体规划》确定的5107平方公里城市规划区范围内，实行城乡统一规划管理。到2020年，中心城区常住人口控制在150万人以内，城市建设用地控制在223平方公里以内。

2015—2016 年度城市规划相关
法规文件索引

一、国务院颁布政策法规（共计 32 部）

序号	政策法规名称	发文字号	发布日期
1	全国人大常务委员会关于修改《中华人民共和国港口法》等七部法律的决定（主席令第二十三号）❶	中华人民共和国主席令第二十三号	2015 年 4 月 24 日
2	中共中央 国务院关于加快推进生态文明建设的意见	中发 [2015]12 号	2015 年 4 月 25 日
3	中共中央 国务院关于深入推进城市执法体制改革改进城市管理工作的指导意见	中发 [2015]37 号	2015 年 12 月 24 日
4	国务院关于珠海市城市总体规划的批复	国函 [2015]11 号	2015 年 2 月 6 日
5	国务院关于左右江革命老区振兴规划的批复	国函 [2015]21 号	2015 年 2 月 16 日
6	国务院关于宁波市城市总体规划的批复	国函 [2015]50 号	2015 年 3 月 25 日
7	国务院关于同意设立湖南湘江新区的批复	国函 [2015]66 号	2015 年 4 月 25 日
8	国务院关于大别山革命老区振兴发展规划的批复	国函 [2015]91 号	2015 年 6 月 5 日
9	国务院关于同意将江苏省常州市列为国家历史文化名城的批复	国函 [2015]93 号	2015 年 6 月 11 日
10	国务院关于进一步做好城镇棚户区和城乡危房改造及配套基础设施建设有关工作的意见	国发 [2015]37 号	2015 年 6 月 30 日
11	国务院关于同意设立南京江北新区的批复	国函 [2015]103 号	2015 年 7 月 2 日
12	国务院关于兰州市城市总体规划的批复	国函 [2015]109 号	2015 年 7 月 20 日
13	国务院关于同意设立云南勐腊（磨憨）重点开发开放试验区的批复	国函 [2015]112 号	2015 年 7 月 23 日
14	国务院关于福州市城市总体规划的批复	国函 [2015]125 号	2015 年 8 月 3 日
15	国务院办公厅关于推进城市地下综合管廊建设的指导意见	国办发 [2015]61 号	2015 年 8 月 10 日
16	国务院关于同意将江西省瑞金市列为国家历史文化名城的批复	国函 [2015]132 号	2015 年 8 月 19 日

---

❶ 包括对《中华人民共和国城乡规划法》作出修改，将第二十四条第二款第二项修改为："（二）有规定数量的经相关行业协会注册的规划师"，以及删去第三款。

续表

序号	政策法规名称	发文字号	发布日期
17	国务院关于同意设立福州新区的批复	国函 [2015]137 号	2015 年 9 月 9 日
18	国务院关于同意设立云南滇中新区的批复	国函 [2015]141 号	2015 年 9 月 15 日
19	国务院办公厅关于批准烟台市城市总体规划的通知	国办函 [2015]92 号	2015 年 9 月 16 日
20	国务院办公厅关于批准安阳市城市总体规划的通知	国办函 [2015]101 号	2015 年 10 月 8 日
21	国务院办公厅关于推进海绵城市建设的指导意见	国办发 [2015]75 号	2015 年 10 月 16 日
22	国务院关于同意将广东省惠州市列为国家历史文化名城的批复	国函 [2015]177 号	2015 年 10 月 18 日
23	国务院办公厅关于批准扬州市城市总体规划的通知	国办函 [2015]132 号	2015 年 11 月 6 日
24	国务院关于呼和浩特市城市总体规划的批复	国函 [2015]194 号	2015 年 11 月 17 日
25	国务院办公厅关于调整河北昌黎黄金海岸等 6 处国家级自然保护区的通知	国办函 [2015]138 号	2015 年 11 月 25 日
26	国务院关于成都市城市总体规划的批复	国函 [2015]199 号	2015 年 12 月 4 日
27	国务院关于西宁市城市总体规划的批复	国函 [2015]214 号	2015 年 12 月 18 日
28	国务院关于同意设立哈尔滨新区的批复	国函 [2015]217 号	2015 年 12 月 22 日
29	国务院关于青岛市城市总体规划的批复	国函 [2016]11 号	2016 年 1 月 14 日
30	国务院关于杭州市城市总体规划的批复	国函 [2016]16 号	2016 年 1 月 19 日
31	国务院关于淄博市城市总体规划的批复	国函 [2016]23 号	2016 年 1 月 26 日
32	国务院办公厅关于批准大庆市城市总体规划的通知	国办函 [2016]9 号	2016 年 1 月 27 日

二、住房城乡建设部政策文件（共计 41 部）

序号	政策法规名称	发文字号	发布日期
1	住房城乡建设部关于修改《市政公用设施抗灾设防管理规定》等部门规章的决定	中华人民共和国住房城乡建设部令第 23 号	2015 年 1 月 22 日
2	住房城乡建设部关于修改《城乡规划编制单位资质管理规定》的决定	中华人民共和国住房城乡建设部令第 28 号	2016 年 1 月 11 日
3	关于甲级规划编制资质升级审核意见的公示	建办受理函 [2015]1 号	2015 年 1 月 4 日
4	住房城乡建设部关于 2014 年中国人居环境范例奖获奖名单的通报	建城 [2015]8 号	2015 年 1 月 12 日
5	住房城乡建设部关于公布第二批建设宜居小镇、宜居村庄示范名单的通知	建村函 [2015]12 号	2015 年 1 月 20 日
6	住房城乡建设部关于全国城镇污水处理设施 2014 年第四季度建设和运行情况的通报	建城函 [2015]29 号	2015 年 2 月 6 日

序号	政策法规名称	发文字号	发布日期
7	住房城乡建设部　国家发改委关于命名第七批（2014 年度）国家节水型城市的通报	建城 [2015]30 号	2015 年 2 月 12 日
8	住房城乡建设部关于公布第一批小城镇宜居小区示范名单的通知	建村 [2015]29 号	2015 年 2 月 13 日
9	关于甲级城乡规划编制资质审核意见的公示	建办受理函 [2015]9 号	2015 年 3 月 6 日
10	住房城乡建设部　国家发改委　财政部关于做好 2015 年农村危房改造工作的通知	建村 [2015]40 号	2015 年 3 月 11 日
11	住房城乡建设部办公厅关于加强 2015 年城市排水防涝汛前检查工作的通知	建办城函 [2015]209 号	2015 年 3 月 19 日
12	住房城乡建设部关于公布国家城市湿地公园的通知	建城 [2015]42 号	2015 年 3 月 19 日
13	住房城乡建设部关于开展城市基础设施建设情况通报工作的通知	建城 [2015]45 号	2015 年 3 月 30 日
14	住房城乡建设部　国家文物局关于公布第一批中国历史文化街区的通知	建规 [2015]51 号	2015 年 4 月 3 日
15	住房城乡建设部办公厅关于加强风景名胜区安全管理工作的通知	建办城 [2015]18 号	2015 年 4 月 16 日
16	关于甲级城乡规划编制资质审核意见的公示	建办受理函 [2015]20 号	2015 年 5 月 13 日
17	住房城乡建设部办公厅关于开展 2015 年国家级风景名胜区执法检查的通知	建办城函 [2015]416 号	2015 年 5 月 18 日
18	住房城乡建设部关于全面开展城镇排水与污水处理检查的通知	建城函 [2015]126 号	2015 年 5 月 18 日
19	住房城乡建设部关于印发《城市地下综合管廊工程规划编制指引》的通知	建城 [2015]70 号	2015 年 5 月 26 日
20	住房城乡建设部关于公布 2014 年全国村庄规划、镇规划和县域乡村建设规划示范名单的通知	建村函 [2015]135 号	2015 年 5 月 26 日
21	住房城乡建设部关于 2015 年美丽宜居小镇、美丽宜居村庄示范工作的通知	建村 [2015]76 号	2015 年 6 月 8 日
22	住房城乡建设部　国土资源部　公安部关于坚决制止异地迁建传统建筑和依法打击盗卖构件行为的紧急通知	建村 [2015]90 号	2015 年 6 月 19 日
23	住房城乡建设部等部门关于做好 2015 年中国传统村落保护工作的通知	建村 [2015]91 号	2015 年 6 月 23 日
24	住房城乡建设部办公厅等关于对城市地下管线普查工作进行检查的通知	建办城函 [2015]599 号	2015 年 7 月 3 日
25	关于甲级城乡规划编制资质审核意见的公示	建办受理函 [2015]28 号	2015 年 7 月 10 日

序号	政策法规名称	发文字号	发布日期
26	住房城乡建设部 国家旅游局关于公布第三批全国特色景观旅游名镇名村示范名单的通知	建村 [2015]106 号	2015 年 7 月 13 日
27	住房城乡建设部关于 2015 年第二季度全国城镇污水处理设施建设和运行情况的通报	建城函 [2015]205 号	2015 年 7 月 27 日
28	住房城乡建设部等部门关于公布 2015 年列入中央财政支持范围的中国传统村落名单的通知	建村 [2015]120 号	2015 年 8 月 10 日
29	住房城乡建设部关于印发城市停车设施规划导则的通知	建城 [2015]129 号	2015 年 9 月 1 日
30	住房城乡建设部 工业和信息化部关于加强城市通信基础设施规划的通知	建规 [2015]132 号	2015 年 9 月 8 日
31	住房城乡建设部关于加强城市停车设施管理的通知	建城 [2015]141 号	2015 年 9 月 22 日
32	住房城乡建设部关于印发城市停车设施建设指南的通知	建城 [2015]142 号	2015 年 9 月 22 日
33	关于甲级城乡规划编制资质审核意见的公示	建办受理函 [2015]35 号	2015 年 9 月 25 日
34	住房城乡建设部等部门关于全面推进农村垃圾治理的指导意见	建村 [2015]170 号	2015 年 11 月 3 日
35	住房城乡建设部关于公布第一批田园建筑优秀作品入选名单的通知	建村 [2015]185 号	2015 年 11 月 18 日
36	住房城乡建设部关于印发城市轨道沿线地区规划设计导则的通知	建规函 [2015]276 号	2015 年 11 月 18 日
37	住房城乡建设部关于改革创新、全面有效推进乡村规划工作的指导意见	建村 [2015]187 号	2015 年 11 月 24 日
38	住房城乡建设部关于加强城市电动汽车充电设施规划建设工作的通知	建规 [2015]199 号	2015 年 12 月 7 日
39	住房城乡建设部关于 2015 年中国人居环境奖获奖名单的通报	建城 [2016]1 号	2016 年 1 月 6 日
40	住房城乡建设部关于公布第三批美丽宜居小镇、美丽宜居村庄示范名单的通知	建村 [2016]13 号	2016 年 1 月 12 日
41	住房城乡建设部关于 2015 年国家生态园林城市、园林城市、县城和城镇的通报	建城 [2016]16 号	2016 年 1 月 15 日